TRAITÉ
DE
TECHNIQUE MINÉRALOGIQUE ET PÉTROGRAPHIQUE

PAR LE

DR. LOUIS DUPARC

PROFESSEUR DE MINÉRALOGIE ET DE PÉTROGRAPHIE ET DIRECTEUR DES LABORATOIRES DE MINÉRALOGIE ET DE CHIMIE ANALYTIQUE DE L'UNIVERSITÉ DE GENÈVE

ET LE

DR. ALFRED MONNIER

PROFESSEUR EXTRAORDINAIRE D'ÉTUDE DES GÎTES MÉTALLIFÈRES À L'UNIVERSITÉ DE GENÈVE

DEUXIÈME PARTIE

TOME I

LES MÉTHODES CHIMIQUES QUALITATIVES

AVEC 117 FIGURES DANS LE TEXTE
ET 1 PLANCHE EN COULEUR

LEIPZIG

VEIT & COMP. ÉDITEURS

1913

AVANT-PROPOS.

Depuis la publication de la première partie de notre traité de technique minéralogique et pétrographique, cinq années se sont écoulées. Dès que j'ai, en effet, commencé à rédiger la seconde partie de cet ouvrage, je me suis heurté à de nombreuses difficultés, et me suis vu dans l'obligation d'entreprendre, avec le concours de plusieurs de mes élèves, de nombreuses recherches, dans le but de vérifier certaines méthodes analytiques qui ne me paraissaient pas suffisamment sûres, ou appropriées au but que je me proposais.

Ce travail de longue haleine a exigé plusieurs années; entre-temps mon fidèle collaborateur, Francis Pearce, est mort en Guinée, après un séjour de plus d'une année dans ce pays, et au moment même où il se disposait à rentrer à Genève pour reprendre ses occupations.

Aujourd'hui, sans avoir complètement terminé le travail de vérification auquel je me suis livré, je pense cependant que le moment est venu de publier les «*Méthodes Chimiques*», qui doivent former la deuxième partie de mon traité. J'ai demandé à mon ancien élève et assistant, Mr. le Dr. Monnier, Professeur extraordinaire à l'Université de Genève, avec lequel j'ai antérieurement déjà publié un ouvrage de chimie pure, de collaborer à la rédaction de cette seconde partie. En cours de travail, nous avons rapidement pu constater que la matière à traiter était si considérable, que nous avons été amenés à diviser les «Méthodes Chimiques» en deux volumes, le premier réservé aux «Méthodes qualitatives» le second, qui suivra immédiatement, aux «Méthodes quantitatives» et à l'interprétation des analyses par les procédés graphiques.

Dans les «Méthodes qualitatives», nous avons tout d'abord examiné l'ensemble des procédés qui servent à purifier le matériel qui doit faire l'objet d'une détermination chimique. Puis, en trois chapitres distincts, nous avons donné les réactions microchimiques, celles par voie sèche, et celles par voie humide, des principaux corps simples. Nous pensons en effet qu'il est nécessaire, pour le travail du laboratoire, d'avoir toujours sous la main la liste des réactions caractéristiques des divers éléments. Comme nous nous adressons à des chimistes, nous avons fait abstraction de toutes formules ou équations explicatives.

Nous avons également donné, in extenso, dans cet ouvrage les méthodes utilisées pour effectuer l'attaque des minéraux et des roches, et préparer ainsi les solutions nécessaires pour l'analyse par voie humide. L'expérience nous a, en effet, montré que l'on rencontre fréquemment dans ce domaine des difficultés imprévues sur lesquelles il est bon d'attirer l'attention.

Nous avons ensuite, dans un chapitre spécial, exposé la marche à suivre dans l'analyse par voie humide, en envisageant d'abord le cas le plus fréquent de la recherche des éléments usuels. Dans cet exposé, nous n'avons pas voulu faire un tableau complet de toutes les méthodes qui peuvent être employées pour l'identification et la séparation des éléments; nous nous sommes bornés à indiquer les principales d'entre elles, et notamment celles que l'expérience nous a montré être les meilleures. Nous avons également envisagé le cas où certains éléments rares accompagnent les corps simples usuels, et indiqué la façon dont il faut alors modifier le procédé analytique général. Nous ne nous dissimulons pas les imperfections inhérentes aux méthodes utilisées pour la séparation des éléments rares; nous avons d'ailleurs cherché à les corriger dans la mesure du possible. Chacun sait, en effet, que la chimie des métaux rares est très spéciale, et que pour le moment, il faut se borner, bien plus à envisager certaines séparations dans tel ou tel cas particulier, qu'à songer à appliquer une méthode qui soit absolument générale.

Nous avons réservé un chapitre assez étendu à la spectroscopie, car nous estimons que ce mode d'investigation rend au chimiste, et tout particulièrement au minéralogiste, les plus grands services. La spectroscopie a été considérablement perfectionnée ces dernières années, et aujourd'hui l'identification des spectres obtenus par les divers moyens exposés dans notre chapitre, est non seulement une opération courante dans les laboratoires scientifiques, mais se fait journellement pour un but pratique dans l'industrie. Nous avons pensé également qu'il était bon d'indiquer en quelques mots les procédés usuels qui servent à vérifier la radioactivité des minéraux et des roches.

Le dernier chapitre de notre livre a été réservé aux tables servant à la détermination rapide des minéraux, par l'examen d'un certain nombre de leurs caractères chimiques. Ces tables sont une reproduction de celles classiques de Fr. de Kobell; nous avons cherché à les rendre aussi pratiques que possible, et y avons, dans ce but, apporté certaines modifications.

En terminant, nous adressons nos remerciements à Mr. le Docteur G. Panphil, qui a exécuté pour nous une partie des dessins figurant au chapitre des réactions microchimiques, et à Mr. Georges Couchet, qui a bien voulu effectuer tous les dessins des figures contenues dans cet ouvrage.

Genève, le 10 Mai 1912. Dr. L. Duparc, prof.

Principales abréviations bibliographiques.

Akad. Vorles.	= Akademische Vorlesungen.
Amer. journ. scienc.	= American Journal of Science. New-Haven.
Annal. chem. et pharm.	= Annalen der Chemie und Pharmacie. Leipzig.
Annal. chim. et phys.	= Annales de chimie et physique. Paris.
Archiv u. Landesdurchforschung v. Böhmen	= Archiv und Landesdurchforschung von Böhmen.
Ber. d. D. Chem. Ges.	= Berichte der Deutschen Chemiker-Gesellschaft.
Bull. soc. chim. Paris	= Bulletin de la Société chimique de Paris.
Bull. soc. minér. de Fr.	= Bulletin de Société minéralogique de France. Paris.
Centralb. f. Min.	= Centralblatt für Mineralogie, Geologie etc. Stuttgart.
Comp. rend. acad. scienc. Paris	= Comptes Rendus de l'Académie des sciences. Paris.
Deutsch. Chem. Gesellschaft	= Deutsche Chemiker-Gesellschaft.
Eng. et Min. Journal	= The Engineering and Mining Journal. New-York.
Géol. Mag.	= Geological Magazine. London.
Journ. Amer. chim. soc.	= Journal of the american chemical Society. New-York.
Ber. d. Kgl. Bayer. Akad.	= Berichte der Königlich Bayrischen Akademie.
Minéral Mag.	= Mineralogical Magazine. London.
Min. u. petr. Mitt.	= Mineralogische und petrographische Mitteilungen. Herausgegeben von G. Tschermak. Wien.
N. Jahrb. f. Min.	= Neues Jahrbuch für Mineralogie. Stuttgart.
Nova acta reg. soc. Upsala	= Nova acta regiae societatis scientiarum Upsaliensis.
Phil. magaz.	= Philosophical Magazine.
Phil. trans.	= Philosophical transactions of the Royal Society. London.
Proceed. Royal. soc.	= Proceedings of the Royal Society. London.
Sitz. Ber. d. k. k. Akad.	= Sitzungsberichte der k. k. Akademie der Wissenschaften zu Wien.
Zeitschr. d. B. g. g.	= Zeitschrift der Bayrischen geolog. Gesellschaft.
Zeitschr. d. D. geol. G.	= Zeitschrift der Deutschen geologischen Gesellschaft. Berlin.
Zeischr. f. anal. Chem.	= Zeitschrift für analytische Chemie, herausgegeben von Fresenius. Wiesbaden.
Zeitschr. f. anorg. Chem.	= Zeitschrift für anorganische Chemie. Hamburg.
Zeitschr. f. Baumaterialienkunde	= Zeitschrift für Baumaterialkunde. Berlin.
Zeitschr. f. d. Ges. Naturwissenschaften	= Zeitschrift für die gesamten Naturwissenschaften. Berlin.
Zeitschr. f. Kryst.	= Zeitschrift für Krystallographie und Mineralogie. Herausgegeben von P. Groth. Leipzig.
Zeitschr. f. phys. Chem.	= Zeitschrift für physikalische Chemie. Herausgegeben von W. Ostwald und J. H. van't Hoff.
Wied. Annal.	= Wiedemanns Annalen der Physik.

TABLE DES MATIÈRES.

CHAPITRE I.

SÉPARATION ET PURIFICATION DES MINÉRAUX.

§ 1. But proposé et préparation du matériel. § 2. Méthode par lévigation. § 3. Séparation par les liqueurs lourdes. § 4. Séparation par les aimants. § 5. Séparation par les procédés chimiques.

§ 1. BUT PROPOSÉ ET PRÉPARATION DU MATÉRIEL.

1. Généralités sur les procédés de séparation. Lorsque l'on veut soumettre un minéral déterminé à l'analyse qualitative ou quantitative, il est indispensable d'opérer sur un produit exempt d'impuretés. Les minéraux cristallisés considérés isolément sont rarement dans ce cas, ils renferment souvent des inclusions plus ou moins volumineuses de corps étrangers, dont la composition et les propriétés diffèrent parfois beaucoup de celles des dits minéraux. Il importe donc, pour une étude chimique, d'éliminer, dans la mesure du possible, ces corps étrangers, par une purification convenable. Lorsqu'il s'agit d'un minéral associé dans une roche à d'autres minéraux, il en est *a fortiori* de même, et il faudra évidemment, si l'on veut par exemple analyser celui-ci, le séparer complètement des autres minéraux qui l'accompagnent. Il existe différentes méthodes qui sont utilisées pour ces séparations; on peut tout d'abord procéder à un triage à la loupe, en isolant, au moyen d'une aiguille enduite de cire molle, les particules de minéraux qui paraissent homogènes; puis, si le minéral est attirable à l'aimant, on peut aisément l'isoler dans un mélange, en soumettant le produit pulvérisé à l'action d'un fort électro-aimant. Si d'autre part le minéral résiste à certains agents chimiques (acides, alcalis etc.), ce qui n'est pas le cas pour les minéraux qui l'accompagnent ou les impuretés qui le souillent, la séparation se fera aisément aussi en faisant agir ces réactifs sur le mélange. Si enfin les procédés indiqués sont inapplicables, on se basera, pour opérer la séparation, sur les différences de densité des divers produits qui sont en présence, et on procédera par lévigation; ou bien on utilisera des liqueurs lourdes, dont on peut aisément faire varier la densité par des dilutions convenables, et dans lesquelles on jettera la poudre qui forme le mélange. Les éléments plus denses que le liquide tombent au fond du vase qui le contient, ceux plus légers flottent à la surface; en faisant varier la densité du liquide, on pourra, de la sorte, opérer une série de fractionnements sur lesquels on répétera les mêmes opérations, jusqu'à ce que le produit final, examiné à la loupe ou au microscope, paraisse parfaitement homogène.

2. Pulvérisation et tamisage. Pour effectuer la purification d'un minéral ou sa séparation d'un mélange avec d'autres minéraux, il faut tout d'abord réduire en poudre la matière première sur laquelle on veut opérer. Le grain de cette poudre doit être tel, que les particules qui la composent soient en majorité homogènes. Il faudra donc concasser le minéral ou la roche dans un mortier d'acier (celui d'Abich convient particulièrement), pulvériser les menus fragments obtenus dans un mortier d'agate, et cribler la poudre obtenue pour en classer les éléments. Il n'y a pas de règle générale en ce qui concerne la dimension des grains à obtenir, elle dépend de celle des éléments de la roche (s'il s'agit d'un minéral contenu dans une roche), et de la pureté relative du minéral à isoler. En général une séparation mécanique est d'autant plus facile que le grain de la poudre est plus grossier; elle est souvent longue et malaisée avec une poudre trop fine, qui convient au contraire parfaitement pour une séparation chimique. Pour cribler les poudres, on utilise un jeu de quatre tamis en laiton, superposés en colonne, et emboîtés les uns dans les autres. Les toiles de ces tamis sont métalliques et de finesse croissante. On choisit généralement les toiles No. 16, 25, 60 et 140; ces numéros indiquent directement le nombre des mailles par centimètre carré; dans certains cas on se sert aussi d'un cinquième tamis muni d'une toile de soie à 200 mailles. Les refus de ces divers tamis ainsi que la poudre qui a passé à travers le numéro le plus fin, sont examinés à la loupe pour fixer dans quelle proportion l'homogénéïté des grains est la meilleure, puis on réduit par une pulvérisation et un tamisage nouveaux, les refus plus grossiers, à la dimension convenable.

§ 2. MÉTHODE PAR LÉVIGATION.

3. Principe de la méthode. La lévigation est une opération qui consiste à soumettre à l'action de l'eau en mouvement un mélange de divers éléments de grosseur ou de densité différentes, ou encore à projeter ce mélange dans une eau tranquille qui, opposant à la chute de ces éléments une résistance proportionnelle à la grosseur de leur grain et en raison inverse de leur densité, les fait tomber plus ou moins vite au fond du vase. La lévigation n'est guère utilisée pour des séparations complètes; elle sert surtout à isoler certains éléments, dont le grain est plus grossier, d'autres qui sont impalpables, ou encore à préparer le matériel sur lequel on effectuera des séparations subséquentes. Elle est fort employée dans l'analyse des sols, pour séparer les sables qui sont généralement formés par des débris plus ou moins volumineux de minéraux et de roches, de l'argile impalpable qui les accompagne, et sert également pour concentrer tous les minéraux lourds qui se trouvent dans une poudre de roche de grain uniforme, ou dans un produit naturel tel qu'un sable ou une alluvion. Dans l'industrie, elle est à la base des procédés qui servent à classer et à séparer les minerais.

4. Appareils utilisés pour la lévigation et manipulations:

Batée. Elle sert sur les placers à extraire des alluvions les métaux précieux (or ou platine) et les minéraux rares (diamant, saphir, zircon etc.) qu'elles renferment. La batée est une sorte de plat en bois ou en fer (fig. 1), qu'on charge avec l'alluvion ou la matière à léviger, de façon à ce qu'elle forme un tas conique. On place l'appareil dans l'eau en le faisant reposer sur le fond, et en s'arrangeant de façon à ce que le niveau dépasse les bords d'une certaine hauteur. On procède d'abord à un premier débourbage, en malaxant la matière avec de l'eau que l'on fait arriver sur celle-ci, puis, maintenant la batée à la surface, on lui imprime une série d'oscillations giratoires, qui ont pour effet de faire arriver des petites vagues sur l'alluvion qui se lave, et d'expulser du même coup les matières légères qui sont entraînées sur la périphérie, tandis que les éléments lourds se concentrent au fond de l'appareil. En répétant plusieurs fois l'opération, on arrive à concentrer ainsi tous les minéraux et métaux

Fig. 1. Batée.

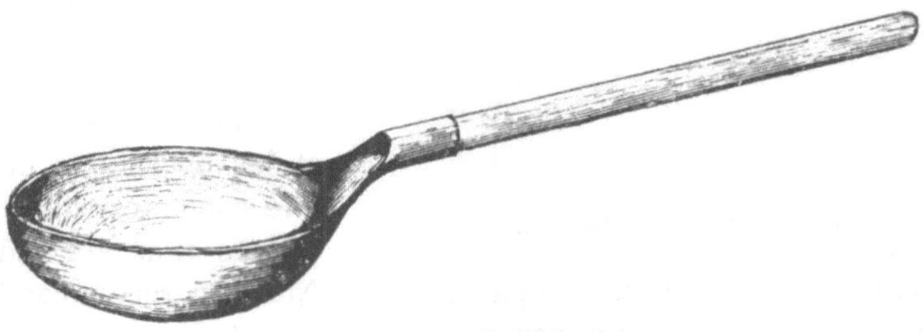

Fig. 2. Kofcha.

lourds qui se trouvaient distribués dans l'alluvion; on donne le nom de «schlichs» à ce produit de concentration. On peut remplacer la batée par une sorte de poêle à frire à haut bord et emmanchée qu'on appelle «kofcha» (fig. 2) dans l'Oural et en Sibérie. On charge celle-ci avec l'alluvion que l'on malaxe tout d'abord avec de l'eau pour bien la débourber, puis prenant la kofcha par le manche, on la maintient à fleur d'eau en lui imprimant de fortes secousses. Les matériaux grossiers et légers viennent en surface et s'échappent lentement lorsque l'on incline l'appareil, tandis que les schlichs plus lourds restent au fond. On peut pousser la séparation très loin, et même avec un peu d'habitude, isoler des schlichs qui restent à la fin de l'opération, les quelques paillettes de métaux précieux ou les grains de minéraux lourds rares qu'ils peuvent contenir.

Appareil de Kühn. C'est un cylindre en verre de 30 centimètres de hauteur, de 8,5 centimètres de diamètre, sur lequel à la distance de 2 centimètres de l'orifice supérieur, on a gravé un trait circulaire. A 5 centimètres du fond se trouve un tube latéral de 1,5 centimètre de diamètre et de 2 centimètres de longueur, fermé par un bouchon de caoutchouc (fig. 3). Pour opérer avec cet appareil, on prend 50 grammes de terre préalablement mouillée qu'on introduit dans le cylindre au moyen d'un entonnoir en plomb; on le remplit d'eau jusqu'au trait de repère, puis avec une baguette, on agite énergiquement le mélange. On abandonne ensuite le tout pendant dix minutes, puis on décante l'eau trouble par le tube latéral. Cette opération est répétée dans les mêmes conditions jusqu'à ce que l'eau qui s'écoule soit parfaitement limpide ou à peu près. L'appareil doit avoir absolument les dimensions requises, et les opérations doivent être conduites exactement comme il a été indiqué, pour obtenir des résultats comparables. A. Nowacki recommande un cylindre de dimensions un peu plus petites, soit 26 centimètres de hauteur, avec tubulure latérale à 4 centimètres du fond, et trait de repère à 3,5 centimètres de l'ouverture. Il opère comme ci-dessus, et laisse reposer, après agitation, pendant 15 minutes.

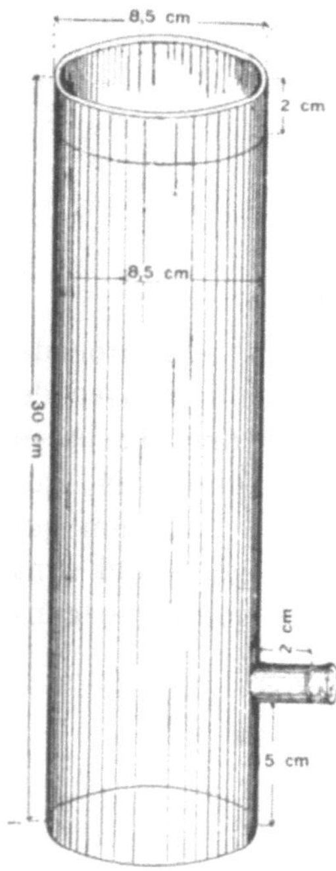

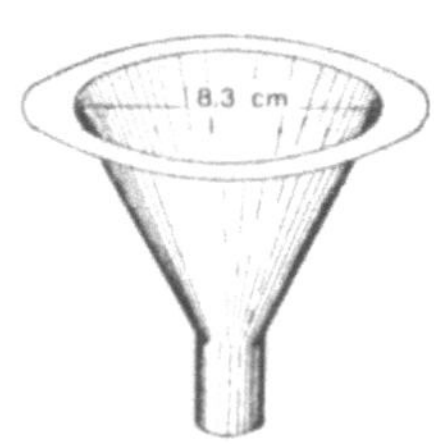

Fig. 3. Appareil de Kühn.

Appareil de Schöne[1]. C'est un entonnoir cylindro-conique terminé à sa partie inférieure par un tube recourbé qui remonte parallèlement à l'entonnoir comme l'indique la fig. 4; la partie *AB* a une hauteur de 10 centimètres, et 5 centimètres de diamètre. Les autres dimensions sont celles indiquées sur la figure. L'entonnoir est muni du robinet *D*. Pour se servir de cet appareil, on fait arriver doucement par le tube *E* un courant d'eau, puis on introduit la substance à léviger par l'orifice. On opère tout d'abord avec un courant très faible, et recueille dans un vase la fraction entraînée. Puis, quand le liquide sort clair, on remplace ce vase par un autre et augmente la rapidité du courant. On recueille alors une deuxième fraction et ainsi de suite.

Appareil de Nobel. Il se compose de quatre entonnoirs de forme spéciale, qui sont couplés comme l'indique la fig. 5. Le

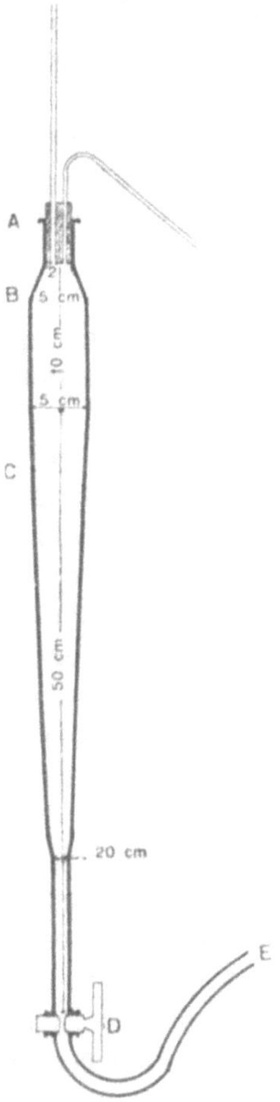

Fig. 4. Appareil de Schöne.

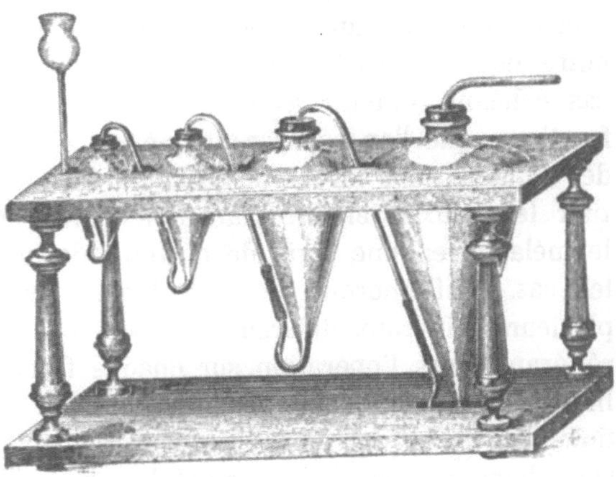
Fig. 5. Appareil de Nobel.

courant d'eau arrive par la base du plus petit de ces entonnoirs, puis l'eau passe successivement dans les trois autres, et ressort par le tube de dégagement adapté au plus gros des entonnoirs; elle est récoltée dans un vase d'une contenance de cinq litres. La matière à léviger est placée dans le premier entonnoir; elle est humectée, puis

[1] E. Schöne, Über Schlammanalyse und einen neuen Schlämmapparat. Berlin 1867, p. 82.

on fait passer en 20 minutes 8 litres d'eau dans l'appareil. On arrête alors le courant, laisse déposer, et recueille les matériaux tombés au fond de chaque entonnoir.

Les appareils de SCHÖNE et de NOBEL sont surtout employés pour la séparation de l'argile. Il est toujours bon dans ce cas, de soumettre préalablement la matière qui doit être lévigée à une ébullition prolongée, pour bien délayer cette argile et empêcher la formation de petites pelotes.

Il existe une foule d'appareils analogues à ceux qui viennent d'être décrits, notamment celui de FR. EICHSTADT[1], qui sont basés sur un principe analogue; nous n'entrerons pas ici dans leur description détaillée.

§ 3. SÉPARATION PAR LES LIQUEURS LOURDES.

5. Principe de la méthode et manipulations. Si on possède un liquide de densité déterminée et qu'on y projette un mélange de minéraux de poids spécifiques différents, les plus légers flottent à la surface, les plus lourds tombent au fond, et ceux dont la densité est égale à celle du liquide restent en suspension à l'intérieur de celui-ci. On pourra donc toujours de la sorte diviser un mélange en deux fractions, qu'on séparera aisément, si le liquide est contenu dans un entonnoir à robinet à large orifice. En abaissant ensuite la densité du liquide par adjonction d'un autre liquide miscible de plus faible poids spécifique, on pourra, le cas échéant, obtenir avec la fraction la plus légère, deux nouvelles fractions, que l'on séparera de même. En répétant les opérations avec des liquides plus légers ou plus lourds que celui ayant servi à effectuer les deux premiers fractionnements, on peut de la sorte diviser le mélange en une série de portions de densité déterminée qui, selon les cas, renfermeront un seul élément presque pur, ou au contraire plusieurs minéraux différents, si leurs densités sont très voisines. En réitérant alors l'opération sur chaque fraction, mais en resserrant les limites des variations de densité du liquide, on pourra obtenir des fractions qui ne seront composées que d'un même minéral ou à peu près. On achèvera la purification en étalant la poudre obtenue sur une plaque de verre, en l'examinant à la loupe, et en enlevant, au moyen d'une aiguille enduite de glycérine ou de cire, les particules qui constitueraient des impuretés. Le matériel nécessaire pour la séparation par les liqueurs lourdes est fort simple; il consiste en entonnoirs à robinet de forme spéciale, puis en un appareil permettant de déterminer exactement, à chaque instant, la densité du liquide, en l'espèce la balance de WESTPHAL.

[1] FR. EICHSTADT, Geologiska Föreningens i Stockholm Förhandlinger 10, p. 83. 1888.

Un certain nombre d'obstacles s'opposent fréquemment à une purification complète, ce sont: 1. L'impossibilité d'obtenir dans certains cas une poudre dont les grains soient formés par un seul et même individu minéralogique. 2. Les variations de densité d'un même minéral par suite de la présence d'inclusions de nature variée. 3. Les modifications du poids spécifique qui résultent de la décomposition ou de l'altération de certains minéraux. 4. La pénétration intime de deux minéraux de densité voisine par épigénie (ouralitisation du pyroxène en amphibole). Il résulte de tout ceci, qu'à côté des produits relativement purs qu'on obtient comme résidu des derniers fractionnements, il existe toujours des portions intermédiaires, qui sont des mélanges de plusieurs minéraux, et qui ne peuvent guère être purifiées davantage. Le degré de pureté des produits finaux, ainsi que la proportion relative des fractions intermédiaires inutilisables et de celles formées par les produits purs ou à peu près, sont nécessairement très variables et dépendent de la nature du matériel sur lequel on a opéré, de la multiplicité des fractionnements, et de l'habileté de l'expérimentateur. Les résultats que l'on obtient dans certains cas sont cependant excellents, et il ne faut jamais négliger de purifier par les liqueurs lourdes les minéraux que l'on veut soumettre à une analyse quantitative.

6. Différentes liqueurs lourdes. Les liqueurs lourdes qu'on utilise sont tantôt des solutions aqueuses de sels métalliques, que l'on peut par conséquent diluer avec de l'eau, tantôt des liquides organiques qui se diluent par adjonction d'autres liquides variés. Les liqueurs les plus usuelles sont les suivantes:

Liqueur de Thoulet[1]. Densité = 3,196. Elle a d'abord été proposée par E. Sonstadt[2], puis par A. H. Church[3], et se compose d'une solution de biiodure de mercure dans l'iodure de potassium, qu'on prépare le mieux d'après les indications de V. Goldschmidt[4] comme suit: On mélange du biiodure de mercure avec de l'iodure de potassium dans la proportion de 124 : 100, ce qui correspond sensiblement à la formule $HgI_2 . 2 KI$ avec un petit excès de KI. On dissout le mélange dans l'eau froide (500 g. se dissolvent dans 80 ccm. d'eau) et on évapore la solution au bain-marie jusqu'à formation d'une pellicule cristalline, ou bien jusqu'à ce qu'un petit fragment de fluorine nage à la surface. Après refroidissement, la densité du liquide est D. = 3,196. Si l'on prépare la solution d'après les indications de Thoulet, la densité ne dépasse pas 2,77, et d'après les données de

[1] Bull. soc. minér. de Fr. t. II, p. 189—191. 1879.

[2] Chemical News. t. 29, p. 127—128. 1874.

[3] Mineral. Mag. I, p. 238—239. 1877.

[4] N. Jahrb. f. Min. I, p. 179—238. 1881.

de CHURCH 3,01. Si la solution est faite dans les rapports indiqués, elle se dilue aisément par l'eau, et se ramène par simple concentration au bain-marie à la densité de 3,196, mais si les rapports des deux sels sont différents de ceux indiqués, et si notamment il y a excès de HgI_2, il se sépare un sel double hydraté et cristallin de couleur jaune. Par contre si l'iodure de potassium est en excès, il cristallise simplement en cubes. Lorsque la liqueur de THOULET est longtemps exposée à l'air sec elle donne également lieu à un précipité; si elle devient trop vieille, elle prend souvent une couleur brune, par séparation d'iode. On peut la corriger dans ce cas en la concentrant en présence d'une petite quantité de mercure libre, et en agitant le liquide avec une baguette de verre. La solution de densité 3,196 attire l'humidité de l'air, et sa densité s'abaisse; celle de densité 3,01 est sensiblement stable. La dilution de la liqueur de THOULET se fait exclusivement avec de l'eau; pour amener sa densité à une valeur déterminée, on procède toujours par tâtonnements, en ajoutant de l'eau distillée goutte à goutte, et en se servant comme indicateur d'un petit fragment de minéral de densité connue qui tombe, flotte, ou nage dans le liquide, suivant que sa densité est inférieure, supérieure ou égale à celle du minéral. Si l'on a trop dilué la liqueur, on pourra la ramener à la densité désirée par adjonction de liqueur fraîche de densité 3,196. Le fer décompose la solution de THOULET avec formation de mercure à l'état libre; si donc le mélange renferme initialement du fer natif, ou si l'on en a introduit pendant la pulvérisation au mortier d'acier, on l'enlèvera préablement par un aimant. L'inconvénient principal de la liqueur de THOULET réside dans sa densité relativement faible, et dans le fait qu'elle est fortement caustique.

Liqueur de Klein[1]. D. = 3,30. Elle présente sur celle de THOULET l'avantage de n'être pas toxique, et d'avoir un poids spécifique plus élevé. Elle est également diluée avec de l'eau, et concentrée par évaporation; mais à l'état sirupeux elle est remarquablement visqueuse, ce qui est un inconvénient assez grave. La liqueur de KLEIN est une solution aqueuse de tungsto-borate de cadmium de formule $2CdO_2.H_2O.B_2O_3.9WO_3 + 16H_2O$. D'après les indications de D. KLEIN et de W. B. O. EDWARDS, elle se prépare comme suit: 450 grammes de tungstate de sodium sont dissous dans cinq fois le poids d'eau distillée, on y ajoute 675 grammes d'acide borique, et on chauffe le tout jusqu'à dissolution complète. La solution, qui à froid dépose du borax, est filtrée et réduite par évaporation au bain-marie à la moitié

[1] Comp. rend. acad. scienc. Paris t. 93, p. 318. 1881 et Bull. soc. minér. de Fr. t. 4, p. 149—155. 1881. Voir aussi W. B. D. EDWARDS geol. mag. t. 8, p. 273, 275. 1891.

de son volume, sans qu'il se forme une pellicule cristalline à sa surface, puis laissée en repos, ce qui a pour conséquence une nouvelle séparation de borax et de borates complexes. La solution qui s'est colorée en violet par suite d'un commencement de réduction est décantée, et les cristaux séparés, débarrassés des eaux-mères. Cette opération est répétée plusieurs fois jusqu'à dépôt complet des dernières traces de borates qui s'effectue d'ailleurs très lentement; le liquide décanté après ce dernier dépôt, est alors une solution de tungstoborate de sodium, sel qui répond à la formule $4\,Na_2O.B_2O_3.12\,WO_3$; on le concentre jusqu'à ce qu'un éclat de verre flotte à sa surface; dans ces conditions, le volume initial est réduit à 220 ccm. environ. Il faut tout d'abord transformer le sel de soude en un sel de baryum; pour cela, on ajoute à la solution bouillante obtenue précédemment, une dissolution concentrée et bouillante également de chlorure de baryum (150 g. dans 200 g. d'eau); il se forme un précipité abondant qu'on filtre, lave à la trompe, et dissout à chaud et en agitant dans 300 ccm. d'acide chlorhydrique de densité 1,18, dilué au dixième. On évapore ensuite à sec en ajoutant à la fin de l'opération 40 ccm. d'acide chlorhydrique concentré. Le résidu sec est repris par 300 ccm. d'eau bouillante, et l'ébullition est prolongée pendant 2 heures environ, en rajoutant de temps en temps de l'eau. On sépare ensuite par filtration la solution tungstique qui reste et qui, après refroidissement, abandonne de jolis cristaux quadratiques de sel répondant à la formule $2\,H_2O.B_2O_3.2\,BaO.9\,WO_3 + 18\,H_2O$, qu'on sépare par décantation. Une concentration des eaux mères amène une nouvelle séparation de ces cristaux, et on continue de la sorte jusqu'à l'apparition de paillettes incolores de borate de baryum, ce qui indique que les eaux mères peuvent être rejetées. Le tungsto-borate de baryum produit par ces cristallisations fractionnées est recristallisé plusieurs fois et lavé finalement avec de l'eau alcoolisée, pour le débarrasser des dernières traces de borate de baryum; si les cristaux présentent une coloration légèrement violacée, on peut la faire disparaître en ajoutant à leur solution quelques gouttes d'acide nitrique. Les cristaux sont enfin dissous dans 200 ccm. d'eau bouillante, et la solution traitée à chaud par 25 g. de sulfate de cadmium. Il se forme alors du tungstoborate de cadmium qui reste en solution, et du sulfate de baryum qui précipite. Ce dernier est séparé par filtration, et le liquide clair obtenu est évaporé jusqu'à formation d'une pellicule cristalline. Sa densité oscille alors entre 3,36 et 3,365. Avec les quantités de réactifs indiquées, on obtient environ 50 ccm. de solution.

La liqueur de Klein est décomposée par le plomb, le zinc, le fer, et les carbonates. Il faudra donc, avant d'effectuer une séparation par celle-ci, débarrasser de ces différents corps le mélange sur lequel on veut opérer, par l'action d'un aimant et d'un acide dilué. De plus, à la longue, la liqueur se colore fortement par suite d'une réduction du sel, mais elle peut être aisément décolorée en lui ajoutant quelques gouttes d'eau oxygénée.

Par une concentration extrême de la liqueur de Klein au bain-marie, on peut arriver à obtenir une densité de 3,6 environ, mais celle-ci est alors tout à fait visqueuse et d'un emploi presqu' impossible avec les poudres un peu fines.

Liqueur de C. Rohrbach[1]. D. = 3,588. C'est une solution aqueuse d'iodure double de baryum et de mercure qui se prépare comme suit: on pèse 100 grammes d'iodure de baryum BaI_2 et 150 grammes de biiodure de mercure HgI_2, qu'on mêle intimement dans un ballon en opérant aussi rapidement que possible à cause de l'instabilité de l'iodure de baryum; on verse sur le mélange 20 ccm. d'eau distillée, et introduit le ballon dans un bain d'huile chauffé à 200°. La dissolution s'effectue assez rapidement si l'on a soin d'agiter avec une baguette; quand elle est complète, on laisse bouillir la solution pendant quelques minutes, puis on la transvase dans une capsule de porcelaine et on évapore au bain-marie jusqu'à ce qu'un petit fragment d'épidote de Sulzbachtal, de densité 3,39, flotte à la surface. Après refroidissement, il se dépose en petite quantité un sel double de couleur jaunâtre, qu'on sépare du liquide clair par décantation; sa densité est alors de 3,55. La liqueur de Rohrbach ne se laisse malheureusement pas diluer à froid; l'adjonction d'eau y produit immédiatement un précipité rouge de biiodure de mercure; il faut donc opérer toujours à chaud et préparer préalablement une série de liquides de densités décroissantes. On peut aussi verser, sans agiter, de l'eau froide sur la solution concentrée, les deux liquides forment alors deux couches distinctes, qui se mélangent au bout de 24 heures par diffusion sans précipitation d'iodure mercurique. La poudre à séparer doit être introduite tout à fait sèche dans le liquide, et le lavage des produits séparés doit se faire non pas avec de l'eau, mais avec une dissolution étendue d'iodure de potassium. La liqueur de Rohrbach n'est pas décomposée par les carbonates, elle est moins visqueuse que celle de Klein, mais la facilité avec laquelle elle se décompose en restreint l'emploi.

Iodure de Méthylène[2], CH_2I_2. D. = 3,324. Ce liquide que l'on peut aisément se procurer chez les fabricants de produits chimiques, est à l'état pur, légèrement jaunâtre et fortement réfringent, il peut

[1] N. Jahrb. f. Min. t. II, p. 186—188. 1883.

[2] R. Brauns, N. Jahrb. f. Min. II, p. 72—88. 1886 et id. I, p. 213. 1888.

être aisément dilué avec de l'éther, du benzol ou encore du toluol, et ramené ensuite à sa densité normale, soit par évaporation en capsule (ce qui est dangereux si l'on a dilué avec de l'éther ou même avec du benzol), soit par distillation sous pression réduite. L'iodure de méthylène présente les avantages suivants: Il est très mobile, n'attaque ni les métaux, ni les carbonates, et ne se décompose pas en présence de l'air. Par contre, l'action de la lumière ou de la chaleur le colore fortement par suite d'une décomposition partielle, qui met de l'iode en liberté; cet élément se dissout alors dans le liquide avec une coloration brune. On peut éviter cet inconvénient en agitant le liquide avec une solution de potasse; on sépare par décantation, lave plusieurs fois à l'eau, et dessèche l'iodure avec des fragments de chlorure de calcium qu'on jette dedans. On peut aussi d'après Brauns purifier l'iodure de méthylène par congélation; il reste alors une portion très fortement colorée, qui contient l'iode, tandis qu'il suffit de fondre la masse solidifiée pour obtenir un liquide à peine coloré. On peut aussi décolorer l'iodure en l'agitant avec du cuivre ou encore du mercure.

On a cherché à augmenter la densité de l'iodure de méthylène en y faisant dissoudre certains réactifs, par exemple en le saturant d'iode, mais la liqueur, qui est corrosive, devient si foncée qu'elle n'est plus utilisable. On peut également le saturer à une douce chaleur avec de l'iodoforme, qui se dépose en partie après refroidissement, tandis que la liqueur décantée a une densité de 3,456. On la décolore par la potasse pour lui enlever l'iode qu'elle tient en solution. Monsieur J. W. Retgers a fait une étude approfondie des substances lourdes que peut dissoudre l'iodure de méthylène; pour plus de détails nous renverrons à son article[1].

Bromoforme $CHBr_3$. D. = 2,9, **et Tétrabromure d'acétylène** $CHBr_2 - CHBr_2$. D. = 3,00. Le premier de ces liquides a été proposé par Schröder van der Kolk[2], le second par W. Muthmann[3]; tous deux ont une densité assez faible et par conséquent ne conviennent que pour certaines séparations, mais leur principal avantage est leur bon marché. Tous deux peuvent être dilués par l'éther ou le benzol, et récupérés par évaporation; ils ne sont pas dangereux, ne se décomposent ni à l'air ni à la lumière, et n'attaquent ni les métaux, ni les carbonates. Leur emploi est tout désigné dans les séparations de minéraux de faible densité, tels que les feldspaths et en général les éléments saliques de roches.

1 J. W. Retgers, N. Jahrb. f. Min. II, p. 185—192. 1889.

2 N. Jahrb. f. Min. 1, p. 274. 1895.

3 Zeitschr. f. Kryst. t. 30, p. 73—74. 1898.

Liqueur de W. Retjers[1]. C'est une dissolution d'iodure d'étain SnI_4 dans le tribromure d'arsenic $AsBr_3$. On l'obtient en dissolvant à une douce chaleur de l'iodure d'étain dans le tribromure d'arsenic jusqu'à ce qu'après refroidissement, il se dépose des octaèdres noirs d'iodure d'étain (et pas des aiguilles de $AsBr_3$, ce qui indiquerait que la saturation n'est pas complète). Le liquide décanté est rouge foncé, mobile, et possède une densité de 3,731. Il peut être dilué par adjonction de benzol; l'eau décompose immédiatement la liqueur. Les avantages de ce liquide sont sa densité élevée et sa mobilité relativement grande, par contre il est très toxique, fume souvent à l'air, et se décompose aisément. Nous l'employons généralement tel quel, sans dilution pour séparer en deux fractions des éléments de poids spécifique élevé; le lavage des produits séparés se fait au benzol ou au toluol. Dans certains cas, la liqueur de Retjers peut rendre de très grands services; il nous parait nécessaire d'en avoir toujours en réserve, quand on doit faire fréquemment des séparations par les liqueurs lourdes.

J. W. Retjers a également proposé une dissolution d'iodure d'arsenic AsI_3 et d'iodure d'antimoine SbI_3, dans un mélange d'iodure de méthylène et de tribromure d'arsenic. La densité de ce liquide arrive à 3,7; il n'offre pas d'avantages d'ailleurs sur le précédent. On peut actuellement, trouver toutes préparées dans le commerce les différentes liqueurs lourdes dont il vient d'être question, et les principales fabriques de produits chimiques (Merck, Kahlbaum etc.) les indiquent dans leurs catalogues. Comme le choix d'une liqueur lourde pour une séparation dépend, non seulement de la densité maximum des éléments à séparer et de la facilité plus ou moins grande avec laquelle elle se prête aux différentes manipulations, mais encore de son prix, nous donnerons à titre d'indication les densités et les prix moyens de ces différentes solutions, extraits de l'un des catalogues de ces maisons.

Tetrabromure d'acétylène	D. = 2,97—3,00	Fr. 42,50 le kg.
Liqueur de Rohrbach . .	D. = 3,5	» 55,— » »
Liqueur de Klein. . . .	D. = 3,28	» 80,— » »
Liqueur de Thoulet . .	D. = 3,17	» 45,50 » »
Bromoforme	D. = 2,904	» 15,— » »
Liqueur de Retjers. . .	D. = 3,63	» 60,— » »
Iodure de méthylène . .	D. = 3,33	» 131,25 » »

7. Balance de Westphal. Pour déterminer rapidement et exactement la densité d'une liqueur préparée en vue d'une séparation, on se sert le plus ordinairement d'un appareil dont le principe a été

[1] Zeitschr. f. phys. Chem. II, p. 328—344. 1893.

donné par E. Cohen[1], et la construction réalisée par G. Westphal à Celle, qu'on appelle pour cela balance de Westphal (fig. 6). Elle se compose d'un fléau métallique suspendu par un couteau d'acier *C*; à une extrémité, ce fléau est lesté et terminé par une pointe qui, lorsque celui-ci oscille, se déplace devant une échelle graduée. Quand cette pointe se trouve vis-à-vis du *O* de la graduation, le fléau est horizontal. A l'autre extrémité de ce fléau se trouve un crochet *D* suspendu par une chappe qui repose sur le couteau d'acier; l'espace compris entre *G* et *E* est divisé en dix parties égales. La pièce qui supporte le fléau coulisse dans le cylindre creux *F*, qui est fixé à un pied lourd muni de vis calantes; la vis d'arrêt *H* permet de fixer tout l'équipage à une hauteur déterminée. Au crochet *D* on peut attacher un plongeur *I* suspendu au moyen d'un fil de platine très mince. Ce plongeur, qui est un tube de verre lesté par du mercure, porte un thermomètre; il doit plonger entièrement dans le liquide dont on veut déterminer la densité, ne pas toucher le fond du vase qui le contient, pendant les oscillations du fléau, et ne jamais frotter contre les parois de ce vase. Des poids disposés en forme de cavaliers, que l'on peut placer sur les encoches faites sur le fléau en regard de chaque trait gradué, servent à équilibrer la poussée produite par le liquide sur le plongeur et à ramener le fléau dans la position horizontale. Il existe une triple série de ces cavaliers; les plus lourds, placés à l'extrémité du fléau sur le crochet *D* donnent les unités, et posés sur les encoches, les unités de la première décimale; ceux de poids intermédiaire donnent dans les mêmes conditions, l'unité de la première et les unités de la seconde décimale; les cavaliers les plus légers enfin, l'unité de la seconde et les unités de la troisième décimale. Pour éviter la multiplicité des cavaliers, chaque appareil en possède en outre un, qui donne directement la deuxième unité, et un autre qui donne la troisième, quand on les accroche en *D*, soit par

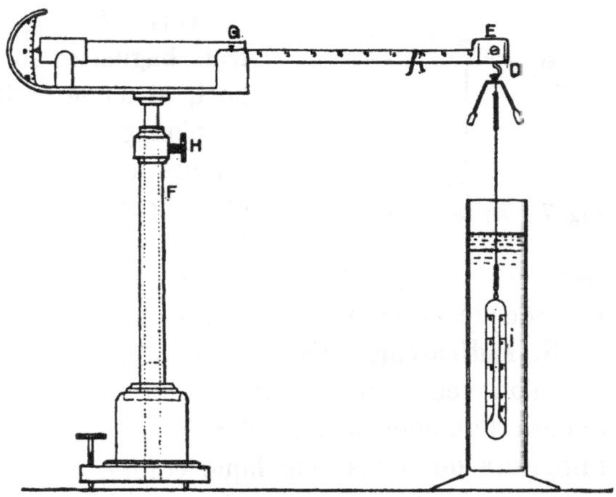

Fig. 6. Balance de Westphal.

[1] N. Jahrb. f. Min. II, 87–89. 1883.

conséquent $D = 2$ et $D = 3$. Pour prendre la densité d'un liquide, on le versera dans une petite éprouvette ad hoc, puis on y introduit le plongeur dans les conditions indiquées ci-dessus en équilibrant la poussée par des poids appropriés. Quand l'équilibre est obtenu, ce que l'on sait par le fait que l'aiguille se trouve en face du O de l'échelle, il suffit de faire la lecture de la position des divers cavaliers sur le fléau pour obtenir de suite la densité.

En général la balance de Westphal s'emploie principalement pour la densité d'un liquide déjà préparé et non pour amener une solution à une densité déterminée en cours de travail. On peut cependant y parvenir en utilisant le petit dispositif imaginé par Linck (fig. 7). Il se compose d'un tube de verre A fermé à une extrémité, muni de trois baguettes soudées B qui servent de support, et d'une petite tubulure latérale G. On le plonge dans l'entonnoir qui contient le liquide avec la poudre à séparer; ce liquide entre par la tubulure G et vient remplir l'éprouvette sans que la poudre puisse pénétrer. On y introduit alors le plongeur de la balance de Westphal, et procède comme il a été précédemment indiqué.

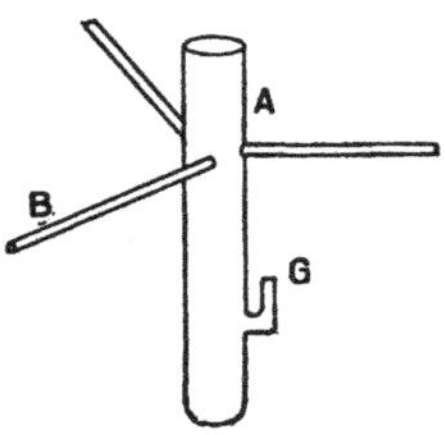

Fig. 7. Appareil de Linck.

8. Indicateurs. Quand on ne possède pas de balance de Westphal et qu'on veut rapidement évaluer le poids spécifique d'une liqueur ou encore l'amener à une densité déterminée, on utilise une série de minéraux de poids spécifique connu, qui servent d'indicateurs. On en jette des petits fragments dans la liqueur, en examinant s'ils flottent ou tombent au fond; le poids spécifique de celle-ci est compris entre celui du minéral qui flotte et celui du minéral qui tombe. On se servira avec avantage de l'échelle préparée à cet usage par V. Goldschmidt, qui est disposée comme suit:

Nom	Localité	Poids spécifique
1. Soufre	Agrigente	2,070
2. Hyalite	Waltsch	2,160
3. Opale	Scheiba	2,212
4. Mésotype	Brevig	2,246
5. Pechstein	Meissen	2,284
6. Obsidienne	Lipari	2,362
7. Perlite	Hongrie	2,397
8. Leucite	Vésuve	2,465
9. Adulaire	St. Gotthard	2,570
10. Eléolithe	Brévig	2,617

Nom	Localité	Poids spécifique
11. Quartz	Middleville	2,650
12. Labrador	Labrador	2,689
13. Calcite	Rabenstein	2,715
14. Dolomie	Muhrwinkel	2,733
15. Dolomie	Rauris	2,868
16. Prehnite	Kilpatrick	2,916
17. Aragonite	Bilin	2,933
18. Actinote	Zillerthal	3,020
19. Andalousite	Bodenmais	3,125
20. Apatite	Ehrenfridersdorf	3,180

Les divers termes de cette échelle réduits à l'état de petits éclats, sont enfermés dans des tubes de verre.

9. Appareils utilisés pour les séparations, et manière d'opérer. Tout entonnoir à robinet de dimension moyenne peut être utilisé pour une séparation par les liqueurs lourdes, mais il convient de lui donner la forme qui est la plus avantageuse en vue de diminuer la quantité de liqueur et de permettre une séparation aussi facile que possible des fractions obtenues. On emploie suivant les cas, des appareils simples ou à répétition.

Appareil simple de Harada[1]. C'est un entonnoir à robinet piriforme, fermé à une extrémité par un bouchon rodé à l'émeri, dont le robinet, qui est en verre, est percé par un large canal, d'un diamètre sensiblement égal à celui du tube de sortie de l'entonnoir (fig. 8). Ce dernier est fixé par une pince qui peut coulisser sur la tige d'un support métallique. La poudre et le liquide sont introduits dans l'entonnoir, que l'on ferme ensuite au moyen de son bouchon de verre, puis on agite

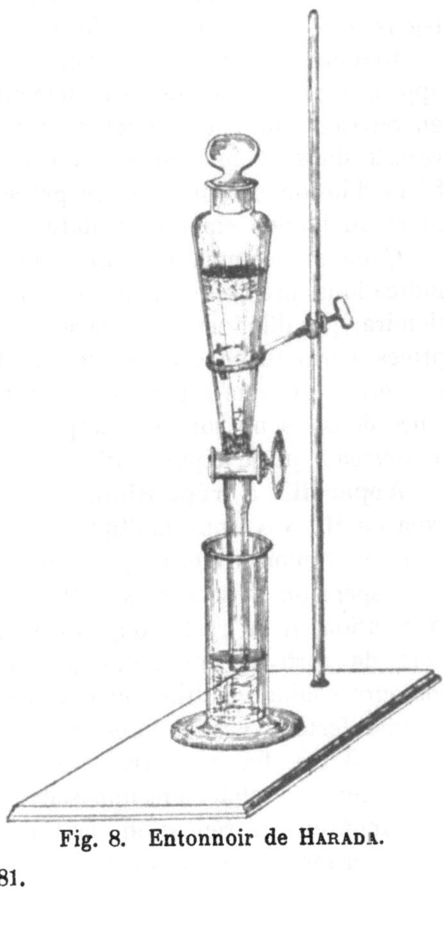

Fig. 8. Entonnoir de Harada.

[1] N. Jahrb. f. Min., t. I, p. 457. 1881.

fortement l'appareil qu'on laisse reposer jusqu'à ce que le liquide devienne clair; à ce moment on observe qu'une partie des éléments de la poudre flotte à sa surface, tandis qu'une seconde portion est tombée au fond. On place alors sous l'entonnoir un petit vase dont le fond doit presque toucher l'extrémité de celui-ci, puis on ouvre le robinet. Il ne s'écoule que quelques gouttes de la liqueur lourde, qui vient alors remplir le tube court situé au dessous du robinet, ainsi que l'espace compris entre le fond du vase et l'extrémité de ce tube. L'air ne pouvant pas rentrer, la fraction lourde descend peu à peu, puis quand elle a franchi le robinet, on ferme celui-ci, et on verse dans le vase un peu du liquide qui sert à diluer la liqueur lourde. On relève ensuite l'entonnoir de façon à ce que son extrémité plonge dans le liquide à une faible distance de la surface. Le mélange des deux liqueurs se fait rapidement, et toute la poudre lourde restée dans le tube au dessous du robinet, tombe dans le vase. Pour séparer à nouveau, en deux fractions, la partie la plus légère qui flottait, il suffit de diluer la liqueur lourde en débouchant l'entonnoir et en versant par le haut quelques gouttes du liquide approprié; on peut aussi simplement retourner l'appareil resté bouché, en ouvrant alors le robinet pour laisser rentrer la solution diluée qui restait dans le tube situé au dessous après la première séparation. Si la dilution obtenue par ce procédé n'est pas suffisante, on rajoute alors du liquide comme d'habitude.

Comme l'examen microscopique du produit à séparer donne des indications précises sur les minéraux qui sont en présence, on obtiendra, par dilutions successives, des liqueurs, dont les densités appropriées permettront d'isoler des fractions qui, du premier coup, renfermeront presque à l'état pur, les divers termes à séparer, si toutefois leurs densités ne sont pas trop voisines. Chaque fraction sera traitée à nouveau, jusqu'à purification complète.

Appareils à répétition. Les inconvénients des appareils du type de Harada sont multiples. Tout d'abord la poudre qui tombe entraîne toujours mécaniquement un peu de celle qui flotte ou reste en suspension et vice-versa. De plus, quand on agite la poudre avec la solution, il en reste toujours un peu contre les parois de l'entonnoir, de sorte qu'une petite portion des éléments plus denses vient toujours souiller la fraction plus légère qui flotte. Ces inconvénients se manifestent particulièrement dès qu'il s'agit de poudres dont le grain est très fin, et il arrive même dans ce cas, que les séparations deviennent complètement impossibles. Pour y remédier, on utilise alors des appareils à répétition dont il existe plusieurs types, que nous examinerons successivement.

Appareil de Brögger[1]. C'est un entonnoir de Harada muni d'un second robinet B placé à peu près au milieu de l'ampoule piriforme. Le diamètre du canal de ce robinet est sensiblement égal à celui de l'ampoule en cet endroit. On commence par opérer avec cet appareil comme avec celui de Harada, le robinet B étant ouvert tandis que A reste fermé. Dans ces conditions, la poudre lourde P_1 qui se trouve au dessus du robinet inférieur A est souillée par un peu de celle plus légère P_2' qui flotte, et cette dernière, P_2 est mêlée à son tour, avec un peu de la poudre dense P_1' (fig. 9*a*). On ferme alors le robinet B,

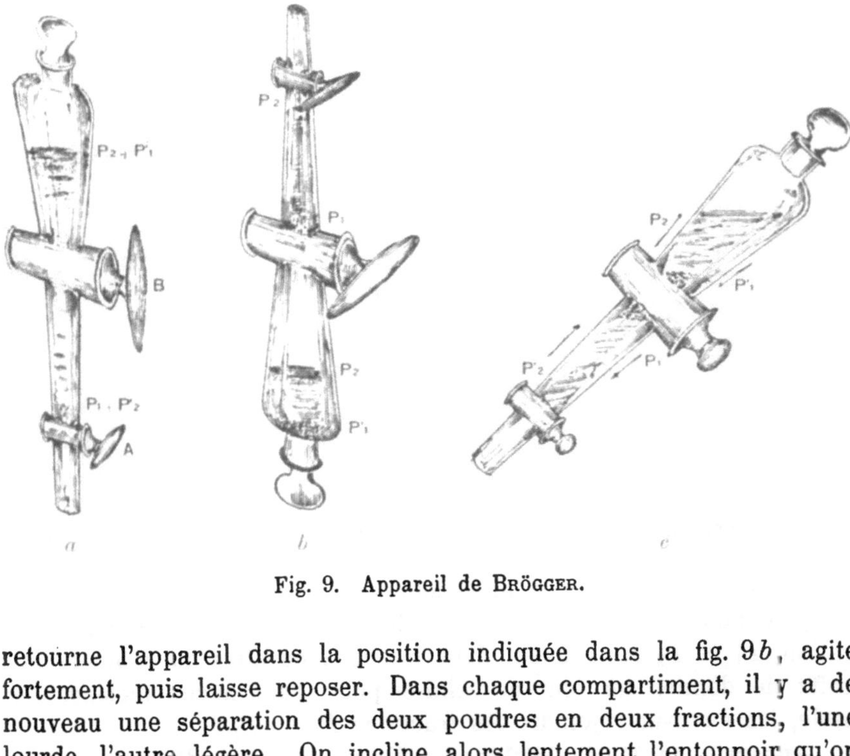

Fig. 9. Appareil de Brögger.

retourne l'appareil dans la position indiquée dans la fig. 9*b*, agite fortement, puis laisse reposer. Dans chaque compartiment, il y a de nouveau une séparation des deux poudres en deux fractions, l'une lourde, l'autre légère. On incline alors lentement l'entonnoir qu'on amène dans la position représentée fig. 9*c*. Les poudres se déplacent respectivement dans le sens indiqué par les flèches sur la figure. Lorsque la fraction P_2' se trouve au-dessous, et celle P_1' au-dessus du robinet B, on l'ouvre avec précaution; P_2' monte lentement à la partie supérieure de l'entonnoir, tandis que P_1' tombe au fond. On ferme ensuite B, et la séparation en deux fractions est faite. On peut répéter cette opération autant de fois que cela est nécessaire.

[1] Geologiska Förningens i Stockholm Förhandlingens 7, p. 417. 1884.

Appareils de Laspeyres[1] **et de Hauenschild.** H. Laspeyres a construit un petit appareil qui, en somme, à la forme près, est identique à celui de Brögger, mais d'une manipulation plus commode; il est représenté fig. 10 et s'emploie comme il a été dit ci-dessus. A. Hauenschild[2] remplace le robinet *B* de la fig. 9 par un robinet *R* conique non-perforé, à double cuvette (fig. 11) et l'entonnoir piriforme par un simple tube cylindrique *T* fermé aux deux extrémités par deux petits vases *V* et *V'* rodés à l'émeri, et munis d'un petit collecteur *C* pour retenir les gouttes de liquide qui pourraient s'écouler. Les deux fractions se récoltent dans chacun des vases, et la manipulation est en

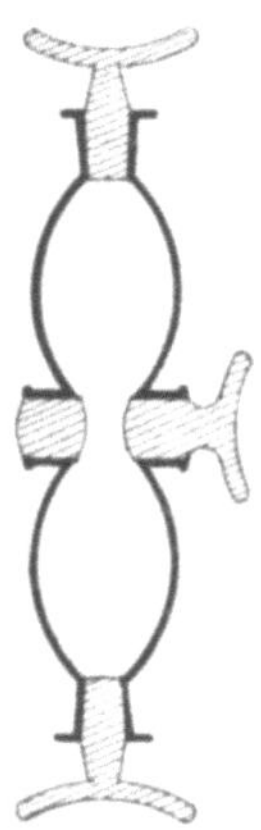

Fig. 10. Appareil de Laspeyres.

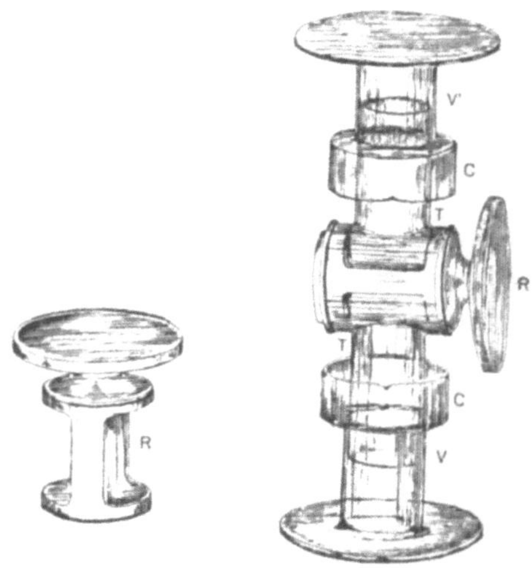

Fig. 11. Appareil de Hauenschild.

somme la même que celle précédemment décrite, mais la disposition adoptée pour le robinet est préférable, car après la deuxième séparation, P_1' et P_2' se trouvent dans les deux cuvettes du robinet, et il suffit de donner un tour de celui-ci pour, sans aucun mélange possible, les envoyer rejoindre les fractions P_1 et P_2.

Appareil de E. A. Wulfing[3]. Il se compose d'un anneau de verre creux plus ou moins elliptique (fig. 12 *a*), formé de deux branches, et muni aux deux extrémités des robinets *A* et *B* qui permettent à volonté de mettre en communication ou d'isoler les deux moitiés de cet anneau. L'orifice des robinets a exactement le diamètre des tubes auxquels ils s'adaptent. Deux tubulures *t* et *t'* avec

[1] Zeitschr. f. Kryst. 27, p. 44—55. 1896. Voir aussi E. Kaiser, Centralbl. f. Min., p. 475. 1906.

[2] Zeitschr. f. Baumaterialenkunde 1898.

[3] N. Jahrb. f. Min. 7, p. 164. 1890.

bouchons de verre rodé, servent à l'introduction et à l'écoulement de la liqueur et de la poudre. On remplit aux trois quarts l'appareil avec 30 ccm. de liqueur lourde, ajoute la poudre dans les deux branches, agite, et égalise le niveau dans celles-ci en ouvrant les deux robinets qui établissent la communication. On les ferme ensuite et laisse s'effectuer la séparation de la poudre en deux couches, en tenant l'appareil dans la position indiquée fig. 12*a*. La fraction légère P_2 souillée d'un peu de celle lourde P'_1 monte dans les deux branches; celle lourde P_1 mêlée à un peu de la légère P'_2 descend. On incline alors l'appareil dans la position indiquée fig. 12*b*, en ouvrant le robinet *B*. La fraction $P_1 + P'_2$ de la branche droite, se réunit à

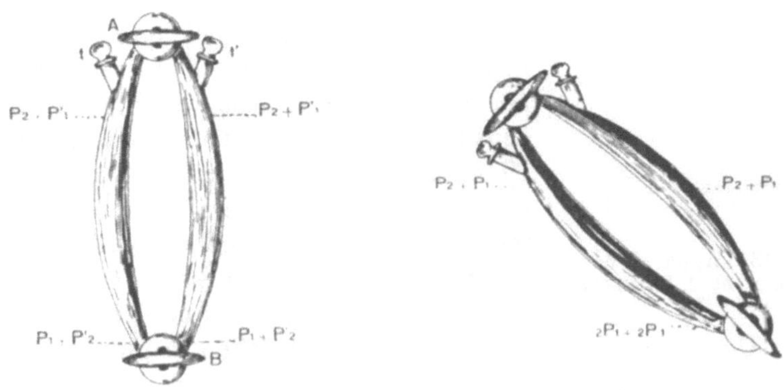

a *b*

Fig. 12. Appareil de Wülfing.

celle de la branche gauche, et on accélère cette réunion en ouvrant également le robinet *A*, dans la position inclinée fig. 12*b*. Lorsque le liquide est arrivé dans la branche gauche jusqu'au robinet *A*, on ferme *B*, et par une inclinaison appropriée, on fait passer l'excès de liquide avec la poudre surnageante $P_2 + P'_1$ dans la branche droite. Si toute la portion $P_2 + P'_1$ n'a pas passé dans celle-ci, on pousse encore une fois le liquide par le robinet ouvert *B* dans la branche gauche de l'appareil jusqu'au robinet *A*, ferme *B*, et verse à nouveau le liquide par *A* dans la branche droite. L'opération est répétée autant de fois qu'il est nécessaire pour obtenir une séparation complète.

Appareil de J. Smeeth[1] et J. S. Diller[2]. Il se compose d'un verre à pied, dans lequel entre un réservoir piriforme, rodé à l'émeri, qu'on peut boucher à la partie inférieure par une tige de verre rodé, et à

[1] Proceed. Royal. soc. Dublin 1888. 8.
[2] »Science« 3, no. 76, juin 1896.

la partie supérieure par un bouchon de verre rodé également (fig. 13). On opère d'abord avec cet appareil comme avec un entonnoir de HARADA, mais en enlevant le bouchon interne que l'on ne remet que lorsque la séparation de la poudre en deux couches a été obtenue. On agite alors l'appareil, ce qui amène une deuxième séparation, puis après repos, on l'incline et ouvre le bouchon interne, ce qui permet aux deux nouvelles petites fractions obtenues de rejoindre les deux premières. On réitère l'opération jusqu'à séparation complète.

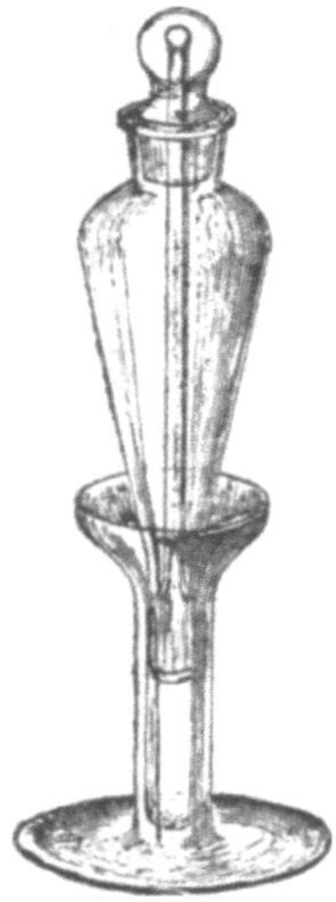

Fig. 13. Appareil de J. SMEETH et J. S. DILLER.

10. Méthode par centrifugation. Elle a été appliquée par Mr. DUMONT[1], qui introduit dans l'éprouvette cylindrique d'un centrifugeur la poudre à séparer, mêlée à un liquide lourd, de densité connue. Il centrifuge ensuite pendant 10 minutes à la vitesse de 1000 tours environ. Les minéraux plus légers se séparent et flottent, les plus lourds tombent au fond. L'opération répétée deux à trois fois avec le même liquide, permet d'arriver à une séparation complète. On opère ensuite de même sur la fraction la plus légère, avec des liquides de densités décroissantes. La méthode est bonne, mais la récolte des fractions est assez malaisée avec l'éprouvette ordinaire. Il nous semble préférable d'utiliser en lieu et place de celle-ci, un appareil à répétition analogue à celui représenté fig. 9.

11. Séparation par les substances lourdes à l'état fondu. Pour séparer des minéraux dont le poids spécifique est supérieur à 3,6, on ne peut plus se servir des liqueurs lourdes; il faut alors utiliser des substances solides de poids spécifique élevé, qui fondent à une température relativement basse, et opérer avec le produit fondu dans les mêmes conditions qu'avec les liqueurs lourdes. La première application de ce procédé a été faite par R. BRÉON[2] qui se servait de mélanges de chlorure de zinc de densité 2,4 et de chlorure de plomb de densité 5,0 à l'état fondu. En faisant varier les proportions respectives de ces deux corps, on peut, après fusion, obtenir différents liquides dont les poids spécifiques sont compris entre les deux limites indiquées. Le mélange est introduit dans une éprouvette, puis chauffé au bain de sable à 400° environ. On y jette par petites portions la poudre du mélange à séparer, et on remue énergiquement avec un

[1] Comp. rend. Acad. scienc. Paris t. 65, p. 1111.
[2] Bull. soc. Minér. d. Fr. 3, p. 46—56. 1880.

fil de platine épais. Lorsque les particules les plus lourdes sont tombées au. fond et que les éléments plus légers forment à la surface une couche bien nette, on refroidit l'éprouvette en la plongeant dans l'eau, puis on brise le verre pour isoler le culot, qui est coupé en deux parties, dont l'une contient la fraction lourde, l'autre celle plus légère. On les dissout séparément dans de l'eau bouillante aiguisée d'acide nitrique, et on récupère aisément de la sorte les deux fractions qu'on finit de laver à l'eau chaude. La séparation n'est bonne que si le grain de la poudre n'est pas trop fin.

On peut avantageusement remplacer le mélange $PbCl_2 + ZnCl_2$, par d'autres corps qui fondent à une température inférieure. J. W. Retgers[1] a proposé le nitrate d'argent qui fond à 198° et qui, à l'état liquide, a une densité de 4,1. Pour opérer, on fond d'abord le nitrate dans un petit verre à précipiter qu'on chauffe sur une toile métallique, puis on introduit la poudre, agite le liquide avec une baguette, et sépare la couche qui surnage de celle qui tombe au fond du vase, au moyen d'une petite cuiller de porcelaine. Pour diminuer la densité du nitrate d'argent fondu, on lui additionne des nitrates alcalins (KNO_3 ou $NaNO_3$) en proportions variables. On peut aisément, au moyen du nitrate d'argent fondu, séparer par exemple le corindon de densité 3,9 qui flotte à sa surface, du rutile de densité 4,2 qui tombe au fond. On a également proposé de fondre ensemble, en proportions variables, l'iodure et le nitrate d'argent. On obtient de la sorte, un liquide dont la densité oscille autour de 5, et le point de solidification entre 65 et 70°, ce qui permet d'opérer au bain-marie. Malheureusement on ne possède pas de substances qui, introduites dans le mélange fondu, puissent en abaisser la densité.

Plus tard J. W. Retgers[2] a proposé d'utiliser comme liquide lourd le nitrate double de thallium et d'argent $TlAg(NO_3)_2$, qui fond à 76°, alors que les composants fondent, le premier à 205°, le second à 224°. La densité du liquide incolore qu'on obtient par la fusion du sel double est d'à peu près 4,8; on peut la faire varier par adjonction de petites quantités d'eau, ce qui abaisse encore le point de fusion à 55°. Ce liquide, très mobile, convient admirablement pour effectuer certaines séparations, mais il ne peut être employé avec les sulfures métalliques (Pyrite, Chalcopyrite, etc.). Pour obvier à cet inconvénient, J. W. Retgers a proposé un nouveau sel, le nitrate double de thallium et de mercure $TlHg(NO_3)_2$, qui fond à 76°, en donnant un liquide

[1] N. Jahrb. f. Min. II, p. 105—192. 1889 et I, p. 90—94. 1893, puis Zeitschr. f. phys. Chem. 5, p. 451. 1890.

[2] N. Jahrb. f. Min. I, p. 212—221. 1896; II, p. 183—195.

mobile et transparent, de densité 5,3, qu'on peut mêler avec de l'eau en toute proportion pour en abaisser la densité.

Appareil de Penfield[1]. Pour opérer une séparation avec le nitrate double de mercure et de thallium on emploie avec avantage un petit appareil, qui a été proposé par PENFIELD. Il se compose d'un tube *A* de 20 cm. de longueur sur 2,2 cm. de diamètre, dont l'extrémité inférieure, qui est rétrécie et rodée à l'émeri, s'emboîte exactement dans un petit récipient en verre *B* dont le col est rodé également. Ce tube est traversé par un second tube creux rodé *C*, qui, dans la position indiquée sur la figure, empêche tout liquide contenu dans *A* de descendre dans le récipient. L'appareil plonge dans une éprouvette en verre *D* que l'on place dans un vase à précipiter contenant de l'eau chaude (fig. 14). Pour effectuer une séparation, on enlève tout d'abord le tube *C*, et l'on remplit à moitié l'appareil, ainsi que le récipient, avec le sel double préalablement fondu et additionné d'eau pour l'amener à la densité convenable. On introduit alors la poudre dans le liquide, et on mélange intimement en insufflant un peu d'air par le tube *C*. Lorsque la séparation est complète et que la poudre est divisée en deux parties, l'une qui flotte, l'autre qui est tombée au fond du récipient, on ferme le récipient *B* par le bouchon *C*, et l'on a isolé ainsi la fraction la plus lourde, que l'on peut aisément retirer de ce récipient, et qu'on lave soigneusement à l'eau chaude. On remet ensuite celui-ci en place, on abaisse par une nouvelle dilution la densité du mélange fondu contenu dans *A*, et procède comme précédemment pour séparer, s'il y a lieu, la portion qui flottait en deux nouvelles fractions.

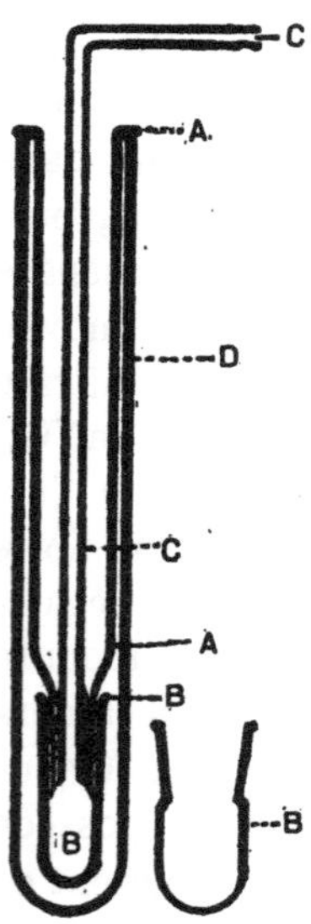

Fig. 14. Appareil de PENFIELD.

§ 4. SÉPARATION PAR LES AIMANTS.

12. Principe de la méthode. On sait que certains métaux natifs, et tout particulièrement le fer, sont attirés par le barreau aimanté, et depuis longtemps on a utilisé cette propriété pour extraire des poudres de minéraux ou de roches broyées dans des mortiers d'acier, les particules de métal arrachés mécaniquement qu'elles renferment toujours après le broyage. Certains minéraux, la Magnétite par exemple, se comportent comme le fer métallique, et peuvent également être aisé-

[1] Zeitschr. f. Kryst. 26, p. 135—136. 1896.

ment séparés dans un mélange en les attirant avec un barreau aimanté. Le nombre de ces minéraux est d'ailleurs restreint, mais il en existe d'autres, notamment certaines combinaisons qui contiennent du fer, qui, sans être attirables au barreau aimanté, le sont par des électro-aimants plus ou moins puissants, ce qui permet de les séparer aisément d'autres minéraux qui ne contiennent pas de fer.

Ce procédé fut employé pour la première fois par FOUQUÉ[1], puis plus tard par DÖLTER[2], qui étudia plus particulièrement la façon dont se comportent les minéraux contenant du fer vis-à-vis des électro-aimants, en vue de leur séparation. Il résulte de ces recherches, que rien ne permet de prévoir a priori la façon dont se conduira envers l'électro-aimant tel ou tel minéral déterminé; ainsi, tandis que la magnétite $Fe_2O_3.FeO$ est très magnétique, la chromite $Cr_2O_3.FeO$ l'est à peine. L'intensité de l'attraction n'est d'ailleurs nullement proportionnelle à la teneur totale en fer, et souvent des minéraux qui en contiennent relativement peu, sont plus fortement attirés que d'autres qui en sont très riches. Souvent aussi l'attraction est modifiée par la calcination; elle est par exemple augmentée, sans que la teneur totale en fer soit changée.

La séparation par l'électro-aimant peut être particulièrement efficace quand il s'agit de minéraux qui contiennent tous plus ou moins de fer, tels que les Pyroxènes, les Amphiboles, l'Olivine, certains Grenats, etc.; on peut souvent les isoler en faisant varier simplement l'intensité du champ magnétique.

13. Appareils et dispositifs nécessaires. Quant il s'agit de séparer les uns des autres des minéraux fortement magnétiques, d'autres qui le sont peu, on se sert d'un simple barreau aimanté ou d'un aimant en forme de fer à cheval. On répand la poudre à séparer sur une feuille de papier tendue sur un cadre de bois, et promène l'aimant sous la feuille. Les particules attirables suivent l'aimant dans son mouvement, et se séparent ainsi du reste de la masse. On répète plusieurs fois la séparation indiquée sur la fraction attirable obtenue. Lorsqu'on veut séparer des minéraux contenant du fer et attirables à l'électro-aimant, d'autres sans fer qui ne le sont pas, il faut tout d'abord un électro-aimant puissant, qu'on actionne par des piles, des accumulateurs sériés, ou une dynamo. Comme il faut pouvoir faire varier l'intensité du champ magnétique, on intercale une résistance convenable dans le circuit, et on place sur les pôles des armatures de fer doux, disposées comme l'indique la fig. 15. Les pôles, qui sont taillés en forme de coin, peuvent être écartés ou rapprochés; les deux

[1] Comp. rend. acad. scienc. Paris 75, 1089—91. 1872.

[2] C. DÖLTER, Die Vulkane des Capverden, 72. 1882.

armatures qui les portent sont munies de glissières qui permettent de les déplacer à volonté[1]. La force magnétique croît ou décroît en effet rapidement, selon que l'on rapproche on écarte ces pôles. On opère avec cet appareil comme suit:

Après avoir par tâtonnements réglé la distance à donner aux deux pôles, on fait passer le courant dans l'électro-aimant, puis on place la poudre à séparer sur une feuille de carton. On y fait plonger les deux pointes qui forment les pôles, et on promène lentement le carton sous celles-ci, de façon à les mettre en contact avec les différentes parties de la poudre. Lorsque les pointes ont attiré une quantité suffisante de matière, on enlève la feuille de carton, place sous les pôles une petite soucoupe, et interrompt le courant. L'aimantation cessant, toutes les particules qui s'étaient fixées sur ces pointes tombent, et sont récoltées dans la soucoupe. L'opération est répétée jusqu'à ce que, dans les conditions indiquées, on n'observe plus aucune attraction. Il n'y a pas de règle à indiquer pour les dimensions à donner à l'électro-aimant; H. Rosenbusch préconise la disposition représentée fig. 15. La hauteur totale de la potence qui supporte l'aimant est de 50 cm., les bobines de l'aimant mesurent environ 18 cm. de longueur et 10 cm. de diamètre. L'aimant est actionné par une grosse pile au bichromate; on peut également utiliser un accumulateur.

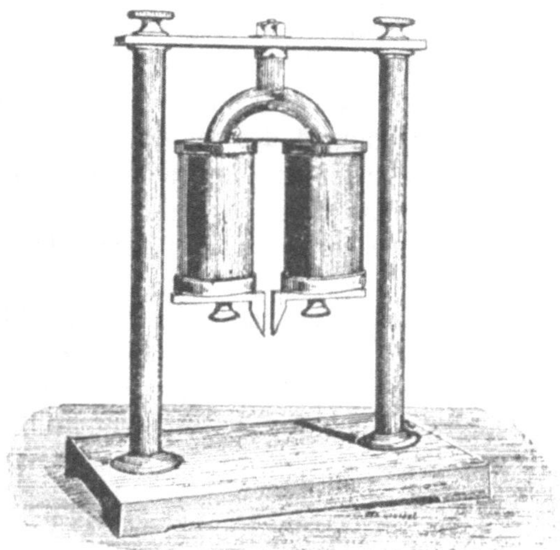

Fig. 15.

Quand il s'agit de séparer de petites quantités d'éléments attirables, disséminés dans une masse beaucoup plus grande de minéraux qui ne le sont pas, soit d'éliminer par exemple des inclusions de minéraux ferrugineux dans d'autres dépourvus de fer, il est préférable, dans ce cas, d'opérer la séparation en présence de l'eau, suivant le procédé de Pébal[2]. La poudre est introduite dans un récipient de verre, et mêlée à beaucoup d'eau, qu'on maintient constamment en mouvement

[1] T. Cook, Science progress. 2, p. 30. 1907 et Geol. Mag. 5, p. 560—561.

[2] Sitz.-Ber. d. K. K. Akad. 85, p. 147 et 86, p. 192—194. 1882.

au moyen d'un agitateur. Les deux pôles de l'électro-aimant qui sont disposés ad hoc, plongent alors dans le liquide, et attirent progressivement les particules magnétiques. Quand l'opération est terminée, on retire le vase et on récolte les parties fixées contre les pôles, comme précédemment.

P. Mann[1] a construit un petit appareil qu'il utilise dans le même but. Il se compose d'un électro-aimant horizontal, dont les pôles sont munis de deux armatures de fer doux, terminées par deux couteaux distants l'un de l'autre de 0,3 mm. Les couteaux peuvent être placés de façon à ce que leur tranche soit horizontale ou verticale. La poudre à séparer, délayée dans l'eau, est versée dans une sorte de burette étroite dont la pointe arrive à quelques millimètres des deux couteaux. Par suite du frottement interne, le mélange s'écoule entre les pôles de l'aimant sans que les parties les plus lourdes viennent s'accumuler au-dessus du robinet, et les minéraux magnétiques sont attirés sur les couteaux pendant l'écoulement. On les récolte à la fin de l'opération comme il a déjà été indiqué.

§ 5. SÉPARATION PAR LES PROCÉDÉS CHIMIQUES.

14. Attaque par les acides et les alcalis. Les procédés à employer pour séparer les minéraux par voie chimique ne sauraient être indiqués d'une manière générale, car ils varient naturellement d'un cas à l'autre, et leur emploi judicieux dépend de la façon dont les minéraux qui sont en présence se comportent vis-à-vis des réactifs. L'attaque par les acides chlorhydrique ou nitrique dilués, ou même par l'acide acétique, est fréquemment utilisée pour débarrasser certains minéraux, les silicates notamment, des carbonates ou de certains sulfures avec lesquels ils peuvent être mêlés. Dans chaque cas particulier il faudra déterminer préalablement la concentration de l'acide et la température qui paraissent les plus favorables; l'expérience montre en effet que certains minéraux, réputés réfractaires à l'action des acides ordinaires dilués, sont cependant légèrement attaqués par ceux-ci dans des conditions de concentration et de température déterminées. L'acide fluorhydrique seul, ou encore mêlé aux acides chlorhydrique ou sulfurique, est employé avec succès également pour isoler certains minéraux, notamment certains silicates. Cet acide, lorsqu'il est concentré, attaque avec une vitesse très-différente divers silicates, qui peuvent de la sorte être successivement isolés. Ainsi, dans un mélange de silicates (une roche porphyrique broyée, par exemple), c'est tout d'abord le verre amorphe qui s'attaque le premier, puis suivent les Feldspaths, le Quartz,

[1] N. Jahrb. f. Min. II, p. 182—183, 84.

et en dernier lieu les minéraux fémiques, tels que l'Olivine, le Pyroxène, l'Amphibole, etc. On opère en versant l'acide fluorhydrique dans une capsule de platine, et en introduisant graduellement la poudre qui forme le mélange, de façon à éviter une réaction trop vive. On remue avec une spatule de platine, en ayant soin de mettre un gant de caoutchouc, car les vapeurs d'acide fluorhydrique sont très caustiques. Il se produit toujours une forte élévation de température pendant l'attaque, qu'on interrompt au moment propice, en ajoutant une forte proportion d'eau froide. On décante ensuite le liquide acide, lave plusieurs fois le résidu avec de l'eau chaude, écrase avec le doigt les grumeaux de silice gélatineuse qui se sont produits par l'attaque, puis sèche la poudre, et calcine légèrement pour rendre la silice pulvérulente. Avec un peu d'habitude et quelques essais préalables, on arrive à isoler parfaitement certains minéraux, qui gardent même parfois leur forme cristalline. Ainsi, par exemple, on peut isoler les microlithes feldspathiques du verre qui les empâte dans certaines roches porphyriques; ou encore les éléments ferro-magnésiens des Feldspaths, etc. On peut aussi, dans certains cas, pousser l'attaque par l'acide fluorhydrique jusqu'au bout, de façon à ne laisser subsister que certains minéraux qui sont réfractaires ou a peu près à cette attaque. C'est ainsi, par exemple, qu'en attaquant par un mélange d'acide fluorhydrique et sulfurique, ou encore d'acide fluorhydrique et chlorhydrique, certains schistes argileux, on peut en isoler les nombreuses petites aiguilles de Rutile qu'ils renferment presque toujours. Le même procédé s'emploie pour isoler de certaines roches la Chromite, les Spinelles, l'Andalousite, le Disthène, le Zircon et même les Tourmalines (si toutefois l'acide fluorhydrique n'est pas trop concentré).

On peut enfin effectuer certaines séparations en faisant agir sur le mélange une solution plus ou moins concentrée de soude caustique, qui dissout complètement certains minéraux, ou plus souvent les décompose, de telle façon qu'une attaque subséquente à l'acide chlorhydrique les fait entièrement disparaître. On sait, en effet, que certaines variétés de silice sont entièrement solubles dans les alcalis; d'autre part les feldspaths sont, par l'action d'une solution concentrée et chaude de soude caustique, transformés en composés qui deviennent ensuite attaquables à l'acide chlorhydrique, tandis que certains minéraux ferro-magnésiens comme l'Augite résistent à cette double attaque, et peuvent ainsi être aisément isolés.

CHAPITRE II.
LES RÉACTIONS MICROCHIMIQUES.

§ 1. Réactions effectuées sur les coupes minces. § 2. Réactions effectuées sur des minéraux isolés.

§ 1. RÉACTIONS EFFECTUÉES SUR LES COUPES MINCES.

15. Principe de la méthode. Lorsque le diagnostic d'un minéral établi par les propriétés optiques qu'on a pu déterminer est insuffisant, on cherche généralement à le compléter en effectuant sur la préparation microscopique certaines réactions, qui ont pour but: ou bien de produire une attaque partielle ou complète qui, à elle seule, suffit pour préciser l'espèce; ou bien de mettre en évidence la présence, dans le minéral, de certains éléments chimiques constitutifs, qui sont absolument caractéristiques, et lèvent immédiatement tout doute au sujet de son identification. Ces réactions effectuées sur la préparation microscopique, sont extrêmement précieuses dans certains cas difficiles où les autres procédés échouent, notamment lorsqu'il s'agit de minéraux cubiques incolores, et de faible indice.

16. Préparation des coupes minces pour les essais. Les coupes microscopiques sur lesquelles on veut faire agir des réactifs ne doivent naturellement pas être couvertes; il est même préférable de ne pas polir la surface qui doit être en contact avec ceux-ci, l'attaque se faisant plus énergiquement dans ces conditions. Si donc la préparation à examiner est déjà coiffée, il faudra la chauffer modérément pour liquéfier le baume de Canada qui sert à la fixer, puis avec une aiguille d'acier, éloigner le couvre-objet, et après refroidissement, nettoyer la surface qui doit être attaquée, au moyen d'un pinceau trempé dans l'alcool, l'éther, ou le chloroforme. Lorsqu'on ne veut pas détruire complètement la préparation, on peut tout d'abord couper au diamant le couvre-objet en deux parties, puis après fusion du baume, on détache l'une des moitiés, tandis qu'on laisse l'autre en place. On procède alors comme il a été indiqué sur la partie de la coupe qui a été décoiffée, et la préparation est donc divisée en deux parties, l'une couverte, et l'autre mise à nu sur laquelle on fait alors les essais.

S'il s'agit de borner l'attaque par les réactifs à une région déterminée de la préparation seulement, on la circonscrit par un petit bourrelet de baume liquide, qu'on laisse couler au moyen d'une pipette capillaire; il se forme ainsi après dessiccation du baume, une sorte de petite cuvette, dont le fond est constitué exclusivement par les parties que l'on veut soumettre aux réactifs. Enfin s'il est nécessaire de limiter cette attaque à un seul minéral de petite dimension, on procède un peu autrement: après avoir enlevé le couvre-objet, on laisse le baume à la surface de la coupe mince, fixe par un petit repère la place qu'occupe le minéral en question, puis avec une pointe d'acier chauffée, on gratte ce baume seulement au-dessus et dans son voisinage immédiat, et on finit d'en enlever les dernières traces avec un pinceau trempé dans de la benzine. On peut également utiliser, dans le même but, le procédé préconisé depuis longtemps par A. Streng[1], qui consiste à faire glisser sur la préparation décoiffée, mais encore recouverte par le baume, un couvre-objet percé d'un petit trou conique. On le déplace, en examinant la préparation au microscope, jusqu'à ce que ce trou soit superposé exactement au minéral à étudier; puis on ramollit le baume par la chaleur, y enfonce le couvre-objet, laisse refroidir, et avec un petit pinceau enduit de benzine enlève soigneusement le baume qui se trouve sous l'orifice. Les réactifs sont alors placés sur le trou et ne viennent attaquer que la partie du minéral décapé qui se trouve immédiatement au-dessous. Pour préparer ces petits couvre-objets perforés, on prend des covers ordinaires, qu'on enduit de cire, et gratte celle-ci sur un espace circulaire de 0,5—1 mm. de diamètre situé en son milieu. On corrode ensuite le verre ainsi mis à nu par l'acide fluorhydrique. Si le réactif que l'on veut employer attaque le verre, on substitue aux petits couvre-objets perforés indiqués, une lame de platine percée d'un trou, avec laquelle on opère de la même manière.

17. Action de la chaleur seule, ou avec adjonction de réactifs, sur les coupes minces. Pour soumettre une coupe à l'action de la chaleur, il faut la séparer complètement du porte-objet en l'immergeant dans l'alcool, la benzine, ou l'éther. La préparation, qui est très fragile, doit être enlevée avec précaution, puis transportée sur une lame de platine que l'on chauffe directement. Certains minéraux subissent en effet des changements appréciables sous l'influence de la chaleur. Les silicates hydratés, tels que les Zéolithes, perdent leur eau, et deviennent troubles; d'autres, qui sont colorés et hydratés également, comme les Chlorites, deviennent bruns ou opaques; d'autres enfin, qui sont polychroïques, comme la Cordiérite ou les Tourmalines, perdent leur polychroïsme. Par contre certains minéraux qui sont transparents et incolores, prennent une coloration plus ou moins accusée quand on les chauffe fortement. Tel est par exemple le cas pour plusieurs silicates du groupe de la Hauyne, qui deviennent bleus par calcination. De même les silicates qui renferment du fer à l'état ferreux, comme les Pyroxènes, les Amphiboles et les Péridots, et qui, en coupes minces,

[1] N. Jahrb. f. Min. I, p. 26—28. 1885.

sont faiblement colorés, prennent après calcination une coloration beaucoup plus foncée, généralement brune ou rougeâtre, et deviennent parfois excessivement polychroïques. Il est à remarquer que la couleur et le polychroïsme de ces minéraux sont alors analogues à ceux que présentent les mêmes minéraux des enclaves contenues dans les roches volcaniques, le processus ayant sans doute été le même. Enfin certaines roches sont imprégnées d'une fine poussière de charbon, qui les rend partiellement opaques. A. Brun [1] a montré l'extrême diffusion du carbone dans certaines roches volcaniques, et l'opacité relative que présente la pâte de certaines roches porphyriques, que l'on attribue souvent exclusivement à la présence d'une fine poussière d'éléments ferrugineux, est fréquemment due en grande partie à du carbone très divisé. Une calcination convenable de la préparation peut la débarrasser complètement de ces particules; toutefois, lorsque ce carbone se trouve à l'état de graphite, il brûle assez difficilement. Souvent aussi les particules charbonneuses sont mêlées mécaniquement à des oxydes de fer (cas fréquent chez certains schistes métamorphiques, schistes à chloritoïde, etc.). Il est bon, dans ces conditions, de traiter, avant et après la calcination, la préparation microscopique par l'acide chlorhydrique, pour la débarrasser de ces éléments ferrugineux.

Certains minéraux peuvent aussi être mis en évidence, en chauffant la préparation en présence de certains réactifs. La Hauyne, d'après A. Knop [2], peut être décelée en exposant la coupe mince à l'action de vapeurs de soufre, ce qui lui communique une coloration bleue. L'opération s'effectue aisément en plaçant la coupe dans un creuset de platine fermé, au fond duquel on a mis un peu de fleur de soufre, et qu'on chauffe ensuite.

La Brucite, d'après J. Lemberg [3], peut être distinguée des carbonates en chauffant la préparation jusqu'à perte complète de toute son eau. En trempant ensuite celle-ci dans une dissolution de nitrate d'argent, elle se colore en noir, tandis que les carbonates ne donnent aucun changement.

Certains minéraux, qui sont des composés de l'aluminium, et qui, lorsqu'on les chauffe au chalumeau en présence de nitrate de cobalt, prennent une coloration bleue (voir Chapitre III), donnent souvent la même réaction lorsqu'on chauffe fortement la coupe mince qui les contient, après l'avoir imbibée d'une solution de nitrate de cobalt. Il est toutefois nécessaire de chauffer fortement, et il est bon de placer la préparation dans un petit creuset couvert. La solution de

[1] A. Brun, Recherches sur l'exhalaison volcanique. Genève, Paris. Kündig, 1911.
[2] N. Jahrb. f. Min. p. 74—76. 1875.
[3] Zeitschr. d. D. geol. G. p. 226—227. 1872.

nitrate de cobalt doit être étendue et légèrement acide; pour que la couleur bleue apparaisse, il faut souvent répéter l'opération plusieurs fois. Cette réaction peut être utilisée avec avantage pour identifier, par exemple, certains minéraux en paillettes du groupe de la Damourite, que l'on peut aisément confondre avec des produits de même aspect, mais de composition différente (Talc).

18. Dissolution des minéraux par les acides. Pour soumettre une coupe à l'action des acides, il faut la préparer comme nous l'avons indiqué, en l'isolant du porte-objet. On peut cependant aussi se borner à décoller le couvre-objet et à décaper la surface de la coupe avec un pinceau trempé dans le chloroforme. Plusieurs minéraux constitutifs des roches sont solubles dans les acides; ce sont tout d'abord les carbonates, puis les phosphates, bon nombre d'oxydes, et quelques sulfures. Lorsqu'on traite par conséquent une préparation qui les contient par un acide approprié, on peut les faire entièrement disparaître, ce qui est un moyen de les identifier. Tous les carbonates rhomboèdriques et rhombiques sont attaquables par les acides, mais tandis que la Calcite se dissout déjà aisément dans l'acide acétique, d'autres exigent l'acide chlorhydrique plus ou moins concentré et froid, ou même ne s'attaquent qu'à chaud. Ainsi la Dolomie $MgCO_3 + CaCO_3$ et la Giobertite (cette dernière même en poudre fine), ne se dissolvent lentement dans l'acide chlorhydrique qu'à chaud; la Sidérose s'attaque aussi très mal à froid, par contre la Strontianite, la Withérite et l'Aragonite se dissolvent aisément à froid dans l'acide chlorhydrique, et la Céruse dans l'acide nitrique dilués.

L'attaque des carbonates se fait avec une effervescence due au dégagement de CO_2, que l'on peut aisément constater sur la préparation soit à l'œil nu, soit à la loupe, ou mieux encore au microscope. Dans certains cas cependant, lorsque les carbonates sont en particules très fines et divisées, cette effervescence peut échapper; il est bon alors de mouiller la coupe d'une goutte d'eau, de la recouvrir ensuite d'un couvre-objet, puis de mettre à proximité sur le porte-objet une goutte d'acide. On fait entrer en contact les deux liquides, et l'acide chlorhydrique diffusant lentement dans l'eau, arrive ainsi sur la préparation qu'il attaque. On voit alors nettement des bulles d'acide carbonique qui se dégagent sur tous les points où se trouvent des carbonates. Les métaux fixés comme carbonates sont en solution dans la couche de liquide située entre la coupe et le couvre-objet; on peut retirer ce liquide par une pipette capillaire, et identifier ensuite le métal dans le liquide par un essai microchimique, ou par une autre réaction. Si l'on veut opérer à chaud, on met la préparation sur une lame de cuivre qu'on place sur la platine, et qui est percée d'un large orifice situé au-dessus du diaphragme du microscope. Cette plaque est munie de deux ailettes qui dépassent la platine, et que l'on chauffe au moyen d'une lampe à alcool. La chaleur se propage alors par conductibilité jusqu'à la préparation.

Les sulfures attaquables par les acides donnent aussi un dégagement gazeux d'hydrogène sulfuré qui est généralement moins vif que celui d'anhydride carbonique. Ce gaz se dissout en partie dans le liquide situé entre la coupe et le couvre-objet. Il suffira d'en retirer une goutte avec une pipette capillaire et de la déposer sur un papier imprégné d'acétate de cadmium, qui prendra immédiatement une coloration jaune en présence d'hydrogène sulfuré.

Les phosphates, et notamment l'Apatite, se dissolvent aisément dans l'acide nitrique dilué à 50 % ; il est bon d'opérer toujours à une douce chaleur. Le liquide puisé après l'attaque par une pipette capillaire, donne, lorsqu'on le met en présence d'une goutte de dissolution nitrique de molybdate d'ammoniaque, un précipité jaune caractéristique.

Les oxydes anhydres ou hydratés du fer se dissolvent aussi plus ou moins facilement dans l'acide chlorhydrique. C'est la Limonite et les produits limonitiques (oxyde de fer hydraté, souvent plus ou moins mêlé de carbonates) qui se dissolvent le plus aisément; viennent ensuite la Magnétite non titanifère, puis l'Oligiste qui n'est déjà que très difficilement soluble, et enfin l'Ilménite qui ne l'est pour ainsi dire plus du tout, ou à peine. Quant aux Spinelles, à la Chromite, et au Corindon, ils peuvent être considérés comme complètement inattaquables. L'attaque par l'acide chlorhydrique sert donc à identifier ces divers oxydes lorsqu'ils sont simultanément en présence, par exemple, dans le cas où la Magnétite est, dans une préparation, associée à l'Ilménite, ou encore, quand il existe simultanément de la Chromite et de la Magnétite (comme dans la Garéwaite[1]). On peut également, d'après J. Lemberg[2], faire agir sur la préparation une solution de cyanure de potassium, qui attaque certains sulfures de cuivre ou d'argent avec une plus ou moins grande rapidité, et les dissout; on se sert de ce procédé pour distinguer la Pyrite cuivreuse, la Bornite, les Fahlerz etc.

19. Gélification par les acides. Certains silicates sont attaqués par les acides, avec dépôt de silice gélatineuse ou pulvérulente. Parmi les minéraux qui gélifient, il faut citer la Néphéline, la Noséane et la Hauyne, l'Olivine etc.; parmi ceux qui abandonnent de la silice floconneuse ou pulvérulente: les Wernérites, les Serpentines, les termes les

[1] L. Duparc et F. Pearce, Recherches géologiques et pétrographiques sur l'Oural du Nord. t. II, p. 487. Mémoires de la soc. de physique de Genève 1905.

[2] Zeitschr. d. B. g. g. 46, p. 488—491. 1894.

plus basiques des Plagioclases, etc. La décomposition de ces silicates se fait à froid ou à chaud; elle est, suivant les cas, plus ou moins facile. Lorsqu'il s'agit simplement de constater dans une préparation l'existence de silicates qui gélifient, on procède comme suit: après avoir enlevé le couvre-objet et décapé la préparation à la benzine ou au chloroforme, on dépose à sa surface une mince couche de l'acide avec lequel on veut expérimenter. On l'étend avec le doigt ou un pinceau de verre, de façon à ce qu'elle ne soit pas trop épaisse, car dans ce cas la silice gélatineuse se répandrait sur toute la coupe; on fait alors durer l'action de l'acide jusqu'à ce que la surface seulement du silicate en contact avec lui soit attaquée, ce que l'on voit par le fait que ce dernier garde sa transparence, et que ses propriétés optiques ne sont pas altérées. Mieux vaut répéter l'attaque que de la pousser trop loin. Pour mettre en évidence la silice gélatineuse, on se sert de colorants qui sont fixés par elle, par exemple d'une solution étendue de fuchsine. Après avoir lavé la préparation avec de l'eau distillée, on pose à sa surface une goutte de cette solution, qu'on laisse un certain temps en contact. On lave de nouveau jusqu'à départ complet de la fuchsine; tous les minéraux de la préparation qui ont été attaqués par l'acide apparaissent alors colorés en rose. On peut remplacer la fuchsine par d'autres colorants de même nature, ou encore faire agir sur la préparation, d'abord un sel ferrique, puis ensuite une dissolution de ferrocyanure de potassium; il se précipite alors du bleu de prusse dans la silice imbibée. Les préparations obtenues par ce procédé se conservent plus facilement. Lorsque l'on veut opérer la gélification à chaud, on procède comme il a été indiqué à l'alinéa No. 18, après avoir recouvert la coupe d'une faible couche d'acide. Si enfin on veut expérimenter le liquide provenant de l'attaque du silicate, qui contient en solution les bases liées à la silice, on l'aspire au moyen d'une pipette capillaire, le transporte dans un minuscule verre de montre, et l'évapore à sec au bain-marie pour insolubiliser la silice. Le résidu sec est repris par une goutte d'eau acidulée, et examiné par les procédés microchimiques qui seront décrits plus loin.

Lorsqu'on veut simplement détruire dans une préparation des minéraux qui gélifient, on pousse l'attaque plus loin, de façon à ce qu'elle soit complète, puis on lave la préparation avec une fiole à jet, pour chasser complètement la silice gélatineuse qui adhère souvent fortement.

On peut aussi, après l'attaque aux acides, faire agir sur la préparation divers réactifs spéciaux, dans le but d'identifier telle ou telle espèce minérale. D'après A. Sauer[1], on peut aisément distinguer les

[1] Zeitschr. f. d. ges. Naturwissenschaften. Halle 13, p. 322. 1876.

minéraux de la famille de la Sodalite qui renferment beaucoup, peu, ou pas de chaux, en laissant évaporer sur la coupe même le liquide acide qui a produit l'attaque. On remarque alors en plus ou moins grande abondance, des aiguilles de gypse dispersées parmi la silice gélatineuse; celles-ci font défaut lorsque le terme considéré ne renferme pas de chaux. D'après F. GRAEFF[1], on peut distinguer la Sodalite de l'Analcime en attaquant la préparation par l'acide nitrique étendu, puis, après gélification, en introduisant dans le liquide une goutte d'une solution étendue de nitrate de plomb. La surface de la Sodalite se couvre de cristaux de chlorure de plomb, qui sont très réfringents; le phénomène n'a pas lieu avec l'Analcime. J. LEMBERG[2] met en évidence les silicates contenant du chlore et qui sont attaquables par les acides, en faisant agir sur les préparations une solution à 4% d'acide nitrique, contenant 2% de nitrate d'argent; il se forme à la surface du minéral attaqué un dépôt de chlorure d'argent, qui devient noir quand on a fait agir sur la préparation une solution alcaline de pyrogallol.

Dans certains cas on peut aussi traiter les préparations microscopiques par de l'acide fluorhydrique plus ou moins étendu, qui attaque et dissout la grande majorité des silicates, mais avec une rapidité très variable. F. BECKE[3] a montré que, tandis que au bout d'un temps très court, le Quartz contenu dans la coupe est totalement dissout, les feldspaths résistent mieux et se couvrent d'une mince pellicule de fluorure d'aluminium. Si après lavage à l'eau, on plonge la préparation dans une dissolution de bleu d'aniline, on remarque, après un nouveau lavage, que les Plagioclases se sont colorés en bleu foncé, tandis que l'Orthose est à peine teinté, mais corrodé et arrondi sur les bords et le long des cassures; quant au Quartz, il reste complètement incolore.

Lorsqu'on veut conserver les préparations traitées par ce procédé, BECKE recommande d'absorber, après l'attaque, l'excès d'acide par un petit rouleau de papier buvard, puis de dessécher rapidement au bain-marie dans un courant d'air sec. On couvre ensuite la préparation avec la solution colorée, laisse 10 minutes en contact, puis lave à l'eau distillée avec précaution. On plonge alors la préparation dans l'alcool, puis dans le benzol; on l'humecte d'une goutte d'huile de lavande, la recouvre de baume dissous, puis on place le couvre-objet.

20. Formation de précipités sur les coupes minces. Lorsqu'on met les coupes microscopiques en présence de réactifs appropriés, il s'établit parfois entre ceux-ci et certains minéraux contenus dans les

[1] N. Jahrb. f. Min. II, p. 230. 1887.

[2] Zeitschr. d. D. geol. G. 42, p. 738. 1890.

[3] Min. u. petr. Mitt. 10, p. 90. 1888, puis id. 12, p. 257 et 258. 1892.

préparations, des doubles décompositions qui précipitent à leur surface certaines combinaisons faciles à identifier. Ce procédé a, sauf erreur, été appliqué pour la première fois par Fouqué, qui a réussi à montrer la présence du fer natif dans certains Basaltes, en immergeant les préparations dans une dissolution de sulfate de cuivre. Le cuivre métallique se déposait alors sur le fer qu'il recouvrait d'une pellicule rouge.

On peut aussi, d'après J. Lemberg[1], distinguer la Calcite de l'Aragonite en faisant agir sur la préparation décapée une solution de chlorure ferrique. Tandis que la Calcite est rapidement décomposée avec dépôt d'oxyde de fer à la surface, la Dolomie est beaucoup plus réfractaire et ne s'attaque qu'à la longue. En immergeant ensuite la coupe dans une dissolution de sulfure d'ammonium, le fer déposé noircit, et la Calcite se couvre d'une pellicule verdâtre ou même noire, tandis que la Dolomie est à peine colorée ou même pas du tout si l'attaque a été suffisamment rapide. On peut aussi, d'après le même auteur, employer une solution contenant 4 parties de chlorure d'ammonium dans 60 parties d'eau, qu'on additionne de 6 parties de bois de Campêche, et qu'on porte à l'ébullition pendant 25 minutes, en remplaçant l'eau qui s'est évaporée. En imbibant la préparation avec cette liqueur, le chlorure d'ammonium est décomposé par la Calcite avec dépôt d'alumine, qui forme une laque avec le colorant, de sorte que la Calcite se colore ainsi presque immédiatement en violet, tandis que la Dolomie est beaucoup plus lentement attaquée. Le même auteur[2] a montré que par une attaque avec le brome en solution alcaline, et une solution de sulfate d'argent acidulée par l'acide sulfurique, on pouvait distinguer certains sulfures du groupe de la Pyrite, d'autres du groupe de la Blende ou de la Galène; nous renverrons pour plus de détails à ses travaux originaux.

21. Figures de corrosion. Lorsqu'on attaque certains minéraux par des réactifs appropriés, il se forme fréquemment à leur surface des figures en creux, qui renseignent admirablement sur leur véritable symétrie. L'emploi de ces figures de corrosion s'est généralisé grâce surtout aux travaux de Baumhauer; il est absolument indiqué en cristallographie et en minéralogie descriptive, mais il est considérablement plus restreint dès qu'il s'agit des coupes minces, et ce pour divers motifs. D'abord les minéraux constitutifs des roches ont rarement des profils géométriques, puis les figures de corrosion ne sont bien nettes que sur des faces cristallines ou sur des lamelles de clivage. Sur les

[1] Zeitschr. d. D. geol. G. 39, p. 489. 1887 et 40, p. 357. 1888.

[2] Zeitschr. d. D. geol. G. 42, p. 735—752. 1890; 44, p. 224—237 et 823—824; 46, p. 788—799. 1894.

surfaces polies artificiellement, elles n'apparaissent que si la polissure est parfaite. Cependant elles peuvent quelquefois servir à identifier certains minéraux douteux, ou que l'on peut confondre avec d'autres, faute d'un nombre suffisant de sections optiquement orientées dans la préparation. Pour obtenir des figures de corrosion, on utilise généralement les acides acétique, chlorhydrique, sulfurique et fluorhydrique plus ou moins dilués, puis aussi la soude ou la potasse caustiques en solution, et on opère à froid ou à chaud selon les cas. La préparation doit être décapée et quelquefois complètement séparée du couvre-objet; il faut soigneusement vérifier que toute trace de baume de Canada a disparu. Après l'attaque, on lave la coupe à grande eau, la sèche, et l'examine au microscope en l'immergeant dans un milieu dont l'indice est aussi différent que possible de celui du minéral corrodé, et en diaphragmant fortement le polariseur. On peut rendre ces figures plus visibles en frottant la préparation d'abord sur un papier buvard imprégné de poudre d'oxyde de cuivre très fine ou de graphite, puis ensuite sur un papier parfaitement propre. Les particules de pigment restent alors fixées sur le relief en creux formé par les petites figures de corrosion, qui sont ainsi faciles à retrouver.

§ 2. RÉACTIONS EFFECTUÉES SUR DES MINÉRAUX ISOLÉS.

22. Généralités et matériel nécessaire. Lorsque par un procédé quelconque, on a isolé un minéral déterminé, on peut le soumettre à une série de réactions microchimiques destinées à mettre en évidence tout ou partie de ses éléments constitutifs. Dans ce but, on solubilise le minéral dans un solvant approprié, puis on ajoute divers réactifs à des prises d'essai de la solution obtenue. Il se forme alors entre les éléments du minéral et les réactifs, des combinaisons qui doivent cristalliser, et que l'on identifie par la forme et les propriétés de leurs cristaux. L'avantage de ces méthodes réside surtout dans leur rapidité, et dans le fait qu'il suffit d'un minuscule fragment de minéral pour permettre de faire en quelque sorte une analyse complète. De plus, par la proportion relative des divers cristaux qui se forment, on peut se faire une idée de l'abondance ou de la rareté de tel ou tel élément chimique dans le minéral. Par contre elles sont d'une application délicate, exigent beaucoup de soin et d'habileté, et surtout la présence de réactifs absolument purs. En outre, la forme des cristaux que l'on obtient dépend souvent de la concentration initiale de la solution. Beaucoup de réactions ne sont d'ailleurs pas plus sensibles et moins certaines que celles employées dans les méthodes par voie sèche ou humide, que l'on préfèrera toujours dans ce cas. Le matériel nécessaire pour les essais microchimiques n'est pas considérable, nous l'énumérerons sommairement ci-dessous:

Pipettes capillaires. Ce sont de simples tubes capillaires, qu'on obtient en étirant à la lampe des tubes de verre ordinaires. Il faut toujours en avoir une grande réserve.

Porte-objets. Pour un certain nombre de réactions, on peut utiliser des porte-objets ordinaires, mais lorsque l'on travaille avec des réactifs qui corrodent le verre (acide fluorhydrique), il faut préalablement les enduire d'une mince couche de baume de Canada. Pour cela, on dissout du baume solide et pulvérisé dans du benzène, jusqu'à consistance sirupeuse. On verse ce liquide sur le porte-objet préalablement chauffé à 50°, et après avoir égoutté, on dessèche pendant 4 heures à 50°. La surface du baume doit être alors parfaitement lisse, et sans craquelures; elle n'est pas attaquée par les acides, mais assez rapidement par les alcalis. On peut aussi faire usage de lamelles transparentes en celluloïde, qui sont préparées par le docteur Muencke à Berlin, et qui se trouvent dans le commerce.

Fils, pince et cuiller de platine. On emploie des fils de platine montés sur verre, qui ne doivent pas être d'un calibre trop petit. Pour la dissolution de certains minéraux, on se sert d'une petite cuiller ou capsule de platine de 9 à 15 mm. de diamètre, ou simplement d'un couvercle de petit creuset. Il est bon de posséder également une pince à ressort, dont les extrémités sont couvertes d'un manchon en platine; cette pince sert à maintenir la capsule lorsqu'on la chauffe.

Appareil pour filtrer. En général on évite, autant que faire se peut, les filtrations dans les essais microchimiques. S'il s'agit simplement de séparer d'un résidu cristallin une petite quantité de liquide, on absorbe celui-ci au moyen de petits rouleaux de papier buvard; on peut aussi, avec succès, employer un appareil centrifugeur, avec lequel on opère comme à l'ordinaire. Si l'on dispose de quantités de liquide appréciables, on effectue la filtration au moyen de l'appareil de Haushofer[1]. Il se compose de deux tubes A et C de 4 mm. de diamètre, rodés à plat aux deux extrémités, et fixés perpendiculairement l'un au-dessus de l'autre par une pince munie d'une vis S (fig. 16). Le tube A est, à la partie supérieure, évasé en entonnoir; celui C est fermé par un bouchon rodé à l'émeri; il porte une

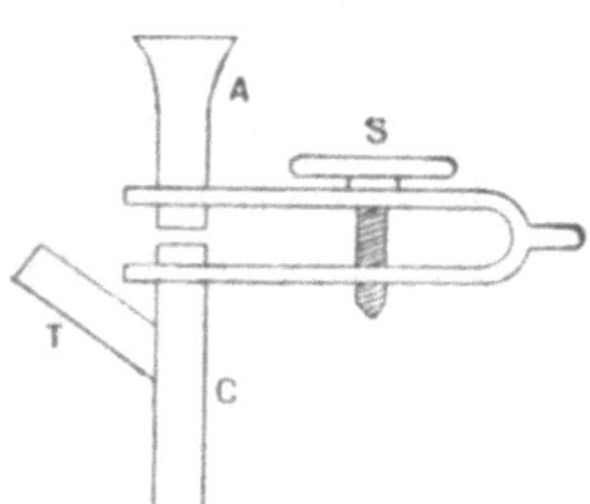

Fig. 16.

[1] Mikroskopische Reaktionen p. 160. Braunschweig 1885.

tubulure latérale *T*. Entre les deux tubes, on place un disque de papier à filtrer double, préalablement mouillé, et dont le diamètre dépasse de un millimètre celui des deux tubes; puis en serrant la vis *S*, on presse fortement ce papier entre ceux-ci. On verse alors le liquide à filtrer en *A* et aspire l'air avec précaution par la tubulure *T*. Le précipité est arrêté par le disque de papier, et le liquide filtre clair. On peut le laver avec de l'eau comme à l'ordinaire.

Dessiccateurs. Pour opérer la concentration des solutions qui doivent cristalliser sur les porte-objets, on place ces derniers sous une cloche, dans laquelle on fait le vide au moyen d'une trompe, ou simplement dans un dessiccateur à acide sulfurique ordinaire. On peut aussi se servir du micro-exsiccateur proposé par Schröder van der Kolk, qui se compose d'un porte-objet en verre très épais, dans lequel on a pratiqué une petite cavité, qui sert à recevoir une goutte d'acide sulfurique concentré.

Réactifs. Les réactifs que l'on utilise pour les essais sont contenus dans des petits flacons de verre bouchés à l'émeri, et groupés généralement dans une petite cassette. Ils doivent être absolument purs, et consciencieusement vérifiés à cet égard. Parmi ces réactifs, qu'il nous paraît superflu d'énumérer ici, se trouvent toujours les acides fluorhydrique et hydrofluosilicique, qui attaquent le verre; ceux-ci seront conservés dans des petites bouteilles de platine, ou à défaut, dans des fioles de gutta-percha.

23. Méthode de Boricky. Elle a principalement pour but l'identification rapide de certains éléments contenus dans les silicates, par la formation d'hydrofluosilicates cristallins, dont les formes sont plus ou moins caractéristiques. Pour opérer, on place sur un porte-objet enduit de baume, ou sur une lamelle de celluloïde ou de fluorine bien transparente, un petit fragment du minéral à expérimenter (par exemple un grain de la poudre d'un minéral isolé et purifié par les liqueurs lourdes). On le recouvre d'une large goutte bien convexe d'acide fluorhydrique, qu'on transporte au moyen d'un fil de platine, puis on place la préparation sous une cloche en présence d'air humide, pour empêcher une concentration trop rapide. On la laisse pendant plusieurs heures, pour que l'attaque du minéral soit suffisante. On transporte alors la préparation dans un dessiccateur, et on l'y laisse jusqu'à cristallisation des hydrofluosilicates. On examine ensuite la préparation avec un grossissement de 200—400 diamètres. Si tout l'acide fluorhydrique n'est pas évaporé, on recouvre la préparation avec une lame de mica blanc enduite de glycérine, pour protéger l'objectif; si au contraire l'acide est entièrement évaporé, on la recouvre d'abord d'une goutte de baume dissous, puis ensuite d'un couvre-objet. Comme la température exerce une influence sur la forme des hydrofluosilicates, il est bon d'opérer toujours à 15°. Les éléments que l'on peut aisément mettre en évidence par ce procédé sont les suivants:

Sodium. Les cristaux d'hydrofluosilicate de sodium Na_2SiFl_6 sont hexagonaux, et présentent généralement la combinaison du prisme $(10\bar{1}0)$ avec la base (0001), parfois aussi avec la pyramide $(10\bar{1}1)$ (fig. 17). Ils sont incolores, peu réfringents et biréfringents, et de signe optique négatif. Ils se fixent soit sur la base, soit sur une face prismatique, l'angle $(10\bar{1}1 : 10\bar{1}\bar{1}) = 114°$. L'allongement suivant le prisme dépend des autres corps qui sont en solution, il s'accentue en présence de la chaux.

Fig. 17. Hydrofluosilicate de sodium.

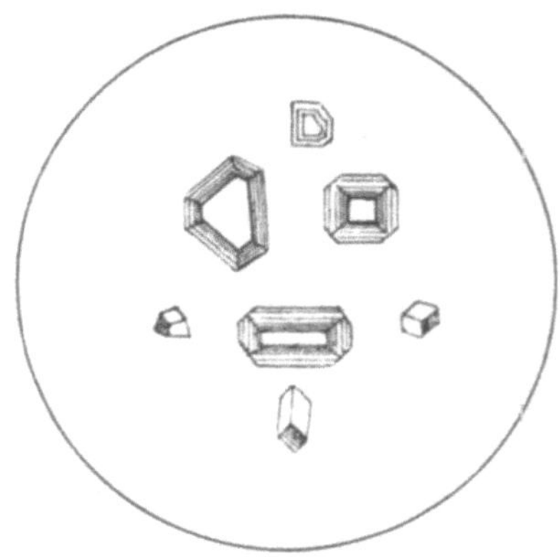

Fig. 18. Hydrofluosilicate de potassium.

Potassium. L'hydrofluosilicate de potassium cristallise en petits cubes, octaèdres, ou cubooctaèdres transparents, incolores et peu réfringents. Quelquefois, aux combinaisons de ces formes s'ajoute le dodécaèdre rhomboïdal (fig. 18). Si cependant la potasse se trouve en présence de beaucoup de soude et en solution concentrée, il se forme des cristaux d'apparence rhomboèdrique, mais qui sont en réalité monocliniques et toujours fortement réfringents. L'angle 2E est petit, le signe positif. Dissous à nouveau dans l'eau chaude, ils recristallisent souvent, mais pas toujours en cubes.

Lithium. Le fluosilicate de lithium est hexagonal d'apparence, mais en réalité monoclinique; il se présente aussi fréquemment en sphérocristaux.

Calcium. Le fluosilicate de calcium $CaSiFl_6 + 2H_2O$ cristallise sous des formes variées, en général en aiguilles ou fuseaux étroits et aussi en petites tables rhombiques peu biréfringentes. L'identification n'est pas aisée. Les fluosilicates de baryum et de strontium sont encore moins caractéristiques, et la méthode est en défaut.

Magnésium, fer, ou manganèse. Les fluosilicates de ces trois éléments $RSiFl_6 + 6H_2O$ sont complètement isomorphes et cristallisent en rhomboèdres, avec les combinaisons habituelles $(11\bar{2}0)$ et $(10\bar{1}1)$ ou $(10\bar{1}1)$ et (0001), (fig. 19). Ils sont souvent aplatis, à contours très nets, de réfringence moyenne, et fortement biréfringents. Le signe optique est positif, avec figure d'interférence très nette. Pour les distinguer les uns des autres, on les recouvre d'une goutte d'une dissolution de sulfure d'ammonium; ceux de magnésium n'éprouvent aucun changement, ceux de fer noircissent, ceux de manganèse deviennent d'un gris rougeâtre. On peut aussi se servir de chlore gazeux et exposer la préparation à l'action de ce réactif dans un flacon à large col, bouché à l'émeri. Les rhomboèdres de fluosilicate de fer deviennent jaune-citron, ceux de manganèse brunâtres, ceux de magnésium ne changent pas.

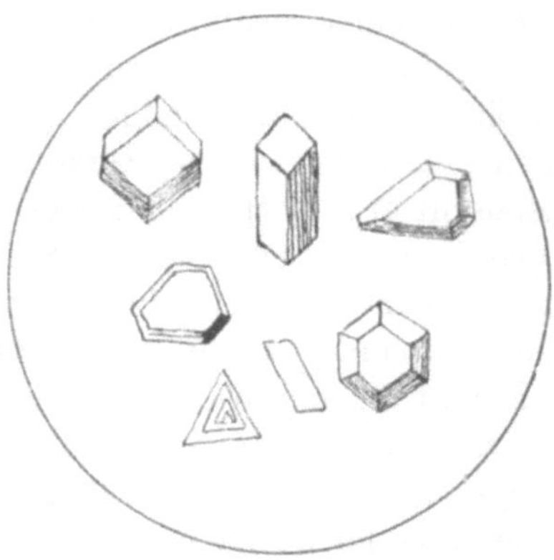
Fig. 19. Hydrofluosilicate de fer.

La méthode de Boricky ne se prête guère à la recherche des corps simples en dehors de ceux qui viennent d'être cités, car les hydrofluosilicates des autres éléments sont fort souvent gélatineux ou difficiles à identifier. Par contre elle est excellente pour mettre rapidement en évidence la présence des alcalis dans certains silicates, et pour se faire une idée de leurs proportions relatives. Elle peut d'ailleurs, dans tous les cas, servir à identifier dans une solution quelconque les corps précités; mais en l'absence de silicates, pour fournir la silice nécessaire à la formation des cristaux, on substituera à l'acide silicique l'acide hydrofluosilicique.

24. Méthode générale. Cette méthode, due en grande partie aux travaux de Behrens, Streng, Haushofer, etc., permet d'identifier par voie microchimique la plupart des corps simples, mais pour beaucoup d'entre eux, elle est moins sensible que les procédés chimiques ordinaires, aussi n'examinerons-nous ici que les éléments que l'on peut rapidement et sûrement reconnaître par les réactions microchimiques. Il faut tout d'abord dissoudre le minéral à étudier dans les acides chlorhydrique ou nitrique, et s'il n'est pas soluble dans ces derniers, employer alors l'acide fluorhydrique. On prend dans ce but un milligramme au plus de la poudre bien fine de ce minéral, qu'on attaque au bain-marie, dans la petite cuiller de platine, par quelques gouttes d'acide fluorhydrique chimiquement pur, auquel on additionne une ou deux gouttes d'acide sulfurique; on remue avec le fil de platine jusqu'à solubilisation complète, et on répète l'opération si cela est nécessaire. On chauffe ensuite avec précaution sur une plaquette d'amiante pour décomposer les fluosilicates. Il se dégage d'épaisses vapeurs corrosives, et les bases passent à l'état de sulfate. Il faut éviter de pousser l'évaporation jusqu'à sec par crainte de la formation de sels basiques peu solubles. On ajoute après évaporation, une ou deux gouttes d'eau distillée, de façon à obtenir un liquide parfaitement limpide, et on fait sur celui-ci une série de prises d'essai au moyen de pipettes capillaires. Ces prises sont ensuite déposées en gouttelettes sur une série de porte-objets, à côté d'une goutte de réactif approprié, et les deux liquides sont mis en contact par l'intermédiaire d'un petit débris de fil de verre aussi mince que possible. La diffusion se fait lentement, et après concentration convenable du liquide, les cristaux se déposent et la préparation peut alors être examinée sous le microscope. Quand on possède suffisamment de solution pour qu'après l'avoir traitée par un réactif, le précipité formé soit appréciable, on le filtre alors comme il a été indiqué page 36 et l'on examine simplement le sédiment au microscope. Nous donnerons ci-dessous sommairement les réactions microchimiques les plus caractéristiques des principaux corps, en renvoyant pour de plus amples détails aux ouvrages spéciaux cités à la fin de ce chapitre, et en laissant systématiquement de côté les éléments qui s'identifient plus aisément par les réactions chimiques ordinaires.

25. Principaux éléments identifiés par voie microchimique[1]:

Vanadium. La recherche du vanadium se fait en fondant 2 ou 3 mg. de substance en cuiller de platine avec 30 à 40 mg. d'un mélange intime de carbonate de soude sec et de nitrate de potassium. On reprend par une ou deux gouttes d'eau distillée, et met en contact le liquide sur le porte-objet, avec un petit fragment de chlorure d'ammonium. Il se forme alors des cristaux elliptiques ou cunéiformes très réfringents de méta-vanadate d'ammonium.

Tungstène. On opère exactement comme pour le vanadium, puis on ajoute une dissolution de chlorure de calcium. Il se forme de très petits cristaux quadratiques, tabulaires, ou au contraire aciculaires, de tungstate de calcium, qui ont parfois une apparence cubique. Ces

[1] Les figures qui servent à illustrer les réactions individuelles des corps ont été composées d'après les ouvrages de MM. K. Haushofer et H. Behrens (voir liste bibliographique).

cristaux sont souvent arrondis, les types aciculaires fréquemment terminés aux deux extrémités. On peut aussi identifier le tungstène par le sulfate de thallium; il se forme des cristaux de tungstate de thallium (fig. 20 *A*) en grandes lamelles hexagonales, fortement réfringentes. Le molybdène donne la même réaction.

Molybdène. On opère comme pour le vanadium. On l'identifie au moyen du sulfate de thallium comme il a été dit ci-dessus (fig. 20 *B*).

Fig. 20. *A* Tungstate de thallium. *B* Molybdate de thallium.

Étain. On l'identifie comme chlorure double de coesium et d'étain Cs_2SnCl_6 qui, en solution un peu concentrée, donne des petits octaèdres incolores (fig. 21). La réaction ne se fait que si l'étain est à l'état de $SnCl_4$. S'il est comme $SnCl_2$, il se forme soit des étoiles à 8 pans, soit des petits cristaux prismatiques très biréfringents.

Antimoine. On peut l'identifier soit comme pyroantimoniate de sodium, soit comme chlorure double d'antimoine et de coesium. Dans

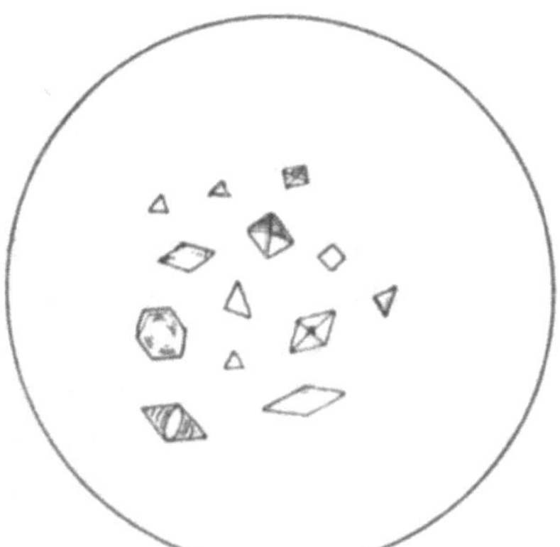

Fig. 21. Chlorostannate de coesium.

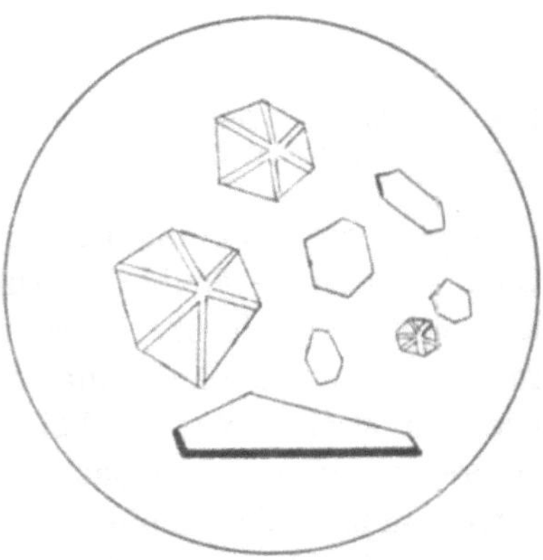

Fig. 22. Chlorure double de coesium et d'antimoine.

le premier cas, la substance contenant de l'antimoine est fondue avec cinq fois son volume de salpêtre. On reprend par quelques gouttes d'eau pour débarrasser des sels alcalins solubles, puis le résidu est porté à l'ébullition avec une solution diluée de potasse caustique, jusqu'à solubilisation. Une goutte du liquide est alors additionnée d'un cristal de chlorure de sodium. Il se forme des cristaux d'aspect lenticulaire, à extinctions droites. On peut accélérer la cristallisation par addition d'une goutte d'alcool. Dans le second cas, à la solution contenant l'antimoine comme chlorure, on ajoute un peu de chlorure de coesium. Il se forme des lamelles à 6 pans, qui sont incolores et polarisent faiblement (fig. 22).

Bismuth. On le met en évidence, soit comme oxalate double de bismuth et potassium, soit comme chlorure double de rubidium et de bismuth, $Rb_2BiCl_5 + 25H_2O$. Comme oxalate, il suffit de chauffer la solution contenant le bismuth avec un excès d'oxalate acide de potassium jusqu'à dissolution du précipité obtenu. Après refroidissement, le sel cristallise en pyramides d'apparence tétragonale, mais qui

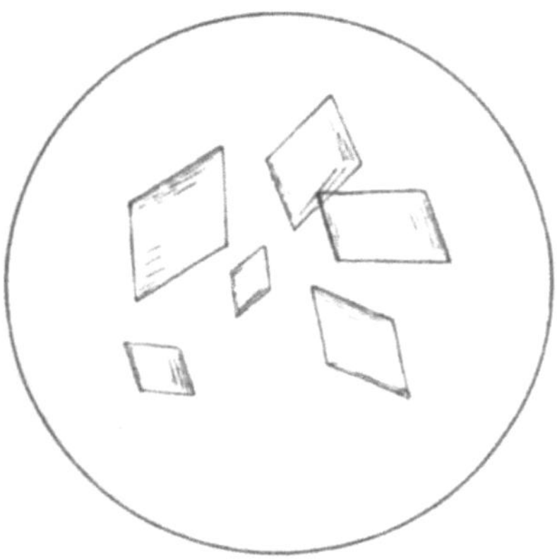

Fig. 23. Chlorure double de bismuth et de rubidium.

Fig. 24. Arséniate ammoniaco-magnésien.

en réalité sont rhombiques. Les cristaux sont fortement biréfringents. Comme chlorure double de rubidium et de bismuth, on obtient, par adjonction de chlorure de rubidium à la solution de chlorure de bismuth, des tables d'apparence rhombiques ou hexagonales, les rhombes avec un angle obtus de 117° (fig. 23). L'addition d'iodures solubles colore les cristaux en jaune-citron; il en est de même pour le sel correspondant d'antimoine et de coesium.

Arsenic. Le mieux est de l'identifier comme arséniate ammoniaco-magnésien $AsO_4MgNH_4 + 6H_2O$. Il faut donc, dans une solution arsénicale, transformer l'arsenic en acide arsénique par oxydation, puis ajouter une goutte d'une solution ammoniacale de chlorure double de magnésium et d'ammonium. Il se forme alors des cristaux orthorhombiques identiques à ceux du phosphate correspondant (fig. 24).

Silicium. Il se recherche comme hydrofluosilicate de sodium. On utilise la réaction de Boricky. Une parcelle de substance est fondue avec du carbonate de sodium, la masse obtenue reprise par l'acide fluorhydrique, et le liquide après concentration laisse déposer les cristaux hexagonaux caractéristiques (fig. 17).

Titane. Il se recherche comme fluotitanate de rubidium $Rb_2TiFl_6 + H_2O$. Les substances titanifères sont fondues avec du fluorure de sodium. Il se forme le fluotitanate de soude, qu'on dissout dans une goutte d'acide chlorhydrique dilué. L'adjonction d'une goutte de chlorure de rubidium amène la formation rapide de cristaux en lamelles incolores à 6 ou 8 pans, qui polarisent assez bas. La réaction du titane avec l'eau oxygénée (voir aux réactions par voie humide) est plus sensible.

Zirconium. M. Michel Lévy le met en évidence à l'état de zircone, dont les cristaux sont, suivant les conditions, quadratiques ou hexagonaux. Pour cela, on fond la substance contenant le zirconium avec un excès de carbonate de sodium, on reprend par l'eau bouillante légèrement acidulée, et on examine le résidu au microscope. Il se forme des agrégats cristallins ou des grilles rectangulaires représentées fig. 25 *A*, qui sont incolores, ou jaunâtres par incorporation de platine isomorphe enlevé au creuset, et dans ce cas fortement réfringents et biréfrigents. Si on prend une petite quantité de carbonate de sodium (2 fois seulement le poids au lieu de dix fois comme précédemment), il se forme après un traitement analogue des lamelles hexagonales uniaxes négatives et assez biréfringentes qui sont isomorphes de la Trydimite (fig. 25 *B*).

Fig. 25. *A* Zircone quadratique. *B* Zircone hexagonale.

Tantale et niobium. Les produits contenant ces deux éléments sont fondus avec le carbonate de sodium ou la soude caustique, dans ce cas en employant une petite capsule d'argent. On dissout la masse fondue dans une goutte d'eau que l'on place sur le porte-objet. Il se dépose après concentration des prismes incolores de niobate et tantalate de sodium, en cristaux isolés, ou groupés en houppes (fig. 26). Les cristaux isolés s'éteignent parallèlement à leur allongement. Si la solution est très étendue et riche en tantale, il se forme des minces lamelles hexagonales de tantalate de sodium, $4\,Na_2O . 3\,Ta_2O_5 + 25\,H_2O$ (fig. 27).

Yttrium. Il s'identifie comme oxalate $Y_2(C_2O_4)_3 + 9 H_2O$. Lorsqu'à une solution contenant l'yttrium, on ajoute de l'acide oxalique, on obtient des cristaux biréfringents qui peuvent présenter les divers aspects suivants: 1. des lamelles à extinctions obliques analogues à celles du gypse; 2. des cristaux monocliniques mais qui, sous le micro-

Fig. 26. Niobate de sodium.

Fig. 27. Tantalate de sodium.

scope, ont l'aspect de rhomboèdres aigus; 3. des petites lamelles carrées, souvent groupées en grilles, qui s'éteignent parallèlement à leur grand côté; 4. des aiguilles plus ou moins longues et cannelées, donnant des groupements analogues à ceux de l'Aragonite, et visibles quand l'aiguille est placée sur la base; 5. des lamelles quadratiques ou octogonales, qui se groupent parfois en agrégats plus ou moins sphéroïdes. Les lamelles carrées sont toujours éteintes entre les nicols croisés, et réellement quadratiques. Les formes 1 et 2 passent fréquemment à celles 4 et 5. En laissant concentrer jusqu'à dépôt la solution sur le porte-objet, et en ajoutant ensuite une goutte de solution concentrée d'acide oxalique, il se forme des agrégats du type No. 5, puis ensuite les lamelles tabulaires quadratiques.

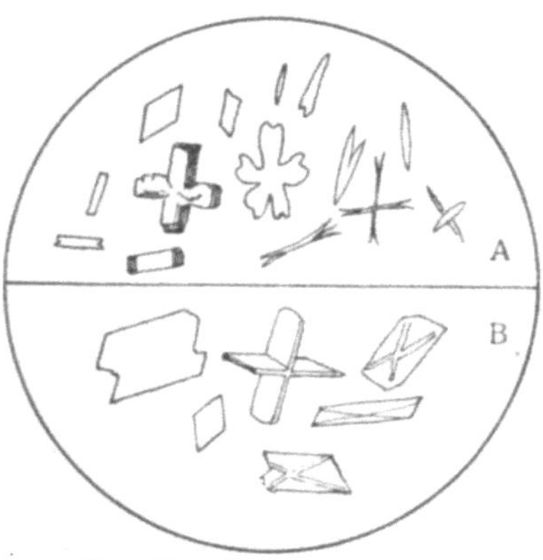

Fig. 28. Oxalate de cérium.
A Précipité à froid. *B* Précipité à chaud.

Cérium. On le décèle également à l'état d'oxalate. Lorsque à une solution contenant du cérium on ajoute de l'acide oxalique ou de l'oxalate d'ammonium, il se forme un précipité d'abord floconneux, puis ensuite cristallin, constitué par des petits prismes aciculaires fortement biréfringents, qui s'éteignent en long et forment volontiers des groupements centro-radiés (fig. 28 *A*). Si l'on opère à chaud, on obtient alors des tables d'aspect rhombiques, qui paraissent être monocliniques, et dont l'angle aigu est de 86°. Elles sont fréquemment maclées par pénétration (fig. 28 *B*).

Thorium. Il s'identifie comme sulfate $Th(SO_4)^2 + 3H_2O$, qui cristallise en cristaux prismatiques épais. L'opération se fait à chaud, la solution de sulfate est portée à l'ébullition, puis quand apparaît une croûte cristalline, on refroidit brusquement. Il se dépose alors des cristaux prismatiques épais, qu'on pourrait confondre avec ceux du cérium, mais qui s'en distinguent parce qu'ils se dissolvent dans une solution ammoniacale de carbonate d'ammonium, tandis que ceux de cérium sont précipités comme carbonates. On peut aussi l'identifier comme oxalate (fig. 29).

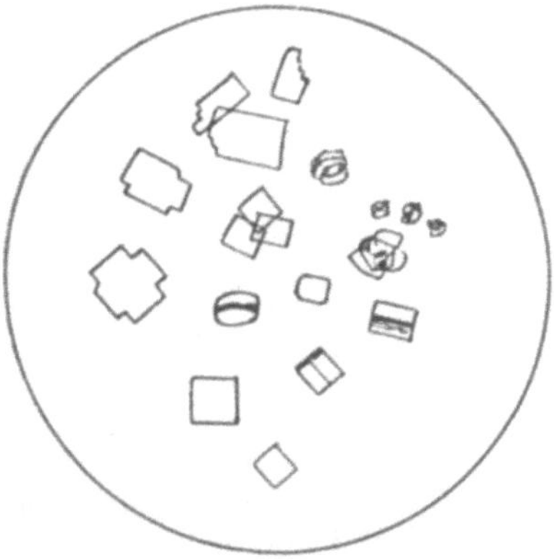

Fig. 29. Oxalate de thorium.

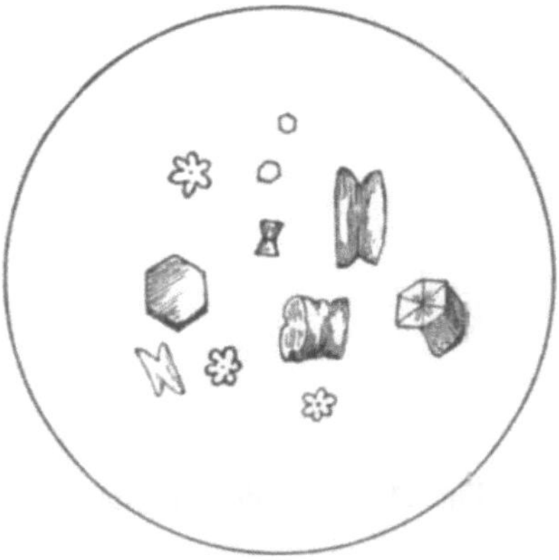

Fig. 30. Ferrocyanure double de didyme et de potassium.

Erbium. L'erbium se comporte exactement comme l'yttrium, mais peut être mis en évidence par la réaction de Pozzi-Escot et Couquet, basée sur l'emploi du chromate d'ammonium. Les sels d'yttrium donnent rapidement avec ce réactif des cristaux hexagonaux allongés, tandis que ceux d'erbium ne donnent que des cristaux indéterminables ou même rien du tout.

Didyme. On l'identifie le mieux à l'état de ferrocyanure, $KDiFe(CN)_6 + 4H_2O$. L'addition d'un excès d'une solution de ferrocyanure à une solution contenant du didyme, donne des cristaux lamellaires arrondis et hexagonaux de ferrocyanure double. Ceux-ci se groupent fréquemment en étoiles à 6 pans ou en formes variées représentées fig. 30. Les cristaux sont fortement biréfringents et parfois maclés en genou; quand ils sont assez gros leur coloration est gris-violacé.

Lanthane. Le même réactif donne avec le lanthane et sous les mêmes conditions, des petites lamelles hexagonales isotropes et incolores de ferrocyanure double.

Aluminium. L'aluminium s'identifie toujours comme alun de coesium $Cs_2SO_4 . Al_2(SO_4)^3 + 24 H_2O$. Il suffit d'ajouter à la solution contenant l'aluminium une goutte de sulfate de coesium; il se forme des cristaux isotropes et très réfringents, qui sont formés par l'octaèdre (111) ou le cubo-octaèdre (111) et (100), (fig. 31). La solution, pour que le dépôt soit rapide, ne doit être ni trop concentrée, ni trop acide, la réaction est excellente et très sensible; renversée elle sert également à identifier le coesium; on prend alors comme réactif une dissolution de sulfate d'aluminium.

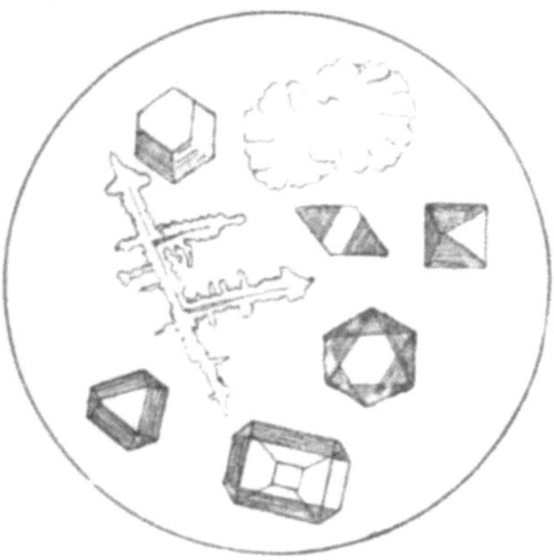

Fig. 31. Alun de coesium.

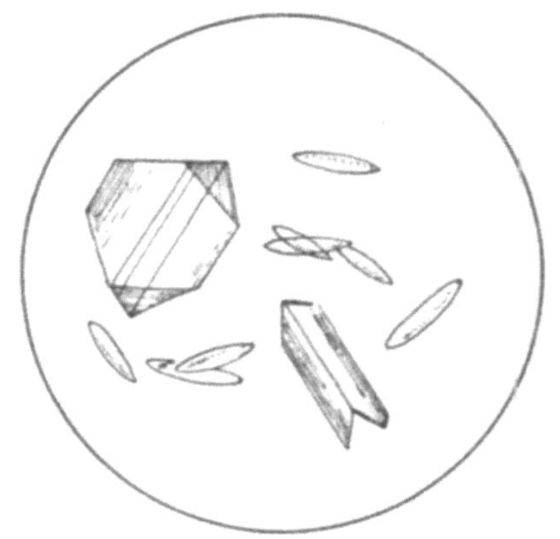

Fig. 32. Oxalate double de glucinium et de potassium.

Glucinium. On le met toujours en évidence comme oxalate double de glucinium et de potassium $K_2C_2O_4 . GlC_2O_4$. La solution contenant le glucinium doit être neutre, ou légèrement acétique, et tout à fait exempte de sels ammoniacaux; elle peut contenir du fer, de l'aluminium et du magnésium sans inconvénient. On ajoute sur le porte-objet, à une goutte de la solution contenant le glucinium, un excès d'une dissolution d'oxalate de potassium. Il se dépose assez rapidement des cristaux monocliniques épais et très réfringents, qui sont souvent mâclés comme ceux du gypse (fig. 32). Si les proportions relatives de solution et de réactif ne sont pas bonnes, il cristallise souvent des sortes de sphérolites, constitués par le groupement de petites lamelles en forme de lancettes.

Magnésium. On peut le mettre en évidence comme hydrofluosilicate, mais il est bien préférable de l'identifier comme phosphate ou arséniate ammoniaco-magnésien $(NH_4)MgPO_4 + 6 H_2O$ ou $(NH_4)MgAsO_4$

$+ 6 H_2O$. Il faut opérer avec une solution étendue, à laquelle on ajoute d'abord une goutte d'une solution concentrée de chlorure d'ammonium fortement ammoniacale, puis une goutte d'une dissolution de phosphate de sodium ou d'ammonium. On laisse déposer à froid; on voit alors apparaître lentement des cristaux rhombiques hémimorphes, tout à fait caractéristiques. Ils sont de réfringence moyenne, et faiblement biréfringents (fig. 33). Si la solution est trop concentrée, les cristaux caractéristiques ne se forment que vers la fin du dépôt. La même réaction peut servir à identifier l'acide phosphorique; on ajoute alors à la solution neutre qui le contient une goutte d'une dissolution de chlorure de magnésium et d'ammonium, et laisse cristalliser.

Si l'on veut identifier le magnésium comme arséniate, on ajoute alors au liquide à essayer, une goutte d'une solution ammoniacale

Fig. 33. Phosphate ammoniaco-magnésien.

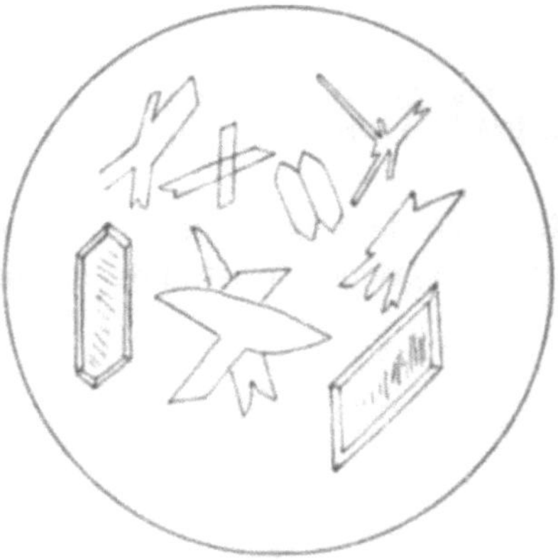

Fig. 34. Sulfate de calcium.

d'acide arsénique et de chlorure d'ammonium. Les cristaux qui se forment sont tout à fait analogues au phosphate ammoniaco-magnésien et souvent aussi disposés en squelettes ou en rosaces à quatre pétales (fig. 24).

Calcium. On le précipite généralement comme gypse, $CaSO_4 + 2 H_2O$. Il suffit pour cela, de laisser concentrer le liquide provenant de l'attaque à l'acide fluorhydrique, s'il s'agit d'un silicate, ou dans le cas d'une solution quelconque, d'y ajouter une goutte d'acide sulfurique dilué ou d'un sulfate. La solution doit être neutre ou faiblement acide; elle abandonne des cristaux allongés, présentant les formes (110), (010) et $(11\bar{1})$, qui sont généralement couchés sur (010), et souvent groupés en étoile, en X, ou mâclés en fer de lance (fig. 34). L'extinction atteint 53° sur (010); la biréfringence et la réfringence sont faibles. Les acides forts gênent la cristallisation du sulfate, il faut dans ce cas, ajouter alors un peu d'acétate de sodium. Les chlorures des métaux du groupe de l'aluminium retardent également la formation des cristaux de gypse. On accélère la cristallisation du sulfate en ajoutant au liquide une goutte d'alcool.

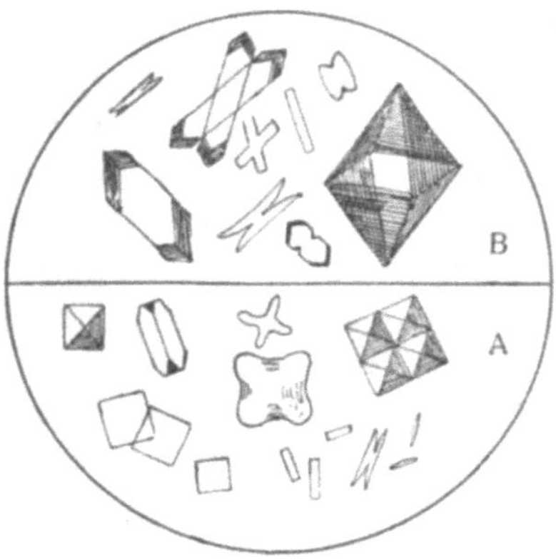

Fig. 35. Oxalate de calcium.
A Précipité à froid. *B* Précipité à chaud.

On peut identifier aussi le calcium à l'état d'oxalate, qui, en solution étendue et à froid, cristallise comme $CaC_2O_4 + 3\,H_2O$ en pyramides quadratiques surbaissées, ou en lamelles carrées ou prismes basés avec troncatures sur les angles (fig. 35*A*), et à chaud en prismes clinorhombiques $C_2O_4Ca + H_2O$ très biréfringents, souvent maclés suivant (001) (fig. 35*B*).

Strontium. A chaud et en solution fortement sulfurique, le strontium se dépose comme sulfate anhydre en petites tables rhombiques, et en agrégats cristallins disposés en forme de croix (fig. 36). Cette

Fig. 36. Sulfate de strontium.

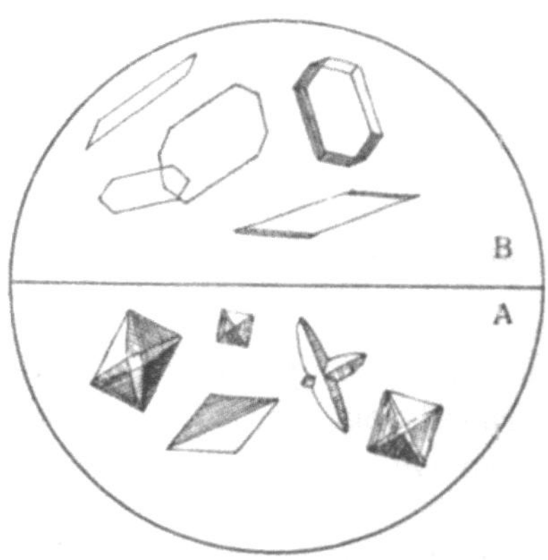

Fig. 37. Oxalate de strontium.
A Précipité à froid. *B* Précipité à chaud.

réaction est caractéristique, car en présence de calcium, les cristaux de gypse se forment beaucoup plus tard et sont tout à fait différents. On peut également précipiter le strontium comme oxalate, par l'acide oxalique ou un oxalate alcalin. En solution étendue, l'oxalate de strontium cristallise à froid en octaèdres bien nets; en présence d'un excès d'acide ou de sels des métaux du groupe du fer, il se forme alors des prismes à bases carrées (110), terminées par la pyramide

(111) de première espèce (fig. 37 *A*). A chaud, il se forme des cristaux analogues à ceux que donne le calcium dans les mêmes conditions (fig. 37 *B*).

Baryum. Dans la dissolution des silicates par l'acide fluorhydrique le baryum reste comme résidu à l'état de sulfate amorphe, qui se dissout aisément d'ailleurs dans l'acide sulfurique concentré, et se dépose après refroidissement en petites tables rectangulaires appartenant au système rhombique, et en cristaux squelettiques disposés en croix de St. André (fig. 38). Le dépôt de ces cristaux précède celui sulfate de strontium et surtout du gypse.

On peut également identifier le baryum comme oxalate, $C_2O_4Ba + H_2O$, en opérant comme pour le calcium. L'oxalate de baryum se

Fig. 38. Sulfate de baryum.

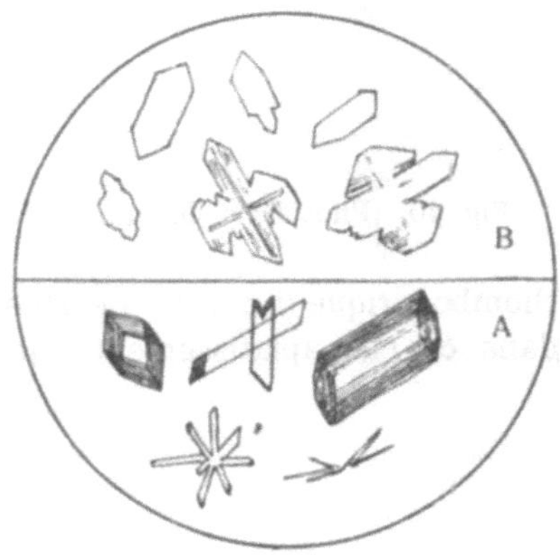

Fig. 39. Oxalate de baryum. *A* Précipité à froid. *B* Précipité à chaud.

dépose à froid, après les sels de calcium et de strontium, en baguettes et cristaux aciculaires, qui se distinguent absolument des formes octaédriques données par les oxalates de ces deux métaux (fig. 39 *A*). A chaud, on obtient des lamelles rhombiques incolores (fig. 39 *B*). Streng a proposé de déceler le baryum par le ferrocyanure de potassium; il se forme après addition de ce réactif des rhomboèdres jaunâtres de ferrocyanure de baryum, qui sont très caractéristiques. Cette réaction ne se produit pas avec le calcium et le strontium.

Lithium. Le lithium se recherche le mieux au spectroscope, cependant on peut aussi le mettre en évidence par les réactions microchimiques, le mieux à l'état de phosphate $Li_3PO_4 + H_2O$. La solution doit être neutre et concentrée et il faut opérer à chaud, en se servant comme réactif de phosphate de soude. Les cristaux de phosphate lithique ont des formes aciculaires dites en fuseau; ils se groupent en étoiles, et forment de jolies macles cruciformes par pénétration (fig. 40).

Sodium. Il s'identifie comme fluosilicate, puis comme acétate double d'uranyle et de sodium, ou comme sel triple d'uranyle, de sodium et de magnésium, puis enfin comme sulfate double de sodium et de bismuth ou encore comme pyroantimoniate de sodium. L'acétate double d'uranyle et de sodium $NaC_2H_3O_2 . UO_2(C_2H_3O_2)_2$ cristallise en petits tétraèdres jaunes, qui sont très nets, et quelquefois tronqués sur les angles. Le réactif employé est une solution d'acétate d'uranyle. Il faut opérer en solution concentrée. En présence de magnésium, ou de fer, nickel, cobalt, cuivre, il se forme un sel triple dont les cristaux sont jaune-pâle, presque incolores et de type rhomboèdrique (fig. 41). Le rhomboèdre est fréquemment basé, il y a dans ce cas aplatissement selon (0001). La précipitation comme sel

Fig. 40. Phosphate de lithium.

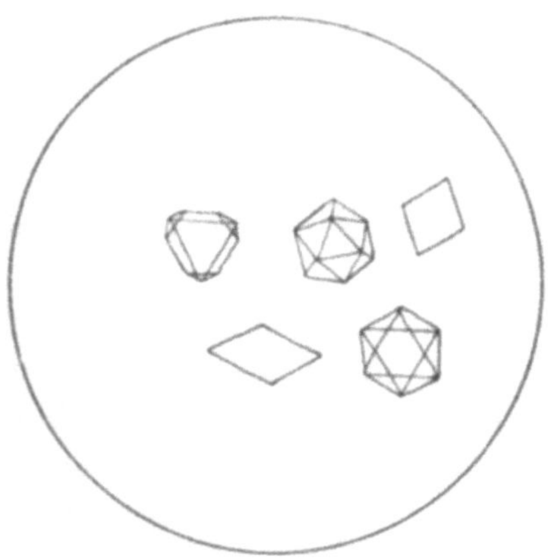

Fig. 41. Acétate triple d'uranyle, de sodium et de magnésium.

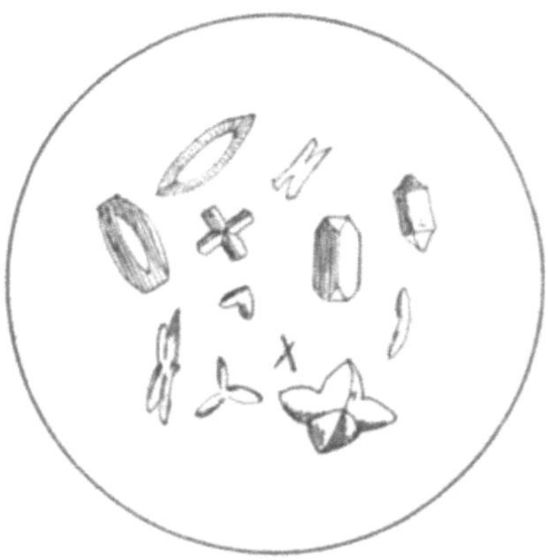

Fig. 42. Pyroantimoniate acide de sodium.

double de bismuth et de sodium se fait le plus aisément en solution sulfurique, au moyen du sulfate de bismuth, et si possible en l'absence d'acide nitrique libre qui retarde la réaction. Les cristaux se déposent en petites baguettes incolores, qui sont d'apparence hexagonale, isotropes dans les sections perpendiculaires à l'allongement, et s'éteignent en long sur les sections prismatiques. On obtient le sulfate de bismuth en dissolvant une parcelle de sous-nitrate dans l'acide sulfurique et un peu d'acide nitrique, puis en ajoutant au liquide une trace de glycérine. On opère à 50—60°. L'identification comme pyroantimoniate se fait en solution alcaline, au moyen d'une dissolution de pyroantimoniate de potassium, et en présence d'une goutte d'alcool. Les cristaux présentent les formes indiquées fig. 42.

Potassium. Il se recherche comme hydrofluosilicate, puis comme chloroplatinate K_2PtCl_6, au moyen d'une solution de chlorure de platine à 10 %. Une goutte de cette solution est ajoutée à celle neutre ou légèrement acide contenant le potassium. Il se forme très rapidement des cristaux jaunes et très réfringents qui sont octaèdriques, ou qui présentent la combinaison du cube et de l'octaèdre et forment souvent des groupements (fig. 43). La réaction est identique pour le

Fig. 43. Chloroplatinate de potassium.

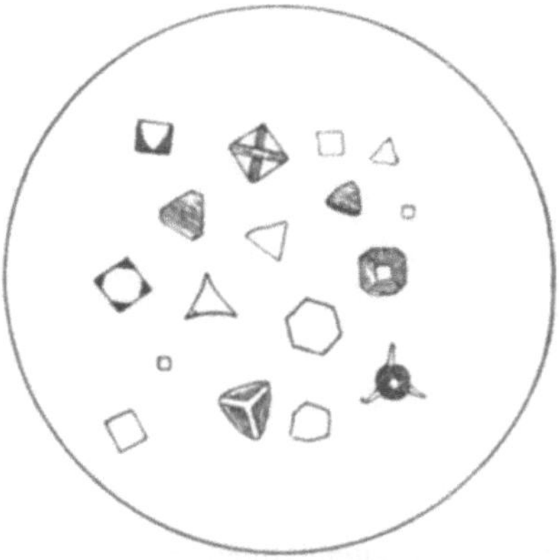

Fig. 44. Chlorure d'argent.

calcium, le rubidium et l'ammonium. On peut aussi identifier le potassium comme sulfate double de potassium et de bismuth (voir bismuth).

Chlore. Le chlore s'identifie soit comme chlorure de thallium, soit comme chlorure d'argent. Il est bon, dans la recherche de cet élément, de traiter la substance qui le contient par l'acide sulfurique, dans un minuscule creuset de platine, puis de recouvrir celui-ci par un petit verre de montre contenant un peu d'eau froide, à la partie convexe duquel on a fait adhérer une goutte d'eau. On chauffe alors légèrement, et l'acide chlorhydrique qui se dégage vient se dissoudre dans la gouttelette que l'on retire, et avec laquelle on fait la réaction. Il suffit de la placer sur le porte-objet en présence d'une goutte d'une dissolution de sulfate de thallium; il se dépose alors des cristaux incolores de chlorure de thallium, qui sont très réfringents, et paraissent presque opaques par suite de la réflexion totale. Ils sont octaèdriques, présentent les combinaisons (100) et (111), ou aussi (110) et (111). Si l'on emploie comme réactif le nitrate d'argent, il se forme tout d'abord un précipité caséeux, qu'on dissout dans une goutte d'ammoniaque. Après concentration, il se dépose alors des cubes très réfringents de chlorure d'argent, sur lesquels à côté de (001) on trouve souvent les formes (111) et plus rarement (110); (fig. 44).

Dans certains cas, le chlore se trouve combiné à l'état de perchlorate (dans la nitratine du Chili par exemple). Il suffit d'introduire dans une solution renfermant des perchlorates une goutte de chlorure de rubidium, il se dépose alors des cristaux tabulaires rhombiques de perchlorate de rubidium, isomorphe du permanganate correspondant. Pour faire la réaction, on ajoute à la solution de chlorure de rubidium du permanganate de potassium, de façon à ce que celle-ci soit rosée. L'adjonction de ce réactif à la solution contenant les perchlorates a pour effet de colorer en rouge plus ou moins foncé les cristaux rhombiques de perchlorate de rubidium qui se déposent. Pour rechercher, par exemple les perchlorates dans la nitratine, on la dissout et précipite la solution par l'alcool à chaud; le perchlorate se trouve généralement dans les eaux mères.

Fig. 45. Bromoplatinate de potassium.

Brome. On peut le précipiter comme bromoplatinate K_2PtBr_6, au moyen de sulfate de platine et de sulfate de potassium. Les cristaux sont octaèdriques et de couleur orangée, ils sont plus gros que ceux du chloroplatinate (fig. 45). Dans une solution contenant du chlore et du brome, le bromoplatinate apparaît le premier, et cristallise au centre de la gouttelette; le chloroplatinate sur les bords.

Iode. On l'identifie le mieux à l'état de iodoplatinate de potassium K_2PtI_6, en procédant comme pour le brome; il se forme alors des octaèdres d'iodoplatinate, qui ont un aspect graphitique (fig. 46). Dans un mélange de chlorures, bromures, iodures, c'est l'iodoplatinate qui se dépose le premier, puis apparaissent les cristaux orangés de bromoplatinate, et enfin les cristaux jaune-citron de chloroplatinate que l'on peut comparer (fig. 47). On obtient parfois des cristaux zonés dont le centre est formé par l'iodoplatinate, la bordure par le chloroplatinate et la zone médiane par le dérivé bromé correspondant. On peut aussi trouver facilement des traces d'iode au moyen de la fécule. Pour opérer, on introduit avec un fil de platine quelques grains de fécule dans une goutte de la solution à examiner, puis on ajoute une trace de chlorure de sodium, une goutte d'acide sulfurique, et un peu de nitrite de potassium. Au bout de quelques minutes les grains de fécule prennent une coloration bleu foncé si la solution est relativement concentrée, et bleu-grisâtre pâle si elle est étendue. Si l'acide sulfurique est trop concentré, cette coloration passe au rouge. La même réaction peut servir également à identifier le brome, les grains de fécule se colorent alors dans les mêmes conditions en jaune ou en orangé. Si les deux éléments sont en présence, l'iode réagit le premier, et comme il colore la fécule beaucoup plus fort que le brome, il faut rechercher immédiatement cet élément dans la solution qui reste après la première apparition de la coloration de la fécule. Dans ce

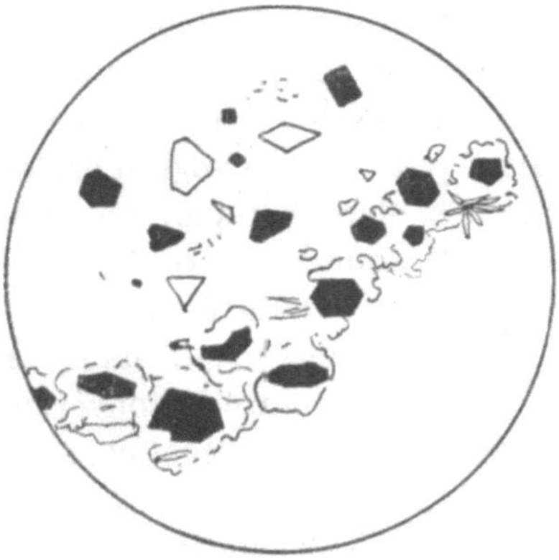

Fig. 46. Iodoplatinate de potassium.

Fig. 47. *1* Chloroplatinate. *2* Bromoplatinate. *3* Iodoplatinate de potassium.

but, on recueille avec la pipette capillaire une gouttelette de liquide, et vérifie par une nouvelle addition de fécule et de nitrite si tout l'iode a bien été déplacé. Si tel est le cas, on recherche alors le brome en ajoutant un peu d'acide chlorhydrique et de nitrite. Lorsque le résultat obtenu est négatif, il est bon, au cas où le brome aurait déjà réagi, de traiter les grains d'amidon colorés par l'iode avec de l'acide chlorhydrique et un cristal de chlorate de potassium. Les grains de fécule perdent dans ce cas leur couleur bleue, et prennent une couleur jaune ou orangé. En l'absence de brome ils se décolorent simplement.

Fluor. Dans tous les cas, il faut d'abord dégager le fluor comme fluorure de silicium. Si donc le composé qui renferme le fluor et qui doit contenir de la silice est attaquable par l'acide sulfurique, on le chauffe avec cet acide dans un petit creuset de platine dans le couvercle duquel on met un peu d'eau froide. Le fluorure qui distille se condense contre la partie convexe du creuset sur laquelle on a placé une goutte d'eau, qu'on récolte ensuite avec le fil de platine. Si le composé n'est pas attaquable par l'acide sulfurique, on le désagrège par fusion avec le carbonate de sodium, l'évapore à sec avec de l'acide acétique, et traite le résidu par l'acide sulfurique comme précédemment. Dans le cas où le composé ne renferme pas de silice, il faut en ajouter un peu avant de traiter par l'acide sulfurique. La gouttelette contenant l'acide hydrofluosilicique distillé est placée sur un porte-objet enduit de baume, puis additionnée d'une trace de chlorure de sodium. La formation des cristaux hexagonaux d'hydrofluosilicate de sodium déjà décrits permettra d'identifier le fluor (fig. 17).

Fig. 48. Fluoborate de potassium.

Bore. Les composés contenant du bore sont traités dans le creuset de platine par un mélange d'acides sulfurique et fluorhydrique, en opérant comme pour le fluor. Le fluorure de bore (et éventuellement celui de silicium) se dissolvent dans la goutte d'eau fixée contre le couvercle du creuset. Celle-ci est récoltée, évaporée à sec à 120°, reprise par l'eau, et additionnée d'une solution de chlorure de potassium. Il se forme des cristaux de fluoborate de potassium représentés fig. 48.

26. Bibliographie relative aux essais microchimiques. Nous citerons à titre d'indication les principaux ouvrages et traités relatifs aux essais microchimiques.

H. Behrens, Mikrochemische Methoden zur Mineralanalyse. Akad. Vorles. 18, 27 bis 73. 1881.

—, Reaktionen für mikrochemische Mineralanalysen. N. Jahrb. f. Min. B. B. 7, 435—470. 1891.

—, Anleitung zur mikrochemischen Analyse. Hamburg, Leipzig. S. 224. 1895. (2. Aufl. 1900.)

—, Mikrochemische Technik. Hamburg, Leipzig. S. 68. 1900.

E. Boricky, Elemente einer neuen chemisch-mikroskopischen Mineral- und Gesteinsanalyse. Arch. d. naturw. Landesdurchforschung v. Böhmen. 3. Prag. S. 80. 1877.

L. Bourgeois, Analyse microchimique. Article du dictionnaire de Chimie de M. Wurtz. 2°. Supplément publié sous la direction de M. Friedel. Paris. p. 14. 1892.

P. HARTING, Het Mikroskop. Deutsche Originalausgabe, 2. Aufl. Braunschweig. 142—216. 1866.

K. HAUSHOFER, Über die mikroskopischen Formen einiger bei der Analyse vorkommender Verbindungen. Zeitschr. f. Krist. 42—56. 1880.

—, Mehrere Aufsätze im Sitz.-Ber. d. Kgl. Bayr. Akad. 436—448. 1883; 590—604. 1884; 206—226, 403—414. 1885.

—, Mikroskopische Reaktionen. Braunschweig. S. 162. 1885,

—, Leitfaden für die Mineralbestimmung. Braunschweig. S. 24—58. 1892.

C. KLEMENT und A. RENARD, Réactions microchimiques. Bruxelles 1885.

C. A. MACMAHON, Notes on the micro-chemical analysis of rock-making minerals. Mineral. Mag. 10, 79—122. 1894; et Zeitschr. f. Krist. 25, 292—294. 1896.

G. ROSE, Über Darstellung krystallisierter Körper mittelst des Lötrohres und über Darstellung der Titansäure in ihren verschiedenen allotropischen Zuständen. Monats-Ber. B. A. 129—147, 450—464. 1867.

H. ROSENBUSCH und E. A. WÜLFING, Mikroskopische Physiographie der petrographisch wichtigen Mineralien. Stuttgart 1904.

J. L. C. SCHROEDER VAN DER KOLK, Kurze Anleitung zur mikroskopischen Krystallbestimmung. Wiesbaden. S. 58. 1898.

A. STRENG, Über einige mikroskopisch-chemische Reaktionen. N. Jahrb. f. Min. I, 21—42. 1885; 49—61. 1886; II, 142—150. 1888. S. a. FUCHS-STRENG-BRAUNS, Anleitung zum Bestimmen der Mineralien. 4. Aufl. S. 69—108. 1898.

CHAPITRE III.

LES ESSAIS PYROGNOSTIQUES.

§ 1. Instruments et réactifs nécessaires. § 2. Essais effectués en chauffant le minéral dans la flamme, fixé au bout de la pince ou du fil de platine, dans le tube fermé et le tube ouvert, seul ou additionné de réactifs. § 3. Essais aux perles vitreuses de borax et de sel de phosphore. § 4. Essais sur le charbon. § 5. Essais par fusion sur la lame de platine avec un mélange de carbonate de sodium et de nitrate de potassium. § 6. Essais pyrognostiques avec le brûleur de BUNSEN. § 7. Réactions que donnent les composés des principaux éléments, dans les essais par voie sèche.

§ 1. INSTRUMENTS ET RÉACTIFS NÉCESSAIRES.

27. Généralités. Les essais au chalumeau peuvent rendre au minéralogiste les plus grands services pour caractériser les éléments contenus dans les minerais, et pour la détermination des minéraux. Cette méthode a l'avantage d'être rapide et d'une grande sensibilité, mais elle est généralement peu appliquée à cause des difficultés d'exécution qu'elle présente, difficultés faciles à surmonter si l'on étudie avec soin tous les détails pratiques sur l'emploi du chalumeau. Nous examinerons dans ce chapitre les instruments et les réactifs utilisés dans ces essais, ainsi que la manière d'effectuer les différentes opérations, pour obtenir rapidement des résultats satisfaisants.

28. Matériel. Le matériel nécessaire pour les essais par voie sèche est le suivant: le combustible, un chalumeau, une pince à bouts de platine, un fil et une lame de platine, une lame d'argent, des tubes de verre fermés et ouverts, des charbons, des brucelles, un marteau de géologue, un mortier d'agate, un mortier d'Abich, des verres de montres, une loupe et un aimant.

Le combustible. Toutes les flammes peuvent être utilisées à condition qu'elles ne soient pas trop petites; on emploie généralement la flamme de la bougie, les lampes à alcool térébenthiné, ou le gaz d'éclairage. Avec la flamme du gaz, il faut se servir de brûleurs dans lesquels le gaz arrive lentement sans être mélangé à l'air.

Chalumeau. On emploie généralement le chalumeau de Gahn, qui se compose de 3 parties: un tube légèrement conique *A* dont l'ouverture la plus large est munie d'une embouchure en bois ou en os, l'autre extrémité s'emboîte dans un réservoir à air, constitué par une pièce cylindrique *B* où l'eau peut se condenser; celle-ci porte un tube latéral *C* qui se termine par une ouverture extrêmement petite, appelée bec (fig. 49).

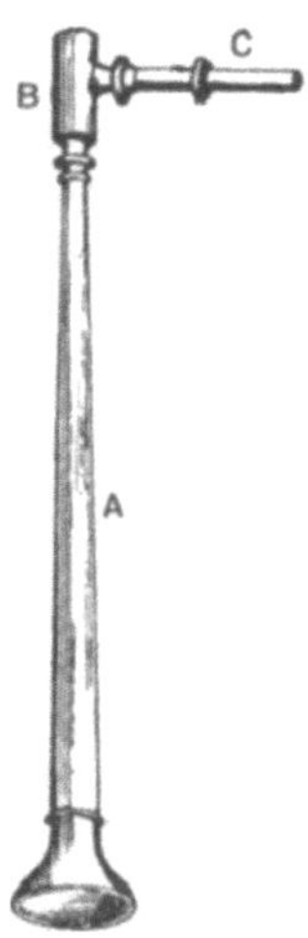

Fig. 49. Chalumeau de Gahn.

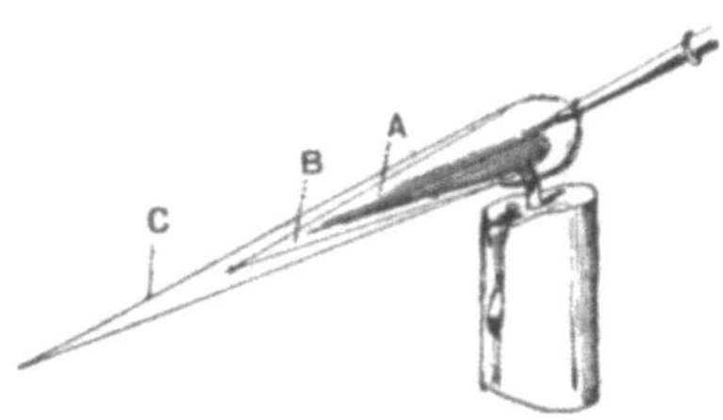

Fig. 50.

Pour se servir du chalumeau, il faut s'habituer à maintenir longtemps et sans interruption le courant d'air dans la flamme. Pour atteindre ce résultat, on s'emplit la bouche d'air, de manière à ce que les joues soient bien gonflées, ce qui permet de souffler sans effort, tout en respirant par le nez; on renouvelle l'air dans la bouche, en y faisant pénétrer l'air des poumons par un mouvement de la glotte, analogue à celui que l'on fait pour avaler. Lorsque l'on souffle dans la flamme au moyen du chalumeau, on obtient une langue de feu à laquelle on donne le nom de dard, qui présente 3 zônes distinctes (fig. 50): *A*, une partie intérieure ou flamme bleue, affectant la forme d'un cône; cette partie de la flamme est froide, elle est constituée par des gaz et des vapeurs combustibles mélangés à l'air, mais qui ne sont pas en combustion. *B*, une zone cylindrique, étroite et très brillante, qui constitue la flamme *réductrice*: c'est le produit de la combustion incomplète des gaz et des vapeurs combustibles. *C*, une zone extérieure, peu éclairante, qui se développe surtout à l'extrémité du dard: c'est la partie la plus chaude de la flamme, la combustion y est complète, grâce à l'excès d'oxygène; elle constitue la *flamme oxydante*. Pour obtenir une flamme régulière; il faut que l'ouverture du bec du chalumeau soit parfaitement ronde et n'ait pas un diamètre supérieur à 0,5 mm.; le dard doit avoir une longueur de 5 à 6 cm. au plus.

Lorsqu'on veut opérer avec une flamme réductrice bien accusée, il faut que le bec du chalumeau ne pénètre qu'à peine dans la flamme; en le plaçant plus avant, on aurait un dard très-oxydant. En mettant le bec au centre de la flamme, on produit un dard très court et peu éclairant, qui convient très-bien pour caractériser les colorations que les corps peuvent communiquer à la flamme. Enfin si l'on tient le bout du chalumeau en dehors de la flamme, on obtient un dard long, légèrement vacillant que l'on nomme le *flamber*. Certaines perles de borax ou de sel de phosphore transparentes et incolores deviennent laiteuses ou opaques, quand on les soumet au flamber.

Les supports. Pour maintenir les substances que l'on soumet à l'action du chalumeau, il faut les placer sur un support choisi de manière à pouvoir observer nettement les réactions provoquées par la flamme oxydante ou réductrice

Les supports utilisés dans ces essais sont: la pince à bouts de platine, le fil de platine, la lame de platine, les tubes de verre ouverts et fermés, et les charbons.

Pinces à bouts de platine. Ce sont des sortes de brucelles en acier dont les extrémités sont terminées par deux lames de platine étroites et longues qui peuvent être serrées au moyen de 2 vis, comme l'indique la fig. 51; elles servent à maintenir les fines esquilles des minéraux que l'on veut chauffer, pour déterminer leur degré de fusibilité, ou examiner la coloration qu'ils communiquent à la flamme.

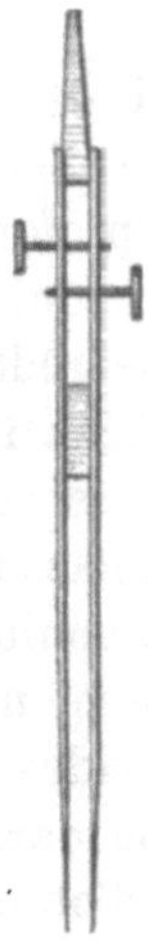

Fig. 51. Pince à bouts de platine.

Fils de platine. On emploie des fils de platine pas trop fins, de 5 à 6 cm. de long, soudés à une baguette de verre; ils sont utilisés pour placer les corps à examiner dans la flamme, et principalement comme supports des perles de borax et de sel de phosphore.

Lames de platine. On emploie des lames rectangulaires pas trop minces; elles servent à chauffer, avec des réactifs appropriés, des corps qui donnent des masses fondues et colorées caractéristiques.

Tubes fermés. Ce sont des petits tubes en verre peu fusible exempt de plomb, fermés à une extrémité, d'une longueur de 5 à 6 cm, et d'un diamètre intérieur de 4 à 5 mm. (fig. 52*a*). Ils servent à chauffer les substances à déterminer seules, ou additionnées de réactifs; puis à examiner comment elles se comportent sous l'influence d'une température qui ne dépasse pas celle de la fusion du verre.

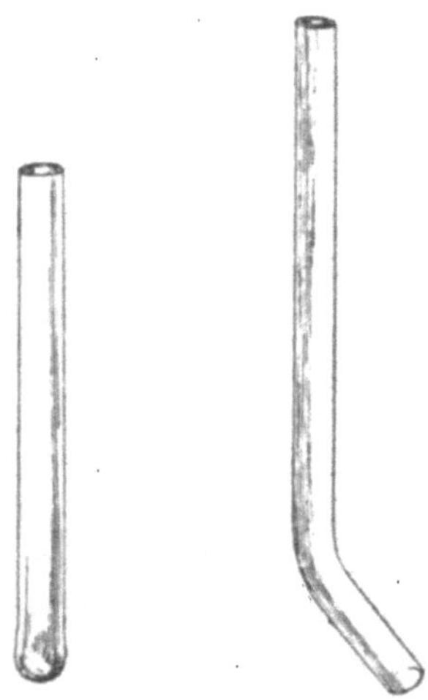

Fig. 52.
a Tube fermé. *b* Toube ouvert.

Tubes ouverts. Ce sont des petits tubes en verre peu fusible, ouverts à leurs deux extrémités, et légèrement coudés, de même longueur et de même diamètre que les tubes fermés (fig. 52*b*). Ils sont utilisés pour le grillage des minerais, et pour examiner les produits d'oxydation qui se forment sous l'action de la chaleur.

Charbon. Le charbon est un support excellent à cause de son infusibilité. Il faut choisir des charbons de bois de sapin à tissu peu serré, sans fissures: on emploie aussi des charbons agglomérés, qui conviennent très bien pour ce genre d'essai. La substance à examiner est placée dans une cavité peu profonde, pratiquée dans le support au moyen d'une fraise ou d'un couteau, et chauffée soit seule, soit avec addition de fondants ou de réducteurs.

Réactifs. Les réactifs nécessaires dans les essais pyrognostiques sont les suivants: carbonate de sodium, nitrate de potassium, cyanure de potassium, bisulfate de potassium, borax, phosphate de sodium et d'ammonium, sel de phosphore, étain, oxyde de cuivre, fluorure de calcium, nitrate de cobalt, magnésium en poudre, papiers réactifs, et les acides chlorhydrique, sulfurique et nitrique.

Le carbonate de sodium, mélangé au minerai à déterminer, permet d'obtenir facilement les réductions sur le charbon; il sert également à la désagrégation des silicates et d'autres composés infusibles ou insolubles.

Le cyanure de potassium, mélangé au carbonate de soude, augmente son pouvoir réducteur; il permet d'obtenir des grains métalliques plus rapidement qu'avec le carbonate de sodium seul.

Le nitrate de potassium est employé comme oxydant, le plus souvent mélangé à du carbonate de sodium, pour caractériser le chrome et le manganèse.

La bisulfate de potassium est employé comme oxydant dans le tube fermé; il permet de caractériser la plupart des acides.

Le borax et le sel de phosphore, servent à caractériser certains oxydes métalliques, qui se dissolvent dans ces fondants en formant des perles colorées, dont la teinte peut varier selon qu'on les chauffe au feu d'oxydation ou au feu de réduction.

L'étain est employé en feuilles comme réducteur, spécialement pour les perles de borax et de sel de phosphore.

L'oxyde de cuivre, dissous par fusion dans la perle de borax, permet de caractériser les halogènes par la coloration communiquée à la flamme.

Le fluorure de calcium, mélangé à du bisulfate de potassium est utilisé pour la recherche des composés du bore qui, en présence de ces réactifs, colorent en vert la flamme du chalumeau.

Le nitrate de cobalt, sert à la recherche de certains corps, qui laissent sur le charbon un résidu blanc, fixe; ce résidu, humecté d'une goutte d'une solution de réactif à 10%, puis chauffé fortement au chalumeau, prend des colorations caractéristiques pour quelques éléments.

Le magnésium métallique est employé dans le tube fermé pour la recherche du phosphore.

Les papiers réactifs les plus utilisés sont *le papier de curcuma* et *le papier de tournesol* rouge et bleu; ils permettent de déterminer 'alcalinité ou l'acidité des gaz et des vapeurs qui se dégagent des tubes fermés et ouverts.

L'acide sulfurique concentré permet de caractériser les acides borique et phosphorique dans les minerais. On humecte l'extrémité du fil de platine avec l'acide, et on fait adhérer une parcelle du minerai, puis on chauffe à la flamme réductrice.

L'acide nitrique sert à l'attaque des grains métalliques.

L'acide chlorhydrique. Certains minerais qui renferment des éléments colorant la flamme, donnent des colorations plus intenses, quand on a trempé préalablement le fil de platine dans cet acide. Mélangé à l'acide nitrique, il forme l'eau régale qui dissout l'or et le platine.

29. Echelle de dureté. On donne le nom de dureté à la résistance qu'offrent certains corps à se laisser rayer ou user par d'autres corps. La dureté relative des différents minéraux est un caractère important pour leur détermination. On peut les classer à ce point de vue en 4 catégories:

1. les minéraux qui se laissent rayer à l'ongle,
2. » » » » » » au couteau,
3. » » » » » » par la lime en acier trempé,
4. » » » rayent le verre et font feu au briquet.

Pour la détermination de la dureté, on emploie généralement l'échelle de Mohs, qui se compose de 10 minéraux types, convenablement choisis, dont chacun raye celui qui le précède et est rayé par celui qui le suit.

Ces minéraux sont les suivants:

1. Talc laminaire, rayé par l'ongle.
2. Gypse spéculaire, rayé par l'ongle.
3. Spath calcaire, rayé par le couteau.
4. Spath fluor, rayé par le couteau.
5. Apatite cristallisée, rayée par l'acier trempé.
6. Orthose adulaire, rayée par l'acier trempé.
7. Quartz
8. Topaze blanche
9. Corindon
10. Diamant

} rayent le verre et font feu au briquet.

Pour déterminer la dureté d'un échantillon, on vérifie successivement s'il est rayé par l'ongle, par le couteau, ou par la lime d'acier, et enfin s'il raye le verre. On examine alors quel minerai de l'échelle est rayé le plus difficilement par le minéral, puis ensuite si le numéro supérieur de l'échelle raye l'échantillon; si tel est le cas, la dureté du minéral est intermédiaire entre les deux termes de l'échelle, s'il n'est pas rayé, sa dureté est égale. Exemple: La cassitérite raye l'orthose 6, mais est rayée par le quartz 7, sa dureté sera comprise entre 6 et 7, soit 6,5. Le fer oligiste raye l'apatite et n'est pas rayé par l'orthose, sa dureté sera 6.

Pour faire l'épreuve de la dureté d'un minéral, il faut choisir une arête bien vive de celui-ci, et frotter sur une surface plane des minéraux de l'échelle que l'on essuie soigneusement. On l'examine ensuite à la loupe, pour s'assurer si elle est rayée ou non.

30. Échelle de fusibilité. De même que pour la dureté, on peut classer les minéraux d'après leur degré de fusibilité, en déterminant s'ils sont facilement ou difficilement fusibles à la flamme d'une bougie, au chalumeau, ou encore s'ils sont complètement infusibles. Pour cette détermination, on utilise l'échelle de fusibilité de Kobell, qui comprend les 7 minéraux suivants, convenablement choisis et réduits en minces esquilles:

1. Stibine, facilement fusible à la flamme d'une bougie.
2. Mésotype, difficilement fusible à la flamme d'une bougie.

3. Grenat almandin, fond facilement au chalumeau en gouttes sphériques.
4. Actinote, fond au chalumeau en une goutte aplatie.
5. Orthose, au chalumeau les arêtes s'arrondissent.
6. Bronzite, trace de fusion sur les esquilles très minces.
7. Quartz, complètement infusible.

L'évaluation du degré de fusibilité est une opération très délicate; il faut d'abord réduire le minéral en écailles minces, que l'on saisit au moyen de la pince à bouts de platine, et que l'on cherche à fondre dans la flamme de la bougie d'abord, puis à la pointe du dard du chalumeau. On compare ensuite la fusibilité obtenue, avec celle des minéraux types de l'échelle, placés dans les mêmes conditions.

§ 2. ESSAIS EFFECTUÉS EN CHAUFFANT LE MINÉRAL DANS LA FLAMME, FIXÉ AU BOUT DE LA PINCE OU DU FIL DE PLATINE, DANS LE TUBE FERMÉ ET LE TUBE OUVERT, SEUL OU ADDITIONNÉ DE RÉACTIFS.

31. Essai direct du minéral dans la flamme. Une esquille mince du minéral, tenue avec la pince à bouts de platine, est placée successivement dans la flamme de la bougie ou du gaz, et dans le dard du chalumeau. Cet essai permet de faire les constatations suivantes:

a) Degré de fusibilité.

b) On examine si la substance est combustible, si elle dégage des vapeurs, et si les vapeurs sont colorées ou odorantes.

c) Enfin si la matière colore la flamme.

Corps qui colorent la flamme seuls, sans addition de réactifs:

Corps qui colorent la flamme en violet:

Sels de potassium *Sels de coesium* *Sels de rubidium*	violet-pâle, masquée par la soude, visible à travers un verre bleu épais.
Chlorure mercureux	violet-vif.

Corps qui colorent la flamme en bleu:

Chlorure de cuivre	bleu-pourpré.
Bromure de cuivre	bleu, bordé de vert.
Plomb et sels de plomb	bleu-azur.
Indium et ses composés	bleu-violacé.
Sélénium et composés	bleu-azur.
Osmiure d'iridium	bleu-verdâtre.
Arsenic et ses composés	bleu-livide.
Antimoine et ses composés	bleu-livide.

Corps qui colorent la flamme en vert:

Sels de cuivre (excepté le chlorure et le bromure) vert-émeraude ou vert-bleuâtre.
Thallium et sels de thallium vert-émeraude intense.
Sels de baryum vert-jaunâtre.
Composés du molybdène vert-jaunâtre.
Composés de l'osmium vert-livide.

Corps qui colorent la flamme en jaune:

Sels de sodium jaune intense, un peu rougeâtre, non visible à travers le verre bleu de cobalt.

Corps qui colorent la flamme en rouge:

Sels de strontium rouge-carmin, visible à travers le verre bleu.
Sels de lithium rouge-cramoisi intense, visible à travers le verre bleu.
Sels de calcium rouge-orange.

Corps qui colorent la flamme en présence de certains réactifs:

Chauffés dans la flamme, après avoir été humectés d'acide chlorhydrique. En général les chlorures colorent plus vivement la flamme que les autres sels; si un échantillon du minéral ne donne pas de coloration bien nette, on peut l'humecter d'acide chlorhydrique, et le placer dans la flamme au bout du fil de platine. Dans ces conditions les minerais de cuivre, en particulier, colorent la flamme en bleu-pourpré.

Chauffés au chalumeau après avoir été humectés d'acide sulfurique concentré:

Composés du phosphore flamme vert-jaunâtre.
Acide borique et borates flamme verte, légèrement jaunâtre.
Composés de molybdène flamme vert-jaunâtre.

Chauffés au chalumeau, avec un mélange de bisulfate de potassium et de fluorure de calcium:

Acide borique et borates flamme vert-émeraude.
Silicates contenant du bore flamme vert-émeraude.
Composés du molybdène flamme vert-jaunâtre.

Chauffés dans une perle de sel de phosphore, saturée d'oxyde de cuivre:

Chlorures flamme bleu-pourpré.
Bromures flamme bleu-verdâtre.
Iodures flamme vert-émeraude.

32. Essais en tube fermé. On place un très petit fragment du minéral dans le tube, qu'on chauffe d'abord doucement à la flamme, puis au chalumeau, jusqu'à la température de fusion du verre. Si la substance dégage de l'eau au début de l'opération, il faut avoir soin de l'absorber avec du papier buvard, enroulé autour d'une petite tige métallique; cette eau condensée en gouttelettes pourrait empêcher la formation d'enduits caractéristiques.

Dans cet essai, les phénomènes suivants pourraient se produire:

a) La matière décrépite.

b) Elle change de couleur; il faut examiner si le changement de couleur est définitif, ou si la substance reprend sa couleur propre après refroidissement.

c) La substance dégage des gaz incolores ou colorés, inodores ou odorants; il faut constater encore si les vapeurs réagissent avec les papiers réactifs, si elles corrodent le verre, si elles sont combustibles ou comburantes, etc.

d) La substance donne naissance à des sublimés blancs ou colorés; constater si ces enduits sont fusibles ou infusibles, amorphes ou cristallisés.

Principaux minéraux qui décrépitent sous l'action de la chaleur: Anglésite, Alunite, Aragonite, Argyrythrose, Azurite, Barytine, Blende, Bournonite, Calamine, Célestine, Chalcopyrite, Cérusite, Fluorine, Glaubérite, Gypse, Lunnite, Malachite, Matlockite, Nagyagite, Polybasite, Plombgomme, Stéfanite, Sel gemme, Sidérose, Turquoise, Vanadinite, Wulfénite, Zinckénite, etc.

Principaux minéraux qui changent de couleur sous l'action de la chaleur dans le tube fermé:

Minéraux qui se décolorent ou changent de couleur définitivement:

Allophane:	se décolore.
Amazonite:	verte, se décolore.
Analcime:	blanche et opaque.
Apatite:	se décolore.
Atacamite:	verte, devient noire.
Azurite:	bleue, devient noire.
Célestine bleue:	se décolore.
Cyanose:	bleue, se décolore.
Calcite transparente:	devient opaque.
Dioptase:	vert-émeraude, devient noire.
Erythrine:	rouge, devient verte, puis noircit.
Emeraude:	verte, devient blanche.
Fluorine colorée:	se décolore.
Lazulite (Klaprothine):	bleue, se décolore.
Limonite:	jaune ou brune, devient rouge.

Lunnite:	verte, devient noire.
Lapis Lazuli:	fond et se décolore.
Malachite:	verte, devient noire.
Matlockite:	devient plus jaune.
Pennine (Clinochlore):	se décolore.
Quartz enfumé:	se décolore.
Topaze jaune du Brésil:	devient rose-violacé.
Tourmaline:	colorations diverses, se décolore.
Turquoise:	bleue, devient brune ou noire.
Vivianite:	devient blanche.
Zircon:	rouge-hyacinthe, se décolore.

Minéraux qui reprennent leur coloration en refroidissant:

Erubescite:	noircit et redevient rouge.
Grenat Pyrope et noir:	deviennent verts ou noirs et opaques.
Hématite rouge:	brun noir à chaud.
Massicot et Minium:	rouge, brun à chaud.
Rubis:	vert à chaud.
Rubis spinelle:	vert à chaud.
Zincite:	noir à chaud.

Principaux minéraux donnant un sublimé dans le tube fermé:

Enduit blanc:

Exitèle	après fusion, enduit blanc d'anhydride antimonieux.
Sénarmontite	» » » » » »
Contunnite	» » » » de chlorure et de plomb.
Mimétèse	» » » » » » » » »
Pyromorphite	» » » » » » » » »
Salmiac	sans fusion, enduit blanc de sel ammoniacal.
Calomel	» » » » de chlorure mercureux.
Arsénolite	» » » » d'anhydride arsénieux.

Enduit gris métallique:

Arsenic et certains arséniures (Allemontite, Cloanthite, Smaltine, Mispickel), Mercure métallique, Tellure métallique, etc.

Enduit noir:

Antimoine natif, Cinabre.

Enduit jaune:

Soufre, Chalcopyrite, Marcassite, Pyrite.

Enduit orangé:

Mispickel et divers sulfoarséniures, Orpiment, Réalgar.

Enduit rouge:

Sulfure d'antimoine (Stibine) et sulfoantimoniures (Kermésite, Panabase, Argyrythrose etc.), Sélénium.

33. Essais en tube fermé avec addition de réactifs:

Essai avec le bisulfate de potassium. Le minéral est pulvérisé finement et mélangé intimement dans le mortier d'agate avec du bisulfate de potassium, préalablement fondu et réduit en poudre. Cette opération permet de caractériser la plupart des acides minéraux, à l'exception des phosphates, borates, sulfates et silicates.

On examine s'il se forme un sublimé, et on déterminera les propriétés des gaz qui se dégagent *Acide chlorhydrique:* odeur piquante, vapeurs incolores, troublant une goutte de nitrate d'argent à l'extrémité de la baguette de verre. *Brome:* vapeurs brunes, colorant le papier amidonné en jaune-feu. *Iode:* vapeurs violettes, colorant le papier amidonné en bleu. *Acide fluorhydrique:* gaz incolore corrodant le verre. *Sélénium* et *hydrogène sélénié:* enduit rouge, odeur de raifort pourri. *Oxydes de l'azote:* vapeurs rutilantes reconnaissables à l'odeur.

Principaux minéraux qui dégagent de l'acide chlorhydrique:

Atacamite, Carnallite, Cérargyre, Cotunnite, Matlockite, Nantockite, Salmiac, Sel gemme, Sylvine, Schwartzembergite (dégage aussi de l'iode), Tachydrite, etc.

Minéraux qui dégagent du brome:

Bromargyre, Embolite.

Minéraux qui dégagent de l'iode:

Iodargyre, Schwartzembergite (dégage aussi HCl).

Minéraux qui dégagent de l'acide fluorhydrique:

Apatite, Cryolithe, Fluorine, Micas, Topaze, Triplite, Wagnérite, Wavellite, etc.

Minéraux donnant un enduit brun-rouge de sélénium et dégagement de gaz à odeur de raifort pourri:

Séléniures: Naumannite, Tiémannite (séléniure de mercure), Clausthalite (séléniure de plomb), Berzéline (séléniure de cuivre), Eukairite (séléniure de cuivre et argent), Zorgite (séléniure de plomb et cuivre), Bornine (Bismuth sélénié, tellurifère) etc.

Minéraux dégageant des oxydes d'azote (vapeurs rutilantes):

Nitratine, Nitre, Nitrocalcite.

Essai avec le magnésium. Recherche du phosphore. Le minerai réduit en poudre, est mélangé avec 2 ou 3 fois son poids de magnésium pulvérisé, puis chauffé au rouge pendant 10 minutes. On laisse refroidir, et on ajoute de l'eau; en présence d'un composé du phosphore il se dégage de l'hydrogène phosphoré, possédant une odeur alliacée, et brûlant avec une flamme bordée de vert.

Essai avec du carbonate de sodium ou du cyanure de potassium. Le minerai pulvérisé, mélangé au réactif est chauffé fortement dans le tube fermé: un anneau noir, brillant, indique un composé arsenical. Un enduit formé de gouttelettes métalliques indique un composé du mercure.

34. Essais en tube ouvert. Un petit fragment du minéral est placé dans la partie courbée du tube, on chauffe avec l'extrémité du dard du chalumeau, dirigée directement sur la substance ou immédiatement au-dessous. On examine alors les propriétés des vapeurs ou des enduits qui se sont formés.

Principaux minéraux qui dégagent des vapeurs dans le tube ouvert:

Vapeurs à odeur alliacée:

Arsenic et arséniures (Nickéline, Smaltine, Leucopyrite, Domeykite, etc.).

Vapeurs à odeur d'anhydride sulfureux:

Soufre et sulfures (Pyrite, Marcassite, Galène, Blende, Chalcopyrite, Argyrose, Bismuthine, Chalcosine, Molybdénite).

Vapeurs à odeur de raifort pourri:

Sélénium et séléniures (Euchairite, Berzéline, Clausthalite, Tiémannite, Naumannite, etc.).

Vapeurs jaunes à odeur faible spéciale:

Tellure et tellurures (Tétradymite, Altaïte, Hessite, Sylvanite, etc.).

Principaux minéraux qui donnent des sublimés dans le tube ouvert:

Sublimé blanc:

Très volatil et cristallin: Arsenic et arséniures, Réalgar et Orpiment.

Peu volatil non cristallin: Antimoine et antimoniures, Stibine.

Devenant rouge au contact du chlorure d'étain: Sélénium et séléniures.

Fusible en gouttelettes, noir au contact du chlorure d'étain: Tellure et tellurures.

Sublimé jaune:

Jaunâtre: minéraux bismutifères.

Jaune, soluble dans l'ammoniaque: Sulfoarséniures (Mispickel, Cobaltine, Disomose, Dufrénoisite, Proustite, Tennantite, etc.).

Sublimé rouge:

Insoluble dans l'ammoniaque: Sulfoantimoniures (Argyrythrose, Myargyrite, Boulangérite, Zinckénite, etc.).

Sublimé gris métallique:

Mercure natif, Cinabre.

§ 3. ESSAIS AUX PERLES VITREUSES DE BORAX ET DE SEL DE PHOSPHORE.

35. Généralités. Ces essais sont basés sur la propriété qu'ont certains corps fondus, de dissoudre les oxydes métalliques avec des colorations caractéristiques.

Pour obtenir une perle, on forme à l'extrémité du fil de platine une petite boucle de 2 à 3 millimètres de diamètre, qu'on porte au rouge, et plonge ensuite dans le fondant vitreux réduit en poudre, qui y adhère immédiatement. En chauffant de nouveau dans la flamme, la matière se boursouffle, perd son eau, puis fond en donnant une perle incolore et transparente. On y fait adhérer une très petite quantité de la matière à examiner, finement pulvérisée, et l'on chauffe au chalumeau, en flamme oxydante, puis en flamme réductrice, en examinant dans les deux cas la coloration que prend la perle à chaud et à froid. On soumet ensuite celle-ci au flamber, et on examine si elle devient opaque ou laiteuse en refroidissant. L'essai en flamme oxydante est facile à effectuer; il suffit en effet de chauffer la matière à l'extrémité du dard. Par contre il est difficile d'obtenir la réduction des oxydes métalliques par la flamme réductrice seule; il est préférable d'ajouter à la perle une parcelle d'étain métallique, et de chauffer avec la flamme intérieure; on emploie dans ce but des feuilles minces d'étain et on aura soin de n'ajouter qu'une très petite quantité de ce réducteur, car un excès donnerait une perle opaque. Les minerais renfermant du soufre, de l'arsenic, ou de l'antimoine, donnent des perles colorées en brun ou brun-jaunâtre, ce qui peut masquer les colorations propres aux oxydes métalliques qu'ils contiennent. Dans ce cas, on opérera sur le minerai préalablement grillé dans le tube ouvert ou sur le charbon. Le grillage du minéral doit se faire avec précaution, il faut éviter autant que possible que la matière entre en fusion, car il est très difficile alors d'éliminer complètement l'arsenic, l'antimoine et le soufre.

Principaux éléments qui colorent les perles de borax:

Éléments	Feu d'oxydation à chaud	Feu d'oxydation à froid	Feu de réduction à chaud	Feu de réduction à froid
Fer	jaune-rouille	jaune-clair	vert-sale	vert-bouteille
Cobalt	bleu intense	bleu de cobalt	bleu intense	bleu de cobalt
Nickel	jaune-brun	jaune-brun clair	jaune-gris	gris
Chrome	jaune	vert	vert-sale	vert-émeraude
Manganèse	violet-améthyste	violet-améthyste	rose ou incolore	rose ou incolore
Cadmium	jaune-clair	incolore	incolore	incolore
Bismuth	jaune-clair	jaune-clair	gris	gris
Argent	jaune-clair	jaune-clair	gris	gris
Cuivre	vert	bleu-clair	vert-sale	rouge, opaque
Antimoine	jaune-clair	incolore	gris-clair	gris-clair
Uranium	jaune-orangé	jaune d'or	vert-sale	vert
Molybdène	jaunâtre	incolore	brun clair, transparent	brun-foncé opaque
Titane	jaunâtre	jaunâtre	brun-clair	brun-violacé
Vanadium	jaune-brun	jaune clair	vert-sale	vert-émeraude
Tungstène	jaune-clair	incolore	jaunâtre ou incolore	jaune-gris
Indium	gris	gris	gris	gris
Didyme	bleu-violacé	rose-violacé	bleu-violacé	rose-violacé
Cérium	rouge-brun	jaune-clair	incolore	incolore
Or	incolore, or en suspension	incolore, or en suspension	incolore, or en suspension	incolore, or en suspension
Platine	incolore, métaux gris en suspension	incolore, métaux gris en suspension	incolore, métaux gris en suspension	incolore, métaux gris en suspension
Métaux du Platine	incolore, métaux gris en suspension	incolore, métaux gris en suspension	incolore, métaux gris en suspension	incolore, métaux gris en suspension

Éléments qui colorent les perles de sel phosphore:

Éléments	Feu d'oxydation à chaud	Feu d'oxydation à froid	Feu de réduction à chaud	Feu de réduction à froid
Fer	rouge-brun	jaune-clair	brun-vert	vert-bouteille
Cobalt	bleu intense	bleu de cobalt	bleu intense	bleu de cobalt
Nickel	rouge-acajou	jaune-brun clair ou incolore	jaune-gris	gris
Chrome	violet-sale	vert-émeraude	vert-sale	vert-émeraude
Manganèse	violet-rouge foncé	violet-rouge foncé	rose ou incolore	rose ou incolore
Cadmium	jaune-clair ou incolore	incolore	incolore	incolore
Bismuth	jaune-clair	incolore	gris	gris
Argent	jaunâtre	jaune irisé	gris	gris

Éléments	Feu d'oxydation à chaud	Feu d'oxydation à froid	Feu de réduction à chaud	Feu de réduction à froid
Cuivre	vert	bleu-clair	vert-sale ou incolore	rouge, opaque
Antimoine	jaune-clair	incolore	gris (avec Fe rouge-sang)	gris (avec Fe rouge-sang)
Uranium	jaunâtre	vert-jaune	vert-sale	vert-émeraude
Molybdène	jaune-verdâtre	vert	vert-sale	vert-émeraude
Titane	jaune-clair	incolore	violacé (avec Fe rouge-sang)	violet-clair (avec Fe rouge-sang)
Vanadium	incolore ou jaune-clair	incolore ou jaune-clair	vert-sale	vert-émeraude
Tungstène	incolore ou jaune-clair	incolore	gris-bleu (avec Fe rouge-sang)	bleu-clair (avec Fe rouge-sang)
Indium	gris	gris	gris	gris
Didyme	bleu-violacé	rose-violacé	bleu-violacé	rose-violacé
Cérium	jaune-brun	jaune-clair ou incolore	incolore	incolore
Or	incolore, or en suspension	incolore, or en suspension	incolore, or en suspension	incolore, or en suspension
Platine	incolore, métaux gris en suspension	incolore, métaux gris en suspension	incolore, métaux gris en suspension	incolore, métaux gris en suspension
Métaux du Platine	incolore, métaux gris en suspension	incolore, métaux gris en suspension	incolore, métaux gris en suspension	incolore, métaux gris en suspension

La silice et la plupart des silicates restent insolubles dans la perle de sel de phosphore et y forment un *squelette caractéristique.*

Nous avons indiqué dans ce tableau, les colorations rouges des perles de sel de phosphore obtenues à la flamme de réduction avec les composés de l'antimoine, du tungstène et du titane, en présence du fer. Ces colorations sont obtenues directement lorsque l'on chauffe la perle dans la flamme intérieure du chalumeau; si l'on ajoute un peu d'étain, comme nous l'avons indiqué, pour faciliter la réduction, les perles ne sont pas rouges à chaud, mais prennent les colorations caractéristiques de l'antimoine (grise) du titane (violacée) et du tungstène (gris-bleu). Par refroidissement les perles deviennent brusquement rouges et opaques.

§ 4. ESSAIS SUR LE CHARBON.

36. Généralités. Ces essais se font, soit en chauffant le minéral seul, dans une petite cavité creusée dans le charbon, soit en mélangeant la substance avec des fondants réducteurs; on emploie dans ce but le carbonate de sodium, le cyanure de potassium, la poudre de charbon ou l'oxalate de sodium; dans certains cas, on peut ajouter à ces réactifs un peu de borax, qui a la propriété de former un globule vitreux, empêchant le fondant de pénétrer dans le support.

C'est le plus souvent au carbonate de sodium ou mieux à un mélange de carbonate de sodium et de cyanure de potassium que l'on a recours dans ces essais, pour faciliter les phénomènes de réduction. L'opération sur le charbon est une des plus importantes dans l'analyse par voie sèche; elle donne les précieuses indications suivantes:

Le minerai ne renferme que des composés non réductibles: La masse fondue ne présente rien de caractéristique. On peut y rechercher la présence des composés du soufre: sulfates, sulfures, sulfoarséniures, sulfoantimoniures, au moyen de la réaction de *l'hépar*. On enlève du charbon le produit fondu, on le place sur une pièce d'argent avec une goutte d'eau, et on l'écrase: une tache noire sur l'argent indique le soufre.

Le minerai renferme un métal réductible, infusible, non volatil: On obtient dans la masse fondue des petits grains métalliques irréguliers.

Le minerai renferme un métal réductible, fusible, non volatil: On obtient des globules métalliques.

Le minerai renferme un métal réductible, fusible, volatil: A la température du chalumeau les vapeurs métalliques s'oxydent en traversant la flamme extérieure, et si ces oxydes sont eux-mêmes peu volatils, ils se déposent sur le charbon en formant un enduit ou *aréole*; on peut aussi retrouver dans la masse fondue des *globules métalliques*, si le métal n'est pas très volatil.

37. Essais du minéral chauffé seul sur le charbon. Un fragment de la substance est placé dans la cavité pratiquée dans la baguette de charbon; on chauffe d'abord très doucement, en inclinant très légèrement le support, puis lorsque l'échantillon commence à fondre, on tourne peu à peu le charbon jusqu'à ce que la flamme arrive bien directement sur l'essai. Si le minéral décrépite, il faut le réduire en poudre fine et l'introduire dans la cavité, en le faisant adhérer avec une goutte d'eau; on dessèche d'abord à la flamme, puis on chauffe avec précaution au chalumeau, au feu d'oxydation, et ensuite au feu de réduction. Le charbon doit être examiné minutieusement, en s'aidant de la loupe, qui permet de se rendre mieux compte de l'aspect des enduits, et d'apercevoir les petits grains métalliques qui pourraient échapper à l'oeil nu. On devra constater les phénomènes suivants:

a) Si le minéral décrépite, et s'il est infusible, fusible, ou volatil.

b) S'il est réductible dans la flamme intérieure du chalumeau, s'il donne naissance à un culot métallique, et si le métal est attirable à l'aimant.

c) S'il dégage des gaz odorants, incolores ou colorés.

d) S'il donne une aréole; dans ce cas, on notera l'aspect de l'enduit et sa couleur; on examinera s'il est plus ou moins rapproché de l'essai, s'il est fusible ou volatil dans la flamme d'oxydation, et dans la flamme de réduction.

e) Si la substance fondue pénètre dans le charbon.

38. Essais sur le charbon en présence du carbonate de sodium ou d'un mélange de carbonate de sodium et de cyanure de potassium. Pour obtenir facilement les phénomènes de réduction sur le charbon, on chauffe la substance à essayer avec du carbonate de sodium seul ou additionné de réducteurs, tels que le cyanure de potassium, la poudre de charbon, ou l'oxalate de sodium. Ce procédé permet d'obtenir facilement la réduction des composés difficilement réductibles, comme les sulfates, phosphates, etc. Pour effectuer cet essai, on mélange la substance en poudre fine avec un peu des fondants, on en fait une pâte avec une goutte d'eau, et on l'introduit au fond de la cavité pratiquée dans le charbon. On chauffe très doucement au début, pour que le carbonate de sodium ne s'introduise pas trop vite dans le support, puis plus fortement à la flamme de réduction. On examine ensuite les phénomènes qui se sont produits, puis on ajoute à nouveau du fondant et on répète l'opération plusieurs fois, jusqu'à ce qu'on ne remarque plus rien de caractéristique. Il est indispensable, pour obtenir de bons résultats, d'opérer comme il a été indiqué, en ajoutant le carbonate de sodium peu à peu, afin de ne pas noyer dès le début la substance à essayer dans un excès de fondant.

On fera sur cet essai les mêmes constatations que sur le précédent; c'est sur la masse fondue avec le carbonate de sodium que l'on fera la réaction de l'hépar indiquée plus haut. Il faudra de plus, observer si la masse fondue prend une forme globulaire; c'est une propriété caractéristique de la silice et des silicates. Cependant l'acide titanique, les borates et les phosphates, donnent le même phénomène.

Corps qui donnent des grains métalliques sur le charbon, sans enduit:

Particules métalliques, grises, irrégulières:

Fer, manganèse, nickel, cobalt, tungstène, platine.

Grains métalliques:

Or (paillettes jaunes), cuivre (globules rouges), argent (globules blancs), étain (globules blancs). L'étain étant très oxydable, ne donne facilement des grains métalliques qu'en présence de cyanure de potassium.

Corps qui donnent sur le charbon des grains métalliques avec enduit:

Molybdène: Particules métalliques irrégulières, grises, enduit cristallisé, jaune à chaud, blanc à froid; par oxydation énergique devient rouge-cuivre; par légère réduction devient bleu.

Antimoine: Grains cassants blancs; enduit blanc volatil; les vapeurs possèdent une odeur métallique légèrement alliacée, caractéristique.

Plomb: Grains métalliques très malléables; enduit jaune-foncé à chaud, jaune-serin à froid; parfois aréole blanche de sulfate de plomb.

Bismuth: Grains métalliques cassants; enduit jaune.

Corps qui donnent un enduit sans grains métalliques:

Arsenic: Enduit blanc très volatil, éloigné de l'essai; les vapeurs possèdent une odeur alliacée très caractéristique.

Zinc: Enduit jaune à chaud, blanc à froid, difficilement volatil.

Sélénium: Enduit d'oxydation blanc, devenant rouge par addition d'une goutte d'une solution de chlorure stanneux, enduit de réduction rouge; les vapeurs ont une odeur de raifort pourri très caractéristique.

Tellure: Enduit blanc, bordé de jaune ou de rouge-foncé; colore la flamme de réduction en vert.

Indium: L'enduit se forme près de l'essai; jaune-foncé à chaud, blanc-jaunâtre à froid; colore la flamme de réduction en violet.

Thallium: Enduit un peu éloigné de l'essai, blanc-sale; colore la flamme en vert intense.

Pour l'examen des petits grains métalliques, on enlève la masse fondue du charbon, on la triture avec de l'eau dans un petit mortier d'agate, et par lévigation on isole les grains métalliques que l'on peut examiner à la loupe. On doit constater notamment si les particules métalliques sont attirables à l'aimant, ce qui caractérise le fer, le nickel et le cobalt.

§ 5. ESSAIS PAR FUSION SUR LA LAME DE PLATINE AVEC UN MÉLANGE DE CARBONATE DE SODIUM ET DE NITRATE DE POTASSIUM.

39. Généralités et applications. Cet essai sert à caractériser la présence du chrome ou du manganèse dans les minéraux.

Le minéral finement pulvérisé est chauffé sur la lame de platine avec un mélange de carbonate de sodium et de nitrate de potassium.

La masse fondue prend une belle coloration verte si le minéral renferme du manganèse, et jaune s'il renferme du chrome. Pour s'assurer de la présence de ce dernier élément, on dissout la masse fondue dans un peu d'eau chaude, on acidule la liqueur avec de l'acide acétique et on ajoute de l'acétate de plomb, qui donne un précipité jaune de chromate de plomb.

§ 6. ESSAIS PYROGNOSTIQUES AVEC LE BRÛLEUR DE BUNSEN (PROCÉDÉ DE BUNSEN).

40. Généralités. Le brûleur à gaz de Bunsen remplace ici le chalumeau; il sert à chauffer et à produire des phénomènes de réduction et d'oxydation. La combustion du gaz y est complète grâce à un courant d'air obtenu par un orifice pratiqué dans la partie inférieure du tube cylindrique, à la hauteur de l'arrivée du gaz. La flamme se compose de trois parties principales (fig. 53).

1. Au centre, un noyau obscur.
2. A l'extérieur, une flamme bleuâtre peu lumineuse.
3. Entre ces deux zones, une partie brillante et lumineuse.

Cette flamme présente les mêmes caractères que le dard du chalumeau. On y distingue les différentes régions suivantes.

Base de la flamme: La température y est très basse; cette partie est utilisée pour séparer les corps facilement volatils qui colorent la flamme, de ceux moins volatils qui ne la colorent qu'à une température plus élevée.

Zone de fusion: C'est la partie la plus chaude de la flamme; elle sera utilisée pour les essais exigeant une haute température.

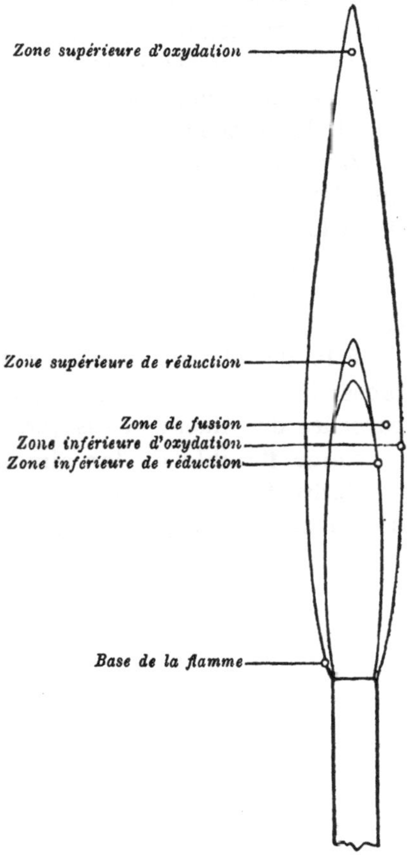

Fig. 53.

Zone inférieure d'oxydation: Cette zone est moins chaude que la précédente, car elle renferme un excès d'oxygène; elle sera surtout utilisée pour les recherches au moyen des perles.

Zone supérieure d'oxydation: Cette partie est à la fois chaude et riche en oxygène; on s'en servira pour effectuer les grillages.

Zone inférieure de réduction: Cette zone est utilisée pour les réductions sur le charbon.

Zone supérieure de réduction: Cette partie renferme beaucoup de charbon incandescent, on l'emploie pour la formation des enduits métalliques.

BUNSEN a établi une élégante méthode d'analyse par voie sèche, au moyen de la flamme qui vient d'être décrite; ces essais, faciles à exécuter et qui n'exigent qu'un matériel très restreint, donnent d'excellents résultats.

Cette méthode comprend 2 sortes d'opérations:

1. Production de taches métalliques permettant de caractériser les éléments réductibles et volatils.

2. Essais sur la baguette de charbon, permettant de caractériser les éléments réductibles qui ne donnent pas d'enduit de métal.

41. Instruments et réactifs nécessaires. Ce sont:

Brûleur: Pour ces essais on emploie un brûleur de BUNSEN donnant une flamme de 5 à 6 centimètres de hauteur, dont la zone supérieure de réduction est nettement marquée. Il faut s'assurer qu'un corps froid, placé dans cette zone, ne se recouvre pas de noir de fumée.

Capsules de porcelaine. Elles sont vernies extérieurement et servent à condenser les vapeurs métalliques.

Fils de platine et filaments d'amiante. Ils sont soudés à des tubes de verre et servent à porter dans la flamme de réduction des parcelles du minéral à essayer.

Lame flexible de fer aimanté.

Petits flacons de Woulf. Munis de 2 tubes de verres recourbés, dont l'un pénètre jusqu'au fond du vase; ils servent à soumettre les

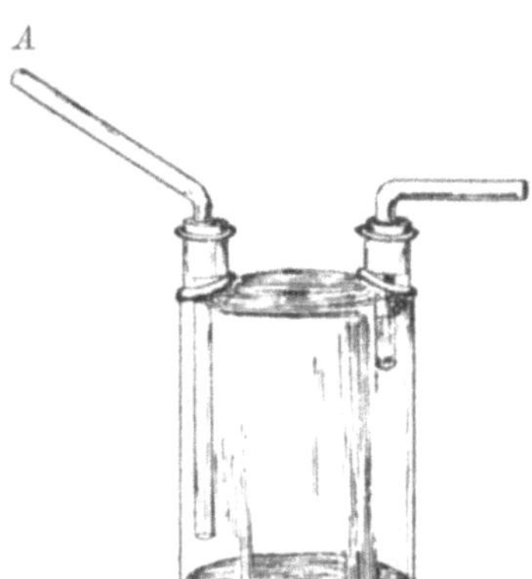

Fig. 54.

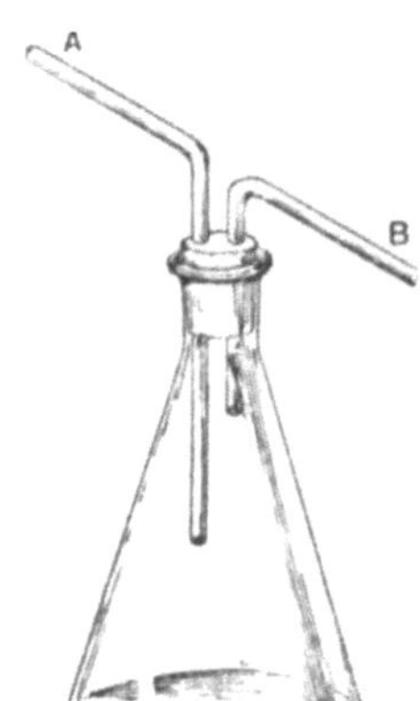

Fig. 55. Flacon d'ERLENMEYER.

enduits à l'action de réactifs gazeux, en insufflant de l'air par le tube *A* (fig. 54).

Un de ces flacons renferme de l'ammoniaque, l'autre du sulfhydrate d'ammoniaque, saturé d'hydrogène sulfuré.

Un flacon d'Erlenmeyer. Il doit être muni d'un bouchon percé de 2 trous par lesquels passent des tubes de verre recourbés (fig. 55); il sert à la production d'acide iodhydrique gazeux. On place dans le flacon 1 g. de phosphore rouge, 20 g. d'iode et 3 ccm. d'eau. On se sert de cet appareil en soufflant par l'extrémité du tube *A* et en dirigeant le tube *B*, par lequel sort le réactif, sur l'enduit à examiner.

On utilise aussi quelques réactifs liquides; les principaux sont: la soude caustique, l'ammoniaque, l'hypochlorite de sodium, l'acide nitrique faible (D.: 1,15), le nitrate d'argent et le chlorure stanneux.

42. Production des enduits. On place une capsule vernie extérieurement, à moitié remplie d'eau, à l'extrémité du cône de réduction, puis immédiatement au-dessous, on introduit au bout d'un filament d'amiante une parcelle de la substance dans la flamme réductrice. Si le minerai renferme un métal réductible et volatil, les vapeurs du métal seront entraînées par le gaz, et se déposeront sur la porcelaine froide, formant ainsi un enduit; une partie de la vapeur passera dans la flamme extérieure où elle s'oxydera, et il y aura ainsi sur la capsule un enduit d'oxyde autour de l'enduit de métal. Tous les métaux volatils donnent un enduit d'oxyde dans la flamme oxydante, à l'exception du mercure.

Différents types d'enduits:

Enduits de métal: Les métaux réduits donnent des enduits noirs, mats, ou miroitants. On les traite par de l'acide nitrique, de densité 1,15, qui dissout plus ou moins rapidement les différents métaux.

Enduits d'oxyde: On obtient l'enduit d'oxyde autour de l'enduit de métal. Pour avoir seulement l'enduit d'oxyde, on place la capsule de porcelaine plus haut, dans la zone d'oxydation, et l'on introduit la substance comme pour l'enduit de métal, dans le cône de réduction. Les enduits d'oxyde sont colorés ou blancs; dans ce dernier cas, on ne les aperçoit pas ou peu sur la porcelaine. On peut pour les distinguer plus nettement, les obtenir sur le fond d'un large tube à essai, dans lequel on a versé une solution fortement colorée. Sur la capsule, on peut caractériser les divers oxydes en les soumettant à certains réactifs tels que: le chlorure stanneux seul ou alcalinisé par la soude, le nitrate d'argent, l'ammoniaque, etc.

Enduits d'iodures: On soumet également les enduits d'oxydes, à l'action de l'acide iodhydrique gazeux, on obtient ainsi des enduits d'iodures, souvent très caractéristiques. On examine si l'enduit disparaît en projetant dessus l'haleine et s'il reparaît en chauffant légèrement.

Enduits de sulfures: Les enduits d'iodures sont toujours soumis ensuite aux vapeurs de sulfure d'ammonium; on obtient alors, en leur lieu et place, des enduits de sulfures dont les colorations sont caractéristiques. On examine la solubilité de ces sulfures dans le sulfure d'ammonium, en plaçant sur l'enduit une goutte de ce réactif.

Principaux éléments réductibles et volatils donnant des enduits sur la capsule de porcelaine.

Éléments	Enduit de métal	Enduit d'oxyde	Enduit d'iodure	Enduit de sulfure
Arsenic	*Noir, bords bruns.* A peine soluble dans l'acide nitrique dilué, instantanément soluble dans l'hypochlorite de sodium.	*Blanc.* Avec nitrate d'argent et ammoniaque, tache jaune ou rougeâtre, soluble dans l'ammoniaque.	*Jaune.* Disparaît passagèrement quand on y projète l'haleine; soumis aux vapeurs ammoniacales, disparaît définitivement.	*Jaune-citron.* Disparaît si on traite l'enduit avec une goutte d'ammonium, réapparaît si l'on chauffe légèrement la capsule
Antimoine	*Noir, bords bruns.* A peine soluble dans l'acide nitrique dilué, insoluble dans l'hypochlorite de soude.	*Blanc.* Avec nitrate d'argent ammoniacal, tache noire insoluble dans l'ammoniaque.	*Rouge-orange.* Disparaît passagèrement au souffle humide, disparaît sous l'action des vapeurs ammoniacales.	*Orange.* Disparaît avec le sulfure d'ammonium et réapparaît en chauffant.
Sélénium	*Rouge-cuivre.* A peine soluble dans l'acide nitrique dilué.	*Blanc.* Avec une goutte de chlorure d'étain, tache rouge-brique, avec solution alcaline de chlorure d'étain tache noire.	*Brun.* Ne disparaît pas complètement au souffle, persiste sous l'action des vapeurs ammoniacales.	*Jaune ou orange* Par addition d'une goutte de sulfure d'ammonium, devient rouge-orange et disparaît passagèrement.
Tellure	*Noir, bords bruns.* A peine soluble dans l'acide nitrique dilué.	*Blanc.* Avec solution aqueuse de chlorure stanneux, tache noire.	*Brun.* Disparaît passagèrement au souffle humide; disparaît sous l'action des vapeurs ammoniacales.	*Noir brunâtre.* Disparaît passagèrement avec le sulfure d'ammonium
Thallium	*Noir, bords bruns.* Difficilement soluble dans l'acide nitrique.	*Blanc.* Ne change pas avec la solution de chlorure stanneux.	*Jaune-citron.* Ne disparaît pas au souffle humide; ne disparaît pas sous l'action de l'ammoniaque.	*Noir, bordé de gris-bleuâtre.* Ne disparaît pas avec le sulfure d'ammonium.

Éléments	Enduit de métal	Enduit d'oxyde	Enduit d'iodure	Enduit de sulfure
Bismuth	*Noir, bords bruns.* Difficilement soluble dans l'acide nitrique dilué.	*Blanc-jaunâtre.* Traité par la solution alcaline sodique de chlorure stanneux, tache noire.	*Bleu-brûnatre.* Bords rose-saumon, disparaît passagèrement au souffle humide. Devient rouge ou jaunâtre sous l'action des vapeurs ammoniacales, brunit en désséchant.	*Brun.* Ne disparaît pas avec le sulfure d'ammonium.
Mercure	*Gris.* Peu adhérent et irrégulier, difficilement soluble dans l'acide nitrique dilué.	*Pas d'enduit.* Pas d'enduit d'oxyde.	*Rouge - carmin et jaune.* Ne disparaît pas au souffle humide.	*Noir.* Insoluble dans le sulfure d'ammonium.
Plomb	*Noir.* Immédiatement soluble dans l'acide nitrique dilué.	*Jaune clair.*	*Jaune.* Ne disparaît pas au souffle humide, disparaît passagèrement sous l'action des vapeurs ammoniacales.	*Rouge - brun, puis noir.* Insoluble dans le sulfure d'ammonium.
Zinc	*Noir, bords bruns.* Instantanément soluble dans l'acide nitrique dilué.	*Blanc.* Si l'on enlève l'enduit avec un petit morceau de papier à filtre humecté d'acide nitrique, qu'on le dessèche, qu'on le traite par une goutte d'une solution de nitrate de cobalt, et qu'on le chauffe fortement sur un fil de platine, on obtient une masse verte, caractéristique (vert de Rinmann).		
Cadmium	*Noir, bords bruns.* Immédiatement soluble dans l'acide nitrique dilué.	*Brun, bords blanc.* Une goutte d'une solution neutre de nitrate d'argent placée sur l'enduit blanc donne une tache violet-ardoise.	*Blanc.* Ne change pas sous l'action des vapeurs ammoniacales.	*Jaune-citron.* Insoluble dans le sulfure d'ammonium.
Indium	*Noir, bords bruns.* Immédiatement soluble dans l'acide nitrique dilué.	*Blanc-jaunâtre.*	*Blanc-jaunâtre.* N'est pas modifié par l'ammoniaque.	*Blanc.* N'est pas modifié par le sulfure d'ammonium.

43. Essais sur la baguette de charbon sodé. Pour préparer les baguettes de charbon, on prend des allumettes dont on enlève les têtes, et on les imprègne sur les deux tiers de leur longueur de carbonate de sodium fondu; on chauffe l'extrémité dans la flamme pour carboniser le bois, et l'on obtient ainsi de petits bâtonnets de charbon, rendus peu combustibles par l'enduit de carbonate alcalin.

On fait ensuite une pâte, en broyant le minéral avec du carbonate de sodium et quelques gouttes d'eau, et l'on met un peu de ce produit au bout de la baguette de charbon, puis on porte l'essai dans la zône oxydante inférieure, et dès qu'il est fondu, dans le cône de réduction. On laisse ensuite refroidir à l'abri de l'air, pour éviter l'oxydation, en plaçant l'essai dans le cône obscur inférieur de la flamme.

On écrase alors le bout de l'allumette, on lévigue avec de l'eau dans un mortier d'agate, et l'on examine les grains métalliques à la loupe. On effectue ensuite sur ces particules quelques réactions par voie humide.

Principaux métaux réductibles ne donnant pas d'enduit de métal:

Métaux qui se présentent sous forme de globules:

Cuivre: Globule rouge, soluble dans l'acide nitrique dilué; la solution devient rouge-brun par addition d'une goutte de ferrocyanure de potassium.

Étain: Globule blanc, difficilement soluble dans l'acide chlorhydrique. Un morceau de papier à filtrer imbibé de la solution se colore en rouge au contact d'acide sélénieux, et en noir, au contact de nitrate de bismuth et de soude caustique.

Argent: Globule brillant, blanc, ductile, soluble dans l'acide nitrique; la solution, additionnée d'acide chlorhydrique donne un précipité blanc, noircissant à la lumière.

Or: Globule brillant, jaune, ductile, soluble dans l'eau régale; la solution donne avec le chlorure stanneux un précipité rouge-pourpre.

Métaux qui se présentent sous forme de poudre ou de particules irrégulières:

Platine: Masse spongieuse, grise, soluble dans l'eau régale; la solution additionnée d'une goutte de cyanure de mercure, puis d'ammoniaque donne un précipité jaune cristallin.

Iridium: Poudre grise, insoluble dans les acides chlorhydrique, nitrique et dans l'eau régale.

Rhodium: Poudre grise, insoluble dans les acides chlorhydrique, nitrique et dans l'eau régale.

Palladium: Soluble à chaud dans l'acide nitrique; la solution additionnée d'une goutte de cyanure mercurique, puis d'ammoniaque, donne un précipité blanc, soluble dans un excès de réactif.

Fer: Poudre noire, magnétique, soluble dans l'acide nitrique, laissant en desséchant, une tache jaune sur le papier à filtre et bleuissant par addition d'une goutte de ferrocyanure de potassium.

Nickel: Paillettes blanches, ductiles, magnétiques, solubles dans l'acide nitrique, laissant sur le papier à filtre une tache verte, passant au brun-noir par addition de soude caustique ou d'un mélange de brome et soude.

Cobalt: Paillettes blanches, ductiles, magnétiques, solubles dans l'acide nitrique, laissant sur le papier une tache rouge, passant au brun-noir par addition de soude caustique ou d'un mélange de brome et de soude.

44. Essais sur le bâton de plâtre avec l'iodure de soufre. On gâche avec de l'eau un peu de plâtre que l'on moule en petits bâtons et que l'on fait sécher. Ces bâtons sont utilisés comme supports; on y pratique une petite cavité, que l'on remplit d'un mélange du minéral réduit en poudre et d'iodure de soufre. Quelques éléments rares donnent dans ces conditions des enduits colorés; ce sont:

le molybdène: enduit bleu-outremer
le tungstène: enduit vert-bleuâtre
le sélénium: enduit brun-rougeâtre.

L'iodure de soufre s'obtient en fondant 60 parties de soufre avec 40 parties d'iode; après refroidissement, la masse fondue est pulvérisée.

§ 7. RÉACTIONS QUE DONNENT LES COMPOSÉS DES PRINCIPAUX ÉLÉMENTS DANS LES ESSAIS PAR VOIE SÈCHE.

45. Généralités. Les essais par voie sèche donnent, dans beaucoup de circonstances, des renseignements suffisants pour caractériser les éléments contenus dans un minéral. Pour faciliter ces recherches, nous donnerons ici les réactions pyrognostiques des principaux corps simples, en les classant dans le même ordre que celui que nous suivrons pour l'analyse par voie humide.

46. Réactions des éléments par voie sèche:

Arsenic. Se rencontre dans les minéraux tels que: arsenic natif, sulfures d'arsenic, arséniures ou sulfoarséniures et arséniates.

Au chalumeau: Au feu de réduction, les composés de l'arsenic colorent la flamme en bleu-livide, surtout après avoir été humectés d'acide sulfurique.

Tube fermé: L'arsenic et certains arséniures, donnent un anneau noir d'arsenic métallique. Chauffés avec un mélange de carbonate de sodium et d'oxalate de sodium, de charbon ou encore de cyanure de potassium, tous les minerais renfermant de l'arsenic, donnent un anneau noir, brillant, d'arsenic métallique. Le sulfure d'arsenic donne un enduit jaune ou jaune-orangé.

Tube ouvert: Sublimé blanc, cristallin, d'anhydride arsénieux, formé d'octaèdres réguliers, que l'on peut examiner à la loupe.

Sur le charbon: L'arsenic et tous ses composés dégagent des vapeurs blanches et une odeur alliacée très caractéristique.

Antimoine. Se rencontre dans les minerais comme antimoine natif, sulfure d'antimoine, sulfoantimoniures, anhydride antimonieux et antimoniates.

Au chalumeau: L'antimoine et tous ses composés donnent au feu d'oxydation une flamme bleu-livide, un peu verdâtre, et répandent une odeur métallique particulière.

Tube fermé: L'antimoine métallique ne donne rien, les minéraux renfermant du sulfure d'antimoine donnent un sublimé noir à chaud, devenant jaune-rouge à froid.

Tube ouvert: L'antimoine et ses composés donnent un sublimé blanc, fusible et volatil.

Sur le charbon: Avec le carbonate de sodium et le cyanure de potassium, tous les composés donnent un enduit blanc et des grains métalliques brillants et cassants.

Perles de borax et de sel de phosphore: Au feu d'oxydation: perles incolores à chaud, jaunâtres à froid; au feu de réduction: perles opaques et grisâtres. Si le minerai contient du fer, les perles deviennent rouges, transparentes à chaud, et opaques à froid. (Certains composés du tungstène et du titane donnent les mêmes phénomènes en présence du fer.)

Étain. L'étain se rencontre comme oxyde, très rarement comme sulfure; puis dans certains minerais de titane, d'uranium et de terres rares.

Au chalumeau: Les composés de l'étain ne colorent pas la flamme; l'oxyde stannique est infusible, il prend un vif éclat sous l'influence de la chaleur.

Tube fermé: Rien.

Tube ouvert: Rien.

Sur le charbon: L'oxyde stannique est réduit en étain métallique par le feu de réduction; cette réduction difficile sans réactif, se fait aisément par addition de carbonate de sodium et de cyanure de potassium. Pour retrouver de petites quantités d'étain dans les minerais de tantale, d'uranium, etc., il faut ajouter au carbonate de sodium un peu de borax.

Perles de borax et de sel de phosphore: Incolores à chaud et à froid dans les deux flammes, et ne devenant pas laiteuses au flamber.

Nitrate de cobalt: Sur le charbon ou la lame de platine, donne avec les composés d'étain, une masse vert-bleuâtre.

Or. L'or se trouve presque toujours à l'état natif; mais il n'est jamais pur, presque toujours allié à l'argent, rarement au palladium, à l'osmium, au mercure, etc.

Au chalumeau: Fond à haute température.

Sur le charbon: Avec un mélange de carbonate de sodium et de borax, on obtient un bouton métallique jaune.

Perles de borax et de sel de phosphore: Incolores, or en suspension.

Platine. Ne se rencontre qu'à l'état natif: il est infusible, inaltérable et ne donne au chalumeau aucune réaction caractéristique.

Iridium. Se rencontre dans les minerais de platine comme osmiure d'iridium.

Au chalumeau: Infusible; au feu d'oxydation, répand l'odeur tout à fait caractéristique de l'acide osmique; il devient noirâtre après avoir été chauffé.

Germanium. Ce métal est très rare et a été trouvé dans l'Argyrodite, sulfure d'argent et de germanium.

Au chalumeau: Les composés du germanium ne colorent pas la flamme.

Sur le charbon: L'oxyde germanique se réduit difficilement, en formant un enduit blanc.

Dans le tube fermé: L'Argyrodite donne un sublimé noir de sulfure de germanium.

Molybdène. Se rencontre dans les minerais comme sulfure de molybdène, molybdate de plomb et acide molybdique.

Au chalumeau: Les composés du molybdène colorent la flamme en vert, au feu d'oxydation.

Tube fermé: L'acide molybdique fond facilement en donnant un enduit jaunâtre, formé d'aiguilles cristallines.

Perles de borax: Au feu d'oxydation: jaunes et transparentes à chaud, incolores après refroidissement. Au feu de réduction: brunes.

Perles de sel de phosphore: Au feu d'oxydation: verdâtres à chaud, vert-clair après refroidissement. Au feu de réduction: brun-verdâtre à chaud et vert-émeraude à froid.

Sur le charbon: Au feu d'oxydation: enduit jaunâtre, pulvérulent, à chaud, blanc à froid et légèrement volatil; chauffé à la flamme de réduction, l'enduit devient bleu.

Certains minerais renfermant du molybdène donnent un enduit rouge-cuivre, rapproché de l'essai.

Sur le bâton de plâtre: Avec l'iodure de soufre: enduit bleu-outremer au feu d'oxydation.

Tungstène. Le tungstène se rencontre dans le Wolfram (tungstate de fer et de manganèse), la Scheelite (tungstate de calcium) etc.

Au chalumeau: Les composés du tungstène ne colorent pas la flamme.

Perles de borax: Incolores dans les deux flammes, s'il y a peu de tungstène; s'il y en a beaucoup, jaunâtres à chaud, au feu d'oxydation, et opalines au flamber. Au feu de réduction: jaune-rougeâtre à chaud, brun-jaune à froid.

Perles de sel de phosphore: Au feu d'oxydation: incolores ou jaunâtres. Au feu de réduction: coloration d'un bleu pur, qu'on obtient facilement par l'addition d'étain métallique.

Si le minerai renferme du fer, comme le Wolfram, la perle devient rouge, en ajoutant un peu d'étain; elle est vert-bleuâtre ou verte à chaud (mais jamais bleue).

Bâton de plâtre: Avec l'iodure de soufre, au feu d'oxydation: enduit bleu-verdâtre.

Vanadium. On le rencontre à l'état de vanadate de plomb, vanadates doubles de plomb et de cuivre, etc. On trouve du vanadium en petites quantités dans les minerais de fer, d'uranium, et dans les roches silicatées.

Au chalumeau: Les composés du vanadium ne colorent pas la flamme; les oxydes sont infusibles; l'acide vanadique fond facilement.

Sur le charbon: Avec du carbonate de sodium: les composés du vanadium fondent facilement et la masse fondue pénètre dans le charbon; en ajoutant un peu de borax, on obtient une perle vitreuse jaunâtre, contenant le vanadium; tandis que le plomb et le cuivre auxquels il est généralement combiné dans les minerais, sont réduits en un culot métallique.

Perles de borax et de sel de phosphore: Au feu d'oxydation: jaunâtres à chaud, incolores à froid ou jaunes si elles sont saturées du composé de vanadium. Au feu de réduction: brun-verdâtre à chaud, vert-émeraude à froid.

Sur la lame de platine: Avec le carbonate de sodium et le nitrate de potassium: masse fondue, jaune, qui, dissoute dans l'eau et acidulée avec l'acide acétique, donne avec l'acétate de plomb, un précipité jaune. (Les sels de chrome donnent la même réaction.)

Sélénium. Se rencontre dans les minerais combiné au zinc, bismuth, cuivre, mercure, plomb, argent, etc.

Au chalumeau: Le sélénium et les séléniures colorent la flamme en bleu-azur, et dégagent une odeur très caractéristique de raifort ou de chou pourri.

Tube fermé: Le sélénium fond, entre en ébullition, et dégage l'odeur de chou pourri, avec dépôt d'enduit rouge.

Avec du bisulfate de potassium: les séléniures dégagent de l'hydrogène sélénié, reconnaissable à son odeur.

Tube ouvert: Le sélénium et les séléniures donnent un sublimé rouge de sélénium, surmonté d'un enduit blanc d'anhydride sélénieux.

Cet enduit blanc se colore en rouge en présence d'une goutte d'une solution aqueuse de chlorure stanneux.

Sur le charbon: Le sélénium métallique brûle avec une couleur bleu-azur et dégage des vapeurs jaunes à odeur de chou pourri. Les séléniures donnent un enduit grisâtre de sélénium métallique.

Sur le charbon, avec le carbonate de sodium, le sélénium et les séléniures donnent un hépar noircissant la lame d'argent, comme les composés du soufre.

Procédé de Bunsen: Le composés du sélénium donnent des enduits caractéristiques sur la capsule de porcelaine.

Bâton de plâtre: Avec de l'iodure de soufre, au feu d'oxydation: enduit brun-rougeâtre.

Tellure. Se rencontre comme tellure natif et combiné au plomb à l'argent, à l'or, au bismuth, au mercure, au nickel, etc.

Au chalumeau: Le tellure et les tellurures colorent la flamme en bleu-verdâtre.

Tube fermé: Avec du bisulfate de potassium: sublimé blanc, fusible en gouttelettes, et dégagement d'hydrogène telluré. Fondu avec un mélange de carbonate de sodium et de charbon, on obtient une masse, qui, après refroidissement et addition de quelques gouttes d'eau bouillante, donne une coloration rouge-pourpre, caractéristique pour le tellure.

Tube ouvert: Sublimé blanc d'anhydride tellureux, noircissant par addition d'une goutte de chlorure stanneux.

Sur le charbon: Le tellure et les tellurures colorent la flamme en vert-bleuâtre en répandant des vapeurs blanches et donnant un enduit blanc, avec un bord rouge et jaune.

Réaction avec l'acide sulfurique: Tous les minerais renfermant du tellure donnent une belle solution violette, quand on les chauffe progressivement dans un tube à essais avec de l'acide sulfurique concentré à une température ne dépassant pas 70° C.

Procédé de Bunsen: Les composés du tellure donnent des enduits caractéristiques sur la capsule de porcelaine.

Mercure. Le mercure se rencontre à l'état natif et combiné au soufre, au sélénium, au tellure, au chlore, à l'iode ou comme amalgame d'or et d'argent. Le sulfure de mercure ou cinabre est le vrai minerai du mercure.

Au chalumeau: Les composés du mercure ne colorent pas la flamme.

Tube fermé: Avec le carbonate de sodium et le cyanure de potassium: tous les minerais renfermant du mercure donnent un enduit grisâtre, formé de petites gouttelettes, que l'on distingue facilement à la loupe. Le sulfure de mercure chauffé seul dans le tube fermé se volatilise sans fondre et forme un sublimé brun-foncé, donnant une poussière rouge quand on le frotte avec un fil de platine.

Procédé de Bunsen: Les composés réductibles du mercure donnent des enduits caractéristiques. Le mercure ne donne jamais d'enduit d'oxyde. L'enduit d'iodure est rouge-orangé; pour obtenir cet enduit il faut traiter la tache métallique par l'eau de brome, puis faire agir les vapeurs d'acide iodhydrique.

Argent. L'argent se rencontre à l'état natif et combiné au chlore, brome, iode, soufre, arsenic, antimoine, au mercure et à l'or; il se trouve dans presque toutes les galènes, dans les cuivres gris, les pyrites, etc.

Au chalumeau: Les sels d'argent ne colorent pas la flamme.

Sur le charbon: Tous les composés d'argent sont réduits facilement, quand on les chauffe soit seuls, soit avec du carbonate de sodium, en donnant des globules métalliques, brillants, malléables. Quand on chauffe fortement, il se forme une légère aréole brun-rouge, très près de l'essai.

Les globules sont solubles dans l'acide nitrique, et la solution précipite par addition d'acide chlorhydrique.

Plomb. Le plomb se rencontre à l'état natif, à l'état d'oxyde, de sulfure, séléniure, tellurure, sulfoarséniure, sulfoantimoniure, de chlorure, de carbonate, sulfate, phosphate, vanadate, chromate etc.

Au chalumeau: Au feu de réduction, tous les composés du plomb colorent la flamme en bleu-azur.

Tube fermé: Les composés du plomb prennent une teinte plus foncée, passagère, sous l'influence de la chaleur.

Tube ouvert: Certains minéraux donnent des sublimés. Le sulfure de plomb (Galène) donne un sublimé blanc, infusible et non volatil de sulfate de plomb.

Le chlorure de plomb sublime en gouttelettes jaunes, qui deviennent incolores et cristallisent par le refroidissement.

Sur le charbon: Les composés du plomb se réduisent facilement, quand on les chauffe seuls ou avec du carbonate de sodium. Ils donnent des globules métalliques très malléables et une aréole jaune. Chauffés sur le charbon avec l'iodure de potassium et le soufre, ils donnent un enduit jaune d'iodure de plomb, assez éloigné de l'essai.

Procédé de Bunsen: Les composés du plomb donnent des enduits caractéristiques sur la capsule de porcelaine.

Bismuth. Le bismuth se rencontre à l'état natif, à l'état d'oxyde, de sulfure, de tellurure et associé avec des sulfures de plomb, cuivre, nickel, cobalt, etc.

Au chalumeau: Le bismuth et ses composés ne colorent pas la flamme. Le bismuth métallique brûle dans la flamme oxydante avec dégagement de fumée. L'oxyde et le sulfure de bismuth fondent très facilement.

Tube fermé: Les composés du bismuth ne donnent rien.

Tube ouvert: Le bismuth métallique s'entoure d'un enduit fondu, brunâtre, devenant jaune par refroidissement, et qui attaque le verre. Le sulfure de bismuth donne un sublimé blanc-jaunâtre.

Sur le charbon: Seuls ou additionnés de carbonate de sodium, les composés du bismuth donnent des grains métalliques, brillants, cassants et un enduit jaune. Avec un mélange en parties égales de soufre et d'iodure de potassium, et chauffés à la flamme de réduction, ils donnent un enduit rouge brillant d'iodure de bismuth. Si les minerais renferment de l'arsenic, de l'antimoine ou du cadmium, on élimine ces corps par grillage modéré sur le charbon.

Perles de borax: Au feu d'oxydation: jaunâtres à chaud, incolores à froid ou légèrement jaunes si elles sont saturées d'oxyde de bismuth. Au feu de réduction: perles grisâtres, opaques à froid.

Au flamber: deviennent blanches et opaques quand elles sont saturées de bismuth.

Procédé de Bunsen: Enduits caractéristiques sur la capsule de platine.

Cuivre. Les principaux minerais de cuivre sont: cuivre natif, sous-oxyde, oxyde noir, sulfures de cuivre, cuivre pyriteux, arséniure et antimoniure de cuivre, carbonates de cuivre, etc.

Au chalumeau: Tous les composés du cuivre colorent la flamme en vert ou vert-bleuâtre.

Sur le charbon: Avec le carbonate de sodium et le cyanure de potassium, grains métalliques, rouges malléables.

Perles de borax ou de sel de phosphore: Au feu d'oxydation: perles transparentes, vertes à chaud, bleu-clair à froid; au feu de réduction: se décolorent à chaud, deviennent rouges et opaques à froid.

Les minerais de cuivre renfermant du soufre, de l'arsenic, de l'antimoine, du plomb ou du bismuth, doivent être grillés avant l'essai.

Cadmium. Le cadmium se rencontre comme sulfure, plus particulièrement dans certaines blendes.

Au chalumeau: Les composés du cadmium ne colorent pas la flamme.

Sur le charbon: Pas de grains métalliques, enduit brun-rouge caractéristique, se déposant plus près de l'essai que l'enduit d'oxyde de zinc. Réaction caractéristique permettant de déceler la présence du cadmium, dans les minerais de zinc.

Perles de borax et de sel de phosphore: Feu d'oxydation: perles jaunâtres à chaud, incolores à froid. Au feu de réduction, le cadmium est volatilisé. Au flamber, ou par simple refroidissement, les perles saturées de cadmium deviennent laiteuses.

Procédé de Bunsen: Enduits caractéristiques.

Palladium. Le palladium se rencontre à l'état natif et allié au platine, à l'or et au sélénium.

Au chalumeau: Tous les composés du palladium sont réduits à l'état métallique sous l'action de la chaleur.

Sur le charbon: Le palladium est infusible; chauffé au rouge sombre, il se recouvre d'une pellicule d'oxyde bleu à reflets rougeâtres, qui disparaît si l'on chauffe fortement.

Rhodium. Se rencontre en faible proportion dans le platine et l'iridium natifs.

Au chalumeau: Infusible, ne colore pas la flamme.

Sur le charbon: Chauffé au rouge sombre, prend une coloration brun-clair.

Osmium. Se rencontre dans le minerai de la mine de platine, et principalement à l'état d'osmiure d'iridium.

Au chalumeau: L'osmium colore la flamme en vert.

Sur le charbon: Chauffé au feu d'oxydation, il dégage des vapeurs d'acide osmique, à odeur très caractéristique.

Ruthénium. Se rencontre en petites quantités dans les minerais de platine.

Sur le charbon: Chauffé au feu d'oxydation, donne un oxyde bleu très foncé.

Nickel. On rencontre le nickel comme sulfures, arséniures, antimoniures, tellurures, sulfo-arséniures, sulfo-antimoniures, silicates, carbonates, etc.

Au chalumeau: Les composés du nickel ne colorent pas la flamme.

Sur le charbon avec le carbonate de sodium: Les composés du nickel sont réduits en donnant des paillettes métalliques brillantes, infusibles.

Perles de borax et de sel de phosphore: Au feu d'oxydation: perles violacées à chaud, brunes à froid. Au feu de réduction: les perles deviennent grises.

Cobalt. Le cobalt se rencontre à l'état d'oxyde et combiné au soufre, à l'arsenic, à l'antimoine, ainsi que dans presque tous les minerais de nickel et dans certains minerais de manganèse.

Au chalumeau: Les composés du cobalt ne colorent pas la flamme.

Sur le charbon: Avec le carbonate de sodium: paillettes métalliques, brillantes, infusibles.

Perles de borax et de sel de phosphore: Coloration bleu intense très caractéristique, dans les flammes oxydante et réductrice, à chaud et à froid. La présence de fer, de nickel, ou de manganèse, peut masquer la coloration du cobalt; il faut alors chauffer au feu de réduction, avec un peu d'étain; la coloration du cobalt apparaît alors nettement.

L'opération doit se faire après avoir préalablement grillé les minerais dans le tube ouvert ou sur le charbon.

Fer. Le fer se rencontre à l'état natif, à l'état d'oxydes, de sulfures, d'arséniures, sulfo-arséniures et antimoniures; de phosphates, de sulfates, de carbonates, silicates et associé au chrome, au titane, au tantale, au tellure, etc.

Au chalumeau: Les composés du fer ne colorent pas la flamme.

Sur le charbon: Chauffés avec du carbonate de sodium, les composés du fer donnent une poudre métallique, noire, infusible, très magnétique.

Perles de borax et de sel de phosphore: Au feu d'oxydation: perles rougeâtres à chaud, jaunes à froid, quand la perle est saturée d'oxyde de fer; incolore si elle en renferme peu. Au feu de réduction: perles brunes à chaud, vert-bouteille à froid.

Manganèse. Le manganèse se rencontre à l'état d'oxydes, de sulfures, arséniures, phosphates, carbonates, silicates, et en petites quantités dans les minerais de fer, de cobalt, etc.

Au chalumeau: Les composés du manganèse ne colorent pas la flamme.

Dans le tube fermé: Se transforment en oxyde rouge-brun. Les oxydes de manganèse purs sont infusibles; ils fondent, en un globule jaune, s'ils renferment de la silice.

Sur le charbon: Chauffés avec du carbonate de sodium, ne donnent pas de grains métalliques; le fondant pénètre dans le charbon et laisse un enduit brun.

Perles de borax et de sel de phosphore: Au feu d'oxydation: les minerais de manganèse, préalablement grillés, s'ils renferment du soufre ou de l'arsenic, donnent des perles couleur améthyste à chaud, violet-rouge à froid. Au feu de réduction: les perles se décolorent complètement quand elles renferment peu de manganèse, et sont légèrement violettes dans le cas contraire.

Sur la lame de platine: Par fusion avec un mélange de carbonate de sodium et de nitrate de potassium: masse verte caractéristique.

Chrome. Le chrome se rencontre comme oxyde, sulfure, chromate de plomb, etc.

Au chalumeau: Les composés du chrome, ne colorent pas la flamme.

Sur le charbon: L'oxyde de chrome est infusible et irréductible.

Perles de borax et de sel de phosphore: Les composés du chrome se dissolvent lentement dans les perles et leur communiquent une belle couleur vert-émeraude, au feu d'oxydation et au feu de réduction.

Sur la lame de platine: Avec du carbonate de sodium et du nitrate de potassium, donnent après fusion, une masse jaune, soluble dans 'eau, qui, après avoir été acidulée par l'acide acétique, précipite en jaune par addition d'acétate de plomb (caractéristique). Le vanadium donne une réaction analogue. En présence du manganèse, la masse est verte et masque la coloration jaune du chrome; le précipité jaune de chromate de plomb permet de caractériser le chrome.

Zinc. Le zinc se rencontre à l'état de sulfure, séléniure, carbonate et silicate.

Au chalumeau: Les composés du zinc ne colorent pas la flamme; ils prennent une coloration jaune, qui disparaît par le refroidissement. A une température élevée, l'oxyde de zinc et ses composés infusibles produisent une lumière éclatante.

Sur le charbon: L'oxyde de zinc est infusible; chauffé au feu de réduction, avec du carbonate de sodium, il se réduit et se volatilise, sans laisser de grains métalliques, mais en produisant une aréole jaune-citron à chaud, blanche à froid, qui peut être déplacée par la flamme de réduction.

Perles de borax: Incolores, mais devenant laiteuses au flamber, quand elles renferment une proportion notable d'oxyde de zinc.

Sur le charbon: Avec le nitrate de cobalt: les composés du zinc calcinés sur le charbon, puis humectés d'une goutte de la solution de nitrate de cobalt et chauffés très fortement à la flamme d'oxydation, donnent un enduit infusible d'une belle couleur verte.

Les oxydes d'étain, de titane, et d'antimoine donnent, dans les mêmes conditions, des enduits verts, mais d'une teinte moins franche que l'oxyde de zinc. Il peut arriver avec certains minerais de zinc d'obtenir une masse jaunâtre, qui n'est que superficielle; en raclant légèrement l'enduit avec un couteau, la partie inférieure apparaît nettement colorée en vert.

Aluminium. Se rencontre à l'état d'oxyde, de sulfates, de silicates, etc.

Au chalumeau: Les composés de l'aluminium ne colorent pas la flamme.

Sur le charbon: Chauffés fortement au chalumeau avec le nitrate de cobalt, donnent une masse infusible d'une belle couleur bleu-outremer, très caractéristique.

Perles de borax et de sel de phosphore: Incolores.

Uranium. Se rencontre à l'état d'oxydes, d'hydrates, de phosphates, de tantalates, de carbonate de calcium et d'uranium, etc.

Au chalumeau: Les oxydes d'uranium sont infusibles et noircissent par la calcination; ils ne colorent pas la flamme.

Sur le charbon: Ne sont pas réduits à l'état métallique, même en présence du carbonate de sodium et du cyanure de potassium.

Perles de borax: Au feu d'oxydation jaune-orange à chaud; jaune d'or avec reflets verts à froid. Avec un excès d'urane: jaunes et opaques à froid (différence avec le fer). Au feu de réduction: vert-sale, avec un excès d'urane; elles deviennent noires au flamber.

Perles de sel de phosphore: Au feu d'oxydation: jaune-foncé à chaud, jaune-verdâtre à froid. Au feu de réduction: prennent une belle coloration verte à froid.

Thallium. Se rencontre comme séléniure, uni à l'argent et au cuivre, et en faibles proportions dans un certain nombre de roches et de minerais (Pyrites).

Au chalumeau: Tous les composés du thallium colorent la flamme en vert-émeraude brillant.

Sur le charbon: Avec le carbonate de sodium, donnent des grains métalliques malléables.

Procédé de Bunsen: Enduits caractéristiques sur la capsule de porcelaine.

Indium. Se rencontre en petite quantité dans certains minerais de zinc, particulièrement dans les Blendes.

Au chalumeau: Les composés de l'indium colorent la flamme en bleu-violacé; l'oxyde est infusible.

Sur le charbon: Chauffés avec du carbonate de sodium, les composés de l'indium sont réduits, en donnant des globules métalliques et un enduit jaune-foncé à chaud, jaune-clair à froid. L'enduit se volatilise au feu de réduction, en colorant la flamme en violet.

Procédé de Bunsen: Enduits caractéristiques.

Gallium. Se rencontre dans les minerais de zinc et particulièrement dans les blendes.

Les composés du gallium ne donnent aucune réaction caractéristique au chalumeau.

Titane. Se rencontre à l'état d'acide titanique, soit seul, soit allié à d'autres oxydes et en petites quantités dans beaucoup de minerais et de roches silicatées.

Au chalumeau: L'acide titanique est infusible et ne colore pas la flamme.

Sur le charbon: Chauffé seul, il n'est pas altéré, mais il devient jaune et reprend sa couleur blanche en refroidissant (analogie avec le zinc).

Chauffé avec du carbonate de sodium, l'acide titanique n'est pas réduit, mais fond avec effervescence, en donnant une masse transparente et jaune à chaud, grisâtre et opaque à froid.

Avec le nitrate de cobalt sur le charbon: masse infusible jaune-verdâtre.

Perles de borax: Au feu d'oxydation: incolores à froid; laiteuses au flamber. Au feu de réduction: jaunâtres.

Perles de sel de phosphore: Au feu de réduction: perles violettes à froid.

Tantale. Se rencontre dans certains minerais à côté du niobium, et combiné aux métaux du groupe du fer et aux terres rares.

Au chalumeau: L'acide tantalique est infusible, les composés du tantale ne colorent pas la flamme.

Sur le charbon: L'acide tantalique n'est pas réduit, même par addition de carbonate de sodium, dans lequel il fond avec effervescence.

Perles de borax: Incolores.

Perles de sel de phosphore: Incolores, ne devenant pas opaques en refroidissant ou au flamber (différence avec le glucinium, l'yttrium et le zirconium).

Cet élément ne donne au chalumeau, aucun caractère nettement distinctif.

Niobium. Se rencontre dans les mêmes minerais que le tantale, et en combinaison avec l'uranium et les terres rares.

Au chalumeau: Les composés du niobium ne colorent pas la flamme.

L'acide niobique jaunit et reprend sa couleur par refroidissement (différence avec l'acide tantalique, qui ne devient pas jaune sous l'influence de la chaleur).

Terres rares. Les terres rares forment un groupe d'éléments que l'on rencontre toujours associés dans les minerais; les principaux de ces éléments sont: le glucinium, le zirconium, le thorium, le cérium, le lanthane, le didyme (praséodyme et néodyme), l'yttrium et l'erbium.

Glucinium. Se rencontre à l'état de silicates de glucinium, de silicates doubles d'aluminium et glucinium, de silicates polybasiques et de borates.

Au chalumeau: Les composés du glucinium ne colorent pas la flamme; ils dégagent une vive lumière sous l'influence de la chaleur.

Sur le charbon: Avec le nitrate de cobalt, donnent une masse lilas-clair, ou gris-bleuâtre.

Perles de borax et de sel de phosphore: Incolores, devenant laiteuses au flamber, ou en refroidissant, quand elles renferment un excès de glucine.

Zirconium. Se rencontre dans le Zircon et autres silicates.

Au chalumeau: Ne colorent pas la flamme.

Sur le charbon: Avec le nitrate de cobalt, masse infusible violet-noir, peu caractéristique.

Perles de borax et de sel de phosphore: Incolores, devenant laiteuses au flamber.

Cérium. Se rencontre combiné à l'acide phosphorique, fluorhydrique, carbonique ou silicique avec d'autres terres rares.

Au chalumeau: Ne colorent pas la flamme.

Sur le charbon: Avec le carbonate de sodium: le fondant pénètre dans le support et laisse un résidu grisâtre ou blanc, qui ne se colore pas avec le nitrate de cobalt.

Perles de borax: Au feu d'oxydation: jaune-rougeâtre à chaud, jaune-clair ou incolores à froid. Au feu de réduction: les perles se décolorent complètement.

Lanthane. Se rencontre dans les mêmes minerais que le cérium et le didyme. Les composés du lanthane ne donnent aucune réaction caractéristique au chalumeau: ils ne colorent pas la flamme.

Perles de borax et de sel de phosphore: Incolores au feu d'oxydation et au feu de réduction; elles deviennent opalines et laiteuses à froid, quand elles sont saturées de sels de lanthane.

Didyme (praséodyme et néodyme). Se rencontre dans les mêmes minerais que le cérium et le lanthane.

Au chalumeau: Les sels de didyme ne colorent pas la flamme; l'oxyde de didyme émet une vive lumière sous l'influence de la chaleur.

Sur le charbon: L'oxyde de didyme ne se dissout pas dans le carbonate de sodium et ne se colore pas avec le nitrate de cobalt.

Perles de borax et de sel de phosphore: Bleu-clair à chaud, bleu-violet à froid (le titane donne la même coloration violette avec le sel de phosphore, mais ne colore pas les perles de borax).

Thorium. Se rencontre dans la Thorite (silicate de thorium), les Thorianites, les Monazites, etc.

Au chalumeau: Les sels de thorium ne donnent pas de réactions caractéristiques.

Perles de borax et de sel de phosphore: Incolores, ne deviennent pas opalines au flamber.

Yttrium. Se rencontre dans les mêmes minerais que les autres terres rares et combiné à l'acide phosphorique, fluorhydrique et silicique.

Au chalumeau: Ne donnent pas de réactions caractéristiques.

Perles de borax et de sel de phosphore: Incolores, deviennent laiteuses au flamber.

Erbium. Se rencontre toujours à côté de l'yttrium, avec les autres terres rares.

Au chalumeau: Si l'on place au bout du fil de platine, une goutte d'une solution concentrée de nitrate d'erbium et que l'on chauffe modérément, il se forme de l'oxyde d'erbium, qui, sous l'influence de la chaleur, émet une vive lumière.

Perles de borax et de sel de phosphore: Incolores.

Baryum. Se rencontre à l'état de carbonate, de sulfate, de silicates, et dans les minerais oxydés de manganèse.

Au chalumeau: Les composés du baryum colorent la flamme en vert. Les silicates, borates et phosphates de baryum ne colorent pas la flamme.

Sur le charbon: Les sels insolubles, donnent une vive lumière et fondent à haute température, en donnant une perle transparente à chaud, opaque à froid.

Perles de borax et de sel de phosphore: Incolores.

Strontium. Se rencontre à l'état de carbonate ou de sulfate.

Au chalumeau: Les composés du strontium colorent la flamme en rouge-carmin; les sels insolubles ne donnent cette coloration qu'après avoir été chauffés longtemps et à haute température.

Sur le charbon: Avec le carbonate de sodium: fondent et pénètrent avec le fondant dans le support.

Perles de borax et de sel de phosphore: Incolores.

Calcium. Se rencontre à l'état de carbonate, sulfate, arséniate, titanate, tungstate, borate, silicates, etc.

Au chalumeau: Les composés du calcium colorent la flamme en rouge-orangé, surtout en humectant la substance avec de l'acide chlorhydrique; les sels insolubles et en particulier le phosphate et le borate ne donnent pas une coloration bien nette. Les silicates ne donnent pas de coloration (à l'exception de la Wollastonite).

Sur le charbon: Avec le carbonate de sodium, le fondant pénètre dans le support et laisse une masse blanche infusible.

Perles de borax et de sel de phosphore: Incolores, se troublent au refroidissement.

Magnésium. Se rencontre à l'état d'oxyde, d'hydrate, de carbonate, de sulfate, de borate, de chlorure, et dans beaucoup de silicates.

Au chalumeau: Les composés du magnésium n'offrent pas de caractères distinctifs.

Sur le charbon: Avec le nitrate de cobalt: donnent une masse infusible, ayant une couleur rose-pâle.

Les perles de borax et de sel de phosphore sont incolores.

Lithium. Se rencontre dans un certain nombre de silicates, et à l'état de phosphate.

Au chalumeau: Les composés du lithium colorent la flamme en rouge-pourpre intense. Tous les minéraux fusibles qui renferment du lithium donnent nettement la coloration. Si l'on veut caractériser cet élément dans des minéraux infusibles ou qui en renferment très peu, on mélange la substance pulvérisée avec une partie de fluorure de calcium et 2 parties de bisulfate de potassium, et on porte le mélange sur le fil de platine, dans la flamme du chalumeau; la coloration apparaît alors très nettement. La flamme rouge n'est pas visible au travers d'une solution d'indigo ou d'un verre vert.

Sur le charbon: Les sels de lithium fondent et pénètrent dans la support.

Perles de borax et de sel de phosphore: Incolores.

Potassium. Se rencontre comme chlorure et sulfate, associé à des sels de manganèse, comme nitrate, comme alun et dans beaucoup de silicates.

Au chalumeau: Les sels de potassium colorent la flamme en violet-clair. A travers le verre bleu de cobalt, la flamme paraît rouge-pourpre, ce qui permet de caractériser le potassium en présence du sodium. A travers un verre vert, la flamme paraît bleu-verdâtre.

Sodium. Se rencontre comme chlorure, borate, nitrate, carbonate, sulfate, et dans un grand nombre de silicates.

Au chalumeau: Les sels de sodium sont caractérisés par la coloration jaune-intense qu'ils communiquent à la flamme; cette coloration n'est pas visible à travers le verre bleu de cobalt. A travers un verre vert, elle paraît jaune-orangé.

Coesium. Se rencontre en petites quantités dans un grand nombre de minéraux, dans les lépidolites en particulier.

Au chalumeau: Les sels de coesium colorent la flamme en violet-bleu.

Rubidium. Se rencontre dans les mêmes minerais que le coesium.

Au chalumeau: Les sels de rubidium colorent la flamme en violet.

Chlore. On rencontre le chlore combiné aux alcalis, au plomb, au fer, au mercure, à l'argent, au cuivre, et dans certains phosphates (Apatite).

Au chalumeau: Un certain nombre de chlorures sont volatils. Le chlorure mercureux se volatilise facilement, les chlorures alcalins à une température élevée. D'autres chlorures se décomposent avec dégagement de chlore et d'acide chlorhydrique.

Tube fermé: Avec le bisulfate de potassium: les chlorures dégagent des vapeurs blanches d'acide chlorhydrique.

Perle de sel de phosphore saturée d'oxyde de cuivre: Les chlorures colorent la flamme en bleu-azur intense, légèrement pourpré.

Brome. Se rencontre dans le Bromargyre (bromure d'argent).

Tube fermé: Avec le bisulfate de potassium, les bromures dégagent des vapeurs jaunes, reconnaissables à leur odeur, et qui colorent le papier amidonné en jaune-feu.

Perle de phosphore saturée d'oxyde de cuivre: Les bromures communiquent à la flamme une coloration bleu-verdâtre.

Iode. Se rencontre en combinaison avec l'argent (Iodargyre) et dans certains phosphates.

Tube fermé: Avec du bisulfate de potassium, vapeurs violettes, se sublimant, en formant un enduit brun-noir.

Perle de sel de phosphore saturée d'oxyde de cuivre: Les iodures communiquent à la flamme une coloration vert-émeraude intense.

Fluor. Se rencontre combiné à la chaux, à l'aluminium, au fer, aux terres rares, et dans un certain nombre de minerais phosphatés ou de silicates.

Tube fermé: Avec du bisulfate de potassium, les fluorures dégagent des vapeurs d'acide fluorhydrique, à odeur piquante, qui corrodent le verre. Si le minerai renferme de la silice ou des silicates, il se dégage des vapeurs blanches de fluorure de silicium, qui troublent une goutte d'eau, placée au bout d'une baguette de verre.

Soufre. Le soufre se rencontre à l'état natif, à l'état de sulfures et de sulfates. On trouve dans la nature des sulfures de la plupart des métaux, et des sulfates de plomb, de fer, d'aluminium, et des métaux alcalins, et alcalino-terreux.

Soufre natif:

Au chalumeau: Fond très facilement, et brûle avec une flamme bleue, en dégageant de l'anhydride sulfureux.

Tube fermé: Fond facilement, devient brun et donne un sublimé jaune, cristallin ou des gouttelettes brunes, devenant jaune-clair par refroidissement.

Sulfures:

Au chalumeau: Les sulfures s'enflamment souvent et brûlent avec une flamme bleue, en dégageant des vapeurs d'acide sulfureux.

Tube fermé: Les sulfures dégagent de l'acide sulfureux avec enduit de soufre. Avec le bisulfate de potassium, dégagement d'hydrogène sulfuré noircissant le papier à l'acétate de plomb, et sublimé jaune de soufre.

Sur le charbon: Avec du carbonate de sodium, donnent une masse fondue ou hépar, qui, humectée d'eau, noircit une pièce d'argent (le sélénium et le tellure donnent la même réaction, mais le sélénium est facilement reconnaissable à son odeur).

Sulfates:

Tube fermé: Seuls ou additionnés de bisulfate de potassium, ne donnent aucune réaction caractéristique.

Sur le charbon: Avec du carbonate de sodium, donnent la réaction de l'hépar sur la lame d'argent (cette réaction se manifeste avec tous les composés du soufre).

Phosphore. L'acide phosphorique se rencontre combiné au calcium, au magnésium, à l'aluminium, au fer, au cuivre, aux terres rares, etc.

Au chalumeau: La plupart des composés du phosphore communiquent à la flamme une coloration vert-jaunâtre.

Humectés d'acide sulfurique concentré, tous les composés du phosphore colorent la flamme en vert; cette coloration est fugace (le bore et le molybdène donnent la même réaction).

Chauffés avec du bisulfate de potassium et du fluorure de calcium, les phosphates ne colorent pas la flamme (différence avec les borates).

Tube fermé, avec le magnésium métallique: Le minerai pulvérisé est mélangé avec 3 ou 4 fois son poids de magnésium en poudre et chauffé 10 minutes au rouge. On laisse refroidir et on ajoute de l'eau; en présence d'un composé du phosphore, il se dégage un gaz à odeur alliacée (hydrogène phosphoré), qui brûle avec une flamme bordée de vert.

Bore. Se rencontre à l'état d'acide borique, de borates de sodium, de calcium, et de boro-silicates.

Au chalumeau: L'acide borique communique à la flamme une coloration verte. Les borates, humectés avec de l'acide sulfurique concentré, donnent la même réaction.

Mélangés au bisulfate de potassium et au fluorure de calcium tous les composés du bore colorent la flamme en vert.

Tube fermé: Avec du bisulfate de potassium, les composés du bore ne donnent pas de réaction caractéristique.

Chauffés lentement au rouge avec du silicofluorure d'ammonium, donnent un sublimé de fluoborure d'ammonium, qui colore la flamme en vert.

Sur le charbon: Les borates donnent des masses fondues, globulaires, incolores ou colorées par les oxydes métalliques que peuvent contenir les minéraux.

Azote. Se rencontre comme nitrates de sodium, de potassium et de calcium.

Tube fermé: Avec le bisulfate de potassium, dégagement de vapeurs rutilantes, à odeur caractéristique.

Sur le charbon: Les nitrates fusent.

Azote organique: Pour retrouver l'azote dans les minerais renfermant des matières organiques, on les chauffe dans le tube fermé avec de la chaux sodée; en présence de l'azote, il se dégage de l'ammoniaque, reconnaissable à l'odeur.

Carbone. Se rencontre à l'état libre, ou combiné à l'hydrogène, et à l'état de carbonates.

Carbone libre et hydrocarbures:

Diamant: Infusible, résiste à la température du chalumeau; se reconnaît à sa dureté et à sa réfringence.

Graphite: Infusible, brûle très-difficilement sans donner de flamme, en laissant des cendres ferrugineuses.

Anthracite: Décrépite, infusible, brûle difficilement; les vapeurs qui se dégagent ont une réaction alcaline.

Houilles: Brûlent facilement.

Tube fermé: Dégagement de vapeurs à réaction alcaline; donnent plus ou moins de produits goudronneux, selon que l'on a affaire à des houilles grasses ou maigres.

Lignite et tourbes: Brûlent facilement.

Tube fermé: Vapeurs à odeur piquante et à réaction acide.

Bitumes: Fondent facilement et brûlent avec une flamme fuligineuse.

Tube fermé: Production d'huiles volatiles à odeur désagréable et vapeurs à réaction alcaline.

Schistes bitumineux: Brûlent facilement avec une flamme fuligineuse, en dégageant des gaz à odeur d'acide sulfureux.

Tube fermé: Production d'huiles volatiles à odeur désagréable et vapeurs à réaction alcaline.

Paraffines (ozocérite, suif de montagne, etc.). Corps blancs ou jaunâtres, très tendres, très fusibles, brûlant avec une flamme éclairante, légèrement fuligineuse.

Tube fermé: Distillent sans décomposition, en ne laissant qu'un faible résidu charbonneux.

Résines fossiles: Se boursoufflent, fondent et brûlent avec une flamme éclairante, en dégageant des gaz à odeur aromatique.

Carbonates. On trouve un grand nombre de minerais carbonatés, plus particulièrement des carbonates alcalino-terreux.

Les carbonates se reconnaissent facilement à l'effervescence qui se produit lorsqu'on les humecte avec de l'acide chlorhydrique dilué; il se dégage de l'acide carbonique, qui trouble l'eau de chaux.

Silicium. Se rencontre à l'état de silice anhydre ou hydratée, et de silicates dans toutes les roches d'origine éruptive.

Sur le charbon: Avec le carbonate de sodium; tous les silicates fondent en donnant une perle vitreuse, qui ne s'étale pas et ne pénètre pas dans le support (analogie avec les borates et les phosphates).

Perles de borax et de sel de phosphore: La silice et les silicates se dissolvent très difficilement dans les fondants vitreux, surtout dans le sel de phosphore; il reste alors un squelette siliceux dans la perle (certains silicates ne donnent cependant pas de squelette siliceux).

47. Bibliographie relative aux essais pyrognostiques:

W. Böttger, Qualitative Analyse vom Standpunkte der Ionenlehre. Leipzig 1908.
Bunsen, Flammenreactionen. 2. Aufl. Heidelberg 1886.
Duparc et Monnier, Traité de chimie analytique qualitative. IIe édition. Genève et Paris 1908.
E. L. Fletscher, Essais qualitatifs et quantitatifs au chalumeau traduit par E. Morineau. Paris 1898.
L. L. de Koninck, Traité de chimie analytique minérale. Liège 1894.
J. Landen, Die Lötrohranalyse. Anleitung zu qualitativen chemischen Untersuchungen auf trockenem Wege. Mit freier Benutzung zu W. Elderhorsts manuel of qualitative blowpipe analyse. 2. Aufl. Berlin 1881.
F. von Panayeff, Verhalten der wichtigsten seltenen Erden zu Reagentien. Halle 1908.
C. F. Plattners, Probierkunst mit dem Lötrohr. 6. Auflage bearbeitet von F. Kolbeck. Leipzig 1897.
A. Terreil, Traité pratique des essais au chalumeau. Paris 1875.

CHAPITRE IV.

SOLUBILISATION DES SUBSTANCES.

§ 1. Généralités sur la voie humide. § 2. Solubilisation dans l'eau, les acides et l'eau régale. § 3. Désagrégation par les alcalis caustiques et les carbonates alcalins, en solution concentrée. § 4. Désagrégation par fusion avec le carbonate de sodium seul ou mêlé à d'autres réactifs. § 5. Désagrégation par fusion avec les alcalis caustiques ou le peroxyde de sodium. § 6. Désagrégation par le bisulfate de potassium. § 7. Désagrégation par l'acide borique. § 8. Désagrégation par le carbonate de calcium et le chlorure d'ammonium. § 9. Désagrégation par un courant de chlore.

§ 1. GÉNÉRALITÉS SUR LA VOIE HUMIDE.

48. But à atteindre. Les méthodes par voie humide ont pour but d'identifier les éléments, combinés dans les minéraux et les roches, au moyen de réactions, qui se passent exclusivement entre les corps à l'état de solutions. Ces réactions consistent, soit en la formation de précipités insolubles entre l'élément à identifier et le réactif ajouté, soit en l'apparition de colorations caractéristiques. Si chacun des 78 corps simples avait une réaction suffisamment sensible et qui lui fût exclusive pour le déceler, il suffirait d'opérer autant d'essais isolés qu'il existe de corps à rechercher sur la solution contenant les éléments du minéral ou de la roche que l'on veut analyser; mais il n'en est malheureusement pas ainsi et dans la majorité des cas, les réactions se masquent les unes les autres ou sont encore communes à une série d'éléments. Il en résulte que l'on est forcé de procéder, en cours d'opération, à des séparations successives de ces éléments en groupes, qui précisément se comportent de même vis-à-vis de tel ou tel réactif déterminé; par exemple, sont entièrement précipités par lui et séparés ainsi d'autres groupes qui restent en solution. Chaque groupe devient à son tour l'objet de traitements analogues, et le résultat final est donc d'isoler, à l'état de combinaisons déterminées, chacun des corps simples qui le composent. Une analyse par voie humide est donc non seulement une *identification* des corps, mais encore une *séparation* plus ou moins complète de ceux-ci. L'idéal serait, dans une solution, qui théoriquement contiendrait l'ensemble des corps simples, de procéder de la sorte à l'identification et à la séparation de chacun d'eux. Pratiquement il n'en est pas ainsi; tandis qu'un certain groupe d'éléments, les métaux notamment, peuvent être identifiés et séparés d'une même solution par des opérations successives, les métalloïdes au contraire et leurs combinaisons oxygénées les acides, doivent faire l'objet de recherches spéciales, qui aboutissent souvent, bien plus à une identification seulement, qu'à une séparation. En outre, la recherche de certains éléments, au cours d'une analyse, complique tellement les opérations, qu'il est préférable d'opérer isolément, et de les mettre en évidence sur une prise d'essai spéciale, par telle ou telle réaction qui est exclusivement caractéristique. Le problème est d'ailleurs simplifié par le fait que, dans la grande majorité des cas, il est restreint, et que l'on ne se trouve en présence que d'un nombre relativement petit de corps simples; puis aussi parce que l'on sait presque toujours quels sont les corps qu'il y a lieu de rechercher dans tel ou tel composé. Cependant toute idée préconçue à cet égard est fâcheuse, et peut souvent être la cause de graves erreurs. La connaissance préalable du genre de minéral qu'il s'agit d'analyser ne doit fournir que des indications générales sur la marche des opérations à effectuer, et rien de plus; sous aucun prétexte il ne faut entreprendre une analyse quantitative avant d'avoir soigneusement examiné, au point de vue qualitatif, le produit à analyser. Chaque jour, on découvre en effet, dans des minéraux usuels dont il existe des centaines d'analyses, des éléments nouveaux, dont on ne soupçonnait même pas la présence (fluor, bore, alcalis etc. dans les silicates), et les récents travaux des analystes du géological survey of U. S. A. ont montré l'extrême diffusion dans les roches de certains éléments considérés jadis comme rarissimes (vanadium, zircon etc.).

49. Dissolvants. Toute analyse par voie humide nécessite la solubilisation préalable du produit à examiner. Cette opération, qui est capitale, est loin d'être toujours aisée, et il est bien difficile de donner une règle générale sur la façon de procéder. Il faudra avant d'effectuer la solubilisation, faire une série d'essais préliminaires en éprouvettes, pour voir quel est le solvant le mieux approprié, c'est-à-dire celui qui dissout si possible intégralement le produit, sans résidu, ou sans précipité formé par l'union du solvant avec un ou plusieurs des éléments contenus dans le produit. En effet, dans une solubilisation, plusieurs cas sont possibles:

1. La substance se dissout sans résidu.
2. La substance se dissout avec un résidu dans un solvant déterminé, et sans résidu dans un autre solvant.
3. La substance se dissout avec un résidu insoluble dans le solvant utilisé, mais qui est soluble dans un autre solvant.
4. La substance se dissout partiellement dans le solvant et abandonne un résidu insoluble dans d'autres solvants.
5. La substance n'est pas soluble dans les solvants habituels.

Comme solvants habituels, nous entendons l'eau, l'acide chlorhydrique, l'acide nitrique et l'eau régale. Toute matière insoluble comme aussi tout résidu obtenu dans une solubilisation incomplète, doivent être désagrégés, c'est à dire solubilisés en utilisant certaines réactions spéciales, par voie humide, ou surtout par voie sèche, et principalement par fusion avec des substances appropriées. Le choix de la méthode à employer pour une désagrégation dépend exclusivement du produit qu'il s'agit de solubiliser, et qu'il est par conséquent absolument nécessaire de connaître. Toute désagrégation devra donc être précédée d'une série d'essais préliminaires par voie sèche ou humide, destinés à renseigner sur le véritable caractère du corps qu'il s'agit d'attaquer.

§ 2. SOLUBILISATION DANS L'EAU, LES ACIDES ET L'EAU RÉGALE.

50. Solubilisation dans l'eau. Les minéraux solubles dans l'eau sont en petit nombre, et cela se comprend, car s'il en était autrement, ils seraient constamment enlevés de leurs gisements par la circulation souterraine des eaux. Ce n'est donc que dans des conditions spéciales, que l'on peut trouver à l'état naturel des produits solubles. Les minéraux solubles appartiennent aux familles suivantes:

Les chlorures, bromures et iodures des métaux alcalins et alcalino-terreux (Salmiac, Sylvine, Sel, etc.) et quelques rares chlorures métalliques du groupe du fer, manganèse etc. Puis certains chlorures doubles anhydres ou hydratés de métaux alcalins et alcalino-terreux ou du groupe du fer (Carnallite, Douglasite, Tachyhydrite etc.).

Les nitrates alcalins (Salpêtre, Nitratine ou Nitrobaryte etc.).

Les carbonates alcalins anhydres ou hydratés (Natron, Urao etc.). Les carbonates doubles des métaux alcalins et alcalino-terreux sont partiellement solubles avec résidu du sel alcalino-terreux; ainsi la

Gay-Lussite laisse un résidu de carbonate de calcium, tandis que le carbonate de soude se dissout.

Les sulfates alcalins anhydres ou hydratés (Thénardite, Glasérite, Mirabilite).

Les sulfates anhydres ou hydratés de magnésium et des métaux du goupe du fer (Kiesérite, Szmikite, Epsomite, Mallardite, Bloedite etc.). Les sulfates de cuivre ou sulfates doubles de cuivre et d'un métal du groupe du fer ou du magnésium (Chalcantite, Cyanose, Pisanite, Cupro-magnésite etc. et la famille des aluns naturels). Par contre les sulfates doubles hydratés des métaux alcalins et alcalino-terreux sont partiellement solubles seulement, et laissent un résidu de sulfate alcalino-terreux. La Polyhalite par exemple, qui laisse un résidu de $CaSO_4$.

Les borates alcalins et l'acide borique (Borax, Sassoline etc.). Pour faire la solution aqueuse d'un minéral ou d'une roche, on épuise d'abord leur poudre aussi fine que possible par de l'eau froide, en décantant le liquide clair; puis ensuite par de l'eau bouillante, et on réunit les deux solutions. S'il reste un résidu, on le filtre, et après un lavage à l'eau chaude sur le filtre, on l'examine séparément.

51. Solubilisation dans les acides nitrique, chlorhydrique et l'eau régale. Un grand nombre de minéraux insolubles dans l'eau se dissolvent dans l'un ou l'autre de ces acides. Comme la grande majorité des nitrates sont solubles, il est préférable d'employer, toutes choses égales d'ailleurs, l'acide nitrique, dans l'attaque d'un composé insoluble. Mais les divers minéraux ne se comportent pas toujours de la même façon vis-à-vis de ces deux acides; les uns sont rapidement attaqués par l'acide chlorhydrique et difficilement au contraire par l'acide nitrique ou réciproquement. De plus, il ne faut pas oublier que l'acide nitrique est un corps oxydant, et que, dans une solution, il produit souvent aussi l'oxydation de certains éléments, qui peuvent alors passer à l'état de composés insolubles. D'autre part, l'acide chlorhydrique donne, avec certains métaux, des chlorures insolubles, aussi bien dans ce réactif que dans l'acide nitrique. Il convient donc de vérifier dans chaque cas, par un essai préliminaire, celui des deux acides qu'il convient de choisir comme solvant.

Les minéraux solubles dans les acides chlorhydrique, nitrique ou dans l'eau régale sont:

Les éléments: Soit les métaux natifs et certains métalloïdes, tels que l'arsenic, l'antimoine, le bismuth, le sélénium, et le tellure. En général l'acide nitrique convient pour effectuer la dissolution: dans le cas de l'arsenic et de l'antimoine, il reste un précipité que l'on peut faire disparaître par adjonction d'acide chlorhydrique. Les métaux nobles tels que l'or, le platine et leurs alliages naturels (minerai de la mine de platine), ne s'attaquent que par l'eau régale.

Les sulfures, séléniures, tellurures, arséniures, antimoniures, sulfo-arséniures ou sulfo-antimoniures. Un grand nombre de composés de cette importante famille sont attaquables par les acides. En général c'est l'acide nitrique qui convient le mieux pour effectuer la solution, mais bon nombre de sulfures se dissolvent en laissant un dépôt de soufre, et dans le cas de composés contenant de l'antimoine ou de l'arsenic, un précipité blanc de composés oxygénés de ces deux métalloïdes. On pourra les faire disparaître, en ajoutant alors à la solution nitrique de l'acide chlorhydrique, puis en la soumettant à une ébullition prolongée. L'opération revient en somme à traiter après coup par l'eau régale, mais la dissolution elle-même s'effectue d'abord par l'acide nitrique. *L'eau régale* ne sera directement employée que dans le cas où le minéral s'attaquerait difficilement par l'acide nitrique. La dissolution par l'acide chlorhydrique seul, qui s'effectue avec dégagement d'hydrogène sulfuré, est peu employée, mais cependant avantageuse dans certains cas. Lorsqu'on aura dissous un sulfure en présence d'acide chlorhydrique, il ne faut pas oublier que s'il contient de l'argent, ce métal restera dans la solution, comme chlorure insoluble dans l'eau et les acides; s'il contient du plomb, il en sera de même, mais le chlorure de plomb pourra se dissoudre dans un grand excès d'eau bouillante. Enfin, pendant la dissolution dans l'acide nitrique ou l'eau régale, le soufre du sulfure étant oxydé à l'état d'acide sulfurique, ce dernier pourra précipiter tout ou partie du plomb que contenait le minéral, comme sulfate insoluble. Les principaux sulfures attaqués par l'acide nitrique ou l'eau régale sont:

Les sulfures de la famille de la Pyrite: RS_2, avec $R = Fe, Ni, Co, Mn$ et $S = As, Sb, Bi$. (Pyrite, Marcassite, Mispickel, Cobaltine, Smaltine, Disomose, Chloanthite, Glaucodot, Löllingite etc., sauf la Laurite.)

Les sulfures de cuivre non arsénicaux: Chalcosine, Chalcopyrite, Bornite, Phillipsite, Covelline etc.

Les sulfures du groupe de la Blende: RS, avec $R = Zn, Cd, Mn, Fe, Ni$. (Blende, Greenockite, Alabandine, Troïlite, Nickeline etc.)

Les sulfures du groupe de la Galène: RS, avec $R = Pb, Ag_2, Cu_2$ et $S = Se, Te$. (Galène, Argyrose, Altaïte, Jalpaïte, Hessite etc.) Il reste souvent après l'attaque par l'acide nitrique un résidu de sulfate de plomb, et après celle par l'eau régale un résidu de chlorure d'argent.

Les sulfures du groupe de la Stibine: R_2S_3, avec $R_2 = As_2, Sb_2, Bi_2$. (Stibine, Bismuthine, Orpiment etc.)

Les sulfures de groupe du Cinabre: RS, avec $R = Hg, Cu$, $S = Se$ (Cinabre, Onofrite). Quant aux *sulfosels*, ils sont généralement difficilement ou incomplètement attaquables par l'acide nitrique ou l'eau régale.

Les oxydes. On emploie de préférence pour les dissoudre, l'acide chlorhydrique plus ou moins concentré, voir même l'eau régale.

Les oxydes de la formule: R_2O, avec $R_2 = Cu_2$, Pb ou Cu, se dissolvent aisément (Cuprite, Massicot etc.). Il en est de même pour ceux de la formule RO avec R = Mg, Mn, Ni, Cd. (Périclase, Bunsénite, etc.)

Les oxydes du groupe: R_2O_3, la Braunite Mn_2O_3 s'attaque facilement, l'Oligiste Fe_2O_3 par contre est déjà difficilement soluble dans l'acide chlorhydrique concentré, quand au Corindon Al_2O_3, il est complètement inattaquable.

Les oxydes du groupe: R_3O_4, soit $R_2O_3.RO$ se comportent différemment vis-à-vis des acides. Les termes chez lesquels $R_2 = Fe_2$, se dissolvent assez facilement dans l'acide chlorhydrique concentré (Magnétite, Manganomagnétique et Franklinite); ceux chez lesquels $R_2 = Al_2$ ou Cr_2 sont insolubles et inattaquables (groupe des Spinelles proprement dites $Al_2O_3.RO$ et de la chromite $Cr_2O_3.RO$ avec R = Fe, Mg, Mn, Ca, Be, etc.

Les oxydes du groupe: RO_2, avec R = Si, Zr, Mn, Sn, Ti, etc. sont insolubles et inattaquables, à l'exception de la Pyrolusite MnO_2 et du bioxyde de plomb PbO_2.

Les oxydes hydratés: Sont presque tous solubles (Limonite, Goethite, Acerdése) à l'exception des dérivés hydratés du silicium et de certains dérivés hydroxylés de l'aluminium (Opale SiO_2nH_2O, Diaspore AlOH).

Les chlorures, bromures, iodures et fluorures. La majorité des chlorures, bromures et iodures naturels sont solubles dans l'eau, sauf les composés de l'argent, qui sont insolubles dans l'eau et les acides et le calomel Hg_2Cl_2 qui s'attaque par l'eau régale. Les fluorures alcalino-terreux (Fluorine, ou les fluorures doubles d'aluminium et de sodium, tels que la Cryolithe), sont difficilement solubles dans les acides habituels; plusieurs d'entre eux ne sont que partiellement attaqués.

Les carbonates des métaux alcalino-terreux et des métaux lourds RCO_3 avec R = Ca, Mg, Fe, Mn, Zn, Ni, Co, Ba, Sr, Pb, se dissolvent dans l'acide chlorhydrique; pour la Céruse $PbCO_3$, on prendra de préférence l'acide nitrique. Il en est de même pour les carbonates basiques, ou les carbonates hydratés (Malachite, Azurite, Hydrocérusite, Aurichalcite, Nesquehonite, Lanthanite, etc.).

Les tungstates, molybdates, niobates, uranates, chromates, etc. Ces corps se comportent d'une façon très variable, et il n'est pas possible de fixer des règles générales. Les *tungstates* s'attaquent mal, ou pas du tout, à l'exception de la Scheelite $CaWO_4$, qui se dissout complètement dans l'acide nitrique, avec dépôt d'acide tungstique. Les *molybdates* se comportent à peu près de même, la Mellinose $PbMO_4$ se dissout dans l'acide nitrique. Les uranates comme la Péchurane par exemple, se dissolvent dans l'acide nitrique, de même la Crocoïse, le chromate de plomb naturel, $PbCrO_4$, qui se dissout, avec résidu de chlorure de plomb, dans l'acide chlorhydrique; quant aux niobates et tantalates (Pyrochlore, Fergusonite, Samarskite, Niobite, Euxénite, Aeschynite, Yttrotantale, etc.), ils sont pratiquement inattaquables.

Les borates des métaux alcalino-terreux. Ils sont en général assez facilement solubles dans l'acide chlorhydrique (Stasfurthite, Boronatrocalcite, etc.). La Boracite par contre est assez difficilement soluble dans l'acide chlorhydrique. La Jérémévite et la Rhodizite sont inattaquables.

Les titanates $RTiO_3$ avec $R = Ca, Mg, Mn, Fe$, sont peu ou point attaqués par les acides; c'est tout particulièrement le cas pour l'Ilménite; la Pérowskite TiO_3Ca est difficilement attaquée par l'acide chlorhydrique concentré.

Les phosphates, arséniates, antimoniates et vanadates, anhydres et hydratés. La grande majorité des phosphates des métaux alcalino-terreux ou des métaux lourds sont solubles dans les acides, principalement dans l'acide nitrique (Apatite, Pyromorphyte, Olivénite, Tryphilline, Uranite, Vivianite, Turquoise, etc.). Font exception cependant la Xénozime, puis la Klaprothite, l'Amblygonite, et la Montébrasite. Les *arséniates* se comportent de même (Mimétèse). Les *vanadates* tels que la Vanadinite (vanadate de plomb) se dissolvent dans l'acide chlorhydrique, avec résidu de chlorure de plomb.

Les silicates. Il n'existe pas, à proprement parler, de silicates qui se dissolvent dans les acides, mais il en est qui sont complètement attaqués par l'acide chlorhydrique, avec solubilisation de toutes les bases combinées, et dépôt de silice pulvérulente ou gélatineuse. Il est également difficile de donner une règle générale, car il suffit de très petites variations dans la composition d'un silicate, pour modifier sensiblement sa résistance aux acides. D'autre part, certains silicates naturels, qui sont peu ou pas attaqués, le deviennent après calcination. Voici cependant quelques indications concernant les minéraux qui peuvent être considérés comme *étant pratiquement entièrement décomposables par les acides.*

La grande famille des silicates hydratés d'alumine et de métaux alcalins, alcalino-terreux ou mixtes (famille des Zéolithes) comme: Mésotype, Analcime, Chabasie, Datolite, Apophyllite, Heulandite, Scolésite, etc. Puis l'Allophane, la Nontronite, le groupe des Péridots, la Wollastonite, l'Ilvaïte, la Willémite, l'Okénite et la Pectolite, le Dioptase et le Chrysocolle, la Calamine, l'écume de mer, la Tritomite, la

Cérite et la Thorite. Parmi les feldspaths et les feldspatides: l'Anorthite, la Leucite, la Néphéline, la Sodalite, la Haüyne, la Noséane et l'Outremer. Puis ensuite le groupe de la Humite et de la Chondrodite: l'Eulytine, la Helvine, la Catapléite, l'Eudialyte, la Wöhlerite, l'Ittnérite, etc.

Parmi les *silicates qui sont peu attaquables, mais qui le deviennent après calcination*, nous avons les Grenats (Grossulaire, Almandin, Mélanite et Pyrope), l'Idocrase, l'Axinite, la Prehnite, l'Allochroïte etc.

Il ne faut pas d'ailleurs prendre ces indications d'une manière absolue, et on devra toujours vérifier par un essai préliminaire, fait en éprouvette, comment le silicate se comporte vis-à-vis des acides.

Pour effectuer une dissolution dans l'acide nitrique ou chlorhydrique, on introduit la substance finement pulvérisée dans un flacon d'Erlenmeyer, fermé par un entonnoir. On verse dessus par fractions successives, l'acide plus ou moins concentré selon les cas, et on chauffe soit sur le bain-marie, soit sur une toile d'amiante. Quand l'opération semble terminée, on décante le liquide clair du résidu s'il en reste un, et on répète l'opération avec un acide frais. On vérifie ensuite si l'attaque a été complète. Dans ce cas, il ne doit se produire aucune effervescence nouvelle, si la substance en avait donné avec le premier traitement; l'acide ne doit plus se colorer si la première solution était colorée; et l'évaporation d'une goutte du liquide après la seconde attaque ne doit laisser aucun résidu. Lorsque l'on doit attaquer par l'eau régale, on préparera le solvant en mêlant au moment de s'en servir, trois parties d'acide chlorhydrique et une partie d'acide nitrique concentrés.

Lorsque l'attaque est terminée, on filtre s'il y a un résidu, et lave complètement ce dernier à l'eau bouillante sur le filtre; on l'examinera ultérieurement. *La solution renferme alors les bases qui se trouvaient dans le minéral et peut être analysée directement.*

Lorsqu'il s'agit de solubiliser un silicate décomposable par les acides, il vaut mieux opérer l'attaque dans une capsule de platine. Pendant toute la durée de cette attaque, on remue avec une spatule de platine, pour éviter que les grumeaux de silice gélatineuse qui se forment n'enrobent les particules de matière non attaquée; puis on évapore à sec. On reprend ensuite par l'eau et l'acide chlorhydrique, en vérifiant si l'attaque a été bien complète, ce que l'on voit aisément en promenant une baguette de verre sur le fond de la capsule. S'il restait de la poudre du silicate non attaqué, on entendrait alors un bruit caractéristique (cri), en même temps que l'on éprouverait une certaine résistance. Après filtration et lavage de la silice, la solution contient généralement toutes les bases associées à la silice dans le silicate. Il peut cependant rester dans cette dernière certains éléments exigeant un traitement spécial, que nous indiquerons plus loin à propos des silicates inattaquables aux acides.

Il convient d'ajouter que bon nombre de minéraux qui sont, dans les conditions ordinaires, inattaquables aux acides, le deviennent aisément quand on opère en vase clos et sous pression; l'emploi de ce procédé exige alors un petit autoclave en platine.

52. Attaque et solubilisation par l'acide sulfurique. Certains composés se laissent assez facilement attaquer par l'acide sulfurique, alors qu'ils résistent plus ou moins à l'action des acides chlorhydrique, nitrique, ou à l'eau régale. L'emploi de cet acide est cependant assez restreint. On utilise l'acide sulfurique pour *attaquer certains silicates d'alumine hydratés* comme la Pagodite, l'Halloisite, l'Allophane, et en général le groupe des argiles; puis *certains minéraux contenant des terres rares*, comme la Cérite, la Monazite, l'Orthite, etc.; et enfin pour décomposer certains *fluorures alcalino-terreux ou autres* (Fluorine, Cryolithe). Dans ce dernier cas, les bases combinées au fluor, passent à l'état de sulfate, et cet élément se dégage comme acide fluorhydrique. On opère en capsule de platine, d'abord au bain-marie, puis ensuite au bain de sable, et on évapore à sec. On reprend alors par l'eau aiguisée d'acide sulfurique qui dissout les sulfates, puis on verse dans l'eau froide.

Dans le cas des minéraux à terres rares précitées, il reste un résidu insoluble, qui peut être formé par de la silice, de l'acide tantalique, de l'acide niobique, etc.; et, dans le cas des fluorures alcalino-terreux, le résidu consiste alors dans les sulfates de ces métaux.

53. Attaque et solubilisation par l'acide fluorhydrique. Cette méthode de désagrégation est utilisée dans l'analyse des silicates; elle sert aussi à solubiliser certains borates en éliminant du même coup le bore qu'ils renferment.

Silicates. L'attaque par l'acide fluorhydrique permet de solubiliser les silicates sans introduire un réactif qui persiste au cours de l'analyse, ce qui est le cas avec la grande majorité des désagrégations par voie sèche. On peut donc, dans la solution obtenue, rechercher toutes les bases combinées à la silice, y compris les alcalis. Par contre, tout le silicium est volatilisé comme fluorure. En général tous les silicates sont attaqués et dissous plus ou moins rapidement; quelques rares cependant (les Tourmalines notamment) sont particulièrement réfractaires. Pour opérer, le silicate très finement pulvérisé est introduit dans une capsule de platine avec deux ou trois centimètres cubes d'un mélange en parties égales d'eau et d'acide sulfurique concentré. On ajoute ensuite 25 à 30 ccm. d'acide fluorhydrique, et après avoir remué avec une spatule de platine (en se protégeant la main avec un gant), on évapore tout d'abord au bain-marie, et ensuite au bain de sable. On pousse l'évaporation jusqu'à sec et reprend le résidu par de l'eau bouillante, aiguisée d'acide chlorhydrique. S'il reste un résidu insoluble, on le filtre.

Résidu: Il peut être formé, soit par du silicate non-attaqué, ce qui est facile à reconnaître, soit par les sulfates des métaux alcalino-terreux, soit quelquefois par certaines spinelles comme la Chromite, si l'attaque a été rapide.

Liqueur: Elle renferme toutes les bases contenues dans le silicate, y compris les alcalis.

Borates alcalino-terreux. Certains borates alcalino-terreux (la Boracite par exemple) sont traités comme les silicates, dans le but de volatiliser le bore qu'ils contiennent à l'état de fluorure, pour en être débarrassé dans l'analyse subséquente de la solution. On opère exactement comme pour les silicates.

Niobates et tantalates. Ces composés sont attaqués par l'acide fluorhydrique concentré, souvent avec une vive réaction, voir même une sorte d'effervescence. Il faut employer l'acide fluorhydrique seul, et remuer avec une spatule pendant toute la durée de l'attaque. On évapore à sec, puis reprend par l'eau aiguisée d'acide sulfurique.

Résidu: Il contient les terres rares. (Lanthane, didyme, erbium, yttrium, cérium et l'oxyde d'uranium.)

Liqueur: Elle renferme le niobium, le tantale, le zircon, et le titane.

Dans la désagrégation par l'acide fluorhydrique, on peut remplacer ce dernier par le fluorure d'ammonium. On mélange alors le silicate avec sept à huit fois son poids de fluorure d'ammonium, ajoute un peu d'eau et évapore à sec. On chauffe alors jusqu'à ce qu'il ne se dégage plus de vapeurs. On traite la masse par quelques centimètres cubes d'acide sulfurique, évapore à sec, et reprend par l'eau aiguisée d'acide chlorhydrique, comme à l'ordinaire.

§ 3. DÉSAGRÉGATION PAR LES ALCALIS CAUSTIQUES ET LES CARBONATES ALCALINS EN SOLUTION CONCENTRÉE.

54. Désagrégation par les alcalis caustiques. Un certain nombre de minéraux sont attaqués et dissous, avec ou sans résidu, par les alcalis caustiques, soit la soude ou la potasse en solution, à la température de l'ébullition; ce sont les suivants:

Chlorures. Certains *dérivés halogènes des métaux lourds*, notamment le chlorure d'argent, sont attaqués par une solution alcaline à l'ébullition prolongée. Le chlore passe dans la solution, le résidu est constitué par le métal lourd, que l'on pourra ensuite dissoudre dans un acide. Le Bromargyre et l'Iodargyre ne sont qu'incomplètement attaqués par ce procédé.

Sulfures. Certains *sulfures*, notamment ceux de la série R_2S_3, sont dissous sans résidu appréciable par une solution concentrée de potasse (Stibine, Orpiment, Kermès; le Réalgar avec résidu). Un grand nombre de *sulfures complexes* (notamment du groupe des sulfosels) sont attaqués également par une solution bouillante de potasse, mais avec résidu. L'arsenic et l'antimoine du terme R_2S_3 passent en solution, le résidu est constitué généralement par les sulfures des termes RS et R_2S (Pyrargyrite, Proustite, en partie Fahlerz, etc.).

Oxydes. Certains *oxydes hydratés du silicium*, tels que l'opale, et les produits analogues, se dissolvent intégralement ou à peu près dans des solutions d'alcalis caustiques à l'ébullition, ce qui n'est pas le cas pour les oxydes anhydres correspondants. Certains *oxydes hydratés de l'aluminium* (Bauxite) se comportent de même.

55. Désagrégation par les carbonates alcalins en solution. On emploie généralement une solution concentrée de carbonate de sodium ou de potassium; il est bon de prolonger l'ébullition pendant vingt minutes, et d'opérer toujours sur un produit très finement pulvérisé.

Sulfates. Les sulfates *des métaux alcalino-terreux* et lourds de la série RSO_4 sont décomposés; l'acide sulfurique passe en solution, le métal reste comme carbonate insoluble, qu'on sépare par filtration. Les sulfates de calcium et de plomb s'attaquent aisément et complètement par ce procédé; celui de strontium est déjà plus résistant mais peut également se désagréger complètement; quant à celui de baryum, il est à peine attaqué dans les mêmes conditions.

§ 4. DÉSAGRÉGATION PAR FUSION AVEC LE CARBONATE DE SODIUM SEUL OU MÊLÉ A D'AUTRES RÉACTIFS.

56. Désagrégation par le carbonate de sodium seul. Pour désagréger un corps par le carbonate de sodium, on le fond avec 8 ou 10 fois son poids de ce réactif pur et sec, à la température d'un bec Téclu, ou mieux du chalumeau à gaz. Le choix du creuset est dicté par la nature de la substance à désagréger; dans la majorité des cas cependant, on opère en creuset de platine. La masse fondue est, suivant les cas, reprise par l'eau ou par un acide. On peut en lieu et place du carbonate de sodium, employer le carbonate sodico-potassique, qui fond plus bas, mais attaque aussi moins énergiquement.

Les substances que l'on peut désagréger par le carbonate de sodium sont nombreuses, nous les examinerons successivement.

Chlorures, bromures, iodures et fluorures. Les *dérivés halogénés des métaux lourds* qui sont insolubles dans les acides (Cérargyre, Bromargyre, Iodargyre, etc.) ainsi que les *fluorures alcalino-terreux*, sont entièrement désagrégés par fusion avec le carbonate de sodium. La masse fondue est épuisée par l'eau bouillante.

Résidu: Il contient les métaux lourds ou les métaux alcalino-terreux des fluorures.

Liqueur: Elle renferme le chlore, le brome, l'iode ou le fluor.

Oxydes. Ils se comportent très différemment vis-à-vis du carbonate fondu.

Les oxydes RO_2 sont assez difficilement ou incomplètement attaqués, à l'exception cependant du Zircon et du Quartz, dont la désagrégation rentre dans le cas général des silicates. La Rutile, l'Anatase et la Brookite peuvent être désagrégés par cette méthode, mais sans grand avantage, car il faut reprendre la masse fondue par un acide, et le titane va en partie dans le résidu et en partie dans la solution. La Cassitérite est incomplètement attaquée, parfois même pas du tout.

Les oxydes R_2O_3 sont aisément désagrégés; le métal reste alors dans le résidu après traitement par l'eau chaude, on peut le dissoudre ensuite dans l'acide chlorhydrique. Si l'oxyde renferme de l'aluminium, il passe dans la solution comme aluminate; s'il renferme du manganèse, cet élément passe en partie dans la solution qui est verte, mais reste aussi dans le résidu. Il est à remarquer que le corindon Al_2O_3 s'attaque assez lentement par le carbonate en fusion.

Les oxydes: $R_2O_3 + RO$ du groupe des Spinelles ou $R_2 = Al_2$ s'attaquent également assez lentement; l'alumine passe en solution, et les oxydes restent dans le résidu. La Chromite $Cr_2O_3.FeO$ ne s'attaque pour ainsi dire pas, si le creuset est fermé. En poudre fine, et en creuset ouvert, on peut l'attaquer complètement après quelques heures de fusion. Le chrome, ainsi que l'aluminium et en partie le manganèse passent en solution; le fer reste dans le résidu.

Les *oxydes hydratés, peu attaquables aux acides*, se désagrègent aisément par fusion avec le carbonate. Le métal reste généralement comme oxyde soluble dans le résidu, à l'exception de l'aluminium qui passe dans la solution.

Borates. Les borates alcalino-terreux (Boracite, Boronatrocalcite) peuvent aussi être désagrégés par le carbonate de sodium. Le bore passe entièrement dans la solution obtenue en traitant la masse fondue par l'eau froide, le métal alcalino-terreux reste dans le résidu.

Tungstates. Certains tungstates, qui ne sont pas ou peu attaquables aux acides, comme le Wolfram, peuvent se désagréger par fusion prolongée avec le carbonate. La masse fondue est reprise alors par l'eau bouillante.

Résidu: Oxydes de fer, titane, en partie manganèse, etc.

Liqueur: Tungstène, molybdène, aluminium et en partie manganèse.

Silicates. La désagrégation par le carbonate de sodium est une opération qui se fait presque toujours dans l'analyse des silicates non décomposables par les acides. La fusion s'opère en creuset de platine, en mêlant le silicate en poudre aussi fine que possible avec 6 ou 8 fois son poids de carbonate de sodium. On chauffe d'abord avec précaution jusqu'à fusion complète, puis progressivement plus fort, et on achève au chalumeau à gaz. L'opération exige de 15 à 20 minutes environ. Après refroidissement, la masse fondue est reprise par l'eau et l'acide chlorhydrique, puis lorsque toute effervescence a cessé et que le creuset est complètement libre, le liquide est évaporé à sec au bain-marie dans une capsule de porcelaine ou de platine, puis la masse desséchée est maintenue pendant deux heures à l'étuve à 112°. Elle est ensuite reprise par de l'eau bouillante aiguisée d'acide chlorhydrique, la liqueur obtenue est décantée sur un filtre, sur lequel on jette le résidu lavé plusieurs fois avec de l'acide chlorhydrique dilué et chaud, puis finalement avec de l'eau bouillante.

Résidu: Il est formé par la silice, et peut éventuellement contenir des éléments rares (acide titanique, zircon, etc.), un peu de sulfate de baryum, et dans certains cas de petites quantités de bioxyde d'étain (notamment dans l'analyse de certaines roches acides).

Liqueur: Elle contient toutes les bases liées à la silice dans le silicate, plus une grande quantité de chlorure de sodium, provenant du carbonate ayant servi à faire la désagrégation. Il faudra donc pour rechercher les alcalis, faire une nouvelle désagrégation du silicate par une autre méthode, qui ne fasse plus intervenir comme solvant les carbonates alcalins. (Méthode de Smith, ou encore désagrégation par l'anhydride borique.)

Le filtre et la silice sont incinérés dans un creuset de platine, et après départ complet de toute trace de charbon, la silice est traitée dans le creuset par quelques gouttes d'acide sulfurique à 50 %, puis ensuite par quelques centimètres cubes d'acide fluorhydrique. On évapore l'acide fluorhydrique au bain-marie, et chasse les dernières traces d'acide sulfurique au bain de sable. Dans ces conditions, tout le silicium part comme fluorure, et il reste dans le creuset les éléments qui étaient mêlés à la silice: titane, zircon, sulfate de baryum, bioxyde d'étain, etc.; on examine ensuite ce résidu dont il faut faire une analyse spéciale.

57. Désagrégation par un mélange de carbonate de sodium et de nitrate de potassium. Cette désagrégation est une fusion oxydante. On prend généralement 6 parties de carbonate de sodium pour une de nitrate de potassium. L'opération s'effectue comme une désagrégation au carbonate, mais le bouillonnement de la masse en fusion est plus intense. Le creuset est toujours un peu attaqué; on peut éviter cet inconvénient en prenant seulement une partie de nitrate pour dix de carbonate. Les composés qui s'attaquent par ce procédé sont les suivants:

Osmiures naturels. L'osmiure d'iridium peut, d'après Claus, être attaqué par le mélange de carbonate et de nitrate. L'iridium reste à l'état métallique, et l'osmium passe en solution comme osmiate de sodium, qui est soluble dans l'eau. La réaction est lente et s'effectue parfois très difficilement.

Sulfures et arséniosulfures. Après fusion, le soufre passe à l'état d'acide sulfurique et l'arsenic comme arséniate de soude. On reprend par l'eau chaude.

Résidu: Il contient à l'état d'oxydes les métaux combinés dans les sulfures.

Liqueur: Elle renferme le soufre et l'arsenic comme sulfates et arséniates alcalins.

La Molybdénite MoS_2: Fondue dans les conditions indiquées (ou mieux encore avec un mélange de nitrate de potassium et de potasse caustique), donne une masse qui se dissout complètement dans l'eau chaude. La solution renferme alors le molybdène comme molybdate, et le soufre comme sulfate alcalin.

La Laurite $(RuOs)^2S_3$: donne, fondue de la même façon, une masse soluble dans l'eau. La solution renferme l'osmium et le ruthénium comme sels alcalins des acides correspondants, et le soufre comme sulfate.

La Sperrylite $PtAs_2$: Avec un peu d'antimoine et parfois de rhodium, donne, après fusion, une masse qui, traitée par l'eau, laisse un résidu contenant le platine (et le rhodium), tandis que l'arsenic passe en solution.

Oxydes. *La Chromite* $Cr_2O_3.RO$ avec $R = Fe$, Mg, Mn et $Cr_2 = Al_2$, Fe_2: Est rapidement désagrégée dans les conditions indiquées ci-dessus; la masse fondue est reprise par l'eau.

Résidu: Il contient le fer comme oxyde (et éventuellement les métaux alcalino-terreux).

Liqueur: Elle renferme l'alumine comme aluminate et le chrome comme chromate.

58. Désagrégation par un mélange de carbonate de sodium et de soufre:

Oxydes. *La Cassitérite* qui est incomplètement attaquée par fusion avec le carbonate sodique seul, est aisément désagrégée en présence du soufre. On fond le minéral finement pulvérisé avec dix fois son poids d'un mélange en parties égales de carbonate de sodium et de soufre; la masse fondue est ensuite reprise par l'eau bouillante.

Résidu: Il contient, à l'état de sulfures, les métaux qui peuvent accompagner l'étain (sulfure de fer par exemple).

Liqueur: Elle renferme l'étain comme sulfostannate (éventuellement avec un peu d'arsenic et d'antimoine).

Tungstates. *Le Wolfram* $WO_4(Mn.Fe)$ fondu de la même façon, donne, après avoir repris la masse par l'eau, un résidu qui renferme les métaux du groupe du fer, et une solution qui contient tout le tungstène, avec éventuellement un peu d'étain et d'aluminium.

§ 5. DÉSAGRÉGATION PAR FUSION AVEC LES ALCALIS CAUSTIQUES OU LE PEROXYDE DE SODIUM.

59. Désagrégation par fusion avec les alcalis caustiques: On prend la soude ou la potasse, et on opère généralement en creuset d'argent. Un fragment de potasse en bâton est introduit dans le creuset, et chauffé jusqu'à départ de l'eau, soit jusqu'à fusion absolument tranquille. On laisse refroidir, introduit la substance, et chauffe progressivement d'abord au-dessus du rouge, puis au rouge sombre, en évitant une température trop élevée qui pourrait être fâcheuse pour le creuset. On prolonge l'opération pendant vingt minutes environ, laisse refroidir, et reprend par l'eau, en filtrant le résidu s'il y en a un.

Les substances que l'on peut désagréger par ce procédé sont les suivantes:

Chlorures, bromures et iodures des métaux lourds. L'opération se passe comme dans le cas d'une désagrégation au carbonate de sodium.

Oxydes. Tous les oxydes attaqués par le carbonate sodique, se comportent de même vis-à-vis de la potasse fondante, mais l'action de cette dernière est souvent plus énergique. Le bioxyde d'étain, soit *la Cassitérite* par exemple, qui s'attaque incomplètement par le carbonate, peut être entièrement solubilisée par la potasse fondante; l'étain passe alors à l'état de stannate soluble.

Niobates et tantalates. Ils s'attaquent également assez facilement par la potasse fondante, et certains chimistes préconisent même ce procédé comme le meilleur, ce qui n'est pas notre avis d'ailleurs. On opère comme il a été indiqué ci-dessus, et reprend successivement par l'eau chaude, en séparant les liquides obtenus par décantation, pour les réunir ensuite.

Résidu: Il peut renfermer le zircon, le titane, et en général les terres rares.

Liqueur: Elle contient le niobium et le tantale, puis éventuellement l'étain, le tungstène et l'aluminium.

60. Désagrégation par le peroxyde de sodium. Le peroxyde de sodium est un oxydant d'une grande énergie qui peut, dans toutes les fusions oxydantes, remplacer avantageusement le mélange de carbonate de soude et de salpêtre. Malheureusement, il attaque toujours très fortement les vases dans lesquels on opère, de sorte que son emploi est restreint; de plus, il donne lieu à des réactions souvent fort vives. On a préconisé tout d'abord le creuset de platine pour opérer la fusion, puis ensuite le creuset d'argent qui résiste moins bien, mais qui coûte moins cher. Actuellement on emploie beaucoup le creuset de cuivre, qui ne supporte guère plus de deux ou trois opérations successives, mais qui est très bon marché.

Il est rare d'opérer avec le peroxyde seul; dans la majorité des cas on le mêle au carbonate de sodium, ou encore à la soude caustique. Parfois on attaque pendant quelques minutes par le peroxyde, puis on ajoute alors un mélange de carbonate et de peroxyde pour achever l'opération. On chauffe généralement la matière à désagréger pendant 10 minutes au rouge sombre, avec six parties de peroxyde, puis on ajoute quatre parties d'un mélange de carbonate et de peroxyde en parties égales. On reprend ensuite par l'eau.

Toutes les désagrégations qui se font avec le mélange de carbonate de sodium et de salpêtre peuvent encore plus facilement s'effectuer avec le peroxyde. La méthode est particulièrement recommandable pour désagréger les *osmiures d'iridium*, ainsi que *la Chromite*. Elle s'applique aussi avec avantage à toute une série de produits cristallisés artificiels obtenus au four électrique, tels que: ferro-alliages de chrome, tungstène, molybdène, vanadium, bore, etc. etc.; le fer reste toujours comme résidu, les métaux du groupe du tungstène, chrome, etc. passent en solution.

§ 6. DÉSAGRÉGATION PAR LE BISULFATE DE POTASSIUM.

61. Attaque par le bisulfate de potassium et applications. Un certain nombre de substances (certains oxydes notamment), qui sont difficilement attaquées par les réactions précédemment indiquées, se laissent au contraire aisément décomposer et solubiliser quand on les fond avec le sulfate acide de potassium. Pour opérer, on fond à blanc dans un creuset une certaine quantité de bisulfate, qu'on continue à chauffer jusqu'à dégagement complet de l'eau qu'il peut contenir, ce qui a lieu quand cesse tout bouillonnement du liquide. On laisse refroidir, introduit alors dans le creuset la poudre aussi fine que possible du corps à attaquer, puis le creuset étant couvert on élève graduellement la température jusqu'à ce qu'il se dégage des vapeurs blanches d'acide sulfurique. On maintient la masse en fusion aussi longtemps qu'il reste une particule non dissoute, puis on laisse refroidir. On reprend alors par de l'eau chaude ou froide, qu'on acidule ou non, suivant les cas, par l'acide chlorhydrique et quelques gouttes d'acide sulfurique, puis on filtre le résidu insoluble. Il ne faut pas craindre de prendre un notable excès de bisulfate. Les substances que l'on peut désagréger par cette méthode sont les suivantes:

Oxydes du groupe R_2O_3 **et ceux** $R_2O_3 + RO$ **(groupe des Spinelles).** Avec $R_2 = Al_2$ (et Fe_2) et R = Mg, Mn, Zn, Fe, Gl. Tels que le *Corindon* (et l'Oligiste), puis les *Spinelles* des divers types et le *Chrysobéryl.* La fusion s'effectue dans les conditions indiquées; la masse est reprise par l'eau bouillante aiguisée d'acide chlorhydrique.

Résidu: Il est généralement faible et contient souvent un peu de silice.

Liqueur: Elle renferme à l'état de sels solubles tous les métaux précités.

La Chromite $Cr_2O_3.FeO$: Peut aussi se désagréger de même, mais il se forme un sulfate double de chrome et de potassium qu'il faut reprendre par fusion avec le carbonate sodique et le nitre; l'opération ne présente donc aucun avantage. La *Bauxite* est également souvent désagrégée par le bisulfate.

Oxydes de titane TiO_2 **et titanates** $TiO_2.RO$ avec R = Fe, Mn, Ca, etc. (Ilménite, Pérowskite, etc.) La masse, fondue avec un excès de bisulfate, est coulée du creuset dans une capsule froide, broyée après refroidissement, et reprise par beaucoup d'eau froide en agitant constamment.

Résidu: Il contient toujours un peu de silice, et parfois des sulfates de métaux alcalino-terreux.

Liqueur: Elle renferme le titane, et tous les métaux dont les sulfates sont solubles (fer, manganèse, magnésium, etc.).

Il faut soigneusement éviter de reprendre par l'eau bouillante, car dans ce cas une partie du titane reprécipite de suite comme acide titanique.

Niobates et tantalates. Tels que Pyrochlore, Niobite, Euxénite Aeschynite, Samarskite, Fergusonite, Tantalite, Yttrotantalite, etc. $[(Ta.Nb)O_3]_2R$ avec R = Fe, Mn, etc. et $[(Ta.Nb)O_7]_3R_4$ avec R = Y et les métaux de son groupe. On opère pour la désagrégation exactement comme pour les titanates, et on reprend la masse par l'eau, en laissant un certain temps en contact avant de filtrer.

Résidu: Il peut contenir le niobium, le tantale, parfois un peu de bioxyde d'étain et de tungstène, et en partie le thorium, le didyme, le lanthane et le cérium.

Liqueur: Elle renferme le zirconium, l'yttrium, l'erbium, le titane, le glucinium et en général les métaux dont les sulfates sont solubles.

§ 7. DÉSAGRÉGATION PAR L'ACIDE BORIQUE.

62. Marche des opérations. Elle est basée sur la propriété que possède l'acide borique de dissoudre certains corps (oxydes métalliques par exemple) avec formation de composés complexes. Elle a été introduite par JANNASCH[1], qui la préconise principalement pour les silicates, mais elle est susceptible d'une extension à d'autres composés. On opère comme suit: la substance très finement pulvérisée est fondue pendant 20 ou 30 minutes avec de l'anhydride borique, à raison de dix fois son poids environ. On refroidit brusquement le creuset en le plongeant à moitié dans de l'eau glacée, mais en évitant que celle-ci pénètre à l'intérieur. La masse fondue se détache alors assez facilement. On la traite par 150 ccm. d'alcool méthylique, saturé d'acide chlorhydrique gazeux, et on évapore à sec en chauffant si possible sur une toile d'amiante, pour éviter la présence de vapeurs d'eau. On répète trois à quatre fois l'opération. Tout le bore se volatilise comme borate de méthyle. La masse est ensuite reprise par l'eau et l'acide chlorhydrique.

La méthode s'applique dans les cas suivants:

Oxydes. Les *oxydes de titane* RO_2, les *oxydes* R_2O_3, tels que le Corindon, l'Oligiste etc. les *Spinelles* $R_2O_3.RO$, peuvent être désagrégées par cette méthode. La *Chromite* semble être plus résistante et se prête mal à cette attaque.

Silicates. La plupart des silicates sont désagrégés par l'anhydride borique. Après départ du bore, on évapore à sec avec l'acide chlorhydrique, et reprend par l'eau et l'acide comme d'habitude.

Résidu: Il contient la silice et éventuellement une petite quantité de titane, etc.

Liqueur: Elle renferme toutes les bases combinées dans le silicate, y compris les alcalis et peut donc être analysée telle quelle.

[1] P. JANNASCH, Ber. d. D. chem. Ges. 28, p. 2822 et Zeitschr. f. anorg. Chem. 12, p. 208 et P. JANNASCH, Praktischer Leitfaden der Gewichtsanalyse p. 299. Veit & Comp. Leipzig 1904.

§ 8. DÉSAGRÉGATION PAR LE CARBONATE DE CALCIUM ET LE CHLORURE D'AMMONIUM.

63. Technique de la méthode. Cette méthode due à Smith[1], a exclusivement pour objet la recherche des alcalis dans les silicates. La matière finement pulvérisée, est mêlée avec 6 fois son poids de carbonate de calcium et une fois son poids de chlorure d'ammonium. On fait du tout un mélange très intime dans un creuset de platine, puis on chauffe d'abord très doucement, tant qu'il se dégage des vapeurs blanches. On éleve ensuite la température au rouge sombre, en la maintenant une demi-heure environ; puis on laisse refroidir la masse, qui n'a pas fondu, mais qui s'est rétractée de sorte qu'elle peut être facilement détachée du creuset. On la broye dans un mortier, reprend plusieurs fois la poudre obtenue par l'eau bouillante, et on filtre. La liqueur filtrée est additionnée d'un léger excès d'oxalate d'ammonium pour précipiter la chaux; l'oxalate de calcium est filtré, le liquide clair obtenu après filtration est évaporé à sec dans une capsule de platine, puis le résidu est calciné à basse température pour chasser et décomposer les sels ammoniacaux. Ce résidu est repris par une petite quantité d'eau chaude et filtrée; la solution renferme alors les alcalis contenus dans le silicate.

§ 9. DÉSAGRÉGATION PAR UN COURANT DE CHLORE.

64. Technique du procédé et applications. Lorsqu'on attaque certains sulfures difficilement solubles dans l'eau régale par le chlore gazeux, les éléments qu'ils renferment sont transformés en chlorures, dont les uns sont fixes, les autres volatils. Pour opérer, il faut d'abord avoir un appareil de Kipp ou autre, qui dégage du chlore par l'action de l'acide chlorhydrique sur de l'hypochlorite de calcium. Pour épurer ce chlore, on le fait passer dans un premier flacon laveur contenant du sulfate de cuivre, destiné à retenir l'acide chlorhydrique qui aurait passé, puis dans un laveur contenant de l'acide phosphorique sirupeux, et enfin dans un tube à chlorure de calcium. La substance à attaquer, contenue dans une nacelle, est introduite dans un tube de verre de Bohême recourbé à une extrémité, et étiré à la lampe à un plus petit diamètre, pour permettre de le réunir avec l'appareil servant à absorber les produits volatils qui se dégagent. Celui-ci est représenté par des flacons à boules qui contiennent une solution d'acide tartrique renfermant 6 à 10 ccm. d'acide chlorhydrique. On fait d'abord passer le courant de chlore à froid, puis on chauffe avec précaution

[1] Smith, Amer. journ. scienc. (2) 50, p. 269. 1871 et Annal. chem. et pharm. 82, p. 159. 1871.

pour volatiliser les chlorures, et on continue jusqu'à ce qu'il ne se forme plus de nouveau sublimé. L'opération complète demande une ou deux heures; au début de la réaction, il se produit souvent un vif échauffement. On examine séparément le liquide, et le résidu qui se trouve dans la nacelle.

Le procédé s'applique principalement aux composés sulfurés tels que:

Sulfosels. Les sulfosels qui renferment généralement de l'arsenic ou de l'antimoine (Bournonite, Proustite, Stéphanite, Myargyrite, Pyrargyrite, Panabase, etc.) sont difficilement ou peu attaquables par l'eau régale, et traités exclusivement par ce procédé. On peut aussi l'employer pour certains sulfures des autres groupes qui s'attaquent très lentement par l'eau régale.

En général, après l'attaque, les éléments se répartiront comme suit:

Résidu: Il contient les chlorures non volatils, tels que ceux d'argent, de plomb, de cuivre, et en partie de fer.

Liqueur: Elle renferme généralement l'arsenic, l'antimoine, le soufre comme acide sulfurique, le mercure, une partie du fer et le zinc.

CHAPITRE V.

RÉACTIONS DES CORPS PAR VOIE HUMIDE.

§ 1. Groupe des métaux précipités par l'hydrogène sulfuré. § 2. Groupe des métaux précipités par l'ammoniaque et le sulfure d'ammonium. § 3. Groupe des métaux précipités par le carbonate d'ammonium. § 4. Groupe des métaux non-précipités par les réactifs précédents. § 5. Groupe des métalloïdes et des acides.

§ 1. GROUPE DES MÉTAUX PRÉCIPITÉS PAR L'HYDROGÈNE SULFURÉ.

65. Généralités sur les métaux du groupe. Le groupe renferme les métaux suivants: arsenic, antimoine, étain, or, platine, iridium, germanium, molybdène, tungstène, vanadium, sélénium, tellure, mercure, argent, plomb, bismuth, cuivre, cadmium, palladium, rhodium, osmium, ruthénium.

Tous ces métaux sont précipités comme sulfures de leurs solutions légèrement acides et chaudes. On peut donc séparer, par simple filtration, les éléments de ce groupe, de ceux des trois autres groupes.

Les sulfures des métaux précipités par l'hydrogène sulfuré peuvent être séparés en deux sous-groupes, suivant qu'ils sont solubles ou insolubles dans les sulfures ou les polysulfures alcalins.

Le précipité des sulfures est mis en digestion avec du polysulfure d'ammonium, puis filtré. *La liqueur filtrée peut renfermer les métaux suivants:* arsenic, antimoine, étain, or, platine, iridium, germanium, molybdène, tungstène, vanadium, sélénium et tellure. *Le résidu insoluble peut renfermer:* mercure, argent, plomb, bismuth, cuivre, cadmium, palladium, rhodium, osmium et ruthénium.

66. Métaux dont les sulfures sont solubles dans le polysulfure d'ammonium:

Arsenic.

Réactions de l'acide arsénieux et des composés arsénieux:

L'acide arsénieux est soluble dans l'eau, surtout à chaud. Les sels d'arsenic sont solubles dans un peu d'eau, mais décomposés par un excès, en acide arsénieux.

Hydrogène sulfuré: Donne, dans les solutions modérément acides, un précipité jaune de sulfure As_2S_3, soluble dans les sulfures et polysulfures alcalins, ainsi que dans la soude et la potasse caustiques; le sulfure arsénieux est reprécipité de ces solutions par addition d'acide sulfurique ou d'acide chlorhydrique dilués.

Le sulfure d'arsenic est également soluble dans le sesquicarbonate d'ammonium, dans l'eau oxygénée ammoniacale, et dans l'acide nitrique concentré; il est insoluble dans l'acide chlorhydrique concentré.

Sulfure d'ammonium: Précipité jaune de sulfure, soluble dans un excès de réactif.

Ammoniaque, alcalis et carbonates alcalins: Ne précipitent pas les composés arsénieux.

Appareil de Marsh: Les composés arsénieux, introduits dans l'appareil de Marsh, sont réduits par l'hydrogène naissant, en donnant de l'hydrogène arsénié, brûlant avec une flamme bleu-livide; cette flamme, écrasée avec une capsule de porcelaine, y dépose une tache d'arsenic métallique, soluble dans l'hypochlorite de sodium (différence avec l'antimoine).

Appareil de Marsh (fig. 56). Cet appareil, consiste en un flacon à 2 tubulures; par l'une de celles-ci passe un tube de sûreté *A*, par l'autre un tube recourbé *C*, adapté à un cylindre *D*, rempli d'amiante et terminé par un tube de verre horizontal *E*, effilé à son extrémité *F* et muni d'un manchon métallique *G*.

On place dans le flacon du zinc pur et par le tube *A* on introduit de l'acide sulfurique dilué, puis on laisse dégager l'hydrogène jusqu'à ce que l'air soit expulsé. On chauffe alors modérément le manchon *G* au moyen d'un brûleur de Bunsen, et on introduit la substance à analyser par l'entonnoir *A*. En présence d'un composé de l'arsenic, on voit se former sur la partie étirée du tube, un anneau noir, métallique qui augmente peu à peu d'épaisseur.

Si on enlève le brûleur qui chauffe le manchon *G*, enflamme le gaz qui se dégage en *F*, et écrase la flamme avec une capsule de porcelaine, on obtient sur celle-ci un miroir d'arsenic métallique, soluble dans l'hypochlorite de sodium.

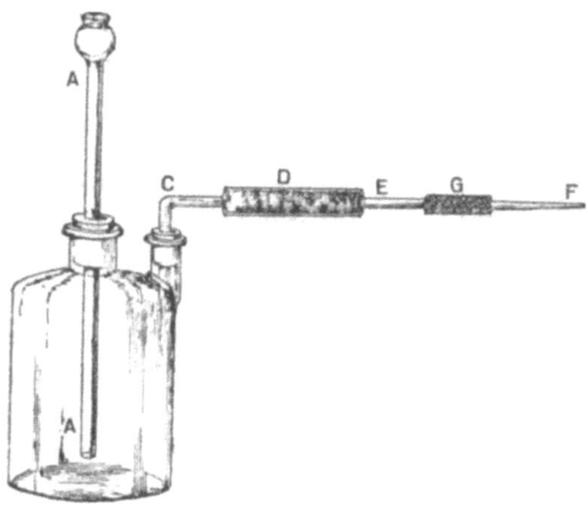

Fig. 56. Appareil de MARSH.

Il est toujours nécessaire de faire un essai à blanc, pour s'assurer si le zinc et l'acide sulfurique ne renferment pas d'arsenic.

La substance à essayer ne doit contenir l'arsenic, ni à l'état métallique, ni à l'état de sulfures, qui ne sont pas transformés en hydrogène arsénié par l'hydrogène naissant. Le liquide à analyser ne doit également pas renfermer d'acide sulfureux; enfin, la présence du bismuth, du cuivre et du mercure gênent également la réduction; ces métaux doivent donc être préalablement éliminés.

Réactions de l'acide arsénique et des composés arséniques:

Hydrogène sulfuré: A froid, précipité jaune formé d'un mélange de sulfure arsénieux As_2S_3, de sulfure arsénique As_2S_5 et de soufre. A chaud, tout l'arsenic est précipité comme sulfure arsénique jaune, soluble dans les sulfures, les polysulfures alcalins et les alcalis caustiques et reprécipité de ces solutions par les acides chlorhydrique et sulfurique dilués.

Ammoniaque, soude et potasse caustiques: Ne donnent pas de précipités.

Carbonates alcalins: Ne donnent pas de précipités.

Appareil de Marsh: Les composés arséniques se comportent comme les composés arsénieux.

Nitrate d'argent: Précipité brun-rouge d'arséniate d'argent, très soluble dans l'ammoniaque et dans l'acide nitrique.

Liqueur magnésienne: Précipité blanc, brunissant lorsqu'on l'humecte avec une solution de nitrate d'argent.

Nitromolybdate d'ammonium: Donne à chaud un précipité jaune d'arséniomolybdate d'ammonium (analogie avec l'acide phosphorique).

Acétate d'uranyle: Précipité jaune-verdâtre, gélatineux, d'arséniate d'uranyle (analogie avec l'acide phosphorique).

Chlorure ferrique: Précipité blanc, dans les solutions neutres ou acétiques.

Cadmium: Donne dans les solutions chlorhydriques des composés arsénieux ou arséniques, un précipité d'arsenic métallique.

Recherche spéciale de l'arsenic dans les minerais:

La présence de l'arsenic dans un minerai est facilement caractérisée par les essais pyrognostiques. Tous les composés de l'arsenic, chauffés sur le charbon, dégagent des vapeurs blanches à odeur alliacée, caractéristique; calcinés dans le tube fermé avec du cyanure de potassium, ils donnent un anneau noir d'arsenic métallique.

Les solutions nitriques des arséniates naturels (Pharmacolite, Pharmacosidérite, etc.) additionnées de nitromolybdate, et chauffées, donnent un précipité jaune d'arséniomolybdate d'ammonium (analogie avec les phosphates). Les solutions modérément acides et chaudes, soumises à un courant d'hydrogène sulfuré, donnent un précipité jaune de sulfure d'arsenic. La solution filtrée ne précipite plus par le nitromolybdate d'ammoniaque (absence de phosphates).

Antimoine.

Réactions de l'anhydride antimonieux et des sels antimonieux:

L'anhydride antimonieux est soluble dans les acides chlorhydrique et tartrique. Les sels antimonieux sont solubles dans un peu d'eau, mais précipités par un excès; l'acide tartrique empêche cette précipitation (différence avec le bismuth).

Hydrogène sulfuré: Donne dans les solutions modérément acides un précipité rouge-orangé de sulfure antimonieux Sb_2S_3, soluble dans les sulfures et polysulfures alcalins, dans la soude et la potasse caustiques, et reprécipité de ces solutions par les acides chlorhydrique et sulfurique dilués.

Sulfure d'ammonium: Précipité de sulfure, soluble dans un excès de réactif.

Soude et potasse caustiques: Précipité blanc, soluble dans un excès de réactif.

Ammoniaque et carbonates alcalins: Précipité blanc, presqu'insoluble dans un excès d'ammoniaque ou de carbonate d'ammonium.

Hyposulfite de sodium: Donne, dans les solutions faiblement acides, un précipité rouge d'oxysulfure antimonieux $SbOS_2$.

Cadmium, fer, zinc: Réduisent les solutions chlorhydriques de composés antimonieux ou antimoniques, avec précipité d'antimoine métallique. Si l'on fait la réduction avec le zinc sur une lame de platine, l'antimoine s'y dépose sous forme d'un enduit noir, adhérent (différence avec l'étain).

Appareil de Marsh: Les composés antimonieux ou antimoniques sont réduits en donnant de l'hydrogène antimonié, brûlant avec une flamme livide; en écrasant la flamme avec une capsule de porcelaine, il se forme un miroir d'antimoine métallique, insoluble dans l'hypochlorite de sodium (différence avec l'arsenic). Le miroir est soluble dans l'acide nitrique concentré; si on ajoute ensuite une goutte d'une solution de nitrate d'argent ammoniacal, il se forme une tache noire.

Réactions de l'acide antimonique et des composés antimoniques:

Les sels antimoniques sont solubles dans un peu d'eau, mais un excès les décompose et précipite des sels basiques. La précipitation ne s'effectue pas en présence d'acide tartrique (différence avec le bismuth).

Hydrogène sulfuré: Précipité jaune-rouge de sulfure antimonique Sb_2S_5, se comportant vis-à-vis des réactifs comme le sulfure antimonieux.

Sulfure d'ammonium: Précipité de sulfure, soluble dans un excès de réactif.

Les autres réactifs indiqués pour les composés antimonieux, donnent les mêmes réactions avec les composés antimoniques.

Recherche spéciale de l'antimoine dans un minerai:

Quelques gouttes de la solution chlorhydrique du minerai, sont placées sur une lame de platine avec un morceau de zinc; une tache noire adhérant au platine, caractérise l'antimoine. Les essais pyrognostiques et particulièrement les essais par le procédé de Bunsen, permettent également de mettre en évidence la présence de l'antimoine dans les minerais. La tache est insoluble dans l'acide chlorhydrique dilué; si on l'humecte d'acide nitrique concentré, elle devient généralement plus nette un instant, puis disparaît.

Étain.

Réactions des sels stanneux:

Les sels stanneux sont solubles dans l'eau ou dans l'acide chlorhydrique; ils sont généralement décomposés par un excès d'eau, en donnant un précipité de sels basiques. Le chlorure d'ammonium et l'acide tartrique empêchent cette précipitation.

Hydrogène sulfuré: Donne, dans les solutions modérément acides, un précipité brun-noir de sulfure stanneux SnS, insoluble dans les sulfures alcalins, soluble dans les polysulfures, en formant des sulfostannates. Les acides sulfurique et chlorhydrique dilués reprécipitent de cette solution du sulfure stannique jaune-sale.

Sulfure d'ammonium: Précipité brun de sulfure stanneux.

Soude et potasse caustiques: Précipité blanc, volumineux, d'hydrate, soluble dans un excès de réactif. Cette solution donne, avec les sels de bismuth, un précipité noir.

Carbonates alcalins: Précipité blanc, insoluble dans un excès de réactif.

Chlorure mercurique: Précipité blanc de chlorure mercureux, qui peut devenir gris par formation de mercure métallique, si l'on a ajouté très peu du réactif.

Acide oxalique: Précipité blanc; le chlorure d'ammonium empêche cette réaction.

Molybdate d'ammonium: Coloration bleue dans les solutions de chlorure stanneux.

Chlorure d'or: Coloration pourpre ou précipité brun (pourpre de Cassius).

Zinc: Précipite, des solutions stanneuses acides, une masse spongieuse, grise, cristalline, d'étain métallique.

Eau oxygénée: Précipite totalement l'étain, des solutions stanneuses neutralisées par la soude, sous forme d'acide stannique.

Réactions des composés stanniques:

L'oxyde stannique est un corps blanc-jaunâtre, insoluble dans les acides chlorhydrique et nitrique. Fondu avec la soude ou la potasse caustiques, il se transforme en stannates alcalins, solubles dans l'eau.

Hydrogène sulfuré: Donne, dans les solutions modérément acides, un précipité jaune-sale de sulfure stannique SnS_2, soluble dans les sulfures et polysulfures alcalins et dans la soude ou la potasse caustiques, par formation de stannates et de sulfostannates. Les acides chlorhydrique et sulfurique dilués reprécipitent du sulfure stannique.

Soude et potasse caustiques: Précipité blanc, soluble dans un excès de réactif.

Ammoniaque: Précipité blanc, difficilement soluble dans un excès de réactif.

Carbonates alcalins: Précipité blanc, insoluble dans un excès de réactif.

Sulfate de sodium: Précipité blanc d'hydrate stannique.

Zinc: Réduit les solutions chlorhydriques, en donnant un précipité d'étain métallique.

Recherche spéciale de l'étain dans les minerais:

On peut fondre le minerai en poudre fine avec de la soude caustique; on obtient ainsi du stannate de sodium soluble dans l'eau. On pourra caractériser l'étain dans cette solution au moyen des réactions indiquées ci-dessus.

On peut également désagréger la substance finement pulvérisée par un mélange de carbonate de sodium et de soufre; la masse fondue est reprise par l'eau, qui dissout le sulfostannate alcalin. La solution filtrée est acidulée par l'acide chlorhydrique, qui précipite du sulfure d'étain; le précipité obtenu est lavé et dissout dans de l'acide chlorhydrique concentré; la solution acide est évaporée à sec, reprise par l'eau, et additionnée d'une solution de chlorure mercurique ajoutée goutte-à-goutte. Un précipité blanc, devenant gris indique l'étain.

Or.

L'or métallique se dissout dans l'eau régale à froid en donnant de l'acide chloroaurique $AuCl_3.HCl$.

Hydrogène sulfuré: Donne à froid dans les solutions neutres ou légèrement acides, un précipité brun de sulfure AuS; le sulfure d'or est soluble à chaud dans le sulfure et le polysulfure d'ammonium.

Dans les solutions chaudes, il se forme de l'or réduit; le précipité est alors insoluble dans les sulfures et polysulfures alcalins, soluble dans l'eau régale. Suivant les conditions dans lesquelles la précipitation par l'hydrogène sulfuré aura été effectuée, on pourra donc retrouver l'or, soit dans la partie du précipité soluble dans le polysulfure d'ammonium, soit dans le résidu insoluble.

Potasse caustique: Précipité jaune d'hydrate $Au(OH)^3$, soluble dans un excès de réactif, par formation d'aurate de potassium AuO.OK.

Ammoniaque: Donne dans les solutions de chlorure aurique, un précipité jaune d'or fulminant $[Au(OH)_2(NH_3)_2]OH$.

Iodure de potassium: Donne un précipité jaune-verdâtre.

Chlorure stanneux: Donne, dans les solutions de chlorure aurique, un précipité rouge-pourpre de pourpre de Cassius; dans les solutions diluées il ne se forme qu'une coloration rouge.

Eau oxygénée: Donne dans les solutions alcalines un précipité brun d'or réduit. Vue par transparence la liqueur a une coloration verte.

Sulfate ferreux: Donne, dans les solutions renfermant des acides minéraux libres, un précipité d'or réduit (différence avec le platine).

Acide oxalique: Réduit les solutions de chlorure aurique.

Zinc, cuivre, fer, hydrogène, acide sulfureux, acide nitreux, acide phosphoreux: Réduisent également les solutions auriques.

Recherche spéciale de l'or dans les minerais:

L'or se rencontre à l'état natif, il est souvent très disséminé dans les roches ou minerais et de ce fait très difficile à retrouver.

Les minerais renfermant du soufre, de l'arsenic ou de l'antimoine doivent être préalablement grillés et seront traités par une des méthodes suivantes:

1ère méthode[1]: 120 g. du minerai pulvérisé, et grillé s'il y a lieu, sont placés dans une capsule de porcelaine avec leur volume d'eau

[1] Ohly, Eng. et Min. Journal, t. LXVII, p. 419. 1899.

de brome; on laisse en contact pendant une heure, on filtre, et on ajoute à la solution du chlorure stanneux, qui donne, en présence de l'or, une coloration rouge, ou un précipité rouge-pourpre.

2ième méthode[1]*:* 120 g. du minerai pulvérisé sont traités avec une solution alcoolique d'iode; on agite le mélange fréquemment pendant une heure, laisse reposer, et absorbe le liquide avec du papier à filtrer. On brûle ensuite le papier qui donne, en présence d'or, des cendres qui prennent une coloration variant du rose au rouge-pourpre, suivant la quantité du métal précieux.

Platine.

Le platine métallique est soluble dans l'eau régale à chaud, en donnant de l'acide chloroplatinique H_2PtCl_6.

Réactions des solutions de chlorure de platine ou d'acide chloroplatinique:

Hydrogène sulfuré: A froid, dans les solutions neutres ou acidulées, coloration brune; à chaud, et au bout d'un certain temps, précipité brun foncé de sulfure platinique, PtS_2. Ce sulfure est soluble dans le sulfure d'ammonium et dans l'eau régale.

Sulfure d'ammonium: Précipité brun, soluble dans un excès de réactif, surtout à chaud.

Chlorure de potassium: Précipité jaune, cristallin, de chloroplatinate de potassium K_2PtCl_6, peu soluble dans l'eau, insoluble dans l'alcool et l'éther.

Chlorure d'ammonium: Donne une réaction semblable.

Sulfate ferreux: En présence d'acides minéraux, ne réduit pas les sels de platine (différence avec l'or). Dans les solutions alcalinisées par le carbonate de sodium et à chaud, les sels de platine sont réduits.

Acide oxalique: Ne réduit pas les sels de platine, même à chaud (différence avec l'or).

Iodure de potassium: Donne, dans les solutions diluées de chlorure platinique, une coloration rouge. A chaud, il se forme un précipité noir d'iodures platineux et platinique.

Chlorure stanneux: En présence d'acide chlorhydrique, coloration brun-rouge, due à la formation d'acide chloroplatineux.

Glycérine et soude caustique: Les solutions de chlorure platinique ou de chloroplatinates sont réduites, avec dépôt de platine métallique, par un mélange de glycérine et de soude caustique.

Acide formique: Donne un précipité noir de platine réduit.

Zinc: Réduit les sels de platine.

[1] SKEY et OHLY, Chemical News, t. XXII, p. 245. 1870.

Tous les composés platiniques sont réduits en platine métallique, sous l'action de la chaleur.

Recherche spéciale du platine des minerais (voir: recherche des métaux de la mine du platine).

Iridium.

L'iridium natif est insoluble dans les acides et l'eau régale. Après avoir été soumis à l'action de l'acide formique, il peut être attaqué par l'eau régale, en donnant de l'acide chloro-iridique H_2IrCl_6, soluble dans l'eau. La solution possède une couleur rouge foncé.

Réactions des solutions d'acide chloro-iridique:

Hydrogène sulfuré: La solution devient verte, puis il se forme un précipité brun de sulfure Ir_2S_3, facilement soluble dans le sulfure d'ammonium.

Sulfure d'ammonium: Précipité brun de sulfure, soluble dans un excès de réactif.

Nitrite de potassium: En excès, précipité blanc caractéristique; ce précipité se dissout facilement dans les acides en donnant un liquide vert, par formation du chlorure $IrCl_3$.

Chlorure de potassium: Précipité brun-noir de chloroiridate de potassium, très soluble dans l'eau, insoluble dans le chlorure de potassium et dans l'alcool.

Acide sulfurique concentré et nitrate d'ammonium: Belle coloration bleue (réaction caractéristique).

Acide chlorhydrique et nitrate d'ammonium: Coloration rouge.

Sulfate ferreux: Ne précipite pas les solutions de chlorure iridique.

Zinc: Précipite de l'iridium métallique noir.

Recherche spéciale de l'iridium dans les minerais (voir recherche des métaux de la mine de platine).

Germanium.

Le germanium est attaqué par l'acide nitrique en se transformant en oxyde germanique GeO_2. L'oxyde germanique se dissout dans l'eau régale en donnant du chlorure germanique $GeCl_4$.

Hydrogène sulfuré: Donne, dans les solutions acides, un précipité blanc, volumineux, soluble dans l'eau et dans le sulfure d'ammonium. Dans les liqueurs faiblement acides, le sulfure d'ammonium forme une solution colloïdale, qui reste opaline, même après un long repos. Certains sels donnent, dans cette solution colloïdale, des précipités plus ou moins caractéristiques (Winkler):

Chlorure mercurique	précipité brun-noir,
Nitrate d'argent	précipité noir,
Chlorure de cadmium	précipité blanc,
Sels de plomb	précipité rouge-orangé,
Chlorure d'étain	précipité jaune.

Recherche spéciale du germanium dans les minerais: Le minerai finement pulvérisé est désagrégé par un mélange de carbonate de sodium et de soufre; la masse fondue est reprise par l'eau chaude, filtrée, et neutralisée exactement par l'acide sulfurique dilué, qui précipite l'arsenic, l'antimoine et l'étain. Le filtrat est additionné d'un excès d'acide chlorhydrique et saturé d'hydrogène sulfuré; il se forme alors *un précipité blanc* de sulfure de germanium.

Molybdène.

Réactions de l'acide molybdique et des molybdates:

Hydrogène sulfuré: Donne à froid une coloration bleue; à chaud au bout d'un certain temps, précipité noir de sulfure molybdique, soluble dans les sulfures alcalins, difficilement soluble dans les acides, soluble dans l'eau régale.

Ferrocyanure de potassium: Donne dans les solutions acidulées par l'acide chlorhydrique, un précipité brun-rouge.

Sulfocyanure d'ammonium: Donne dans les solutions acidulées par l'acide chlorhydrique, une coloration jaune-rouge, soluble dans l'éther; l'acide phosphorique n'empêche pas la réaction (différence avec le fer). Si on ajoute à la solution chlorhydrique un fragment de zinc métallique, il se produit une coloration rouge-pourpre (réaction extrêmement sensible).

Chlorure de baryum: Précipité blanc, soluble dans les acides.

Nitrate d'argent: Précipité jaunâtre de molybdate d'argent, soluble dans l'acide nitrique dilué.

Phosphate de sodium: Donne à chaud un précipité jaune de phosphomolybdate d'ammonium, soluble dans un excès de réactif et dans les alcalis, insoluble dans l'acide nitrique.

Acétate de plomb: Précipité blanc, soluble dans l'acide nitrique.

Nitrate mercureux: Précipité blanc, soluble dans l'acide nitrique.

Cuivre: Donne dans les solutions acidulées par l'acide sulfurique, une coloration bleue.

Tanin: Donne dans les solutions acidulées par l'acide acétique, une couleur rouge, bleue ou jaune.

Phénols: Donnent des couleurs rouges.

Recherche spéciale du molybdène dans un minerai:

Le minerai est désagrégé avec du carbonate de sodium; la masse fondue est reprise par l'eau et filtrée; le filtrat renferme le molybdène comme molybdate alcalin, que l'on peut caractériser au moyen des réactions indiquées ci-dessus.

Si le molybdène se trouve à l'état de molybdates (molybdates de plomb, de fer, d'uranium, etc.), on peut facilement déceler cet élément en opérant de la manière suivante: un peu du minerai en poudre fine est placé sur une lame de platine et humecté d'acide sulfurique concentré. On chauffe jusqu'à fort dégagement de vapeurs acides, et on laisse refroidir. On ajoute un peu d'alcool et on projète l'haleine humide sur la lame de platine; le liquide prend une belle coloration bleue, en présence d'acide molybdique ou d'un molybdate.

Tungstène.

Réactions des tungstates alcalins:

Acides chlorhydrique, nitrique, sulfurique: Donnent dans les solutions aqueuses de tungstates, un précipité blanc d'acide tungstique H_2WO_4. A chaud, le précipité devient jaune; il est insoluble dans un excès de réactif, mais soluble dans l'acide phosphorique par formation d'acide phosphotungstique.

Hydrogène sulfuré: Ne précipite que des traces de tungstène.

Sulfure d'ammonium: Ne donne pas de précipité dans les solutions aqueuses; dans les solutions acides, précipité jaune-clair de sulfure WS_3.

Nitrate d'argent: Précipité blanc, soluble dans l'ammoniaque.

Nitrate mercureux: Donne, dans les solutions neutres un précipité blanc.

Chlorure stanneux: En présence d'acide chlorhydrique, donne à chaud, un liquide bleu-foncé (réaction caractéristique).

Sulfate ferreux: Précipité brunâtre, ne bleuissant pas en présence des acides (différence avec le molybdène).

Recherche spéciale du tungstène dans les minerais:

On désagrége le minerai finement pulvérisé avec du carbonate de sodium; la masse, reprise par l'eau et filtrée, renferme du tungstate de sodium, que l'on peut caractériser au moyen des réactions indiquées ci-dessus.

Vanadium.

Réactions des vanadates alcalins:

Hydrogène sulfuré: Les solutions aqueuses de vanadates ne sont pas précipitées, mais se colorent en bleu; en acidulant le liquide, il se forme un précipité brun de sulfure, soluble dans le sulfure d'ammonium.

Sulfure d'ammonium: Précipité brun de sulfure vanadique V_2S_5, soluble dans un excès de réactif, en donnant un sulfovanadate, qui reprécipite par addition d'un acide dilué.

Chlorure d'ammonium: En solution saturée à froid, donne un précipité blanc, cristallin.

Acide iodhydrique: Précipité vert d'oxyde V_2O_3.

Eau oxygénée: Dans les solutions acidulées par l'acide sulfurique, coloration rouge-foncé, disparaissant par addition d'un excès de réactif (différence avec le titane).

Paraldéhyde: Coloration rouge-orangé.

Chlorure manganeux: En présence d'ammoniaque et d'un excès de chlorure d'ammonium, donne à l'ébullition un précipité de pyrovanadate manganeux.

Sulfocyanure d'ammonium: Coloration bleue (réaction très sensible).

Recherche spéciale du vanadium dans les minerais:

Le minerai, finement pulvérisé, est désagrégé par un mélange de carbonate de sodium et de nitrate ou de chlorate de potassium. On obtient ainsi un vanadate alcalin, soluble dans l'eau, que l'on peut caractériser avec l'eau oxygénée, après avoir acidulé le liquide avec un excès d'acide sulfurique.

On peut aussi fondre le minerai avec un mélange de carbonate de sodium et de soufre; on obtient alors un sulfovanadate de sodium rouge, soluble dans l'eau.

Sélénium.

Réactions des solutions d'acide sélénieux:

Hydrogène sulfuré: Donne, dans les solutions chlorhydriques, un précipité rouge à chaud, jaune à froid, formé d'un mélange de sélénium et de soufre, soluble dans le sulfure d'ammonium.

Anhydride sulfureux: Donne, dans les solutions acides, un précipité rouge de sélénium, même en présence d'acide sulfurique (différence avec le tellure).

Sulfate de cuivre: Précipité bleu-vert, cristallin.

Cuivre métallique: Noircit immédiatement dans les solutions chlorhydriques chaudes d'anhydride sélénieux; au bout de quelque temps, le liquide se colore en rouge.

Chlorhydrate d'hydroxylamine: Réduit les solutions chlorhydriques, avec dépôt de sélénium rouge.

Sulfate d'hydrazine: Même réaction.

Codéine: Colore en bleu-vert de l'acide sulfurique concentré contenant du sélénium (réaction sensible).

Acétylène: Colore en rouge de l'acide sulfurique contenant des traces de sélénium (réaction très sensible).

Réactions des séléniates alcalins:

Hydrogène sulfuré: Ne donne pas de précipité; en chauffant la solution avec de l'acide chlorhydrique, l'acide sélénique est réduit, et il se forme un précipité jaune, d'un mélange de sélénium et de soufre.

Sulfate de cuivre: Ne donne pas de précipité.

Anhydride sulfureux: Ne réduit pas l'acide sélénique.

Chlorure de baryum: Précipité blanc, insoluble dans les acides dilués.

Recherche spéciale du sélénium dans les minerais:

Il se rencontre spécialement à l'état de séléniures métalliques. Le sélénium est facilement décelé au moyen des essais pyrognostiques.

Par la voie humide, on peut retrouver le sélénium en attaquant le minerai pulvérisé par l'eau régale, qui transforme le sélénium en acide sélénieux; la solution diluée avec de l'eau est filtrée, et on y fait passer un courant d'acide sulfureux, qui précipite des flocons rouges de sélénium. En dissolvant le précipité dans l'acide sulfurique concentré, on peut alors caractériser le sélénium, au moyen de la codéine ou d'un courant d'acétylène.

Tellure.

Réactions de l'acide tellureux et des tellurites:

Hydrogène sulfuré: Donne dans les solutions acides, un précipité brun de sulfure TeS_2, très soluble dans le sulfure d'ammonium.

Chlorure stanneux: Dans les solutions faiblement acides, précipité de tellure métallique, noir.

Anhydride sulfureux: Réduit les solutions d'acide tellureux acidulées par l'acide chlorhydrique; si la solution est trop acide, le tellure ne précipite pas, même à l'ébullition.

Sulfate ferreux: Réduit les solutions d'acides tellureux et tellurique (différence avec le sélénium).

Acide chlorhydrique: Précipité blanc d'acide tellureux.

Réactions de l'acide tellurique et des tellurates:

Hydrogène sulfuré: Précipité brun de sulfure, soluble dans le sulfure d'ammonium.

Les réducteurs: Agissent comme avec l'acide tellureux.

Acide chlorhydrique: Ne précipite pas les solutions d'acide tellurique ou de tellurates.

Recherche spéciale du tellure dans les minerais:

Le tellure se rencontre spécialement comme tellurures métalliques. On peut déceler le tellure au moyen des réactions pyrognostiques. Les minerais renfermant du tellure sont attaqués, les uns par l'acide nitrique ou l'eau régale, les autres par fusion avec le nitrate de potassium; la solution obtenue renferme le tellure, sous forme de tellurite ou tellurate alcalin. Si l'on a employé l'acide nitrique, il faut évaporer à sec le liquide, reprendre par un peu d'acide chlorhydrique, puis diluer avec de l'eau. On peut alors précipiter le tellure seul, en présence du sélénium, au moyen du sulfate ferreux.

Les minéraux renfermant du tellure, réduits en poudre très fine et chauffés lentement dans un ballon jusqu'à une température de 70—80° avec un excès d'acide sulfurique concentré, communiquent à l'acide une coloration rouge-pourpre ou rouge-hyacinthe. En diluant avec de l'eau, le liquide se décolore et il se forme un précipité noirâtre de tellure métallique.

67. Métaux dont les sulfures sont insolubles dans le polysulfure d'ammonium:

Mercure.

Réactions des sels mercureux:

Acide chlorhydrique: Précipité blanc de chlorure mercureux HgCl, insoluble dans l'eau et les acides chlorhyrique et nitrique dilués, soluble dans l'eau régale. Le précipité de chlorure mercureux noircit au contact de l'ammoniaque.

Hydrogène sulfuré: Précipité noir, formé d'un mélange de sulfure mercurique HgS et de mercure, soluble dans l'eau régale.

Sulfure d'ammonium: Donne le même précipité.

Soude et potasse caustiques: Précipité noir d'oxyde mercureux Hg_2O.

Ammoniaque: Donne un précipité noir, formé d'un mélange d'oxyde mercureux et d'amidosels peu stables.

Acide sulfurique: Précipité blanc dans les solutions concentrées.

Carbonate de sodium: Précipité blanc de carbonate basique, décomposé, sous l'influence de la chaleur, en mercure et oxyde mercurique.

Iodure de potassium: Précipité vert-olive; un excès de réactif décompose le précipité avec dépôt de mercure métallique.

Bromure de potassium: Précipité blanc de bromure mercureux.

Hyposulfite de sodium: Précipité noir de sulfure.

Chromate de potassium: Précipité rouge de chromate mercureux, insoluble dans l'acide nitrique dilué.

Cyanure de potassium: Précipite une partie du mercure à l'état métallique.

Ferrocyanure de potassium: Précipité rouge-brun, devenant peu à peu blanc.

Phosphate de sodium: Précipité blanc, devenant gris à l'ébullition.

Acide formique et formiates: Donnent un dépôt de mercure métallique.

Cuivre, zinc, cadmium: Réduisent les sels mercureux en mercure métallique.

Réactions des sels mercuriques:

Hydrogène sulfuré: Donne dans les solutions neutres ou modérément acides, si l'on fait passer lentement le courant du gaz, un précipité blanc, qui passe successivement au jaune, rouge, brun et noir. Si l'on fait passer rapidement le courant d'hydrogène sulfuré, il se précipite de suite du sulfure mercurique noir, HgS. Le précipité est insoluble dans le sulfure d'ammonium, très soluble dans le sulfure de sodium.

Sulfure d'ammonium: Précipité noir de sulfure mercurique.

Soude et potasse caustiques: Précipité de sel basique, ou d'oxyde de mercure, suivant la quantité de réactif.

Ammoniaque: Précipité blanc de sels de mercure-ammonium, insolubles dans un excès de réactif, solubles dans l'acide chlorhydrique dilué.

Hydrosulfite de sodium: Réduit à froid les sels mercuriques, avec dépôt de mercure métallique, dans les solutions neutres ou acides.

Eau oxygénée: En solution alcaline, réduit les sels mercuriques en mercure métallique.

Recherche spéciale du mercure dans les minerais:

On retrouve facilement le mercure dans les minerais au moyen des essais pyrognostiques, en chauffant l'échantillon pulvérisé dans le tube fermé avec du carbonate de sodium ou de la chaux vive; il se produit un sublimé gris, formé de gouttelettes métalliques.

Plomb.

Acide chlorhydrique: Donne, dans les solutions froides et concentrées des sels de plomb, un précipité blanc. cristallin, de chlorure de plomb, soluble dans l'eau chaude, insoluble dans l'alcool.

Hydrogène sulfuré: Précipité noir de sulfure de plomb PbS, soluble dans l'acide nitrique, à chaud.

Sulfure d'ammonium: Précipité noir de sulfure, insoluble dans un excès de réactif.

Soude et potasse caustiques: Précipité blanc, amorphe, d'hydrate de plomb $Pb(OH)_2$, soluble dans un excès de réactif, par formation de plombite alcalin.

Carbonate de sodium: Donne, à froid, un précipité blanc de carbonate neutre $PbCO_3$; à chaud il se précipite des carbonates basiques, de composition variable; ces précipités sont blancs et un peu solubles dans un excès de réactif.

Carbonate d'ammonium: Précipité blanc de carbonate de plomb, insoluble dans un excès de réactif.

Acide sulfurique et sulfates alcalins: Précipité blanc de sulfate de plomb, un peu soluble dans l'eau et les acides, soluble dans l'acétate et le tartrate d'ammonium, insoluble dans l'alcool.

Chromate de potassium: Précipité jaune de chromate de plomb $PbCrO_4$, insoluble dans l'acide acétique, soluble dans les acides minéraux.

Phosphate de sodium: Précipité blanc, de phosphate tribasique $Pb_3(PO_4)^2$.

Cyanure de potassium: Précipité blanc, insoluble dans un excès de réactif.

Iodure de potassium: Précipité jaune, soluble dans un excès de réactif.

Eau oxygénée: Donne, dans les solutions alcalines un précipité d'oxydes de plomb.

Persulfate d'ammonium: Donne la même réaction, ainsi que les *hypochlorites.*

Zinc et cadmium: Précipitent du plomb métallique, dans les solutions acides ou neutres.

Recherche spéciale du plomb dans les minerais:

Les composés du plomb donnent sur le charbon, avec le carbonate de sodium, un enduit jaune, et une globule métallique malléable. En dissolvant le grain métallique dans quelques gouttes d'acide nitrique et en ajoutant à la solution un peu d'acide sulfurique dilué, il se forme un précipité blanc de sulfate de plomb (si la solution nitrique précipite par l'acide chlorhydrique, le précipité blanc indique la présence d'argent). Par la voie humide, on retrouve le plomb, dans le précipité formé par l'hydrogène sulfuré, insoluble dans le polysulfure d'ammonium. La solution nitrique du précipité donne un précipité blanc, par addition d'acide sulfurique.

Argent.

Acide chlorhydrique et chlorures alcalins: Donnent un précipité blanc cailleboté de chlorure d'argent AgCl, noircissant à la lumière, insoluble dans l'acide nitrique, soluble dans l'ammoniaque, le cyanure de potassium et l'hyposulfite de sodium.

Acide bromhydrique et bromures alcalins: Précipité blanc-jaunâtre de bromure d'argent AgBr, insoluble dans l'acide nitrique, soluble dans l'ammoniaque, le cyanure de potassium et l'hyposulfite de sodium.

Acide iodhydrique et iodures alcalins: Précipité jaune-clair d'iodure d'argent AgI, insoluble dans l'acide nitrique et dans l'ammoniaque.

Cyanure de potassium: Donne un précipité blanc, très facilement soluble dans un excès de réactif.

Sulfocyanure d'ammonium: Donne un précipité blanc de sulfocyanure d'argent, insoluble dans les acides dilués.

Hydrogène sulfuré: Donne un précipité noir de sulfure d'argent Ag_2S, insoluble dans le sulfure et le polysulfure d'ammonium, soluble à chaud dans l'acide nitrique et dans le cyanure de potassium.

Sulfure d'ammonium: Précipité noir de sulfure d'argent.

Soude caustique: Précipité gris-brunâtre d'oxyde d'argent, insoluble dans un excès de réactif.

Ammoniaque: Précipité d'oxyde d'argent, soluble dans un excès de réactif, par formation d'argent fulminant $Ag_2O.2NH_3$, qui se précipite lorsqu'on dilue la solution.

Carbonate de sodium: Donne un précipité jaunâtre de carbonate d'argent, insoluble dans un excès de réactif.

Carbonate d'ammonium: Précipité de carbonate, soluble dans un excès de réactif.

Chromate de potassium: Précipité rouge-foncé de chromate d'argent Ag_2CrO_4, soluble dans les acides acétique et nitrique, ainsi que dans l'ammoniaque.

Recherche spéciale de l'argent dans les minerais:

La recherche de l'argent, dans les minerais d'argent proprement dits, n'offre pas de difficultés; les solutions nitriques donnent, avec l'acide chlorhydrique, un précipité caractéristique, noircissant à la lumière, soluble dans l'ammoniaque; les solutions régales laissent un résidu de chlorure d'argent.

Il est plus difficile de retrouver de petites quantités d'argent dans certains minerais, comme les galènes ou les pyrites par exemple. Dans ce cas, on pourra rechercher cet élément par les méthodes suivantes:

Dans la galène[1]*:* 25 grammes de galène pulvérisée sont fondus dans un creuset, avec un mélange de carbonate de sodium, de borax et de tartre. Le culot métallique obtenu est dissous dans l'acide nitrique concentré, puis on ajoute un excès de soude caustique. Le précipité obtenu est filtré, lavé, dissous dans l'ammoniaque concentrée. La solution ammoniacale est évaporée à sec, le résidu repris par l'acide nitrique et neutralisé par la soude caustique; un précipité jaune-brun de plombite d'argent, caractérise l'argent (réaction très sensible).

Dans les pyrites[2]*:* 25 grammes de pyrite pulvérisée sont mis en digestion avec du brome et de l'eau; on filtre, ajoute de l'ammoniaque

[1] Krutnig, Deutsch. Chem. Gesellschaft t. 14, S. 307 und 1266.

[2] Thilo, Chemiker-Zeitung t. 54, S. 882; t. 40, S. 1066.

pour éliminer l'excès de brome, puis on chauffe ensuite le liquide avec du chlorure d'ammonium; on place dans le liquide un morceau de zinc métallique, qui précipite le cuivre et l'argent. Les métaux réduits sont dissous dans l'acide nitrique et la liqueur additionnée d'acide chlorhydrique; un précipité blanc de chlorure d'argent, caractérise l'argent.

Bismuth.

Les sels de bismuth sont solubles dans très peu d'eau ou dans les acides; ceux qui sont solubles, sont transformés par un excès d'eau, en sels basiques qui précipitent.

Hydrogène sulfuré: Donne dans les solutions neutres ou modérément acides des sels de bismuth, un précipité de sulfure Bi_2S_3, brun-noir, insoluble dans les sulfures et polysulfures alcalins, soluble dans l'acide nitrique.

Sulfure d'ammonium: Donne la même réaction.

Ammoniaque, potasse et soude caustiques: Précipitent de l'hydrate de bismuth $BiO(OH)$, insoluble dans un excès de réactif, soluble dans les tartrates alcalins, en présence d'un excès d'alcalis.

Carbonates alcalins: Précipitent du carbonate de bismuth $(BiO)_2CO_3$ blanc, volumineux, insoluble dans un excès de réactif.

Bichromate de potassium: Donne un précipité jaune de chromate neutre ou basique, soluble dans l'acide nitrique.

Iodure de potassium: Donne un précipité noir d'iodure bismuthique BiI_3, qui se dissout dans un excès de réactif, en donnant une solution rouge-orangé.

Chlorure stanneux: En présence d'un excès de soude caustique, donne dans les solutions des sels bismuthiques, un précipité noir de sous-oxyde (bismuth colloïdal).

Recherche spéciale du bismuth dans les minerais:

Les minerais finement pulvérisés, chauffés au chalumeau dans le tube fermé ou sur le charbon avec un mélange de soufre et d'iodure de potassium, donnent un enduit rouge, caractéristique.

On peut rechercher le bismuth par la voie humide, en ajoutant à la dissolution du minerai de l'acide tartrique, de la soude caustique en excès, puis du chlorure stanneux; en présence de bismuth, il se forme un précipité noir.

Cuivre.

Réactions des sels cuivreux:

Les sels cuivreux sont insolubles dans l'eau, mais solubles dans les chlorures alcalins et dans l'acide chlorhydrique.

Hydrogène sulfuré: Précipité noir de sulfure cuivreux Cu_2S, soluble dans l'acide nitrique et le cyanure de potassium.

Soude et potasse caustiques: Précipité jaune d'hydrate CuOH, devenant rouge quand on fait bouillir la solution; l'hydrate cuivreux jaune se transforme en oxyde cuivreux (Cu_2O) sous l'influence de la chaleur.

Ammoniaque: Ne donne pas de précipité, mais la liqueur bleuit au contact de l'air.

Carbonate de sodium: Précipité jaunâtre instable à la chaleur.

Carbonate d'ammoniaque: Ne donne pas de précipité.

Iodure de potassium: Précipité blanc d'iodure cuivreux.

Ferrocyanure de potassium: Donne un précipité rose caractéristique de ferrocyanure cuivreux (très sensible).

Ferricyanure de potassium: Précipité rouge-brun.

Cyanure de potassium: Donne un précipité blanc, soluble dans un excès de réactif.

Acide nitrosulfurique: En solution sulfurique, tous les composés cuivreux, ainsi que le cuivre métallique, donnent du nitrodisulfonate cuivreux, violet-pourpre.

Oxydants: chlore, brome, acide nitrique, sels ferriques: Transforment les sels cuivreux en sels cuivriques.

Réactions des sels cuivriques:

Hydrogène sulfuré: Donne, dans les solutions neutres ou modérément acides, un précipité noir de sulfure cuivrique CuS, soluble dans l'acide nitrique et dans le cyanure de potassium.

Sulfure d'ammonium: Précipité noir de sulfure cuivrique.

Soude et potasse caustiques: Précipité bleu-clair d'hydrate, devenant noir par formation d'oxyde cuivrique, si l'on fait bouillir la solution. Les tartrates alcalins empêchent la précipitation et le liquide devient bleu.

Ammoniaque: Précipité bleu-clair, soluble dans un excès de réactif, en donnant une belle coloration bleu d'azur; le cyanure de potassium décolore cette solution et le cuivre n'en est pas reprécipité par l'hydrogène sulfuré.

Carbonate d'ammonium: Se comporte comme l'ammoniaque.

Carbonate de sodium: Précipité verdâtre de carbonate basique, soluble dans l'ammoniaque en donnant une liqueur bleue.

Cyanure de potassium: Donne un précipité jaune de cyanure cuivrique, devenant blanc par transformation en cyanure cuivreux.

Ferrocyanure de potassium: Précipité brun-rouge de ferrocyanure cuivrique. S'il n'y a que des traces de cuivre, il se forme seulement une coloration rouge-violet. Le précipité de ferrocyanure cuivrique est insoluble dans les acides dilués, soluble dans l'ammoniaque.

Sulfocyanure d'ammonium: Précipité noir de sulfocyanure cuivrique $Cu(CNS)_2$. Si avant d'ajouter le réactif, on fait passer dans la solution un courant d'acide sulfureux, il se formera un précipité blanc-rose de sulfocyanure cuivreux CuCNS, insoluble dans les acides dilués.

Iodure de potassium: Précipité d'iodure cuivreux et mise en liberté d'iode.

Phosphate de sodium: Précipité bleu-verdâtre de phosphate cuivrique.

Chromate de potassium: Précipité rouge, soluble dans l'ammoniaque en donnant une solution verte.

Acide bromhydrique concentré: Ce réactif additionné d'une goutte d'une solution d'un sel cuivrique, prend une coloration pourpre intense (réaction très sensible).

Hyposulfite de sodium: Décolore les solutions cuivriques; à l'ébullition, précipité de sulfure cuivrique, noir.

Chlorhydrate d'hydroxylamine: Donne dans les solutions cuivriques alcalines, un précipité rouge, d'oxyde de cuivre.

Glucose: Donne la même réaction.

Fer métallique: Plongé dans une solution d'un sel cuivrique, se recouvre d'une couche rouge, adhérente, de cuivre métallique.

Nitroso-β-Naphtol: Précipite totalement le cuivre de ses solutions acétiques.

Recherche spéciale du cuivre dans les minerais:

Le minerai est attaqué à chaud par l'acide chlorhydrique et un peu de chlorate de potassium pour peroxyder le fer, si l'échantillon en renferme; on dilue avec de l'eau et on filtre. La solution est neutralisée par un excès d'ammoniaque et filtrée. La liqueur est colorée en bleu, si elle renferme une quantité notable de cuivre. Si la solution n'est pas bleue, on l'acidule par l'acide chlorhydrique et on y introduit un fil de fer, enroulé d'un fil de platine; en présence de traces de cuivre, le fil de platine prend, au bout d'un temps plus ou moins long, une couleur rouge, due à un dépôt de cuivre métallique.

Cadmium.

Hydrogène sulfuré: Donne, dans les solutions neutres, alcalines ou modérément acides de sels de cadmium, un précipité de sulfure de cadmium CdS, jaune, insoluble dans les sulfures et polysulfures alcalins, ainsi que dans le cyanure de potassium, soluble dans les acides sulfurique et nitrique, étendus et chauds.

Sulfure d'ammonium: Se comporte comme l'hydrogène sulfuré.

Soude et potasse caustiques: Donnent des précipités blancs d'hydrate, insolubles dans un excès de réactif, solubles dans l'ammoniaque.

Ammoniaque: Précipité blanc d'hydrate, soluble dans un excès de réactif.

Carbonate de sodium: Précipité blanc de carbonate, insoluble dans un excès de réactif.

Phosphate de sodium: Précipité blanc de phosphate acide.

Carbonate d'ammonium: Précipité blanc de carbonate, soluble dans un excès de réactif.

Cyanure de potassium: Précipité blanc, amorphe, soluble dans un excès de réactif. L'hydrogène sulfuré reprécipite de cette solution du sulfure de cadmium jaune. Cette réaction permet de retrouver le cadmium en présence du cuivre, qui n'est pas précipité dans ces conditions.

Ferricyanure de potassium: Donne un précipité jaune.

Zinc: Précipité de cadmium métallique, cristallisé.

Recherche spéciale du cadmium dans les minerais:

Pour retrouver le cadmium dans les minerais de zinc, on peut opérer de la manière suivante: le minerai pulvérisé et grillé est attaqué par l'acide chlorhydrique concentré (auquel on peut ajouter un peu de chlorate de potassium); la solution est évaporée à sec, le résidu repris par l'eau acidulée, et la solution est soumise à un courant d'hydrogène sulfuré. Si le précipité obtenu est noir, on le dissout dans l'acide nitrique étendu et chaud; on sursature par du carbonate de sodium, on fait bouillir et on filtre; on dirige enfin dans la solution filtrée un courant d'hydrogène sulfuré: un précipité jaune caractérise le cadmium.

Palladium.

Le palladium métallique se dissout dans l'acide nitrique concentré, en donnant du nitrate palladeux; il est plus facilement soluble dans l'eau régale, qui le transforme en chlorure palladeux.

Réactions des sels palladeux:

Les solutions des sels palladeux possèdent une couleur brun-rouge, ou jaune, quand elles sont diluées.

Hydrogène sulfuré: Donne, dans les solutions neutres ou acides, un précipité noir de sulfure palladeux PdS; le précipité est insoluble dans le sulfure d'ammonium, mais se dissout dans le sulfocarbonate de potassium (différence avec le plomb, le cuivre et le bismuth); l'acide carbonique ne le reprécipite pas de cette solution (différence avec le mercure).

Sulfure d'ammonium: Précipité noir de sulfure palladeux, insoluble dans un excès de réactif.

Potasse caustique: Donne un précipité brun de sel basique, soluble dans un excès de réactif.

Ammoniaque: Précipité rouge-chair de chlorure de palladium ammoniacal, soluble dans un excès de réactif, en donnant un liquide incolore. L'acide chlorhydrique donne dans cette solution un précipité jaune, cristallin, de chlorure de palladammonium $Pd(NH_3)^2Cl_2$.

Cyanure mercurique: Précipité gélatineux, jaunâtre, de cyanure palladeux, peu soluble dans l'acide chlorhydrique, soluble dans l'ammoniaque (réaction caractéristique).

Diméthylglyoxime: Donne, dans les solutions neutres des sels palladeux, un précipité jaune, floconneux (réaction caractéristique).

Iodure de potassium: Précipité brun, soluble dans un excès de réactif, en donnant un liquide brun-foncé (réaction caractéristique).

Formiate de sodium: Réduit complètement les sels de palladium, sous forme de noir de palladium.

Recherche spéciale du palladium dans les minerais:

Le palladium se rencontre dans les minerais de la mine de platine. La substance finement pulvérisée, est fondue avec du bisulfate de potassium qui transforme le palladium en sulfate palladeux, soluble dans l'eau; la masse fondue possède une couleur brun-rouge; elle est reprise par l'eau et on caractérise le palladium au moyen de l'iodure de potassium ou du diméthylglyoxime.

Voir: Recherche des métaux de la mine de platine.

Rhodium.

Le rhodium est insoluble dans les acides et dans l'eau régale. Le bisulfate de potassium l'attaque au rouge sombre, en le transformant en sulfate rhodique $Rh_2(SO_4)_3$.

Réactions des sels rhodiques:

Hydrogène sulfuré: Précipite à chaud et incomplètement le rhodium à l'état de sulfhydrate $Rh_2(SH)_6$, insoluble dans le sulfure d'ammonium, soluble dans l'acide nitrique à chaud et dans l'eau régale.

Soude et potasse caustiques: Précipité jaune d'hydrate $Rh(OH)_3.H_2O$, soluble dans un excès de réactif. Par l'ébullition ou par l'addition d'alcool, la solution laisse déposer un précipité brun-noir d'hydrate $Rh(OH)_3$.

Ammoniaque: Donne un précipité jaune, qui se forme lentement, et qui est soluble dans l'acide chlorhydrique.

Formiate d'ammonium: En présence d'ammoniaque et d'acétate d'ammonium, précipite le rhodium à l'état noir de rhodium, soluble à chaud dans l'acide sulfurique concentré et dans l'eau régale.

Hypochlorite de sodium: Dans les solutions neutres, précipité jaune qui se dissout dans l'acide acétique, en donnant un liquide rouge-orangé. Par le repos, il se forme un précipité gris, et la liqueur prend une coloration bleu-ciel.

Nitrite de potassium: Donne un précipité rouge-orangé.

Recherche spéciale du rhodium dans les minerais:

Le rhodium se rencontre exclusivement dans les minerais de la mine de platine. Fondu avec du bisulfate de potassium, il donne un sel jaune, devenant rouge au contact de l'acide chlorhydrique.

Voir: Recherche des métaux de la mine de platine.

Osmium.

L'osmium est soluble dans l'acide nitrique fumant et dans l'eau régale, en donnant de l'acide osmique (OsO_4), lentement soluble dans l'eau chaude.

Hydrogène sulfuré: Donne, dans les solutions aqueuses d'acide osmique, une coloration brune; dans les solutions acidulées par un acide minéral, il se précipite du sulfure d'osmium brun-foncé, insoluble dans les sulfures alcalins et dans la potasse caustique.

Chlorure stanneux: Précipité brun, soluble dans l'acide chlorhydrique, en donnant une liqueur brune.

Sulfate ferreux: Précipité d'oxyde, noir.

Nitrate d'argent: Précipité vert-olive, un peu soluble dans l'ammoniaque en donnant une solution rouge.

Recherche spéciale de l'osmium dans les minerais de la mine de platine:

L'osmium se reconnaît facilement aux essais pyrognostiques, à l'odeur caractéristique de l'acide osmique, qui se dégage quand on chauffe le minerai sur le charbon avec du carbonate de sodium.

Voir: Recherche des métaux de la mine de platine.

Ruthénium.

Le ruthénium est insoluble dans l'eau régale, inattaquable par fusion avec le bisulfate de potassium.

Par fusion avec de la potasse caustique et du nitrate de potassium, il se transforme en ruthénate de potassium jaune-orangé soluble dans l'eau. Par oxydation, le ruthénate de potassium se transforme en peroxyde RuO_4, poudre jaune, volatile à la température ordinaire, et possèdant une odeur caractéristique, analogue à celle de l'acide nitreux. Au contact de l'acide chlorhydrique, le peroxyde de ruthénium prend une coloration brune.

Le peroxyde se dissout dans l'acide chlorhydrique, en donnant du chlorure ruthénique.

Réactions du chlorure ruthénique:

Hydrogène sulfuré: Précipité rouge-brun, formé d'un mélange de soufre et de sulfure de ruthénium, qui ne se forme que lentement.

Sulfure d'ammonium: Précipité noir, légèrement soluble dans un excès de réactif.

Soude et potasse caustiques: Précipité brun-noir d'hydrate $Ru(OH)_3$, insoluble dans un excès de réactif.

Ammoniaque: Précipité d'hydrate, soluble dans un excès de réactif.

Sulfocyanure d'ammonium: Coloration rouge, virant au violet sous l'influence de la chaleur.

Solution ammoniacale d'hyposulfite de sodium: Prend une coloration pourpre intense, par addition de chlorure de ruthénium.

Nitrite de potassium: Donne, dans les solutions de chlorure de ruthénium, une coloration jaune, qui devient rouge-cramoisi par addition de sulfure d'ammonium (réaction caractéristique).

Recherche spéciale du ruthénium dans les minerais de la mine de platine:

Le ruthénium peut être transformé en ruthénate de potassium et en peroxyde reconnaissable à l'odeur et à la couleur.

On peut aussi chauffer au rouge le métal pulvérisé, avec du chlorure de potassium, dans un courant de chlore. Il se forme un chlorure double de ruthénium et de potassium, soluble dans l'eau, en donnant une liqueur rouge-orangé; en chauffant ce liquide, il se produit un précipité noir (réaction caractéristique).

Voir: Recherche des métaux de la mine de platine.

§ 2. GROUPE DES MÉTAUX PRÉCIPITÉS PAR L'AMMONIAQUE ET LE SULFURE D'AMMONIUM.

68. Généralités sur les métaux du groupe. Ce groupe renferme les métaux suivants: nickel, cobalt, fer, manganèse, chrome, aluminium, zinc, uranium, thallium, indium, gallium, titane, tantale, niobium, glucinium, zirconium, thorium, cérium, lanthane, didyme, yttrium, et erbium.

Tous ces métaux sont précipités par l'ammoniaque et le sulfure d'ammonium, à l'état d'hydrates ou des sulfures.

Ces corps peuvent être séparés en deux sous-groupes, suivant que le précipité est soluble ou insoluble dans l'acide chlorhydrique dilué. Les sulfures de nickel et de cobalt sont insolubles dans l'acide chlorhydrique, les hydrates ou sulfures des autres éléments sont solubles.

Nous examinerons encore, dans un troisième sous-groupe, une série de métaux rares que l'on trouve toujours associés dans la nature, et que l'on nomme les *terres rares*; ce sont: le glucinium, le zirconium, le thorium, le cérium, le lanthane, le didyme, l'yttrium et l'erbium.

69. Métaux dont les sulfures sont insolubles dans l'acide chlorhydrique dilué:

Nickel.

Réactions des sels nickeleux:

Sulfure d'ammonium: Donne, dans les solutions de sels nickeleux, un précipité noir de sulfure (NiS), insoluble à froid dans l'acide chlorhydrique, soluble dans l'acide nitrique concentré et dans l'eau régale. Le précipité de sulfure est un peu soluble dans le polysulfure d'ammonium, en donnant une liqueur brune; le sulfure de nickel en est reprécipité à chaud, par addition d'acide acétique.

Ammoniaque: Précipité vert, d'hydrate nickeleux, soluble dans un excès de réactif, en donnant un liquide bleu.

Carbonate de sodium: Précipité vert-clair de carbonate basique.

Carbonate d'ammoniaque: Précipité vert, soluble dans un excès de réactif, en donnant une solution bleu-verdâtre.

Ferrocyanure de potassium: Précipité blanc-verdâtre de ferrocyanure nickeleux $Ni_2Fe(CN)_6$, soluble dans l'ammoniaque (différence avec le cobalt).

Ferricyanure de potassium: Précipité jaune-brun de ferricyanure nickeleux $Ni_3(Fe(CN)_6)^2$, insoluble dans l'acide chlorhydrique.

Cyanure de potassium: Donne, dans les solutions nickeleuses, du cyanure nickeleux vert-clair $Ni(CN)_2$, soluble dans un excès de réactif, par formation de cyanure double. Cette solution n'est pas précipitée par le sulfure d'ammonium (différence avec le zinc et le manganèse).

Hypochlorite de sodium et soude caustique: Précipité noir d'hydrate nickelique $Ni(OH)_3$.

Soude caustique et eau de brome: Précipité d'hydrate nickelique; le précipité noir est soluble dans le cyanure de potassium (différence avec le cobalt).

Iode: Ne donne pas de précipité noir d'hydrate nickelique (différence avec le cobalt).

Eau oxygénée: Ne précipite pas d'hydrate nickelique (différence avec le cobalt).

Diméthylglioxime: Dissous dans l'alcool, donne, dans les solutions neutres des sels nickeleux, un précipité rose, volumineux (réaction caractéristique).

Recherche spéciale du nickel dans les minerais:

La solution nitrique ou régale du minerai est évaporée à sec dans une petite capsule; le résidu repris par l'eau est additionné d'une solution de diméthylglioxime et d'une goutte d'ammoniaque si la solution est acide; un précipité rose indique le nickel.

Cobalt.

Réactions des sels cobalteux:

Sulfure d'ammonium: Précipité noir de sulfure cobalteux (CoS), insoluble dans un excès de réactif et dans l'acide chlorhydrique dilué, soluble dans l'acide nitrique concentré et dans l'eau régale.

Soude et potasse caustiques: Précipitent dans les solutions cobalteuses des sels basiques, bleus, insolubles dans un excès de réactif; ces sels sont transformés en hydrate rose $Co(OH)_2$, par l'ébullition. Le chlorure d'ammonium et les tartrates alcalins empêchent la précipitation.

Ammoniaque: Donne le même précipité, mais qui se dissout dans un excès de réactif.

Carbonate de sodium: Précipité rose de carbonate basique.

Carbonate d'ammonium: Précipité rose, soluble dans un excès de réactif en donnant une liqueur rouge-violacé.

Ferrocyanure de potassium: Précipité vert de ferrocyanure cobalteux $Co_2Fe(CN)_6$, peu soluble dans l'acide chlorhydrique, insoluble dans l'ammoniaque (différence avec le nickel).

Ferricyanure de potassium: Précipité rouge-brun de ferricyanure cobalteux $Co_3(Fe(CN)_6)^2$.

Cyanure de potassium: Précipité brunâtre de cyanure cobalteux $Co(CN)_2$, soluble dans un excès de réactif, par formation de cyanure double. Cette solution n'est pas précipitée par les alcalis et par les acides.

Sulfocyanure d'ammonium: Ce réactif rend plus intense la coloration rose des solutions de sels cobalteux; si on ajoute à la liqueur de l'alcool amylique, ce dernier se colore en bleu.

Hypochlorite de sodium: Donne à l'ébullition, dans les solutions cobalteuses additionnées de soude caustique, un précipité noir d'hydrate cobaltique $Co(OH)_3$.

Eau de brome, iode, eau oxygénée: Donnent également des précipités noirs d'hydrate cobaltique.

Nitrite de potassium: Précipite lentement, mais totalement le cobalt de ses solutions acétiques, comme nitrite cobaltico-potassique ($K_3Co(NO_2)^6$).

Diméthylglioxime: Ne donne pas de précipité dans les solutions de sels cobalteux (différence avec le nickel); la liqueur prend une coloration rouge-brun.

Recherche spéciale du cobalt dans les minerais:

Le cobalt se retrouve facilement, dans les essais au chalumeau, au moyen de la perle de borax, qui prend une coloration bleu-saphir quand on y introduit une parcelle de minerai préalablement grillé, et que l'on chauffe à la flamme de réduction, en présence d'un peu d'étain.

Pour séparer de petites quantités de nickel et de cobalt dans des minerais de fer ou de manganèse par exemple, on peut opérer de la manière suivante: 2 g. du minerai sont attaqués par l'acide chlorhydrique et un peu de chlorate de potassium, ou dans l'acide nitrique; on neutralise par l'ammoniaque en excès et on filtre. Le liquide filtré est acidulé par l'acide chlorhydrique et soumis à un courant d'hydrogène sulfuré; on filtre s'il y a un précipité, et la solution filtrée est additionnée d'ammoniaque et de sulfure d'ammonium, puis acidulée par l'acide chlorhydrique. Un résidu insoluble noir renferme le nickel et le cobalt, que l'on peut identifier à la perle de borax, ou au moyen des réactions indiquées ci-dessus, après avoir transformé en chlorures les sulfures obtenus.

70. Métaux dont les sulfures ou les hydrates sont solubles dans l'acide chlorhydrique dilué:

Fer.

Réactions des sels ferreux:

Sulfure d'ammonium: Donne un précipité noir de sulfure de fer (FeS), insoluble dans les alcalis.

Ammoniaque, soude et potasse caustiques: Précipité blanchâtre d'hydrate ferreux $Fe(OH)_2$, passant rapidement au vert et au brun, par oxydation au contact de l'air.

Carbonates alcalins: Précipité blanc de carbonate ferreux, brunissant rapidement à l'air.

Oxalate de potassium: Donne un précipité jaune d'oxalate ferreux, soluble dans un excès de réactif.

Cyanure de potassium: Précipité jaune-brun de cyanure ferreux $Fe(CN)_2$, soluble dans un excès de réactif.

Ferrocyanure de potassium: Précipité blanc de ferrocyanure ferroso-potassique, bleuissant au contact de l'air.

Ferricyanure de potassium: Précipité bleu-foncé de ferricyanure ferreux $Fe_3(Fe(CN)_6)_2$.

Sulfocyanure de potassium: Ne réagit pas (différence avec les sels ferriques).

Réactions des sels ferriques:

Sulfure d'ammonium: Précipité noir de sulfure de fer (FeS) mélangé de soufre. L'acide tartrique n'empêche pas la précipitation.

Ammoniaque, soude et potasse caustiques: Donnent un précipité brun-rouge d'hydrate ferrique $Fe(OH)_3$.

Carbonate de sodium: Précipité du carbonate basique, mêlé d'hydrate.

Carbonate d'ammonium: Même réaction; le précipité est soluble dans un excès de réactif.

Acétate de sodium: Donne une coloration rouge, par formation d'acétate neutre de fer. A l'ébullition, il se forme un précipité brun d'acétate basique (les sels ferreux ne donnent pas cette réaction).

Phosphate de sodium: En présence d'acétate de sodium, donne un précipité blanc de phosphate ferrique $FePO_4$.

Arséniate de sodium: Donne un précipité blanc d'arséniate ferrique $FeAsO_4$.

Ferrocyanure de potassium: Précipité bleu-foncé de ferrocyanure ferrique (bleu de prusse) $(Fe_2)^2(Fe(CN)_6)_3$. Le précipité est soluble dans les acides oxalique et tartrique, en donnant une solution bleue.

Ferricyanure de potassium: Ne donne pas de précipité, mais une coloration brune (différence avec les sels ferreux).

Sulfocyanure de potassium: Donne dans les solutions de sels ferriques, une coloration rouge-sang, due à la formation de sulfocyanure double de fer et de potassium, $FeK_3(CNS)_6$.

Hyposulfite de sodium: Donne une coloration violette, fugitive.

Iodure de potassium: Réduit les solutions ferriques, avec mise en liberté d'iode.

Recherche spéciale du fer dans les minerais:

Les solutions de minerais dans l'acide chlorhydrique, doivent être peroxydées à chaud, par addition d'un peu de chlorate de potassium, ou d'acide nitrique concentré. En ajoutant à la solution diluée un peu de ferrocyanure de potassium, il se forme un précipité de bleu de Prusse, qui caractérise le fer.

Manganèse.

Réactions des sels manganeux:

Sulfure d'ammonium: Précipité rose-chair, de sulfure hydraté Mn(OH)SH, qui brunit à l'air par oxydation. A l'ébullition, en présence d'un excès de sulfure alcalin, il se dépose un précipité vert de sulfure manganeux MnS.

Soude et potasse caustiques: Précipité blanchâtre d'hydrate manganeux, brunissant à l'air. Les acides organiques empêchent la précipitation.

Ammoniaque: Même précipité; le chlorure d'ammonium empêche la précipitation.

Carbonates alcalins: Précipité blanchâtre de carbonate $MnCO_3$; le chlorure d'ammonium empêche la précipitation.

Cyanure de potassium: Précipité brun, soluble dans un excès de réactif, en donnant un liquide brun. Après repos ou par la chaleur, la solution laisse déposer un volumineux précipité vert.

Ferrocyanure de potassium: Précipité blanc; en présence d'ammoniaque, précipité rougeâtre de ferrocyanure ammoniaco-manganeux.

Ferricyanure de potassium: Précipité brun, soluble dans l'acide chlorhydrique.

Acide phosphorique sirupeux: Évaporé presqu'à sec avec un sel manganeux et un peu d'acide nitrique et de nitrate de potassium, donne une coloration violette, due à la formation de phosphate manganique.

Peroxyde de plomb: Donne, à l'ébullition, dans les solutions nitriques exemptes de chlore, une coloration violette due à la formation d'acide permanganique.

Tetraoxyde de bismuth[1]*:* Donne, déjà à la température ordinaire et dans les solutions nitriques des composés du manganèse, une coloration violette, due à la formation d'acide permanganique.

Recherche spéciale du manganèse dans les minerais:

Le manganèse se retrouve facilement dans les essais par voie sèche en fondant le minerai avec du carbonate de sodium et du nitrate de potassium; une masse vert-émeraude, caractérise le manganèse. On peut aussi traiter la solution nitrique par le peroxyde de plomb à chaud ou par le tetraoxyde de bismuth; une coloration violette du liquide indique le manganèse.

Chrome.

Réactions des sels chromiques:

Sulfure d'ammonium: Précipité vert d'hydrate $Cr(OH)_3$.

Soude et potasse caustiques: Précipité vert d'hydrate, soluble à froid dans un excès de réactif, en donnant une solution verte. La solution reprécipite à l'ébullition, en donnant de l'hydrate chromique (différence avec l'aluminium).

Ammoniaque: Précipité d'hydrate, légèrement soluble à froid dans un excès de réactif.

Phosphate de sodium: Précipité vert de phosphate chromique soluble dans les acides ($CrPO_4$).

Les oxydants énergiques, chlore, brome, peroxyde de plomb: Transforment les sels de chrome en chromates.

Réactions des chromates et bichromates:

Sulfure d'ammonium: Précipité vert d'hydrate chromique, avec dépôt de soufre et dégagement d'ammoniaque.

[1] Ce réactif se prépare en ajoutant peu à peu du sous-nitrate de bismuth et du peroxyde de sodium, dans la soude caustique en fusion; le produit obtenu est lavé à l'eau chaude et desséché sur de l'acide sulfurique.

Les réducteurs, hydrogène sulfuré, acide sulfureux, etc. réduisent les chromates et bichromates en sels de chrome verts.

Acétate de plomb: Précipité jaune de chromate de plomb $PbCrO_4$.

Nitrate d'argent: Précipité rouge de chromate d'argent Ag_2CrO_4.

Chlorure de baryum: Précipité jaune de chromate de baryum, insoluble dans l'acide acétique.

Nitrate mercureux: Précipité rouge de chromate mercureux Hg_2CrO_4.

Amidon ioduré: Dans les solutions acides, coloration bleue.

Sulfate de diphénylamine: Les chromates colorent en bleu la solution de diphénylamine dans l'acide sulfurique.

Teinture de gaïac: Coloration bleue, en présence de traces de chromates.

Eau oxygénée: En agitant une solution acidulée de chromate avec de l'eau oxygénée et de l'éther, ce dernier se colore en bleu.

Recherche spéciale du chrome dans les minerais:

Les perles de borax et de sel de phosphore sont caractéristiques; il en est de même pour l'essai sur la lame de platine avec le carbonate de sodium et le nitrate de potassium. La masse fondue est dissoute dans l'eau, acidulée par l'acide acétique, et additionnée d'acétate de plomb; un précipité jaune indique le chrome. En présence d'une quantité notable de phosphore, de soufre ou d'arsenic, on peut obtenir un précipité blanc, qui masque la réaction du chrome. On peut retrouver cet élément en plaçant un peu du précipité dans une perle de borax, qui reste verte dans les deux flammes, en présence de chrome.

Aluminium.

Sulfure d'ammonium: Donne, dans les solutions de sels d'aluminium, un précipité blanc d'hydrate, $Al(OH)_3$, insoluble dans un excès de réactif.

Soude et potasse caustiques: Précipité d'hydrate blanc, gélatineux, soluble dans un excès de réactif par formation d'aluminates alcalins.

Ammoniaque: Précipité d'hydrate, peu soluble dans un excès de réactif. L'acide tartrique empêche la précipitation de l'hydrate d'aluminium, soit par le sulfure d'ammonium, soit par l'ammoniaque ou le carbonate d'ammonium.

Carbonate de sodium: Précipité d'hydrate d'aluminium, soluble dans un excès de réactif.

Carbonate d'ammonium: Précipité d'hydrate, presque insoluble dans un excès de réactif.

Phosphate de sodium: Précipité blanc de phosphate neutre ($AlPO_4$), soluble dans les acides et dans les alcalis.

Hyposulfite de sodium: Précipité d'hydrate, blanc.

Acétate de sodium: Donne à l'ébullition un précipité d'acétate basique.

Recherche spéciale de l'aluminium dans les minerais:

Les minerais insolubles peuvent être désagrégés par le carbonate de sodium; la masse reprise par l'eau renferme de l'aluminate de sodium; on peut précipiter l'hydrate d'alumine en faisant passer dans la solution un courant d'acide carbonique. Le précipité est alors traité sur le charbon avec du nitrate de cobalt; une masse bleue, infusible, caractérise l'aluminium.

Pour retrouver de petites quantités d'aluminium en présence d'autres métaux, il faut suivre la marche générale de séparation des bases et rechercher cet élément dans le groupe II.

Zinc.

Sulfure d'ammonium: Précipité blanc de sulfure de zinc, soluble dans les acides minéraux et le cyanure de potassium, insoluble dans l'acide acétique.

Ammoniaque, soude et potasse caustiques: Précipité blanc d'hydrate de zinc $Zn(OH)_2$, soluble dans un excès de réactif par formation de zincates alcalins. Cette solution, acidulée par l'acide acétique et soumise à un courant d'hydrogène sulfuré, donne un précipité blanc de sulfure de zinc.

Carbonate de sodium: Donne à chaud, un précipité blanc de carbonate basique, en l'absence de sels ammoniacaux.

Carbonate d'ammonium: Précipité de carbonate basique, soluble dans un excès de réactif. Les sels ammoniacaux empêchent la précipitation.

Oxalate de sodium: Précipité blanc d'oxalate de zinc.

Cyanure de potassium: Précipité blanc, soluble dans un excès de réactif.

Ferrocyanure de potassium: Précipité blanc de ferrocyanure de zinc $Zn_2Fe(CN)_6$.

Ferricyanure de potassium: Précipité jaune-brun de ferricyanure de zinc $Zn_3[Fe(CN)_6]^2$.

Oxyde de mercure: Donne à chaud, un précipité blanc d'oxyde de zinc ZnO.

Recherche spéciale du zinc dans les minerais:

Dans les minerais de zinc proprement dits, on caractérise facilement le métal par les essais pyrognostiques.

Pour retrouver de petites quantités de zinc, il faut suivre la marche générale de séparation des bases et rechercher cet élément dans le groupe II.

Uranium.

Sels uraneux:

Sulfure d'ammonium: Précipité vert-clair, brunissant à l'air et devenant noir à l'ébullition; l'acide tartrique empêche la précipitation.

Ammoniaque, soude et potasse caustiques: Précipité volumineux, vert-clair, insoluble dans un excès de réactif. L'acide tartrique empêche la précipitation.

Carbonate de sodium: Précipité blanc-verdâtre, avec dégagement d'acide carbonique.

Carbonate d'ammonium: Même précipité, soluble dans un excès de réactif.

Ferrocyanure de potassium: Précipité brun.

Ferricyanure de potassium: Précipité jaune-vert, brunissant à l'air.

Sels d'uranyle:

Hydrogène sulfuré: Réduit partiellement les sels d'uranyle, mais ne donne pas de précipité.

Sulfure d'ammonium: Précipité rouge-brun de sulfure d'uranyle UO_2S.

Soude et potasse caustiques: Précipité jaune d'uranates alcalins.

Ammoniaque: Précipité jaune d'uranate d'ammoniaque $(NH_4)^2U_2O_7$.

Carbonate de sodium: Précipité jaune de carbonate double, peu soluble dans un excès de réactif.

Carbonate d'ammonium: Même précipité, soluble dans un excès de réactif.

Phosphate de sodium: Précipité blanc-jaunâtre de phosphate double d'ammonium et d'uranyle $(NH_4)UO_2PO_4$, insoluble dans l'acide acétique.

Arséniate de sodium: Donne une réaction analogue.

Ferrocyanure de potassium: Précipité brun-rouge de ferrocyanure double de potassium et d'uranyle. Dans les solutions très diluées, coloration brun-rouge (réaction très sensible).

Eau oxygénée: Précipité blanc jaunâtre; en ajoutant à la solution un excès de carbonate de potassium solide, le précipité se dissout, en donnant une solution rouge-orangé (réaction très sensible).

Papier de curcuma: Coloré en brun par les solutions de sels d'uranyle. Les acides libres empêchent la réaction.

Recherche spéciale de l'uranium dans les minerais:

Pour retrouver la présence de l'uranium dans un minerai rare (comme la Samarskite par exemple) on fond le minerai pulvérisé avec du bisulfate de potassium; on reprend la masse fondue par l'eau, puis on ajoute de l'ammoniaque et un excès de carbonate d'ammonium. La liqueur filtrée est évaporée à sec et reprise par de l'acide acétique; on ajoute alors du phosphate de sodium, qui précipite du phosphate d'uranium. Le précipité peut être dissous dans quelques gouttes d'acide chlorhydrique dilué et l'uranium caractérisé par le ferrocyanure de potassium.

Thallium.

Réactions des sels thalleux:

Hydrogène sulfuré: Ne donne pas de précipité dans les solutions acides. Dans les liqueurs neutres ou très faiblement acidulées, il se forme un précipité noir de sulfure thalleux Tl_2S.

Sulfure d'ammonium: Précipité noir de sulfure, insoluble dans un excès de réactif, soluble dans les acides minéraux.

Acide chlorhydrique: Précipité blanc de chlorure thalleux, soluble dans l'eau bouillante.

Chlorure de platine: Donne un précipité rouge-orangé de chloroplatinate de thallium (Tl_2PtCl_6) presqu'insoluble dans l'eau.

Iodure de potassium: Précipité jaune-clair d'iodure thalleux (réaction très sensible).

Chromate de potassium: Précipité jaune, insoluble à froid, dans les acides nitrique et sulfurique.

Zinc, aluminium, magnésium: Réduisent les solutions de sels thalleux.

Réactions des sels thalliques:

Ammoniaque, soude et potasse caustiques: Précipité brun d'hydrate thallique $Tl(OH)_3$. L'acide tartrique empêche la précipitation.

Acide chlorhydrique: Ne précipite pas les sels thalliques.

Iodure de potassium: Donne un précipité jaune clair d'iodure thalleux TlI, avec mise en liberté d'iode.

Chromate de potassium: Ne donne pas de précipité.

Tous les réducteurs: Réduisent les sels thalliques en sels thalleux; l'influence de la chaleur suffit à les réduire partiellement.

Recherche spéciale du thallium dans les minerais:

Le thallium se rencontre dans beaucoup de roches et de minerais, mais seulement à l'état de traces. Le seul vrai minerai du thallium est la Crookésite, séléniure d'argent, de cuivre et de thallium. On peut retrouver facilement le thallium grâce à son spectre tout à fait caractéristique.

Par voie humide, le thallium peut se retrouver dans le sous-groupe des éléments précipités par l'acide chlorhydrique. Les solutions nitrique ou sulfurique sont traitées d'abord par le bisulfite de sodium, pour réduire les sels thalliques en sels thalleux, puis par l'acide chlorhydrique. Le précipité obtenu est traité par l'eau bouillante, qui dissout le chlorure thalleux et éventuellement le chlorure de plomb. S'il y a du plomb, on l'élimine par l'acide sulfurique et on identifie le thallium dans la liqueur filtrée par l'iodure ou le chromate de potassium. On peut faire la vérification au spectroscope.

Gallium.

Hydrogène sulfuré: Ne précipite pas les solutions renfermant de l'acide chlorhydrique libre. Dans les solutions acétiques, additionnées d'acétate d'ammonium, précipité blanc de sulfure de gallium.

Sulfure d'ammonium: Précipité blanc de sulfure Ga_2S_3, insoluble dans un excès de réactif.

Soude et potasse caustiques: Précipité blanc d'hydrate, soluble dans un excès de réactif. En faisant bouillir la solution avec un excès d'ammoniaque, il se reprécipite de l'hydrate de gallium $Ga(OH)_3$.

Carbonate de sodium: Précipité blanc, insoluble dans un excès de réactif.

Carbonate d'ammonium: Précipité blanc, soluble dans un excès de réactif.

Ferrocyanure de potassium: Précipité bleuâtre, moins soluble dans l'acide chlorhydrique que dans l'eau.

Zinc: Précipite entièrement le gallium de ses solutions alcalines, comme oxyde blanc Ga_2O_3.

Recherche spéciale du gallium dans les minerais:

Le gallium, de même que l'indium, se rencontre spécialement dans les blendes. Le minerai finement pulvérisé est attaqué par l'eau régale, puis soumis à l'ébullition pour éliminer l'acide nitrique libre. Ce liquide, dilué avec de l'eau, est traité à froid avec du zinc. On filtre au bout de quelque temps, pendant qu'il se dégage encore une quantité notable d'hydrogène. La solution filtrée est soumise à une ébullition prolongée; quand il s'est formé un trouble blanc, on filtre, puis dissout le précipité dans l'acide chlorhydrique. On évapore la solution acide et on essaie le résidu au spectroscope.

Indium.

Hydrogène sulfuré: Ne donne pas de précipité dans les solutions franchement acides; dans les solutions légèrement acidulées, précipité jaune de sulfure.

Sulfure d'ammonium: Précipité blanc dans les solutions neutres.

Soude et potasse caustiques: Précipité blanc, gélatineux, soluble dans un excès de réactif.

Ammoniaque: Donne un précipité blanc, gélatineux, d'hydrate, $In(OH)^3$, insoluble dans un excès de réactif.

Carbonate de sodium: Précipité blanc de carbonate d'indium.

Phosphate de sodium: Donne un précipité blanc de phosphate d'indium.

Ferrocyanure de potassium: Donne un précipité blanc.

Chromate de potassium: Précipité jaune, dans les solutions neutres.

Bichromate de potassium: Ne donne pas de précipité.

Cyanure de potassium: Précipité blanc, soluble dans un excès de réactif.

Zinc: Précipite l'indium de ses solutions, sous forme de paillettes brillantes.

Recherche spéciale de l'indium dans les minerais:

L'indium se rencontre spécialement dans les blendes. On traite le minerai par l'eau régale. La solution évaporée est reprise par l'eau et traitée par un courant d'hydrogène sulfuré, qui précipite le cuivre et le cadmium. La solution filtrée est saturée par l'ammoniaque, qui précipite l'indium avec le fer. Après nouvelle filtration on peut séparer l'indium du fer par le cyanure de potassium, qui dissout l'indium. La solution filtrée est portée à l'ébullition, l'hydrate d'indium précipite. Le précipité est dissous dans l'acide chlorhydrique dilué, le liquide est évaporé ou neutralisé, puis l'indium est reprécipité à l'état de sulfure, que l'on examine au spectroscope.

Titane.

Réactions des solutions d'acide titanique ou de sulfate titanique:

Ammoniaque, soude et potasse caustiques: Précipité blanc, gélatineux, d'acide orthotitanique $Ti(OH)_4$, insoluble dans un excès de réactif, soluble dans les acides minéraux dilués.

Sulfure d'ammonium: Précipité blanc, volumineux, d'acide titanique.

Acétate de sodium: Précipite quantitativement le titane à l'état d'acide métatitanique $TiO(OH)_2$.

Ferrocyanure de potassium: Donne un précipité jaune-orangé ou brun.

Ferricyanure de potassium: Précipité jaune.

Acide tanique: Précipité rouge-sang.

Eau oxygénée: Dans les solutions d'acide titanique renfermant de l'acide sulfurique libre, donne une coloration jaune ou rouge-orangé due à la formation de l'oxyde TiO_3, (réaction sensible). Un excès de réactif ne fait pas disparaître la coloration (différence avec le vanadium).

Acide oxalique: Coloration jaune.

Pyrocatéchine: Donne une coloration jaunâtre (réaction très sensible).

Zinc: Donne dans les solutions chlorhydriques d'acide titanique, une coloration violette ou bleue, due à la formation du chlorure $TiCl_3$. Par le repos, il se dépose un précipité bleu dû à la formation de l'oxyde Ti_2O_3.

Recherche spéciale du titane dans les minerais:

Le minerai finement pulvérisé, est désagrégé par le bisulfate de potassium; la masse refroidie est reprise par de l'eau froide, filtrée, additionnée d'acide sulfurique dilué. En présence du titane, l'eau oxygénée donne dans le liquide une coloration jaune, ou rouge-orangé suivant la quantité d'acide titanique.

Tantale.

Réactions des tantalates alcalins:

Acide chlorhydrique: Donne un précipité blanc, soluble dans un excès de réactif, avec formation d'un liquide opalin.

Sulfure d'ammonium et ammoniaque: Précipité blanc d'hydrate.

Ferrocyanure de potassium: Dans les solutions acides, précipité blanc-jaunâtre, devenant brun par addition d'une goutte d'ammoniaque.

Teinture de noix de galle: Coloration brune (différence avec le niobium).

Zinc: Ne donne pas de coloration bleue dans les solutions acides de tantalates (différence avec le titane, le niobium et le vanadium).

Morphine: En solution dans l'acide sulfurique concentré, donne une coloration verte en présence de l'acide tantalique.

Niobium.

Réactions des niobates alcalins:

Acide chlorhydrique ou acide nitrique: Précipité blanc d'acide niobique, insoluble dans un excès de réactif (différence avec le tantale). L'acide sulfurique concentré, à chaud, dissout l'acide niobique; cette solution, diluée avec de l'eau froide, reste claire (différence avec le tantale).

Ammoniaque et sulfure d'ammonium: Précipité blanc d'acide niobique.

Teinture de noix de galle: Coloration rouge-orangé.

Zinc: Donne dans les solutions chlorhydriques une coloration bleue. Le fluorure d'ammonium empêche la réaction (différence avec le titane). L'acide niobique, placé dans un verre de montre avec une solution sulfurique de morphine, prend une coloration mauve.

Recherche spéciale du niobium et du tantale:

Le minerai en poudre fine, est fondu avec 4 ou 5 fois son poids de bisulfate de potassium. La masse est reprise par de l'eau acidulée par l'acide chlorhydrique, puis par du sulfure d'ammonium, et enfin par de l'acide chlorhydrique dilué. Le résidu insoluble renferme l'acide tantalique et l'acide niobique; on le fond avec de la potasse caustique, qui transforme ces acides en tantalates et en niobates de potassium solubles dans l'eau, et que l'on peut caractériser au moyen de réactions indiquées ci-dessus.

Réactions permettant de caractériser les acides titanique, tantalique et niobique dans un mélange[1]:

Les réactifs employés sont la morphine, la codeïne et la résorcine. On place dans des verres de montre une trace du réactif avec 8 à 10 gouttes d'acide sulfurique concentré.

Le mélange d'acide titanique, tantalique et niobique, obtenu par fusion du minerai avec le bisulfate, est repris par l'eau bouillante et filtré. Le résidu est calciné avec un peu de carbonate de sodium et lavé. On place un peu du résidu dans les réactifs préparés et on observe les colorations qui se produisent.

Morphine: Coloration verte avec l'acide titanique.

Codeïne: Coloration mauve avec l'acide niobique; verte avec l'acide tantalique.

Résorcine: Coloration violette avec l'acide tantalique.

71. Terres rares[2]:

Glucinium (beryllium).

Sulfure d'ammonium: Précipité blanc d'hydrate.

Ammoniaque, soude et potasse caustiques: Précipité blanc d'hydrate de glucinium, soluble dans un excès de réactif. L'acide tartrique empêche la précipitation. L'hydrate de glucinium $Gl(OH)_2$, est soluble dans une solution de bicarbonate de sodium à 10% (différence avec l'aluminium).

Carbonate de sodium: Précipité blanc, soluble dans un excès de réactif, par formation de gluciniate de sodium.

Carbonate d'ammonium: Donne un précipité blanc, soluble dans un excès de réactif: le glucinium est reprécipité par l'ébullition.

Phosphate de sodium: Précipité blanc, cristallin, en présence de phosphate d'ammoniaque.

Acétate de sodium: Donne un précipité blanc d'acétate basique.

Oxalate d'ammonium: Ne donne pas de précipité (différence avec les autres terres rares).

Hyposulfite de sodium: Ne précipite pas les sels de glucinium (différence avec l'aluminium, le zirconium et le thorium).

[1] L. Levy, Comp. rend. acad. scienc. Paris t. 103, p. 1074. 1886.

[2] Une grande partie des réactions des terres rares qui figurent dans les pages suivantes ont été empruntées à l'ouvrage de M. P. Truchot, Les terres rares. Paris 1898, ainsi qu'à celui de M. J. von Panayeff, Verhalten der wichtigsten seltenen Erden zu Reagentien. Halle, a. S. 1909. Nous mêmes avons procédé à de nombreuses vérifications.

Sulfate de potassium: Précipité blanc, cristallin, de sel double $GlSO_4.K_2SO_4$, soluble dans un excès d'une solution concentrée du réactif (différence avec le cérium, le lanthane et le didyme).

Ethylamine: Donne un précipité blanc d'hydrate, insoluble dans un grand excès de réactif (différence avec l'aluminium).

Zirconium.

Sulfure d'ammonium: Précipité blanc, volumineux, d'hydrate de zirconium, insoluble dans un excès de réactif.

Soude et potasse caustiques: Précipité d'hydrate; l'acide tartrique empêche la précipitation. Le précipité est insoluble à chaud dans une solution concentrée de chlorure d'ammonium (différence avec le cérium, le glucinium, le lanthane, l'yttrium et l'erbium).

Ammoniaque: Précipité d'hydrate, insoluble dans un excès de réactif. L'acide tartrique empêche la précipitation (différence avec l'yttrium).

Carbonate de sodium: Précipité blanc de carbonate basique, soluble dans un grand excès de réactif (différence avec l'aluminium et le lanthane); plus facilement soluble dans les carbonates alcalins (différence avec le cérium et le didyme).

Carbonate d'ammonium: Précipité blanc facilement soluble dans un excès de réactif.

Sulfate de sodium: Ne donne pas de précipité.

Sulfate de potassium: Précipité blanc de sulfate basique se formant lentement à la température ordinaire (différence avec l'aluminium, le glucinium, l'yttrium et l'erbium).

Hyposulfite de sodium: Donne à l'ébullition, dans des solutions légèrement acides, un précipité blanc, mélangé de soufre (différence avec le glucinium, les sels cériques, l'yttrium et l'erbium).

Acide oxalique: Précipité blanc (différence avec le glucinium), soluble dans l'oxalate d'ammonium (différence avec le thorium).

Oxalate d'ammonium: Donne, dans les solutions de nitrate ou de chlorure de zirconium, un précipité blanc d'oxalate basique, soluble dans un excès de réactif; l'addition d'ammoniaque dans cette solution reprécipite entièrement le zirconium.

Phosphate de sodium: Donne un précipité blanc, volumineux, facilement soluble dans les acides minéraux et dans les solutions concentrées de carbonate d'ammonium.

Acide phosphorique: Donne un précipité blanc gélatineux de phosphate neutre $Zr_3(PO_4)_4$, soluble dans un grand excès de réactif. Sous l'action de la chaleur, le précipité se forme de nouveau (différence avec le thorium).

Chromate de potassium: Donne à l'ébullition dans les solutions de nitrate de zirconium, un précipité jaune, floconneux, de chromate basique, soluble dans les acides minéraux et l'acide acétique.

Ferrocyanure de potassium: Donne, dans les solutions neutres de nitrate de zirconium, un précipité jaunâtre, amorphe. Dans les solutions très diluées, le précipité ne se forme que si l'on chauffe légèrement.

Acide fluorhydrique: Précipité gélatineux, blanc, facilement soluble dans un excès de réactif.

Benzoate de sodium: Précipité blanc de benzoate de zirconium, difficilement soluble dans l'eau, facilement soluble dans les acides minéraux.

Acide benzoïque: Donne également un précipité blanc gélatineux (différence avec le cérium, le didyme, le lanthane, et l'yttrium).

Succinate de sodium: Ajouté goutte à goutte donne un précipité blanc, floconneux, translucide, qui disparaît puis réapparaît ensuite.

Acide succinique: Ne donne qu'un léger trouble après repos.

Salicylate de sodium: Ajouté peu à peu, donne un précipité blanc, volumineux, de salicylate de zirconium (différence avec les sels d'yttrium et d'erbium) qui disparaît, puis réapparaît par une nouvelle addition de réactif et ne se redissout pas dans un excès de réactif, même en chauffant.

Acide salicylique: Précipité blanc, floconneux (différence avec les sels de lanthane, didyme, yttrium, erbium).

Acétate de sodium: Donne, à l'ébullition prolongée, un précipité volumineux, blanc d'acétate basique (différence avec les sels céreux, de didyme et de lanthane). Le précipité est soluble dans les acides minéraux et dans l'acide acétique.

Formiate d'ammonium: Précipité blanc, floconneux, de formiate basique, insoluble dans l'eau, soluble dans les acides minéraux.

Acide formique: Donne à chaud un précipité blanc (différence avec les sels céreux, le thorium, le didyme, l'yttrium et l'erbium).

Eau oxygénée: Ne donne pas de précipité dans les solutions de nitrate et de chlorure (différence avec le thorium). Dans les solutions de sulfate, le zirconium est précipité comme peroxyde Zr_2O_5 (différence avec les sels de cérium et d'yttrium).

Papier de curcuma: Trempé dans des solutions faiblement acidulées par l'acide chlorhydrique et désséché sur le bain-marie, prend une coloration jaune-orangé ou rouge, comme celle que donne l'acide borique (différence avec toutes les autres terres rares). Dans les solutions très diluées, il faut tremper le papier dans la liqueur chaude, pendant une minute environ.

En présence d'acide titanique ou de sels de fer, il faut réduire auparavant la solution par du zinc métallique.

Thorium.

Sulfure d'ammonium: Précipité blanc, gélatineux, d'hydrate $Th(OH)_4$ insoluble dans un excès de réactif. L'acide tartrique gêne la précipitation.

Ammoniaque: Précipité blanc, gélatineux, d'hydrate, insoluble dans un excès de réactif.

Soude et potasse caustiques: Précipité blanc, gélatineux, insoluble dans un excès de réactif (différence avec l'aluminium et le glucinium). Le précipité humide est facilement soluble dans l'acide chlorhydrique dilué; il est insoluble à chaud dans les solutions de chlorure d'ammonium (différence avec le lanthane, le cérium, l'yttrium, l'erbium).

Carbonate d'ammonium: Donne un précipité de carbonate basique facilement soluble dans un excès de réactif (différence avec l'aluminium).

Carbonate de sodium: Précipité blanc, volumineux, de carbonate basique, peu soluble dans un excès de réactif.

Oxalate d'ammonium: Donne à froid un précipité blanc, dans des solutions neutres ou faiblement acides (différence avec l'aluminium et le glucinium); insoluble à froid dans un excès de réactif (différence avec le zirconium et le cérium), soluble à chaud dans un grand excès de réactif.

Acide oxalique: Précipité blanc d'oxalate de thorium, insoluble dans un excès de réactif.

Sulfate de sodium: Donne, dans des solutions concentrées, un précipité blanc, formé d'aiguilles cristallines.

Sulfate de potassium: Précipite lentement, mais quantitativement dans les solutions concentrées, du sulfate double de thorium et de potassium (différence avec l'aluminium, le glucinium et l'yttrium).

Phosphate de sodium: Précipité blanc, gélatineux, de phosphate neutre $Th_3(PO_4)_4$ insoluble dans l'eau et dans un excès de réactif.

Acide phosphorique: Donne un précipité blanc de phosphate acide de thorium $ThH_2(PO_4)_2$, soluble dans un grand excès de réactif.

Chromate de potassium: Donne un précipité jaune, floconneux même dans les solutions diluées. Le précipité est insoluble dans un excès de réactif, soluble dans les acides minéraux et l'acide acétique.

Iodate de sodium: Donne, dans les solutions neutres ou faiblement acides, un précipité blanc d'iodate de thorium, facilement soluble dans les acides.

Acide fluorhydrique: Donne, même dans les solutions diluées, un précipité blanc, gélatineux, insoluble dans un excès de réactif (différence avec l'aluminium, le glucinium, le zirconium et le titane).

Ferrocyanure de potassium: Précipité blanc, insoluble dans un excès de réactif.

Hyposulfite de sodium: Donne à froid un précipité floconneux, devenant cristallin par le repos; le précipité se forme mieux à l'ébullition.

Succinate de sodium: Précipite lentement du succinate de thorium, facilement soluble dans les acides minéraux.

Acide succinique: Ne précipite pas les sels de thorium (différence avec les sels cériques).

Benzoate de sodium: Ajouté goutte à goutte, donne un précipité gélatineux, qui se redissout, puis se reforme au bout de quelque temps.

Acide benzoïque: Donne également un précipité (différence avec les sels céreux, le didyme, le lanthane et l'yttrium).

Salicylate de sodium: Précipité blanc, amorphe, de sel basique.

Acide salicylique: Donne également un précipité, insoluble dans un excès de réactif (différence avec les sels céreux, le didyme, le lanthane et l'yttrium).

Acétate de sodium: Donne à chaud, un précipité cristallin (différence avec les sels céreux, de didyme et de lanthane).

Formiate d'ammonium: Ne donne pas de précipité (différence avec le zirconium et les sels cériques).

Formiate de sodium: Donne à chaud un précipité de formiate basique.

Acide formique: Ne précipite pas les solutions de sels de thorium (différence avec le zirconium et les sels cériques).

Eau oxygénée: Ne précipite pas de suite à froid, mais par agitation, et en laissant reposer un certain temps, il se forme un précipité de peroxyde, même dans les solutions diluées (différence avec l'aluminium, le glucinium et les autres terres rares).

Chlore: Un courant de chlore dirigé dans une solution d'un sel de thorium, précipité par la soude caustique, ne dissout pas le précipité d'hydrate (différence avec les autres terres rares, à l'exception des sels céreux.

Cérium.

Réactions des sels céreux:

Soude et potasse caustiques: Précipité blanc d'hydrate de cérium $Ce(OH)_3$, insoluble dans un excès de réactif (différence avec l'aluminium et le glucinium). Le précipité jaunit à l'air, en se transformant en hydrate cérique $Ce(OH)_4$, soluble à chaud dans une solution concentrée de chlorure d'ammonium (différence avec le zirconium et le thorium). L'acide tartrique empêche la précipitation (différence avec l'yttrium).

Ammoniaque: Précipité blanc, devenant jaune à l'air.

Carbonates alcalins: Précipité blanc, peu soluble dans un excès de réactif.

Sulfate de potassium: Précipité blanc, soluble dans l'eau chaude, insoluble dans le sulfate de potassium en excès (différence avec l'yttrium et l'erbium).

Sulfate de sodium: Précipité blanc, soluble dans l'eau chaude.

Oxalate d'ammoniaque: Précipité blanc (différence avec l'aluminium et le glucinium).

Acide oxalique: Précipité blanc, devenant cristallin et brillant (différence avec l'aluminium et le glucinium).

Phosphate de sodium: Donne dans les solutions neutres, un précipité blanc, cristallin, insoluble dans un excès de réactif et dans l'acide acétique.

Acide phosphorique: Précipité blanc, volumineux, soluble dans un grand excès de réactif.

Chromate de potassium: Ajouté goutte à goutte, donne un précipité jaune, volumineux, qui disparaît par agitation et se reforme par une nouvelle addition du réactif; le précipité est soluble dans un grand excès du réactif.

Acide chromique: Ne précipite pas les sels céreux, ni à chaud, ni à froid (différence avec le zirconium, le thorium et les sels cériques).

Iodate de sodium: Ajouté goutte à goutte, donne après un long repos, un précipité blanc, floconneux, insoluble dans un excès de réactif.

Acide fluorhydrique: Précipité blanc, gélatineux, insoluble dans un excès de réactif (différence avec l'aluminium, le glucinium, le titane et le zirconium).

Ferrocyanure de potassium: Donne, dans les solutions neutres ou acides, un précipité blanc, floconneux, insoluble dans un excès de réactif, facilement soluble dans les acides.

Hyposulfite de sodium: Ne donne pas de précipité, ni à chaud ni à froid (différence avec l'aluminium, le zirconium et le thorium).

Formiate de sodium: Ne donne pas de précipité à froid, même dans les solutions concentrées, mais en frottant la paroi de l'éprouvette avec une baguette de verre, il se forme, même dans les solutions diluées, un précipité blanc cristallin (différence avec le thorium, l'yttrium et l'erbium). A chaud, le précipité se produit rapidement.

Acide formique: Ne donne pas de précipité (différence avec le zirconium et les sels cériques).

Acétate de sodium: Ne donne pas de précipité (différence avec le zirconium, le thorium, l'yttrium, l'erbium et les sels cériques).

Benzoate de sodium: Donne un précipité blanc, cristallin, même dans les solutions diluées.

Succinate de sodium: Précipité blanc, se formant lentement.

Eau oxygénée: Précipité jaune-orangé d'hydrate cérique (réaction caractéristique).

Strychnine: Les solutions de sels céreux sont évaporées à sec avec un peu de soude ou de potasse caustique. Le résidu, humecté avec quelques gouttes d'une solution sulfurique de strychnine à 10 %, prend une belle coloration violette.

Oxyde de plomb et acide nitrique: Quand on porte à l'ébullition, pendant quelques minutes, une solution d'un sel céreux, additionnée de son volume d'acide nitrique et d'oxyde puce de plomb, on obtient une coloration jaune (différence avec toutes les terres rares).

Persulfate d'ammonium: En solution concentrée donne à l'ébullition une coloration jaune (différence avec toutes les autres terres rares).

Un courant de chlore: Dirigé dans une solution de sels céreux additionnée de soude caustique, ne redissout pas le précipité d'hydrate (différence avec les autres terres rares, à l'exception du thorium). Le précipité prend une coloration jaune (différence avec le thorium).

Réactions des sels cériques:

Ammoniaque, soude et potasse caustiques: Précipité jaune d'hydrate cérique $Ce(OH)_4$, insoluble dans un excès de réactif, soluble à chaud dans une solution de chlorure d'ammonium (différence avec le zirconium et le thorium). L'acide tartrique empêche la précipitation (différence avec l'yttrium).

Carbonate de sodium: Précipité jaune, volumineux, soluble lentement, en l'agitant avec un grand excès de réactif (différence avec l'aluminium et le lanthane).

Carbonate d'ammonium: Précipité jaune, soluble dans un grand excès de réactif, en donnant un liquide d'une belle coloration jaune.

Oxalate d'ammonium: Ajouté en quantité suffisante, donne un précipité brun devenant jaune, en se réduisant en oxalate céreux. L'oxalate cérique est soluble à froid dans un excès de réactif (différence avec le thorium, les sels céreux, le lanthane, l'yttrium et l'erbium).

Acide oxalique: Donne, dans les solutions concentrées, un précipité orangé, floconneux, devenant cristallin par un long repos, soluble dans un excès de réactif (différence avec les sels céreux, le thorium, le didyme et le lanthane).

Sulfate de potassium: En solution concentrée, donne, dans les liqueurs neutres ou faiblement acides, un précipité jaune de sulfate double $Ce(SO_4)_2 . 2 K_2SO_4$.

Phosphate de sodium: Précipité jaunâtre de phosphate cérique, se formant plus facilement sous l'action de la chaleur. Le précipité est insoluble dans un excès de réactif, facilement soluble dans les acides en donnant une solution jaune.

Acide phosphorique sirupeux: Donne aussi un précipité blanc-jaunâtre, soluble dans un excès de réactif, et reprécipité en partie sous l'action de la chaleur (différence avec le thorium).

Chromate de potassium: Précipité floconneux, orangé, de chromate cérique, qui disparaît, puis réapparaît au bout d'un certain temps.

Acide chromique: Ajouté goutte à goutte, donne lentement à froid un précipité jaune (différence avec les sels céreux, le didyme, le lanthane, l'yttrium et l'erbium).

Iodate de sodium: Donne, au bout d'un certain temps, un précipité jaune, gélatineux, d'iodate cérique $Ce(IO_3)_4$.

Acide fluorhydrique: Précipité gélatineux, jaunâtre, insoluble dans l'eau et dans un excès de réactif (différence avec l'aluminium, le glucinium, le zirconium et le titane).

Ferrocyanure de potassium: Donne un précipité jaune, devenant rapidement blanc et cristallin.

Ferricyanure de potassium: Donne une coloration brun-jaune, puis brun-foncé très intense.

Hyposulfite de sodium: Ne donne pas de précipité dans les solutions de sels cériques (différence avec l'aluminium, le zirconium et le thorium), mais les solutions sont décolorées par réduction des sels cériques en sels céreux.

Acide sulfureux: Décolore les solutions de sels cériques, en les réduisant en sels céreux.

Succinate de sodium: Donne un précipité jaunâtre de sels basiques, se formant plus rapidement à chaud.

Acide succinique: Donne également un précipité de succinate cérique (différence avec les sels céreux et toutes les autres terres rares). Le précipité est insoluble dans un excès de réactif.

Benzoate de sodium: Précipité jaune, floconneux, insoluble dans un excès de réactif.

Acide benzoïque: Donne également un précipité de benzoate cérique, jaune, floconneux (différence avec les sels céreux, le didyme, le lanthane, l'yttrium et l'erbium.

Salicylate de sodium: Donne un précipité volumineux, brun-jaune de salicylate basique (différence avec l'yttrium et l'erbium).

Acide salicylique: Donne également un précipité brunâtre dans les solutions neutres ou faiblement acides (différence avec les sels céreux, le lanthane, l'yttrium et l'erbium).

Acétate de sodium: Donne, dans les solutions neutres et à chaud, un précipité jaune d'acétate basique (différence avec les sels céreux, le didyme et le lanthane). Le précipité est insoluble dans un excès de réactif.

Acide acétique: Ne précipite pas les sels cériques, ni à chaud, ni à froid.

Formiate d'ammonium: Donne à chaud, dans les solutions neutres, un précipité jaunâtre de formiate basique (différence avec le thorium, l'yttrium et l'erbium).

Acide formique: Donne également un précipité à chaud (différence avec les sels céreux, le didyme, le lanthane, l'yttrium et l'erbium).

Eau oxygénée: Décolore les solutions des sels cériques, en les transformant en sels céreux.

Hydrogène sulfuré: Décolore les sels cériques, en les réduisant en sels céreux, avec dépôt de soufre.

Acide nitrique: Donne, dans les solutions de sels cériques, une couleur brune ou brun-rouge foncé, qui se dissout dans l'alcool amylique.

Didyme (néodyme et praséodyme).

Soude et potasse caustiques: Précipité gélatineux, blanc-lilas, insoluble dans un excès de réactif (différence avec l'aluminium et le glucinium). L'acide tartrique empêche la précipitation (différence avec l'yttrium).

Ammoniaque: Précipité blanc, légèrement rosé, insoluble dans un excès de réactif, à peine soluble dans une solution concentrée de chlorure d'ammonium, même à chaud.

Sulfure d'ammonium: Précipité blanc, insoluble dans un excès de réactif.

Carbonate de sodium: Donne à froid un précipité de carbonate de didyme $Di_2(CO_3)_3$. Le précipité est très peu soluble dans un excès de réactif.

Carbonate d'ammonium: Donne la même réaction.

Acide oxalique: Donne, dans les solutions neutres ou faiblement acidulées, un précipité blanc, caséeux, d'oxalate de didyme (différence avec l'aluminium et le glucinium).

Oxalate d'ammonium: Précipité blanc, lentement soluble à l'ébullition dans un grand excès de réactif (différence avec les sels cériques et le zirconium). En diluant et refroidissant la solution, il se forme un précipité cristallin d'oxalate de didyme.

Sulfate de potassium: En solution concentrée, donne dans les solutions neutres ou faiblement acides, un précipité de sulfate double, blanc-rosé, amorphe, devenant cristallin par le repos (différence avec l'aluminium, le glucinium, l'yttrium et l'erbium).

Sulfate de sodium: En solution concentrée, donne dans les mêmes conditions un précipité de sulfate double (différence avec le zirconium, l'yttrium et l'erbium.

Phosphate de sodium: Précipité blanc-rosé de phosphate acide, insoluble dans un excès de réactif.

Acide phosphorique: Précipité volumineux de phosphate neutre, soluble dans un grand excès de réactif. Le précipité se reforme en chauffant ou en diluant la solution (différence avec le thorium).

Chromate de potassium: Ajouté goutte à goutte dans les solutions diluées, donne un précipité jaune, qui disparaît par agitation, et réapparaît par une nouvelle addition de réactif.

Acide chromique: Ne donne pas de précipité, même après un long repos (différence avec les sels cériques, le thorium et le zirconium).

Iodate de sodium: Ajouté en grand excès, donne un précipité blanc, floconneux, d'iodate de didyme $Di(IO_3)_3$.

Acide fluorhydrique: Précipité gélatineux, lilas-rose, de fluorure de didyme $DiFl_3$, insoluble dans un excès de réactif (différence avec l'aluminium, le glucinium, le zirconium et le titane).

Ferrocyanure de potassium: précipité blanc, floconneux.

Hyposulfite de sodium: Ne précipite pas les sels de didyme, ni à chaud ni à froid (différence avec l'aluminium, le zirconium et le thorium.

Succinate de sodium: Précipité blanc-rosé, floconneux, de succinate de didyme.

Acide succinique: Ne précipite pas les sels de didyme (différence avec les sels cériques).

Benzoate de sodium: Précipité blanc-rosé, floconneux, se formant même à chaud. Insoluble dans un excès de réactif.

Acide benzoïque: Ne donne pas de précipité (différence avec le zirconium, le thorium et les sels cériques).

Salicylate de sodium: Précipité blanc-rosé, devenant peu à peu cristallin, en formant des aiguilles rose-améthyste (différence avec l'yttrium et l'erbium).

Acide salicylique: Ne précipite pas les sels de didyme (différence avec les sels cériques, le zirconium et le thorium).

Acétate de sodium: Ne précipite pas les sels de didyme (différence avec l'aluminium, le zirconium, le thorium, l'yttrium, l'erbium et les sels cériques).

Formiate d'ammonium: Donne, à l'ébullition, un précipité de formiate de didyme.

Acide formique: Ne donne pas de précipité (différence avec les sels cériques et le zirconium).

Lanthane.

Les sels de lanthane sont incolores, à saveur astringente.

Ammoniaque, soude et potasse caustiques: Précipité blanc, insoluble dans un excès de réactif.

Carbonate de sodium: Précipité blanc, floconneux, insoluble dans un excès de réactif.

Carbonate d'ammonium: Précipité blanc de carbonate de lanthane $La_2(CO_3)^3$, un peu soluble dans un excès de réactif.

Oxalate d'ammonium: Précipité blanc d'oxalate de lanthane (différence avec l'aluminium et le glucinium), soluble à chaud dans les solutions concentrées du réactif. Par dilution et refroidissement, il se reprécipite de l'oxalate de lanthane cristallin.

Acide oxalique: Donne, dans les solutions neutres ou faiblement acides, un précipité blanc d'oxalate de lanthane, insoluble dans un excès de réactif.

Sulfate de potassium: En solution saturée, donne un précipité blanc de sulfate double $La_2(SO_4)^3.3K_2SO_4$ (différence avec l'aluminium, le glucinium, l'yttrium et l'erbium).

Sulfate de sodium: Donne une réaction analogue; le précipité est insoluble dans un excès de réactif (différence avec l'aluminium, le glucinium, le zirconium, le thorium, l'yttrium et l'erbium).

Phosphate de sodium: Précipité blanc de phosphate acide.

Acide phosphorique: Précipite, déjà à froid, du phosphate neutre $LaPO_4$, soluble dans un grand excès de réactif. En chauffant, le phosphate de lanthane se reprécipite (différence avec le thorium).

Chromate de potassium: Ajouté peu à peu dans les solutions diluées, donne un précipité jaune, floconneux, devenant cristallin au bout d'un certain temps.

Acide chromique: Ne donne pas de précipité (différence avec le zirconium, le thorium, et les sels cériques).

Iodate de sodium: Donne un précipité blanc, floconneux, soluble dans un excès de réactif.

Acide fluorhydrique: Précipité blanc, insoluble dans un excès de réactif et dans les acides minéraux dilués (différence avec l'aluminium, le glucinium, le zirconium et le titane).

Ferrocyanure de potassium: Précipité blanc, très peu soluble dans l'eau, soluble dans les acides minéraux.

Hyposulfite de sodium: Ne précipite pas les sels de lanthane (différence avec l'aluminium, le zirconium, et le thorium); il se forme un dépôt de soufre.

Succinate de sodium: Ajouté en quantité suffisante, donne un précipité blanc, cristallin, insoluble dans un excès de réactif.

Acide succinique: Ne donne pas de précipité (différence avec les sels cériques).

Benzoate de sodium: Donne, dans les solutions pas trop diluées, après agitation ou en chauffant, un précipité blanc.

Acide benzoïque: Ne donne pas de précipité (différence avec le zirconium, le thorium et les sels cériques).

Salicylate de sodium: Donne lentement un précipité blanc, insoluble dans un excès de réactif.

Acide salicylique: Ne donne pas de précipité (différence avec le zirconium, le thorium et les sels cériques).

Acétate de sodium et acide acétique: Ne donnent pas de précipité.

Formiate d'ammonium: Précipité blanc, qui se forme lentement; la précipitation est favorisée par l'agitation.

Acide formique: Ne donne pas de précipité (différence avec le zirconium et les sels cériques).

Iode: Si l'on ajoute de l'ammoniaque à une solution acétique froide d'un sel de lanthane, qu'on lave le précipité obtenu, et qu'on l'humecte d'une solution d'iode, ou qu'on le saupoudre d'un peu d'iode solide, la masse prend une couleur bleue, qui disparaît sous l'action des acides et des alcalis.

Yttrium.

Les sels d'yttrium sont incolores.

Ammoniaque, soude et potasse caustiques: Donnent un précipité blanc gélatineux, insoluble dans un excès de réactif (différence avec l'aluminium et le glucinium), soluble à chaud dans le chlorure d'ammonium (différence avec le zirconium et le thorium); l'acide tartrique n'empêche pas la précipitation (différence avec l'aluminium, le glucinium, le zirconium, le thorium, le cérium et l'erbium).

Carbonate de sodium: Précipité blanc, volumineux, de carbonate d'yttrium $Y_2(CO_3)^3$, soluble à froid dans un grand excès de réactif (différence avec l'aluminium et le lanthane). La solution ne reprécipite pas par l'ébullition (différence avec le zirconium, le thorium, le cérium et le didyme).

Carbonate d'ammonium: Précipité blanc, soluble dans un excès de réactif (différence avec l'aluminium).

Oxalate d'ammonium: Ajouté peu à peu, donne un précipité blanc d'oxalate d'yttrium, qui se redissout dans le liquide et reprécipite par une nouvelle addition du réactif.

Acide oxalique: Donne à froid, et plus facilement à chaud, dans les solutions neutres ou faiblement acides, un précipité blanc, caséeux, d'oxalate d'yttrium, insoluble dans un excès de réactif (différence avec les sels cériques et le zirconium).

Sulfate de potassium: En solutiun concentrée ne donne pas de précipité, le sulfate double d'yttrium et de potassium étant très soluble dans le sulfate de potassium (différence avec le zirconium, le thorium et les sels céreux et cériques.

Sulfate de sodium: Ne donne pas de précipité.

Phosphate de sodium: Précipité blanc, cristallin, de phosphate acide $Y_2H_3(PO_4)^3$.

Acide phosphorique: Ajouté goutte à goutte, donne un précipité blanc de phosphate neutre YPO_4; en ajoutant rapidement un léger excès de réactif à froid, il ne se forme pas de précipité, mais si l'on soumet le liquide à l'ébullition, le phosphate d'yttrium précipite (différence avec le thorium).

Chromate de potassium: Précipité jaune, difficilement soluble dans un excès de réactif.

Acide chromique: Ne donne de précipité ni à chaud ni à froid (différence avec le zirconium, le thorium et les sels cériques).

Iodate de sodium: Donne au bout de quelque temps, un précipité volumineux, blanc, d'iodate d'yttrium $Y(IO_3)^3$, insoluble dans un excès de réactif.

Acide fluorhydrique: Précipité blanc, gélatineux, insoluble dans un excès de réactif (différence avec l'aluminium, le glucinium, le zirconium et le titane).

Ferrocyanure de potassium: Précipité blanc, floconneux.

Hyposulfite de sodium: Ne précipite pas les sels d'yttrium (différence avec l'aluminium, le zirconium, et le thorium); il se dépose du soufre.

Succinate de sodium: En léger excès, donne un précipité blanc, floconneux.

Acide succinique: Ne donne pas de précipité (différence avec les sels cériques).

Benzoate de sodium: Précipité blanc, gélatineux.

Acide benzoïque: Ne donne pas de précipité (différence avec le zirconium, le thorium et les sels cériques).

Acide salicylique et salicylate de sodium: Ne donnent pas de précipité dans les solutions de sels d'yttrium (différence avec le zirconium, le thorium et les sels cériques).

Acétate de sodium: Donne à l'ébullition, dans les solutions très concentrées, un précipité blanc d'acétate basique.

Acide acétique: Ne donne pas de précipité.

Acide formique et formiate d'ammonium: Ne donnent pas de précipité (différence avec le zirconium et les sels cériques).

Erbium.

Les sels d'erbium sont incolores.

Soude et potasse caustiques: Donnent un précipité blanc-rosé, insoluble dans un excès de réactif (différence avec l'aluminium et le glucinium), soluble dans une solution concentrée et chaude de chlorure d'ammonium (différence avec le zirconium et le thorium). L'acide tartrique empêche la précipitation (différence avec l'yttrium).

Ammoniaque: Précipité volumineux, légèrement rosé, insoluble dans un excès de réactif.

Carbonate de sodium: Précipité blanc-rosé, gélatineux, soluble surtout à chaud, dans un excès de réactif (différence avec l'aluminium et le lanthane). Le précipité est plus facilement soluble dans les bicarbonates alcalins (différence avec le cérium et le didyme).

Carbonate d'ammonium: Précipité de carbonate basique, soluble dans un excès de réactif.

Oxalate d'ammonium: Donne un précipité d'oxalate d'erbium, qui disparaît par addition d'un léger excès de réactif.

Sulfate de potassium: Ne donne pas de précipité, le sel double qui se forme étant soluble dans l'eau et dans un excès de réactif (différence avec le zirconium, le thorium et le cérium).

Sulfate de sodium: Ne donne pas de précipité (différence avec le cérium).

Phosphate de sodium: Précipité blanc-rosé, gélatineux, de phosphate acide d'erbium, insoluble dans un excès de réactif.

Acide phosphorique: Ajouté goutte à goutte, donne un précipité volumineux, facilement soluble dans un excès de réactif.

Chromate de potassium: Donne, dans les solutions neutres ou faiblement acides, un précipité jaune, floconneux de chromate basique.

Acide chromique: Ne donne pas de précipité (différence avec les sels cériques, le thorium et le zirconium).

Iodate de sodium: Donne un précipité blanc, floconneux, d'iodate d'erbium, se formant plus facilement à chaud, insoluble dans un excès de réactif.

Acide fluorhydrique: Précipité gélatineux, blanc-rosé, très peu soluble dans un excès de réactif (différence avec l'aluminium, le glucinium, le titane et le zirconium).

Ferrocyanure de potassium: Précipité blanc, insoluble dans un excès de réactif.

Hyposulfite de sodium: Ne précipite pas les sels d'erbium (différence avec le zirconium et le thorium), mais il se sépare du soufre.

Succinate de sodium: Donne un précipité floconneux, blanc-rosé, insoluble dans un excès de réactif.

Acide succinique: Ne donne de précipité ni à chaud, ni à froid (différence avec les sels cériques).

Benzoate de sodium: Précipité blanc-rosé, insoluble dans un excès de réactif.

Acide benzoïque: Ne donne pas de précipité (différence avec le zirconium, le thorium et les sels cériques).

Salicylate de sodium et acide salicylique: Ne donnent pas de précipités dans les solutions des sels d'erbium (différence avec le zirconium, le thorium et le cérium).

Acétate de sodium: Donne, dans les solutions concentrées et à chaud, un faible précipité blanc-rosé d'acétate basique.

Formiate d'ammonium et acide formique: Ne donnent pas de précipités (différence avec le zirconium et les sels cériques).

§ 3. GROUPE DES MÉTAUX PRÉCIPITÉS PAR LE CARBONATE D'AMMONIUM.

72. Généralités sur les métaux du groupe. Les métaux de ce groupe ne sont précipités ni par l'hydrogène sulfuré, ni par le sulfure d'ammonium, mais par le carbonate d'ammonium, en présence d'ammoniaque. Ce groupe ne renferme que 3 métaux, le baryum, le strontium et le calcium. Ces métaux forment, avec le magnésium, le groupe des métaux alcalino-terreux, mais le magnésium ne précipite pas par le carbonate d'ammonium, et se retrouvera dans le Groupe IV.

73. Métaux alcalino-terreux:

Baryum.

Les sels de baryum sont incolores. Quelques-uns sont solubles dans l'eau; les autres dans les acides. Le sulfate de baryum est insoluble dans l'eau et les acides.

Le nitrate et le chlorure sont presque insolubles dans l'alcool absolu.

Soude et potasse caustiques: Donnent, dans les solutions très concentrées, un précipité blanc d'hydrate $Ba(OH)_2$.

Carbonate d'ammonium: Précipité blanc de carbonate de baryum, insoluble dans un excès de réactif.

Carbonate de sodium: Même réaction.

Oxalate d'ammonium: Précipité blanc, cristallin, d'oxalate de baryum soluble dans les acides minéraux.

Acide sulfurique et sulfates alcalins: Précipité blanc, lourd, insoluble dans les alcalis et dans les acides.

Sulfate de calcium: Précipité blanc de sulfate de baryum.

Phosphate de sodium: Donne, dans les solutions neutres, un précipité blanc, légèrement soluble dans le chlorure d'ammonium.

Chromate de potassium: Donne, dans les solutions neutres ou acétiques de sels de baryum, un précipité jaune de chromate $BaCrO_4$, soluble dans les acides minéraux et insoluble dans l'acide acétique.

Acide hydrofluosilicique: Précipité blanc, d'hydrofluosilicate de baryum.

Recherche spéciale du baryum dans les minerais:

On pourra caractériser la présence du baryum dans les minerais par la coloration qu'il communique à la flamme, et au moyen du spectroscope. Le sulfate de baryum est complètement insoluble dans les acides et dans l'eau.

Strontium.

Les sels de strontium sont incolores; le sulfate de strontium est très peu soluble dans les acides. Le nitrate est insoluble dans l'alcool absolu.

Soude et potasse caustiques: Donnent, dans les solutions très concentrées, un précipité blanc d'hydrate $Sr(OH)_2$.

Carbonate d'ammonium: Précipité blanc de carbonate de strontium, insoluble dans un excès de réactif.

Carbonate de sodium: Même réaction.

Acide sulfurique et sulfates alcalins: Précipité blanc de sulfate de strontium, très peu soluble dans les acides.

Sulfate de calcium: Précipité blanc de sulfate de strontium.

Phosphate de sodium: Donne un précipité blanc de phosphate acide $SrHPO_4$.

Chromate de potassium: Donne à chaud, dans les solutions neutres et concentrées, un précipité jaune de chromate de strontium. L'acide acétique libre empêche la précipitation (différence avec le baryum).

Acide hydrofluosilicique: Ne précipite pas les sels de strontium (différence avec le baryum).

Recherche spéciale du strontium dans les minerais:

On pourra caractériser la présence du strontium par la coloration de la flamme et au moyen du spectroscope.

Le sulfate de strontium est insoluble dans l'eau et les acides.

Calcium.

Les sels de calcium sont incolores. Le chlorure et le nitrate sont solubles dans l'aclcool.

Soude et potasse caustiques: Donnent dans les solutions concentrées, un précipité blanc d'hydrate $Ca(OH)_2$.

Carbonate d'ammonium: Précipité blanc, insoluble dans un excès de réactif.

Carbonate de sodium: Même réaction.

Oxalate d'ammonium: Précipité blanc, insoluble dans l'acide acétique, soluble dans les acides minéraux.

Acide sulfurique dilué: Ne donne pas de précipité dans les solutions diluées (différence avec le baryum et le strontium). En présence d'alcool, le sulfate de calcium précipite, ainsi que dans les solutions concentrées. Le précipité est soluble dans une solution concentrée de sulfate d'ammonium.

Chromate de potassium: Ne donne pas de précipité, même dans les solutions concentrées. Par addition d'alcool, il se forme un précipité jaune, cristallin, de chromate de calcium.

Solution de sulfate de calcium: Ne donne pas de précipité (différence avec le baryum et le strontium).

Phosphate de sodium: Précipité blanc, soluble dans les acides.

Acide hydrofluosilicique: Ne donne pas de précipité (différence avec le baryum).

Arséniate neutre d'ammonium: Donne, dans les solutions neutres ou alcalines, un précipité blanc d'arséniate ammoniaco-calcique $Ca(NH_4)AsO_4$.

Recherche spéciale du calcium dans les minerais:

On pourra caractériser la présence du calcium dans les minerais au moyen du spectroscope. Le sulfate de calcium est légèrement soluble dans l'eau et les acides.

Pour la recherche et la séparation par voie humide du baryum, strontium, et calcium, dans les minerais, voir Chapitre VI.

§ 4. GROUPE DES MÉTAUX QUI NE SONT PAS PRÉCIPITÉS PAR LES RÉACTIFS PRÉCÉDENTS.

74. Généralités sur les métaux du groupe. Ce groupe renferme le magnésium et les alcalis soit: Le lithium, le sodium, le potassium, le coesium, le rubidium, l'ammonium.

Ces métaux ne sont précipités ni par l'hydrogène sulfuré, ni par le sulfure d'ammonium, ni par le carbonate d'ammonium, en présence de chlorure d'ammonium.

75. Magnésium et métaux alcalins:

Magnésium.

Les sels de magnésium sont incolores, solubles dans les acides dilués ou dans l'eau.

Ammoniaque: Précipité blanc d'hydrate $Mg(OH)_2$, soluble dans le chlorure et le sulfate d'ammonium.

Soude et potasse caustiques: Même réaction.

Oxyde de mercure: Précipite à l'ébullition de l'oxyde de magnésium (MgO).

Carbonate d'ammonium: Donne lentement, dans les solutions concentrées, un précipité blanc, soluble dans un excès de réactif, ainsi que dans le chlorure et le sulfate d'ammonium.

Carbonate de sodium: Précipité blanc de carbonate basique, se formant même à l'ébullition.

Oxalate d'ammonium: Donne un précipité d'oxalate neutre, soluble en partie dans le chlorure d'ammonium.

Phosphate de sodium et ammoniaque: Précipité blanc, cristallin, de phosphate ammoniaco-magnésien $Mg(NH_4)PO_4$, insoluble dans le chlorure d'ammonium et dans l'eau ammoniacale.

L'agitation favorise la précipitation.

Acide arsénique et ammoniaque: Donnent un précipité d'arséniate ammoniaco-magnésien $Mg(NH_4)AsO_4$.

Recherche spéciale du magnésium dans les minerais:

On recherche le magnésium dans les solutions de minerais, après avoir éliminé successivement les métaux des groupes I, II et III, par les réactifs généraux, hydrogène sulfuré, sulfure d'ammonium et carbonate d'ammoniaque. La liqueur filtrée et concentrée est additionnée d'ammoniaque et de phosphate de sodium, qui précipite le magnésium, comme phosphate ammoniaco-magnésien.

Lithium.

Les sels de lithium sont incolores; le nitrate et le chlorure sont solubles dans l'alcool.

Phosphate de sodium: Donne à l'ébullition dans les solutions neutres ou alcalines, un précipité blanc de phosphate neutre Li_3PO_4.

Fluorure d'ammonium et ammoniaque: Donne, dans les solutions pas trop diluées, un précipité gélatineux de fluorure de lithium.

Carbonate de sodium: Donne, dans les solutions concentrées, un précipité blanc de carbonate de lithium Li_2CO_3.

Recherche spéciale du lithium dans les minerais:

On recherche le lithium dans le liquide filtré, après la séparation des éléments des 3 autres groupes. Pour la séparation des alcalis voir: Marche générale de l'analyse minérale, chapitre VI.

Le lithium se reconnaît à la coloration rouge-carmin qu'il communique à la flamme, et plus spécialement au moyen du spectroscope.

Sodium.

Les sels de sodium sont incolores, solubles dans l'eau.

Pyroantimoniate de potassium: Donne un précipité blanc, cristallin de pyroantimoniate de sodium $Na_2H_2Sb_2O_7$.

Recherche spéciale du sodium dans les minerais:

Le sodium se reconnaît facilement à la coloration jaune qu'il communique à la flamme, et au spectroscope.

Potassium.

Les sels de potassium sont incolores et presque tous solubles dans l'eau.

Chlorure de platine: Précipité jaune, cristallin, de chloroplatinate de potassium K_2PtCl_6.

Pour retrouver de petites quantités de potassium, on évapore la solution de chlorures alcalins, avec quelques gouttes de chlorure de platine; le résidu est repris par l'alcool, qui laisse des cristaux jaunes de chloroplatinate de potassium.

Acide tartrique et tartrate acide de sodium: Donnent, surtout après agitation, un précipité blanc, cristallin, de tartrate acide de potassium.

Acide perchlorique: Donne dans les solutions neutres un précipité blanc, cristallin, de perchlorate de potassium ClO_4K.

Nitrite cobaltico-sodique: Donne un précipité jaune, de nitrite cobaltico-potassique $3KNO_2 . Co(NO_2)_3$, un peu soluble dans l'eau, insoluble dans un excès de réactif et dans l'acide acétique.

Acide picrique: Donne, dans les solutions assez concentrées, un précipité jaune de picrate de potassium.

Acide hydrofluosilicique: Précipité blanc, irisé, amorphe, d'hydrofluosilicate de potassium K_2SiFl_6.

Recherche spéciale du potassium dans les minerais:

On peut rechercher le potassium, dans la solution renfermant les alcalis, au moyen du chlorure de platine, mais après avoir éliminé par calcination les sels ammoniacaux. Comme le coesium et le rubidium donnent un précipité analogue, la seule manière exacte de différencier ces trois métaux est l'examen spectroscopique.

Coesium.

Les sels de coesium sont incolores, et présentent une grande analogie avec les sels de potassium.

Chlorure de platine: Précipité jaune de chloroplatinate de coesium Cs_2PtCl_6.

Trichlorure d'antimoine: En solution fortement chlorhydrique, donne un précipité de chlorure double $SbCl_3 . 6CsCl$.

Acide tartrique: Donne, dans les solutions concentrées, un précipité blanc de tartrate acide de coesium.

Tetrachlorure d'étain: En solution fortement chlorhydrique, précipite du chlorure double $SnCl_4.2CsCl$.

Recherche spéciale du coesium dans les minerais:

La meilleure manière de caractériser le coesium est l'examen spectroscopique.

Rubidium.

Les sels de rubidium offrent une grande analogie avec les sels de potassium et de coesium.

Chlorure de platine: Précipité jaune, cristallin, de chloroplatinate de rubidium Rb_2PtCl_6.

Acide tartrique: Donne, dans les solutions concentrées, un précipité blanc de tartrate acide de rubidium.

Recherche spéciale du rubidium dans les minerais:

Le rubidium se trouve facilement au spectroscope. Le spectre des sels de potassium, de coesium et de rubidium sont différents et tout à fait caractéristiques (voir chapitre VII).

Ammonium.

Les sels ammoniacaux sont incolores et solubles dans l'eau; ils sont volatils et dissociables à une température relativement peu élevée.

Chlorure de platine: Précipité jaune de chloroplatinate d'ammonium $(NH_4)^2PtCl_6$, insoluble dans l'alcool.

Acide tartrique: Donne, dans les solutions suffisamment concentrées, un précipité blanc, de tartrate acide d'ammonium.

Réactif de Nessler: Précipité jaune-brun, soluble dans un excès de chlorure d'ammonium. Dans les solutions très diluées, il se forme une coloration jaune.

Soude et potasse caustiques: Elles décomposent les sels ammoniacaux avec dégagement de gaz ammoniac reconnaissable à l'odeur, et qui bleuit le papier de tournesol rouge et humide.

Chaux éteinte et magnésie: Donnent la même réaction.

Recherche spéciale de l'ammonium:

On décèle facilement l'ammonium en chauffant légèrement le sel avec de la soude caustique; on examine s'il se dégage du gaz ammoniac.

§ 5. GROUPE DES MÉTALLOÏDES ET DES ACIDES.

76. Généralités sur les acides. Les acides ne peuvent généralement pas être séparés en groupes distincts comme les bases. Un certain nombre d'entre eux doivent être recherchés séparément par une réaction caractéristique; d'autres, qui dérivent d'un même métalloïde, peuvent être recherchés successivement. Si la substance renferme des métaux lourds, qui gênent souvent les réactions des acides, il convient de les éliminer. Dans ce but, les solutions destinées à la recherche des acides, seront préparées comme il a été indiqué au chapitre III, puis les métaux lourds en seront éliminés par précipitation, au moyen d'une solution de carbonate de sodium.

77. Groupe des halogènes. Ce groupe comprend le chlore, le brome, l'iode et le fluor.

Chlore.

Réactions de l'acide chlorhydrique et des chlorures:

Les chlorures sont pour la plupart solubles, à l'exception du chlorure d'argent et du chlorure mercureux (calomel).

Nitrate d'argent: Précipité blanc, caséeux, de chlorure d'argent, noircissant à la lumière, insoluble dans l'acide nitrique, soluble dans l'ammoniaque, le cyanure de potassium et l'hyposulfite de sodium.

Nitrate mercureux: Précipité blanc cristallin de chlorure mercureux $HgCl$, soluble à chaud dans l'eau régale.

Acétate de plomb: Précipité blanc, cristallin, de chlorure de plomb, soluble dans l'eau bouillante, reprécipitant par refroidissement.

Acide sulfurique concentré: Décompose les chlorures avec dégagement d'acide chlorhydrique gazeux. Les chlorures insolubles dans l'eau et les acides sont décomposés par fusion avec du carbonate de sodium. La solution aqueuse de la masse fondue renferme le chlore comme chlorure de sodium.

Les chlorures insolubles, de même que les bromures et les iodures, sont réduits par le zinc et l'acide sulfurique dilué. Après l'attaque du métal, la solution filtrée renferme l'acide chlorhydrique, facile à identifier au moyen des réactions indiquées ci-dessus.

Recherche spéciale du chlore dans les minerais:

Les minerais solubles sont dissous dans l'eau ou l'acide nitrique; on recherche directement le chlore dans la solution par le nitrate d'argent. Les minéraux renfermant des chlorures insolubles sont traités par le zinc et l'acide sulfurique dilué.

Brome.

Réactions de l'acide bromhydrique et des bromures:

Les bromures sont généralement solubles dans l'eau; le bromure d'argent est insoluble.

Nitrate d'argent: Précipité blanc-jaunâtre de bromure d'argent $AgBr$, insoluble dans l'acide nitrique, difficilement soluble dans l'ammoniaque; soluble dans le cyanure de potassium et dans l'hyposulfite de sodium.

Nitrate mercureux: Précipité jaune de bromure mercureux.

Acétate de plomb: Donne, dans les solutions concentrées, un précipité blanc, soluble dans l'eau chaude.

Eau de chlore: Décompose les bromures, avec mise en liberté de brome, qui se dissout dans le chloroforme ou le sulfure de carbone, en donnant des solutions brun-rouge.

Acide sulfurique concentré: Décompose les bromures solubles en dégageant de l'acide bromhydrique, du brome et de l'acide sulfureux.

Acide sulfurique et bioxyde de manganèse: Décomposent les bromures en donnant un dégagement de vapeurs de brome, qui colorent le papier amidonné en jaune-feu. Les bromures insolubles sont attaqués de la même manière que les chlorures.

Recherche spéciale du brome dans les minerais:

Le brome peut être identifié par voie sèche. La solution nitrique du minerai qui le contient, donne avec le nitrate d'argent un précipité blanc-jaunâtre, insoluble dans l'acide nitrique. La solution débarrassée des métaux lourds, s'il y en a, additionnée d'un excès d'eau de chlore et agitée avec du chloroforme, colore celui-ci en brun-rouge.

Iode.

Réaction de l'acide iodhydrique et des iodures:

Les iodures sont pour la plupart solubles dans l'eau, à l'exception des iodures de plomb, de bismuth, d'argent et de mercure qui sont insolubles.

Nitrate d'argent: Précipité jaune d'iodure d'argent AgI, insoluble dans l'acide nitrique et dans l'ammoniaque, soluble dans le cyanure de potassium et dans l'hyposulfite de sodium.

Chlorure mercurique: Précipité rouge-orangé, soluble dans un excès d'iodure alcalin.

Nitrate mercureux: Précipité jaune-verdâtre d'iodure mercureux.

Acétate de plomb: Précipité jaune d'iodure de plomb PbI_2, insoluble dans l'eau froide, soluble dans l'eau bouillante.

Chlorure ou nitrate palladeux: Précipité noir d'iodure palladeux PdI_2, insoluble dans l'eau et les acides dilués.

Nitrite de sodium: Décompose les iodures, dans les solutions renfermant de l'acide sulfurique dilué; l'iode est mis en liberté et colore l'empois d'amidon en bleu.

Acide sulfurique concentré: Décompose les iodures, avec dégagement d'un peu d'acide iodhydrique et de vapeurs violettes d'iode.

Eau de chlore: Décompose les iodures, avec mise en liberté d'iode; l'iode se dissout dans le sulfure de carbone ou le chloroforme en donnant une solution violette. Un excès de réactif provoque la décoloration.

Les iodures insolubles peuvent être solubilisés de la même manière que les chlorures et les bromures.

Recherche spéciale de l'iode dans les minerais:

L'iode peut se retrouver aisément par les essais pyrognostiques, dans le tube fermé avec le bisulfate de potassium, et par la coloration vert-émeraude communiquée à la flamme lorsqu'on introduit la substance à examiner dans une perle de sel de phosphore saturée d'oxyde de cuivre.

Fluor.

Réactions de l'acide fluorhydrique et des fluorures:

L'acide fluorhydrique attaque le verre et les silicates, en dégageant du fluorure de silicium $SiFl_4$. Les fluorures sont généralement incolores. Les fluorures alcalino-terreux sont insolubles.

Nitrate d'argent: Ne donne pas de précipité.

Chlorure de baryum: Précipité blanc, gélatineux de fluorure de calcium, peu soluble dans les sels ammoniacaux et dans les acides.

Acide sulfurique concentré: Décompose les fluorures avec dégagement d'acide fluorhydrique, qui corrode le verre. Si le fluorure est mélangé avec de la silice ou un silicate, il ne se dégage pas d'acide fluorhydrique, mais du fluorure de silicium, qui n'attaque pas le verre, mais qui trouble une goutte d'eau placée à l'extrémité d'une baguette de verre.

Les fluorures insolubles sont désagrégés par fusion avec les carbonates alcalins; la masse fondue est reprise par l'eau, la solution aqueuse renferme le fluorure soluble.

Recherche spéciale du fluor dans les minerais:

On peut retrouver le fluor dans les essais par voie sèche, en chauffant la substance dans le tube fermé avec du bisulfate de potassium. On peut également, s'il s'agit d'un fluorure, introduire la matière finement pulvérisée dans un creuset de platine, avec un peu d'acide sulfurique concentré. On recouvre le creuset d'un verre de montre enduit de cire, sur lequel on a champlevé un dessin avec la pointe d'un couteau. On chauffe légèrement pendant une demi-heure. En présence de fluor, le dessin apparaît gravé, après que l'on a nettoyé le verre. Si le fluor est combiné dans un silicate (tourmaline par exemple), cette réaction n'est plus applicable. Il faut d'abord désagréger le silicate par le carbonate de sodium, et reprendre la masse fondue par l'eau. Après filtration, le fluor se trouve dans la solution aqueuse comme fluorure alcalin. On le transforme en fluorure de calcium insoluble, en précipitant par le chlorure de calcium en présence d'acide acétique, et on fait alors la réaction du fluor sur le précipité de fluorure filtré. Il faut avant la précipitation du fluor, éliminer toute la silice et l'alumine qui ont passé dans la solution aqueuse, en traitant celle-ci par une solution d'oxyde de zinc ammoniacal à l'ébullition. La silice est alors précipitée comme silicate de zinc.

En présence de silice libre, le verre n'est plus attaqué par l'acide fluorhydrique, mais il se dégage du fluorure de silicium qui trouble l'eau, lorsqu'on traite, comme il a été indiqué ci-dessus, la matière contenant du fluor par l'acide sulfurique.

78. Groupe du soufre:

Soufre.

Réactions du soufre natif:

Il est insoluble dans l'eau; la plupart de ses variétés sont solubles dans le sulfure de carbone et dans les sulfures alcalins. Il brûle à l'air, avec une flamme bleue et dégagement d'anhydride sulfureux.

Les oxydants: brome, acide nitrique, eau régale etc., transforment le soufre en acide sulfurique.

Réactions des sulfures:

Les sulfures alcalins sont solubles dans l'eau; ils sont décomposés par les acides avec dégagement d'hydrogène sulfuré H_2S, reconnaissable à son odeur. Les sulfures insolubles dans l'eau sont attaqués par les acides, par l'eau régale ou par le chlore gazeux.

Acide chlorhydrique: Décompose les sulfures, avec dégagement d'hydrogène sulfuré.

Acide nitrique: Décompose les sulfures, avec dégagement d'hydrogène sulfuré et dépôt de soufre. Il oxyde également certains sulfures insolubles, en les transformant en sulfates.

Les sulfures insolubles, difficilement attaqués par les acides chlorhydrique ou nitrique, sont complètement dissous par l'eau régale, ou un mélange d'acide chlorhydrique et de chlorate de potassium. Il se forme des chlorures et de l'acide sulfurique.

Sels de cuivre, d'argent, de plomb: Donnent avec les sulfures solubles des précipités noirs.

Sels de cadmium: Précipité jaune de sulfure CdS.

Chlorure manganeux: Précipité rose de sulfure basique Mn(OH)SH.

Nitroprussiate de sodium: Donne dans les solutions neutres ou alcalines de sulfures, une coloration violette intense, mais passagère. La réaction n'a pas lieu avec l'hydrogène sulfuré libre.

Recherche spéciale des sulfures dans les minerais:

On peut caractériser facilement les sulfures en l'absence de sulfates par les essais pyrognostiques. En présence de sulfates, on fait bouillir la substance avec une solution concentrée de carbonate de sodium, on filtre et essaie la liqueur avec le nitroprussiate de sodium.

On peut aussi fondre la substance avec un mélange de soude caustique et de carbonate de sodium, reprendre la masse par l'eau et essayer la liqueur filtrée de la même manière.

Réactions des sulfates:

Les sulfates sont généralement solubles dans l'eau, sauf les sulfates alcalino-terreux, et certains sulfates de métaux lourds.

Chlorure de baryum: Précipité blanc, cristallin, très lourd, de sulfate de baryum, insoluble dans l'eau et les acides.

Acétate de plomb: Donne dans les solutions neutres, ou faiblement acides, un précipité blanc, lourd, cristallin, de sulfate de plomb, légèrement soluble dans les acides.

Chlorures de calcium et de strontium: Précipité blanc, peu soluble dans les acides, légèrement soluble dans l'eau, insoluble dans l'alcool.

Nitrate mercureux: Donne à froid dans les solutions de sulfates, un précipité blanc de sulfate mercureux, décomposé par la chaleur.

Les sulfates insolubles sont décomposés par fusion avec du carbonate de sodium; la masse fondue reprise par l'eau renferme du sulfate de sodium, les métaux restent dans le résidu à l'état de carbonates.

Recherche spéciale des sulfates dans les minerais:

On constate la présence du soufre à un état quelconque dans les minerais au moyen de la réaction de l'hépar (essais pyrognostiques). Pour caractériser la présence d'un sulfate, on emploie le chlorure de baryum en présence d'acide chlorhydrique. Les substances insolubles doivent être préalablement désagrégées par le carbonate de sodium; on recherche l'acide sulfurique dans la solution aqueuse de la masse fondue.

79. Groupe de l'azote:

Azote.

Réactions des nitrates:

Les nitrates sont solubles dans l'eau.

Indigo: Les nitrates décolorent la solution d'indigo, en présence d'acide sulfurique concentré.

Brucine: Sa solution sulfurique se colore en rouge en présence d'une petite quantité d'un nitrate.

Diphénylamine: Avec l'acide sulfurique concentré, coloration bleu-intense.

Sulfate ferreux et acide sulfurique concentré: Si l'on verse à froid à la surface du liquide sulfurique une solution de nitrate, on observe un anneau brun, qui se produit au contact des deux liquides.

Recherche spéciale des nitrates dans les minerais:

On détermine facilement la présence d'un nitrate au moyen des réactions indiquées ci-dessus.

80. Groupe du phosphore et du bore:

Phosphore.

Réactions des phosphates:

Les phosphates alcalins sont solubles dans l'eau; les autres phosphates sont presque tous solubles dans les acides.

Nitrate d'argent: Donne, dans les solutions neutres, un précipité jaune de phosphate argentique Ag_3PO_4 (différence avec les arséniates).

Liqueur magnésienne (mélange de chlorure de magnésium, de chlorure d'ammonium et d'ammoniaque): Donne un précipité blanc, cristallin, de phosphate ammoniaco-magnésien $Mg(NH_4)PO_4$, un peu soluble dans l'eau, insoluble dans l'ammoniaque (analogie avec les arséniates).

Nitromolybdate d'ammonium: Donne à chaud dans les solutions neutres ou acides, un précipité jaune de phosphomolybdate d'ammonium (analogie avec les arséniates); le précipité est insoluble dans l'acide nitrique, soluble dans l'ammoniaque.

Chlorure de baryum et chlorure de calcium: Donnent, dans les solutions neutres, des précipités blancs, solubles dans les acides dilués.

Acétate de plomb: Précipité blanc de phosphate neutre $Pb_3(PO_4)_2$ insoluble dans l'acide acétique.

Chlorure ferrique: Précipité blanchâtre de phosphate ferrique $FePO_4$, insoluble dans l'acide acétique. Les tartrates et les citrates alcalins empêchent la précipitation.

Acétate d'uranyle: Donne dans les solutions acétiques, un précipité jaunâtre de phosphate acide d'uranyle.

Recherche de l'acide phosphorique dans les minerais:

La solution nitrique du minerai est additionnée d'un excès de nitromolybdate d'ammonium, puis chauffée; un précipité jaune, lourd, indique l'acide phosphorique. L'acide arsénique et les arséniates donnent la même réaction; pour caractériser le phosphore en présence d'un composé arsénique, il faut traiter la solution faiblement acide du minerai par l'hydrogène sulfuré qui précipite l'arsenic. Le liquide filtré et concentré au bain-marie est alors essayé avec le nitromolybdate d'ammonium.

Bore.

Réactions de l'acide borique et des borates:

Les borates alcalins sont solubles dans l'eau; les autres borates se dissolvent dans les acides; certains composés du bore comme les borosilicates sont insolubles.

Nitrate d'argent: Précipité blanc, soluble dans l'ammoniaque et dans l'acide nitrique.

Chlorure de baryum: Précipité blanc, soluble dans un excès de réactif, dans les sels ammoniacaux, et dans les acides.

Papier de curcuma: Imprégné d'une dissolution chlorhydrique, modérément acide d'acide borique ou d'un borate, il prend une teinte rouge-brique, surtout après dessiccation. En ajoutant ensuite sur le papier une goutte de carbonate de sodium, il se produit une coloration bleue ou noir-bleuâtre (réaction caractéristique).

Acide sulfurique et alcool: En chauffant dans une capsule la substance avec un peu d'acide sulfurique concentré et d'alcool (alcool méthylique de préférence), puis en enflammant les vapeurs, la flamme est colorée en vert. Cette réaction n'est pas possible avec les borosilicates qui ne sont pas attaqués par les acides.

Recherche spéciale du bore dans les minerais:

On décèle facilement la présence du bore en très petite quantité dans les composés insolubles (borosilicates, tourmaline etc.) par voie sèche, au moyen de la coloration verte de la flamme obtenue en introduisant dans celle-ci, à l'extrémité d'un fil de platine, le minerai pulvérisé et mélangé avec du bisulfate de potassium et du fluorure de calcium.

Dans les minerais solubles dans l'eau ou l'acide chlorhydrique, on peut caractériser le bore au moyen du papier de curcuma, ou par la réaction avec l'alcool et l'acide sulfurique.

81. Groupe du silicium et du carbone:

Silicium.

Réactions de la silice et des silicates:

La silice SiO_2 existe à l'état amorphe ou cristallin; elle est incolore, infusible au chalumeau, soluble dans l'acide fluorhydrique, insoluble dans tous les autres acides.

A l'exception des orthosilicates alcalins, tous les silicates sont insolubles dans l'eau; les uns sont attaqués par les acides, les autres ne le sont pas.

Réactions des orthosilicates solubles:

Chlorure d'ammonium: Précipité gélatineux d'acide silicique.

Nitrate d'argent: Précipité jaune de silicate d'argent Ag_4SiO_4, soluble dans l'ammoniaque et dans l'acide nitrique.

Chlorure de calcium et chlorure de baryum: Précipités blancs de silicates de calcium et de baryum.

Acide fluorhydrique: Mélangé à l'acide sulfurique concentré, décompose la silice et les silicates. Le silicium est volatilisé à l'état de fluorure de silicium gazeux. On peut employer également un mélange de fluorure d'ammonium et d'acide sulfurique.

Recherche spéciale de la silice et des silicates:

Les minerais attaquables par l'acide chlorhydrique laissent un résidu de silice insoluble, qui, examiné à la perle de sel de phosphore, donne en général un squelette siliceux.

Les minerais insolubles sont désagrégés par le carbonate de sodium; la masse est reprise par l'eau et l'acide chlorhydrique, puis évaporée à sec. Le résidu repris par l'eau acidulée laisse de la silice insoluble, qui, traitée par l'acide fluorhydrique, se volatilise en dégageant des vapeurs de fluorure de silicium, troublant l'eau.

Carbone.

Réactions des carbonates:

Les carbonates alcalins sont solubles dans l'eau; les autres carbonates sont solubles dans les acides, même dilués. Tous les carbonates sont décomposés avec effervescence par les acides, en dégageant de l'acide carbonique CO_2, qui trouble l'eau de chaux. Presque tous les sels solubles des métaux alcalino-terreux et des métaux lourds sont précipités par les carbonates neutres alcalins.

Recherche des carbonates dans les minerais:

On reconnaît aisément les carbonates à leur propriété de faire effervescence avec l'acide chlorhydrique dilué, à froid, ou en chauffant légèrement. Le gaz qui se dégage n'entretient pas la combustion, et trouble l'eau de chaux.

Recherche du carbone dans les minéraux ou les roches:

La matière pulvérisée, est d'abord soumise à l'action de l'acide chlorhydrique pour éliminer les carbonates s'il y en a. Elle est ensuite filtrée sur un petit filtre d'amiante, lavée à l'eau chaude, séchée, puis placée dans une nacelle de platine. Celle-ci est introduite dans un tube de verre de Bohême, réuni à une extrémité avec des boules de Liebig contenant de l'eau de chaux limpide, et à l'autre avec un gazomètre contenant de l'oxygène, que l'on purifie de toute trace d'acide carbonique, en le faisant barboter dans un laveur contenant une solution de potasse. On chauffe fortement le tube sur un petit fourneau à rampe, et on dirige un courant continu d'oxygène. Le carbone est brûlé et transformé en CO_2 qui, venant barboter dans les boules de Liebig, trouble rapidement l'eau de chaux. Il faut, par une expérience à blanc, vérifier que l'oxygène soit complètement exempt d'acide carbonique.

CHAPITRE VI.

ANALYSE PAR VOIE HUMIDE.

§ 1. Considérations générales sur la marche d'une analyse. § 2. Recherche des métaux usuels du groupe I. § 3. Recherche des métaux rares du groupe I. § 4. Recherche des métaux usuels du groupe II. § 5. Recherche des métaux rares du groupe II. § 6. Recherche des métaux du groupe III. § 7. Recherche des métaux usuels du groupe IV. § 8. Recherche des métaux rares du groupe IV. § 9. Recherche des métalloïdes.

§ 1. CONSIDÉRATIONS GÉNÉRALES SUR LA MARCHE D'UNE ANALYSE.

82. But proposé. Le but de l'analyse par voie humide est de déterminer tous les éléments qui peuvent se rencontrer dans un mélange ou une combinaison; cette analyse doit être précédée d'essais pyrognostiques, qui, dans la plupart des cas, donnent de précieuses indications, en renseignant dès le début sur la présence de certains corps, ainsi que sur l'état sous lequel ils sont combinés. Ils orientent le chimiste sur la manière dont il faut conduire l'analyse par voie humide. Pour arriver à un résultat certain et complet, il ne faut pas se borner à l'essai successif des réactions qui caractérisent individuellement les éléments dont on soupçonne la présence; par ce moyen, on risquerait parfois de ne pas trouver des éléments qui existent même en proportions notables. Une réaction n'est en effet caractéristique pour un corps déterminé, qu'en l'absence d'autres corps, qui pourraient la masquer, ou en donner une semblable. Il est donc nécessaire de suivre pour l'analyse une marche générale systématique, qui permette de séparer les éléments en groupes distincts, et facilite ainsi leur recherche. Les séparations que l'on effectue au cours de l'analyse, doivent être aussi complètes que possible; lorsque par exemple, l'on a ajouté à la solution à examiner un réactif destiné à précipiter un ou plusieurs éléments, il faut toujours s'assurer que ce réactif ne donne plus de précipité dans le liquide filtré, et qu'ainsi la séparation est réellement complète. Il convient également de ne pas employer un trop grand excès de réactif, qui pourrait gêner les séparations ultérieures; le réactif doit être ajouté peu à peu, et aussi longtemps qu'il produit une réaction appréciable et on s'arrêtera dès qu'il est en léger excès.

83. Recherche des bases. L'analyse des bases se fait sur la ou les solutions obtenues, comme il a été indiqué au chapitre IV. Il faut avoir soin de ne pas opérer sur une trop grande quantité de substance, pour éviter des précipités trop volumineux, toujours difficiles à laver; avec une petite quantité de matière, on travaille beaucoup plus rapidement, sans pour cela diminuer la sensibilité des réactions.

La séparation des bases s'effectue par l'action successive de divers réactifs (réactifs généraux), qui précipitent un certain nombre d'éléments, tandis que les autres restent en solution. On peut réunir ainsi les métaux en 4 groupes, à savoir:

Le groupe I: Il comprend tous les métaux qui sont précipités de leurs solutions chaudes et acides par l'hydrogène sulfuré.

Le groupe II: Il renferme les métaux qui ne sont pas précipités par l'hydrogène sulfuré; mais par l'ammoniaque et le sulfure d'ammonium (en présence de chlorure d'ammonium).

Le groupe III: Il contient les métaux qui ne sont précipités, ni par l'hydrogène sulfuré, ni par le sulfure d'ammonium, mais par le carbonate d'ammonium en présence de chlorure d'ammonium.

Le groupe IV: Il est formé par les métaux, qui ne sont précipités par aucun des réactifs précédents.

Chaque groupe fait à son tour l'objet de séparations successives, et les divers éléments qui le composent peuvent être identifiés au moyen de réactifs appropriés.

84. Recherche spéciale des éléments rares. Les éléments rares sont également précipités par les réactifs généraux et se répartissent dans les 4 groupes ci-dessus mentionnés. Cependant leur recherche présente souvent des difficultés, et doit être effectuée avec beaucoup de soins. Certains de ces éléments peuvent d'ailleurs se retrouver simultanément dans deux groupes, suivant les conditions de la marche de l'analyse.

En général, il est préférable de rechercher en premier lieu les métaux usuels de chaque groupe, puis d'identifier ensuite éventuellement les éléments rares. Dans certains cas, on peut séparer systématiquement tous les métaux rares et usuels contenus dans les groupes; dans d'autres, il faut effectuer des recherches spéciales pour pouvoir caractériser tel ou tel de ces éléments.

85. Recherche des acides. Les acides ne peuvent pas être séparés en groupes distincts comme les bases; leur recherche est donc toujours un peu empirique. Plusieurs d'entre eux sont retrouvés individuellement par une réaction caractéristique; d'autres, qui dérivent d'un même métalloïde, sont recherchés successivement; d'autres encore forment des groupes naturels, et se comportent alors de la même façon vis-à-vis d'un réactif déterminé qui sert à les séparer en bloc; le cas est alors analogue à celui des bases. Certains acides se transforment en cours d'analyse; il est bon de les rechercher individuellement sur la substance primitive.

Pour la recherche des acides, il faut éliminer les métaux lourds qui gêneraient les réactions. Dans ce but les solutions aqueuses ou acides des substances à analyser sont traitées par le carbonate de sodium; les métaux sont ainsi précipités, et la solution filtrée sert à l'identification des acides.

La recherche des acides dans les substances insolubles, se fait sur la matière désagrégée; si l'on emploie le carbonate de sodium comme fondant, on recherchera les acides dans la partie de la masse fondue qui est soluble dans l'eau. Le nombre des acides que l'on peut rencontrer dans les minéraux étant limité, leur recherche n'offre généralement pas de difficultés.

§ 2. RECHERCHE DES MÉTAUX USUELS DU GROUPE I.

86. Généralités sur le groupe I. Ce groupe renferme les *métaux usuels:* Arsenic, antimoine, étain, mercure, argent, plomb, cadmium, cuivre, bismuth et les *éléments rares:* Or, platine, germanium, iridium, molybdène, tungstène, vanadium, sélénium, tellure, palladium, rhodium, osmium, ruthénium. Tous ces métaux sont précipités par l'hydrogène sulfuré. Ce groupe I peut se subdiviser en 3 sous-groupes soit:

Sous-groupe α.

Éléments précipités par l'acide chlorhydrique:

Composés argentiques, mercureux et plombiques.

Sous-groupe β.

Éléments dont les sulfures sont solubles dans le polysulfure d'ammonium:

Métaux usuels: Arsenic, antimoine, étain.

Métaux rares: Or, platine, molybdène, tungstène, sélénium, tellure, germanium, vanadium.

Sous-groupe γ.

Éléments dont les sulfures sont insolubles dans le polysulfure d'ammonium:

Métaux usuels: Mercure, argent, plomb, bismuth, cuivre, cadmium.

Métaux rares: Palladium, rhodium, osmium, ruthénium (éventuellement or et platine qui peuvent aussi se trouver en partie dans ce sous-groupe).

87. Sous-groupe α. Recherche des métaux précipités par l'acide chlorhydrique. La séparation des métaux qui forment le sous-groupe α ne s'effectue que sur les solutions aqueuses ou nitriques. Les solutions chlorhydriques ou régales sont traitées de suite par l'hydrogène sulfuré.

La solution aqueuse ou nitrique du minéral est additionnée d'acide chlorhydrique dilué. Un précipité blanc indique la présence d'un sel d'argent, d'un composé mercureux, ou d'un sel de plomb (dans ce cas en quantité notable). On ajoute encore de l'acide chlorhydrique jusqu'à ce qu'il ne se forme plus de précipité, et on filtre.

Le précipité A peut renfermer la totalité de l'argent et du composé mercureux, ainsi qu'une partie du plomb, à l'état de chlorures.

La liqueur filtrée B peut renfermer un peu de plomb et tous les autres métaux du groupe.

Recherche de l'argent, du mercure et du plomb, sur le précipité:

Recherche du plomb: Le précipité est lavé à l'eau bouillante, qui dissout le chlorure de plomb. Le liquide filtré est additionné d'iodure de potassium; un précipité jaune d'iodure de plomb PbI_2, indique la présence du plomb.

Recherche de l'argent: Le précipité débarrassé du chlorure de plomb, peut encore renfermer du chlorure d'argent et du chlorure mercureux; il est traité sur le filtre par l'ammoniaque, qui dissout le chlorure d'argent. La liqueur alcaline donne ensuite, par addition d'acide nitrique, un précipité blanc, caillebotté, noircissant à la lumière, soluble dans l'ammoniaque, qui indique la présence de l'argent.

Recherche du mercure: Après le traitement par l'ammoniaque, le mercure reste insoluble sous forme d'un résidu noirâtre; on le dissout dans quelques gouttes d'eau régale, et on évapore à sec. Le résidu, repris par l'eau et additionné d'une solution d'iodure de potassium, donne un précipité rouge d'iodure mercurique HgI_2, qui caractérise le mercure.

88. Précipitation par l'hydrogène sulfuré. La solution filtrée B ou les solutions chlorhydriques primitives des minerais, sont partiellement neutralisées par l'ammoniaque, diluées et chauffées à 60—70°. Les solutions obtenues par les acides concentrés ou l'eau régale doivent être d'abord évaporées à sec, puis reprises par l'eau aiguisée d'acide chlorhydrique. Dans tous les cas, la solution à précipiter doit être faiblement acide, et soumise à chaud pendant un temps assez long à un courant d'hydrogène sulfuré. On filtre ensuite le précipité, s'il y en a un, et on s'assure que le filtrat ne précipite plus par l'hydrogène sulfuré. Cette solution L peut renfermer tous les métaux des groupes II, III et IV.

Le précipité peut contenir l'arsenic, l'antimoine, l'étain, le mercure (composés mercuriques), le plomb, le bismuth, le cuivre, et le cadmium. Ce précipité est mis en digestion, à douce température avec du polysulfure d'ammonium, puis filtré.

Le résidu C peut renfermer: Mercure, plomb, cuivre, bismuth, et cadmium.

La liqueur D peut renfermer: Arsenic, antimoine, et étain.

89. Sous-groupe β. Recherche des métaux dont les sulfures sont solubles dans le polysulfure d'ammonium. La liqueur D est acidulée par l'acide chlorhydrique dilué, qui reprécipite l'arsenic, l'antimoine et l'étain comme sulfures; on filtre et lave le précipité. La liqueur filtrée ne renfermant aucun élément, n'est pas conservée. Le précipité est desséché et traité dans une capsule avec 10 ccm. d'acide chlorhydrique concentré et chaud; on fait bouillir pour éliminer complètement l'hydrogène sulfuré; s'il reste un résidu E, on ajoute quelques c.c. d'eau, et on filtre la liqueur F. Le résidu E peut renfermer l'arsenic (il est jaune dans ce cas), ou éventuellement certains métaux rares (platine, sélénium, tellure, molybdène).

Recherche de l'arsenic sur le résidu E: On peut rechercher directement l'arsenic sur le résidu par le procédé de Bunsen, en plaçant un peu de la substance sur un fil d'amiante, dans le cône de réduction de la flamme du brûleur; un miroir métallique, soluble dans l'hypochlorite de sodium, obtenu sur la capsule de porcelaine, indique la présence de l'arsenic. On peut également dissoudre le résidu dans l'eau régale, évaporer à sec, et reprendre par l'acide sulfurique concentré pour éliminer l'acide nitrique; le liquide est alors introduit dans l'appareil de Marsh.

Recherche de l'antimoine sur la liqueur F: Quelques gouttes de la solution chlorhydrique sont placées sur une lame de platine avec un morceau de zinc. Une tache noire, adhérant au platine, caractérise l'antimoine.

Recherche de l'étain: Le reste de la liqueur chlorhydrique est réduite par du zinc granulé; il se forme une poudre grise ou noirâtre, floconneuse ou cristalline, que l'on filtre, lave, et dissout dans l'acide chlorhydrique concentré et chaud. On dilue avec de l'eau, et on ajoute goutte à goutte une solution de chlorure mercurique; un précipité blanc, devenant gris, indique l'étain.

90. Sous-groupe γ. Recherche des métaux dont les sulfures sont insolubles dans le polysulfure d'ammonium. Le résidu C, qui reste après traitement du précipité par le polysulfure est bien lavé, et traité à chaud, dans une capsule de porcelaine, avec de l'acide nitrique dilué; s'il reste un résidu noir G, cela indique la présence de sulfure mercureux, de platine, d'or, (et éventuellement un peu de sulfate de plomb, blanc). On filtre; la liqueur peut renfermer: Plomb, cuivre, bismuth, cadmium.

Recherche du plomb dans la liqueur: La liqueur est additionnée d'acide sulfurique dilué; s'il se forme un précipité, on ajoute un léger excès de réactif, et on filtre. Le précipité blanc peut renfermer le plomb comme sulfate; la liqueur filtrée, peut renfermer le bismuth, le cuivre et le cadmium.

Le précipité est dissous sur le filtre avec de l'acétate d'ammoniaque, et la solution est additionnée de chromate de potassium; un précipité jaune caractérise le plomb.

Recherche du bismuth: La liqueur séparée du plomb est additionnée d'un excès d'ammoniaque; s'il se forme un précipité, on filtre. Le précipité peut renfermer le bismuth, la liqueur filtrée, le cuivre et le cadmium. Le précipité est dissous dans un peu d'acide nitrique dilué; on ajoute à la liqueur obtenue un excès d'une solution alcaline de chlorure stanneux (chlorure stanneux et soude caustique); un précipité noir caractérise le bismuth.

Recherche du cuivre: Si la solution séparée du bismuth est bleue, cette coloration indique la présence du cuivre; si tel est le cas, on en prend une partie que l'on acidule par l'acide acétique, elle donne par addition de ferrocyanure de potassium, un précipité d'une coloration rouge-violacé, qui caractérise le cuivre.

Recherche du cadmium: Le reste de la liqueur, si elle renferme du cuivre, est décoloré par du cyanure de potassium, puis soumis à un courant d'hydrogène sulfuré; un précipité jaune caractérise le cadmium.

Recherche du mercure sur le résidu: Le résidu noir G, est dissous dans quelques gouttes d'eau régale, et on évapore à sec; on reprend par l'eau et on ajoute goutte à goutte une solution d'iodure de potassium; un précipité rouge de HgI_2, soluble dans un excès de réactif, caractérise le mercure.

§ 3. RECHERCHE DES MÉTAUX RARES DU GROUPE I.

Si l'on soupçonne la présence d'éléments rares dans la substance à analyser, il faudra employer des méthodes spéciales, permettant de caractériser ces éléments en présence des métaux usuels. Les métaux rares du groupe I peuvent se rencontrer dans les 3 sous-groupes α, β, γ.

91. Sous-groupe α. Recherche des métaux rares précipités par l'acide chlorhydrique. Les éléments rares qui sont précipités par l'acide chlorhydrique sont: le thallium (composés thalleux), le tungstène, le molybdène, le tantale et le niobium. Le thallium est précipité comme chlorure thalleux insoluble; les autres donnent des précipités d'acides. Les acides molybdique, niobique et tantalique se dissolvent dans un excès d'acide et se retrouvent dans les autres groupes. L'acide tungstique est insoluble.

Recherche du thallium: Le thallium n'est précipité par l'acide chlorhydrique que s'il est sous forme de sel thalleux; pour obtenir la précipitation complète du thallium dans ce groupe, il faut donc réduire la solution par le bisulfite de sodium, avant de la précipiter par l'acide chlorhydrique.

Le précipité est traité par l'eau bouillante, qui dissout le chlorure thalleux, et éventuellement le chlorure de plomb, puis la liqueur est additionnée d'acide sulfurique dilué, pour éliminer le plomb; on ajoute ensuite goutte à goutte dans la solution filtrée, de l'iodure de potassium, qui donne, en présence du thallium, un précipité jaune d'iodure thalleux. On pourra, pour plus de sûreté caractériser également le thallium à la flamme et au spectroscope.

Recherche du tungstène. Le précipité formé par l'acide chlorhydrique, après élimination du plomb et du thallium, est lavé avec de l'acide chlorhydrique, puis avec de l'eau. On le traite par la soude caustique, qui dissout l'acide tungstique; la solution alcaline, additionnée de chlorure stanneux, donne un précipité jaune qui caractérise le tungstène. Si l'on acidule la solution avec de l'acide chlorhydrique et que l'on chauffe, le liquide prend une coloration bleue. On peut aussi caractériser le tungstène d'après Defacqz[1] de la manière suivante:

La solution alcaline d'acide tungstique est additionnée d'un acide concentré, qui reprécipite l'acide tungstique. Le précipité bien lavé est désagrégé dans une capsule de platine avec du bisulfate de potassium. La masse fondue est reprise par une quantité d'acide sulfurique concentré juste suffisante pour obtenir une solution complète. Ce liquide, mis en contact avec quelques cristaux d'hydroquinone, prend une coloration violet-améthyste très intense.

92. Sous-groupe β. Recherche des métaux dont les sulfures sont solubles dans le polysulfure d'ammonium. Ces métaux sont l'or, le platine, le sélénium, le tellure, le molybdène, le tungstène, le vanadium, l'iridium, le germanium.

Parmi ces métaux, le tungstène et le vanadium rentrent dans ce groupe parce que leurs sulfures sont solubles dans le sulfure d'ammonium, mais ils ne sont pas précipités de leurs dissolutions acides par l'hydrogène sulfuré; ils seront recherchés à part, le tungstène peut se trouver également dans le sous-groupe α. L'iridium ne se rencontre que dans le minerai de la mine de platine; on caractérisera cet élément dans la recherche spéciale des métaux du groupe du platine.

Les métaux rares que l'on pourra rechercher dans le sous-groupe β. avec l'arsenic, l'antimoine et l'étain, sont: le platine, l'or, le sélénium,

[1] Ed. Defacqz, Comp. rend. acad. scienc. Paris 123, p. 308. 1896.

le tellure et éventuellement le molybdène (cet élément peut également se retrouver dans le groupe II, n'étant précipité qu'en partie par l'hydrogène sulfuré dans les solutions acides). L'analyse s'effectuera de la manière suivante:

Le précipité obtenu par l'hydrogène sulfuré est mis en digestion avec du polysulfure d'ammonium; la liqueur filtrée est reprécipitée par l'acide chlorhydrique, comme à l'ordinaire.

Le précipité obtenu, lavé et bien égoutté, est placé dans une capsule avec 10 centimètres cubes d'acide chlorhydrique concentré, puis chauffé à l'ébullition; on ajoute 4 à 5 ccm. d'eau, et on filtre, s'il reste un résidu.

La liqueur peut contenir l'antimoine et l'étain, qui sont recherchés comme il a été indiqué (recherche des métaux usuels).

Le résidu peut renfermer les sulfures d'or, de platine, de sélénium, de tellure et de molybdène; on le dissout dans un peu d'acide chlorhydrique concentré, additionné d'un peu de chlorate de potassium pulvérisé. Quand l'attaque est terminée, on filtre pour séparer le soufre.

Recherche du platine sur la solution du résidu: La liqueur est jaune quand elle renferme du platine; elle est concentrée au bain-marie jusqu'à siccité, et additionnée ensuite d'eau froide goutte à goutte; il se forme alors un précipité jaune de chloroplatinate de potassium K_2PtCl_6, que l'on filtre. Ce précipité est lavé avec une solution de chlorure de potassium, puis dissout dans un peu d'eau bouillante. On ajoute ensuite à la solution obtenue, un peu d'iodure de potassium; une coloration rouge-foncé caractérise le platine.

Recherche de l'arsenic: La solution filtrée, séparée du platine, est neutralisée par de l'ammoniaque concentrée en léger excès, puis additionnée de mixture magnésienne et agitée vigoureusement; un précipité blanc d'arséniate ammoniaco-magnésien, caractérise l'arsenic; on filtre.

Recherche de l'or: La liqueur filtrée, séparée de l'arsenic, est acidulée par une solution concentrée d'acide oxalique, et réduite à un petit volume; le liquide doit avoir une réaction nettement acide. On ajoute un peu d'eau, et on chauffe quelques minutes; un précipité rouge caractérise l'or; on filtre et lave le précipité avec un peu d'acide chlorhydrique concentré, pour dissoudre l'acide tellurique qui aurait pu être précipité. Le liquide filtré peut encore contenir du sélénium, du tellure et du molybdène.

Recherche du sélénium: La liqueur filtrée séparée de l'or est évaporée à sec, et le résidu repris par 10 ccm. d'acide chlorhydrique concentré; on sépare par filtration le chlorure de potassium qui précipite, et la liqueur est additionnée de 0,2 g. de sulfite de sodium en poudre. Après repos de quelques minutes s'il n'y a plus de dégagement d'acide sulfureux on rajoute un peu de sulfite; un précipité rouge caractérise le sélénium.

Recherche du tellure: La liqueur filtrée, séparée du sélénium, est diluée de son volume d'eau, et additionnée d'un peu d'iodure de potassium et d'acide sulfureux; un précipité noir caractérise le tellure. L'iodure de potassium donne d'abord un précipité noir de tétraiodure TeI_4, qui se dissout dans un excès de réactif en donnant un liquide rouge-foncé.

Recherche du molybdène: La solution filtrée, séparée du tellure, est chauffée pour éliminer l'acide sulfureux; on laisse refroidir, et ajoute du sulfocyanure de potassium et du zinc; une coloration rouge, soluble dans l'éther, caractérise le molybdène.

93. Recherche du vanadium et du tungstène. Ces deux éléments rares ne sont pas précipités par l'hydrogène sulfuré dans les dissolutions acides; on peut alors rechercher ces métaux dans les solutions filtrées du groupe I; ils passent en effet dans le groupe II précipité par le sulfure d'ammonium. On peut précipiter le vanadium en rendant la solution ammoniacale, et en y faisant barboter suffisamment longtemps le courant d'hydrogène sulfuré.

Les combinaisons naturelles, très peu solubles, de ces éléments sont fondues avec du carbonate de sodium et du soufre; la masse fondue, reprise par l'eau, peut renfermer ces éléments rares comme sulfosels, que l'on précipite comme sulfures par addition d'acide chlorhydrique dilué.

Recherche du tungstène: Le précipité de sulfure est traité par l'acide nitrique à l'ébullition; il reste un résidu d'acide tungstique; la liqueur peut renfermer le vanadium. Le précipité est fondu avec du carbonate de sodium, la masse fondue est reprise par l'eau, et la liqueur est additionnée de chlorure stanneux; un précipité jaune, devenant bleu quand on le chauffe avec de l'acide chlorhydrique, indique le tungstène.

Recherche du vanadium: La solution nitrique du précipité est évaporée à sec; le résidu contient l'acide vanadique. Il est dissout dans l'ammoniaque, puis la solution est ensuite additionnée d'un cristal de chlorure d'ammonium. Pour l'identification subséquente, voir recherche des éléments rares du groupe II.

94. Sous-groupe γ. Recherche des métaux dont les sulfures sont insolubles dans le polysulfure d'ammonium. Les métaux rares dont les sulfures sont insolubles dans le sulfure d'ammonium sont: le palladium, le rhodium, l'osmium, le ruthénium, et éventuellement l'or et le platine, qui peuvent également se trouver en partie dans ce sous-groupe.

Ces métaux (à l'exception de l'or) se rencontrent exclusivement dans le minerai de la mine de platine; ils feront l'objet d'une recherche spéciale.

Recherche de l'or et du platine: Le précipité des sulfures du groupe I, insolubles dans le polysulfure d'ammonium, est traité par l'acide nitrique dilué et chaud, qui dissout le plomb, le bismuth, le cuivre et le cadmium, que l'on recherchera par les méthodes décrites précédemment (recherche des métaux usuels). Le résidu peut renfermer du mercure, avec un peu de sulfate de plomb, et éventuellement de l'or et du platine. Ce résidu est traité par l'eau de brome qui dissout l'or, le platine et le mercure; on élimine l'excès de brome puis on ajoute un peu d'acide chlorhydrique concentré et de chlorate de potassium. La solution évaporée à consistance sirupeuse, est additionnée de quelques gouttes d'eau froide. En présence de platine, il se forme un précipité jaune de chloroplatinate de potassium. Dans la liqueur séparée du platine, on précipite l'or par l'acide oxalique, en opérant comme il a été indiqué plus haut.

Recherche du mercure: Après élimination du platine et de l'or, la solution est additionnée de chlorure stanneux, qui donne un précipité blanc, devenant gris en présence de mercure.

95. Recherche spéciale des métaux du minerai de la mine de platine. L'attaque des métaux natifs est difficile à effectuer. D'après MYLIUS et DIETZ[1], on peut opérer de la manière suivante: La substance est fondue, dans une atmosphère de gaz d'éclairage, avec plusieurs fois son poids de zinc; la masse fondue est traitée par l'acide chlorhydrique, qui dissout le zinc et les autres métaux usuels. Le résidu insoluble pouvant renfermer les métaux de la mine de platine ainsi que l'or, est chauffé au rouge vif dans une nacelle de porcelaine, placée dans un tube à combustion, dans lequel on fait passer un courant d'oxygène.

Recherche de l'osmium: L'osmium est brûlé, et se volatilise comme acide osmique. On le reçoit dans une solution de soude caustique. Il est caractérisé par son odeur particulière, ainsi que par ses réactions (voir osmium p. 138).

Le résidu qui se trouve dans la nacelle, est mélangé avec du chlorure de sodium, et chauffé dans un courant de chlore; on reprend par l'eau, et on répète plusieurs fois l'opération.

Résidu A: Il renferme l'iridium et le ruthénium.

Liqueur B: Elle renferme le palladium, le platine, le rhodium, l'or, et souvent aussi du ruthénium et de l'iridium.

[1] Ber. d. Deutsch. Chem. Gesell. t. 31, p. 3187. 1898.

Recherche de l'or: La solution B est agitée plusieurs fois avec de l'éther, qui dissout le chlorure d'or. L'éther est séparé de la solution par un entonnoir à robinet, évaporé, et l'or est identifié sur le résidu au moyen des réactions précédemment indiquées (voir or p. 122).

La solution aqueuse est débarrassée de l'éther en la chauffant au bain-marie; elle est additionnée d'acétate d'ammonium et d'acide formique, puis maintenue plusieurs heures à l'ébullition dans un ballon muni d'un réfrigérant ascendant. Tous les métaux nobles sont précipités. On filtre, sèche, et calcine dans un courant d'hydrogène le précipité placé dans une nacelle.

Recherche du mercure: La présence d'un sublimé gris dans le tube de verre qui contient la nacelle, indiquerait le mercure (qui d'ailleurs ne se rencontre jamais dans le minerai de la mine de platine).

Le contenu de la nacelle est épuisé par de l'acide chlorhydrique dilué, pour le cas où il y aurait encore des métaux usuels mêlés aux métaux nobles (étain, cuivre, etc.) qui seraient dissous; le résidu est desséché ensuite et mêlé à du chlorure de sodium, puis chauffé en nacelle dans un courant de chlore.

On reprend ensuite par l'eau. S'il reste un résidu, on répète l'opération jusqu'à ce que ce résidu refuse de s'attaquer davantage; il est alors composé d'iridium et de ruthénium, qu'on réunit à celui désigné par A.

La liqueur obtenue après lessivage du produit de l'attaque par le chlore est généralement d'un jaune-brunâtre foncé; elle est précipitée par une solution saturée de chlorure d'ammonium. Le précipité C obtenu, qui peut contenir le platine, l'iridium et le ruthénium, est séparé par filtration de la liqueur D, qui renferme le palladium et le rhodium; il est lavé avec une solution de chlorure d'ammonium, et redissous dans très peu d'eau chaude additionnée d'un peu de chlorhydrate d'hydroxylamine, qui a pour effet de réduire au minimum d'oxydation le ruthénium et l'iridium précipité avec le chloroplatinate. Après refroidissement, on précipite à nouveau la liqueur par une dissolution saturée de chlorure d'ammonium et on filtre le précipité jaune formé.

Recherche du platine: Il forme exclusivement le précipité jaune de chloroplatinate. On le calcine, et on obtient alors de la mousse de platine, qui sert à identifier le métal par les réactions indiquées (voir platine p. 123).

La solution filtrée du précipité de chloroplatinate est évaporée à sec; le résidu calciné est chauffé au rouge dans un courant d'hydrogène, puis fondu longtemps en creuset d'argent avec un mélange de carbonate de sodium et de nitrate de potassium (ou de peroxyde de sodium).

La masse fondue est reprise par l'eau; s'il reste un résidu E on le filtre de la solution F.

Recherche de l'iridium: Il constitue le résidu indiqué E, qui est de couleur bleuâtre. Celui-ci est lavé, séché, et fondu en nacelle avec du chlorure de sodium, dans un courant de chlore. La masse reprise par l'eau donne une liqueur brune, qui, additionnée d'une solution saturée de chlorure d'ammonium, abandonne un précipité brun foncé de chloroiridate d'ammonium.

Recherche du ruthénium: La solution filtrée du résidu bleuâtre E contenant l'iridium, renferme tout le ruthénium. Elle est saturée par le chlore, et distillée dans une cornue aussi longtemps que le distillat est coloré. Les vapeurs colorées qui se dégagent sont recueillies dans de l'alcool acidulé d'acide chlorhydrique dilué. Une coloration brune de la liqueur indique le ruthénium. Celle-ci est alcalinisée par l'ammoniaque, chauffée, puis additionnée d'hyposulfite de sodium. Une coloration rouge-violet caractérise le ruthénium.

Le recherche de l'iridium et du ruthénium sur le premier résidu A se fait de la même façon.

Recherche du rhodium: La liqueur D, qui reste après la précipitation des chloroplatinates de la première liqueur B, est évaporée lentement à sec avec de l'ammoniaque en excès; le résidu est repris par un peu d'eau chaude légèrement ammoniacale. S'il reste des flocons bruns, qui seraient alors du ruthénium mal séparé, on filtre. Après refroidissement, la solution laisse déposer des cristaux jaunes correspondant à la formule $Rh(NH_3)_5Cl_3$, qui, à chaud, se dissolvent dans l'acide sulfurique avec une coloration jaune.

Recherche du palladium: La solution obtenue par filtration du précipité de rhodium, est additionnée d'acide chlorhydrique concentré; le palladium précipite comme chlorure de palladoxamine $Pd(NH_3)_2Cl_2$ qui est filtré et calciné dans un courant d'hydrogène. Le métal réduit est dissout dans l'acide nitrique concentré, la solution évaporée est reprise par l'eau, et le palladium est caractérisé par le cyanure mercurique, ou mieux encore par le diméthylglyoxime.

Pour l'analyse qualitative du minerai de la mine de platine, on peut aussi employer la méthode qui est usuelle dans le laboratoire de chimie analytique de l'Université de Genève pour le dosage des métaux rares contenus dans ce minerai. Cette méthode sera décrite dans la seconde partie de cet ouvrage.

§ 4. RECHERCHE DES MÉTAUX USUELS DU GROUPE II.

96. Généralités sur le groupe II. Ce groupe renferme les métaux usuels: Nickel, cobalt, fer, manganèse, chrome, zinc et aluminium, ainsi que les métaux rares suivants: Uranium, thallium, indium, gallium, titane, tantale, niobium, et le groupe des terres rares: Glucinium, zirconium, thorium, cérium, didyme, yttrium et erbium.

97. Marche de l'analyse en l'absence ou en présence d'acide phosphorique. La solution filtrée après précipitation du groupe I, est concentrée au bain-marie, puis filtrée, pour séparer le soufre.

Avant de précipiter la solution par le sulfure d'ammonium, il faut s'assurer si elle contient des phosphates, car dans ce cas, les métaux alcalino-terreux précipiteraient avec le groupe II. Il est donc nécessaire de rechercher la présence de l'acide phosphorique et de l'éliminer le cas échéant.

Recherche de l'acide phosphorique: Une petite portion de la solution filtrée du groupe I est additionnée d'ammoniaque jusqu'à réaction alcaline; le précipité formé est filtré, lavé et dissous dans un peu d'acide nitrique dilué, puis la solution est traitée par un excès de nitromolybdate d'ammonium; un précipité jaune, se formant à l'ébullition, indique la présence de l'acide phosphorique.

Élimination de l'acide phosphorique: La solution filtrée du groupe I est évaporée à sec, et le résidu réévaporé plusieurs fois avec un peu d'acide nitrique concentré, pour chasser totalement l'acide chlorhydrique. Ce résidu est repris ensuite par de l'acide nitrique pur; puis on ajoute au liquide de l'étain en feuilles, et continue à chauffer au bain-marie pendant une demi-heure environ. La masse qui reste après ce traitement est épuisée avec de l'eau aiguisée d'acide nitrique. On fait bouillir, filtre, et lave le résidu avec de l'eau acidulée bouillante. L'acide phosphorique reste sur le filtre dans ce résidu comme phosphate d'étain, mélangé à de l'acide métastannique. La solution peut contenir tous les éléments des groupes II, III et IV; elle est neutralisée et précipitée par l'ammoniaque et le sulfure d'ammonium comme ci-dessous.

98. Précipitation par le sulfure d'ammonium. La liqueur filtrée du groupe I (après élimination éventuelle de l'acide phosphorique), est additionnée d'ammoniaque et de chlorure d'ammonium, s'il n'y en a pas déjà dans la liqueur, puis de sulfure d'ammonium en léger excès.

S'il se forme un précipité, on filtre, et on s'assure que la solution filtrée ne précipite plus, par une nouvelle addition de sulfure d'ammonium. Cette solution est conservée pour la recherche des éléments des groupes III et IV.

Le précipité formé par le sulfure d'ammonium peut renfermer le cobalt, le nickel, le fer, le manganèse, le chrome, l'aluminium, le zinc, et éventuellement les métaux rares de ce groupe; il est traité dans une capsule par de l'acide chlorhydrique très-dilué (1 : 10) et tiède; s'il reste un résidu noir R, on filtre; ce résidu R peut renfermer le nickel et le cobalt.

La liqueur L peut renfermer tous les éléments de ce groupe.

99. Recherche des métaux dont les sulfures sont insolubles dans l'acide chlorhydrique dilué. Le résidu R insoluble dans l'acide chlorhydrique dilué, est essayé au chalumeau, à la perle de borax. Une coloration bleue dans les deux flammes indique le cobalt; une perle brune dans la flamme d'oxydation, grise dans la flamme de réduction, indique le nickel. Pour s'assurer de la présence du nickel, on peut dissoudre une partie du résidu dans un peu d'eau régale, évaporer à sec, reprendre par l'eau et ajouter à la solution un peu d'ammoniaque et du diméthylglyoxime; un précipité rose indique le nickel.

Séparation du nickel et du cobalt:

Par le nitrite de potassium: Le précipité noir de sulfures est dissous dans un peu d'eau régale; la solution est évaporée à sec, et le résidu repris par un peu d'eau.

Recherche du cobalt: La solution est additionnée d'acide acétique et d'une solution concentrée de nitrite de potassium; la liqueur est abandonnée pendant 12 heures, puis filtrée; un précipité jaune de nitrite cobaltico-potassique indique le cobalt.

Recherche du nickel: La liqueur filtrée après séparation du cobalt, donne, par addition de soude caustique, un précipité vert d'hydrate de nickel, qui caractérise le nickel.

Par le cyanure de potassium: On peut aussi séparer ces éléments de la manière suivante: La solution des sulfures dans l'eau régale est évaporée à sec, et reprise par l'eau; on y ajoute goutte à goutte une solution de cyanure de potassium, jusqu'à ce que le précipité formé soit redissous et en évitant soigneusement un excès, puis de la soude caustique, et de l'eau de brome.

Recherche du nickel: Un précipité noir d'hydrate nickelique $Ni(OH)_3$, indique le nickel.

Recherche du cobalt: La solution filtrée est évaporée à sec, puis le résidu est essayé à la perle de borax; une perle bleue indique le cobalt.

100. Recherche des métaux dont les sulfures sont solubles dans l'acide chlorhydrique dilué. La liqueur chlorhydrique L est oxydée à chaud au moyen de quelques gouttes d'acide nitrique concentré, puis additionnée d'un grand excès d'une solution de soude caustique; s'il se forme un précipité, on filtre.

Le précipité A peut renfermer le fer, le chrome, le manganèse et l'urane.

La liqueur B peut contenir le zinc et l'aluminium.

Recherche du fer, du chrome et du manganèse:

Recherche du fer: Une petite portion du précipité A bien lavé est dissoute dans un peu d'acide chlorhydrique dilué, puis additionnée de sulfocyanure d'ammonium; une coloration rouge-sang indique le fer.

Recherche du manganèse: Une seconde portion du précipité est dissoute dans l'acide nitrique concentré, et additionnée de bioxyde de plomb; le tout est porté à l'ébullition. On laisse reposer; une coloration violette de la solution caractérise le manganèse.

Recherche du chrome: Une troisième partie du précipité est desséchée, mélangée avec du carbonate de sodium et du nitrate de potassium, puis fondue sur la lame de platine; une masse jaune obtenue après refroidissement, indique le chrome; elle serait verte en présence du manganèse ce qui masquerait la couleur jaune du chrome. Pour caractériser le chrome, en présence du manganèse et du fer, la masse fondue est traitée par un peu d'eau bouillante; puis on filtre. Le liquide filtré est acidulé par l'acide acétique et additionné d'acétate de plomb; un précipité jaune de chromate de plomb $PbCrO_4$, indique le chrome.

Séparation du fer, du chrome et du manganèse en l'absence d'uranium: Le précipité A est dissous dans l'acide chlorhydrique étendu; la liqueur additionnée de chlorure d'ammonium en excès et de quelques cristaux de chlorhydrate d'hydroxylamine, est portée à l'ébullition. On ajoute ensuite de l'ammoniaque jusqu'à réaction alcaline. S'il se forme un précipité, on filtre. La liqueur filtrée peut renfermer le manganèse; elle est évaporée à sec et calcinée pour éliminer les sels ammoniacaux. Le résidu est fondu sur la lame de platine avec du carbonate de sodium et du nitrate de potassium; une masse verte indique le manganèse.

Le précipité pouvant contenir le fer et le chrome est desséché, puis tout d'abord vérifié à la perle de borax (coloration verte à froid en présence de chrome). Il est ensuite fondu sur la lame de platine avec du carbonate de sodium et du nitrate de potassium. La masse est reprise par l'eau bouillante; s'il reste un résidu, on le filtre.

Liqueur: Elle peut renfermer le chrome; on l'acidule par l'acide acétique et l'additionne d'acétate de plomb; un précipité jaune indique le chrome.

Résidu: Il est dissous dans l'acide chlorhydrique, puis additionné de ferrocyanure de potassium; un précipité de bleu de Prusse indique le fer.

Recherche et séparation du zinc et de l'aluminium: La liqueur B, qui peut contenir le zinc et l'aluminium, est additionnée d'acide chlorhydrique jusqu'à réaction acide, puis alcalinisée par l'ammoniaque. S'il se forme un précipité, on filtre:

Recherche de l'aluminium: Le précipité gélatineux peut renfermer l'aluminium comme hydrate; il est examiné sur le charbon avec du nitrate de cobalt; une masse bleu-outremer caractérise l'aluminium.

Recherche du zinc: La liqueur ammoniacale, séparée de l'aluminium, est acidulée par l'acide acétique et soumise à un courant d'hydrogène sulfuré; un précipité blanc de sulfure, indique le zinc. Ce précipité traité sur le charbon avec du nitrate de cobalt et chauffé fortement au chalumeau, donne une masse verte infusible qui caractérise le zinc.

Modification de la méthode en présence de l'uranium: Si l'on a lieu de soupçonner la présence de l'uranium, on modifie la méthode générale exposée ci-dessus comme suit:

L'uranium est précipité comme uranate de sodium $U_2O_7Na_2$, avec le fer et le chrome, par la soude, comme il a été indiqué ci-dessus. Le précipité est dissous dans l'acide chlorhydrique, la solution est neutralisée par le carbonate d'ammonium, puis on ajoute un excès de ce réactif et chauffe légèrement. S'il se forme un précipité, on filtre.

Précipité: Il renferme le fer et le chrome.

Liqueur: Elle contient l'uranium.

Recherche de l'uranium sur la liqueur: Elle est additionnée d'acide chlorhydrique jusqu'à réaction acide, puis d'une dissolution de ferrocyanure de potassium. Un précipité rouge-brun (ou même une coloration) indique l'uranium.

Recherche du chrome et du fer: Elle s'effectue par un des procédés indiqués précédemment.

§ 5. RECHERCHE DES MÉTAUX RARES DU GROUPE II.

Il n'existe pas de bonne méthode systématique permettant de séparer les uns des autres tous les éléments du groupe II, y compris les métaux rares; des séparations partielles des éléments usuels d'avec ces métaux rares sont cependant possibles dans certains cas déterminés, qui se rencontrent avec une fréquence plus ou moins grande dans l'analyse des minéraux et des roches; nous examinerons les principaux de ces cas.

101. Recherche simultanée du zirconium, du titane, du glucinium, du fer, de l'aluminium, du chrome et de l'acide phosphorique[1]. Ce cas est important, car il se présente parfois dans l'analyse des minéraux et des roches silicatées. Le liquide séparé de la silice comme il a été indiqué au chapitre IV, est précipité directement par l'ammoniaque si l'on n'a pas à rechercher le nickel ou le cobalt. Le précipité filtré et lavé est calciné dans un creuset de platine (dans lequel on a préalablement incinéré le filtre qui contenait la silice, s'il s'agit d'un silicate, et traité cette silice par de l'acide fluorhydrique et quelques gouttes d'acide sulfurique, en évaporant à sec au bain de sable). La zircone et le titane qui peuvent se trouver avec cette silice, sont ainsi réunis aux éléments du groupe II. Après calcination, le précipité est fondu pendant une heure environ avec 8 fois son poids de carbonate de sodium sec, sans couvrir le creuset. Après refroidissement, on reprend par l'eau bouillante, puis filtre et lave le résidu. Ce dernier est calciné à nouveau dans le même creuset, puis fondu une seconde fois avec le carbonate de sodium, et repris par l'eau comme ci-dessus. Les deux filtrats sont ensuite réunis.

Résidu A: Il renferme le zirconium, le titane, le glucinium et le fer.

Liqueur B: Elle contient le chrome, l'aluminium, et l'acide phosphorique.

Le résidu A est traité par de l'acide chlorhydrique à l'ébullition; s'il reste une portion insoluble on la filtre (résidu C et liqueur D).

Recherche du zirconium: Le zirconium constitue exclusivement le résidu C insoluble. On l'identifie au moyen des réactions de cet élément (voir zirconium, p. 153).

Recherche du glucinium: La liqueur D est traitée par une dissolution de potasse caustique à douce température, s'il se forme un précipité on le filtre (précipité E). La liqueur filtrée est acidulée par

[1] Cette méthode a été établie par Mr L. Duparc et étudiée par lui et ses élèves. Voir notamment:

L. Bornand, Séparation du fer et de l'aluminium. Thèse, Genève 1904.

L. Duparc et A. Leuba, Annales de chimie analytique, p. 201. Paris 1904.

B. Jeanneret, Étude de la zircone et nouvelle méthode d'analyse des ferrozirconiures. Thèse, Genève 1912.

T. Tscharkwiani et M. Wunder, Séparation du fer, chrome et aluminium. Annales de chimie analytique, p. 1. 1911.

M. Wunder et Chélazé, Séparation de l'aluminium et du glucinium. Annales de chimie analytique, p. 205. 1911.

M. Wunder et B. Jeanneret, Séparation du zirconium d'avec le fer et l'aluminium. Zeitschr. f. anal. Chem., p. 733. 1911.

M. Wunder et P. Wenger, Séparation du glucinium d'avec l'aluminium. Zeitschr. f. anal. Chem., p. 470. 1912.

l'acide chlorhydrique, puis précipitée par l'ammoniaque. Un précipité blanc, gélatineux, soluble dans le carbonate d'ammonium, indique la glucine.

Recherche du fer: Le précipité E est dissous dans l'acide chlorhydrique chaud, la solution obtenue est divisée en deux portions: sur l'une de celles-ci on recherche le fer par le ferrocyanure ou le sulfocyanure comme d'habitude.

Recherche du titane: La seconde portion de la liqueur est additionnée d'eau oxygénée. Une couleur jaune-rougeâtre indique la présence du titane.

Recherche de l'aluminium: La liqueur B est additionnée d'une solution de nitrate d'ammonium et chauffée jusqu'à départ de l'ammoniaque. S'il se forme un précipité, on le filtre de la liqueur F qui reste. Ce précipité blanc et gélatineux renferme l'alumine. On en dissout une petite portion dans l'acide nitrique, et identifie l'aluminium sur l'autre portion par la réaction sur le charbon avec le nitrate de cobalt (voir aluminium, p. 88).

Recherche de l'acide phosphorique: La solution nitrique d'une partie du précipité d'alumine est additionnée de nitromolybdate d'ammonium et portée à l'ébullition. Un précipité jaune indique l'acide phosphorique.

Recherche du chrome: La liqueur F, filtrée de l'alumine, est rendue très acide par l'acide chlorhydrique, puis chauffée au bain-marie avec de l'alcool, pour réduire les chromates en sels de chrome. On précipite ensuite dans celle-ci le chrome par l'ammoniaque, filtre, et identifie le chrome sur le précipité au moyen de la perle de borax (voir chrome, p. 87).

Modification de la méthode en présence de l'uranium: S'il y a lieu de soupçonner la présence de l'uranium, on modifie comme suit la méthode qui vient d'être exposée:

L'uranium reste dans le résidu A et après séparation du zirconium passe dans la liqueur D, qui renferme également le titane, le glucinium et le fer. Cette liqueur est neutralisée par l'ammoniaque, puis traitée par un excès d'une solution saturée de carbonate d'ammonium. On laisse digérer à une douce chaleur pendant une heure, en agitant fréquemment, et s'il s'est formé un précipité on le filtre et le lave avec une dissolution de carbonate d'ammonium.

Résidu: Il renferme le titane et le fer.

Liqueur: Elle contient l'uranium et le glucinium.

Recherche du titane et du fer: Le résidu est dissous dans l'acide chlorhydrique et le fer et le titane sont identifiés comme il a été indiqué précédemment.

Recherche du glucinium: La solution est acidulée par l'acide chlorhydrique, alcalinisée fortement par l'ammoniaque et traitée par un excès d'eau oxygénée, en chauffant légèrement. S'il se forme un précipité gélatineux, on le filtre. Celui-ci est dissout dans l'acide chlorhydrique et reprécipité par l'ammoniaque en présence d'un peu d'eau oxygénée. Le précipité est formé par la glucine, qu'on peut identifier par ses réactions (voir glucinium, p. 152).

Recherche de l'uranium: En présence d'uranium la solution filtrée est jaune. On la fait bouillir, l'acidifie par l'acide chlorhydrique, puis on précipite l'uranium par le ferrocyanure de potassium.

102. Recherche du niobium, du tantale et du titane d'après A. A. Noyes[1]. Ces éléments, qui ne se trouvent que dans certains minéraux, se recherchent sur le produit des désagrégations, par le carbonate de sodium (avec ou sans addition de nitrate de potassium), par les hydrates alcalins, ou par le peroxyde de sodium (voir chapitre IV).

La solution obtenue après fusion avec les fondants basiques est acidulée par l'acide chlorhydrique et soumise à un courant d'hydrogène sulfuré. La liqueur filtrée, pour séparer les métaux du groupe I, est additionnée d'ammoniaque et de sulfure d'ammonium. Le précipité obtenu par le sulfure d'ammonium, bien lavé, est placé dans une capsule avec 3 parties d'eau oxygénée à 3 % et 1 partie d'acide chlorhydrique concentré. On chauffe jusqu'à fort dégagement d'oxygène, puis on laisse reposer quelques minutes et on filtre.

Résidu A: Il peut contenir le tantale.

Liqueur filtrée B: Elle peut renfermer le niobium et le titane; en présence du titane, cette liqueur est rouge-orangé.

Recherche du tantale: Le résidu A est dissous dans l'acide fluorhydrique concentré, la solution est additionnée d'un peu d'acide nitrique concentré, puis évaporée à sec en capsule de platine. Le résidu est repris par quelques gouttes d'acide fluorhydrique, et additionné d'environ 0,5 g. de carbonate de potassium; on évapore de nouveau à sec et reprend le résidu par 2 à 3 centimètres cubes d'eau. On concentre ensuite presqu'à sec, ajoute une dizaine de gouttes d'eau, et laisse reposer quelques minutes. S'il se forme un précipité granuleux, volumineux, on le redissout dans très peu d'eau chaude. La formation d'un précipité blanc, pulvérulent et lourd, d'oxyfluorure de tantale obtenu en laissant alors reposer la liqueur, indique le tantale.

Si la substance renferme beaucoup de titane (ce qui n'est guère possible si on a désagrégé avec un fondant alcalin) il se peut qu'une

[1] A. A. Noyes, A system of qualitative analysis including nearly all the metallic elements. Technology quarterly t. 16, 93—131. 1903 et t. 17, 214—257. 1904 puis A. A. Noyes et W. C. Bpay, Journ. Amer. chim. soc. t. 19, 137—205. 1907.

certaine quantité de ce métal reste comme résidu avec le tantale. Or, le titane donne également un précipité de fluorure double peu soluble dans l'eau, que l'on pourrait confondre avec l'oxyfluorure de tantale.

On peut alors éliminer complètement le titane en évaporant le précipité de fluorures avec de l'acide sulfurique concentré, en reprenant le résidu par l'eau et en reprécipitant par l'ammoniaque et le sulfure d'ammonium. Le précipité est traité à nouveau par l'eau oxygénée et l'acide chlorhydrique, et le résidu qui peut renfermer le tantale, est traité comme ci-dessus.

Recherche du niobium: La liqueur B est additionnée d'acide sulfurique concentré, et évaporée au bain de sable jusqu'à dégagement de vapeurs blanches. Après refroidissement, on ajoute quelques gouttes d'acide chlorhydrique concentré, puis un peu d'eau. La solution est alcalinisée par l'ammoniaque, le précipité obtenu est lavé, desséché, et fondu avec du carbonate de sodium et du soufre. La masse fondue est lessivée par l'eau chaude, qui dissout le molybdène, le tungstène et le vanadium, transformés en sulfosels solubles, qui seront recherchés à l'alinéa 103. Le résidu insoluble dans l'eau, qui peut renfermer le niobium est dissous dans l'acide fluorhydrique. Le liquide est évaporé avec de l'acide sulfurique concentré jusqu'à dégagement de vapeurs blanches; on le laisse refroidir et on y ajoute un peu d'acide chlorhydrique concentré, puis un peu d'eau. On filtre la liqueur sur une couche de zinc finement granulé, placé dans un tube de verre effilé à une extrémité et humecté préalablement d'acide chlorhydrique. Le liquide est recueilli dans une éprouvette contenant une solution concentrée de chlorure mercurique; un précipité blanc, dû à la réduction du chlorure mercurique en chlorure mercureux, caractérise le niobium.

103. Recherche du tungstène, du molybdène et du vanadium. Ces trois éléments qui font partie du groupe I, peuvent se retrouver également en tout ou partie, dans le groupe II, soit parce qu'ils n'ont pas été précipités de leurs solutions acides par l'hydrogène sulfuré (vanadium et tungstène), soit parce que la précipitation par ce réactif n'a pas été suffisamment complète (molybdène). Il importe donc de les rechercher aussi dans le précipité formé par l'ammoniaque et le sulfure d'ammonium, et de les éliminer éventuellement, car ils peuvent gêner la caractérisation d'autres métaux du groupe I.

Si la solution filtrée du groupe II a une couleur foncée, c'est une indication de la présence possible du tungstène, du molybdène et du vanadium (et aussi du nickel). On ajoute alors à cette solution colorée un peu d'acide, qui reprécipite ces éléments comme sulfures; ce précipité est filtré et rajouté à celui du groupe II.

Il est ensuite chauffé dans une capsule avec 10 centimètres cubes d'un mélange de 2 parties d'acide nitrique et 1 partie d'acide chlorhydrique concentré; s'il ne renferme que du molybdène et du vanadium, tout se dissout. En présence de tungstène, il reste un résidu jaune d'acide tungstique; on dilue avec de l'eau et on filtre. La solution filtrée est chauffée avec un peu d'acide sulfurique concentré, pour précipiter les traces de tungstène qui auraient pu rester en solution; on la dilue avec de l'eau et on filtre; cette liqueur peut renfermer le molybdène et le vanadium.

Recherche du molybdène: Une partie de la solution est additionnée de zinc et de sulfocyanure de potassium; une coloration rouge caractérise le molybdène.

Recherche du vanadium: L'autre partie de la solution est additionnée d'eau oxygénée; une coloration rouge indique le vanadium.

Recherche du tungstène: Le résidu insoluble dans les acides est placé dans un vase à précipiter, avec de l'acide chlorhydrique et du zinc. Il se forme une coloration bleue caractéristique, même en présence de traces de tungstène.

Recherche du titane en présence du molybdène: Le molybdène donne avec l'eau oxygénée une coloration jaune, qui peut être confondue avec celle que produit le titane, dans les mêmes conditions. Pour séparer ces deux métaux, on traite le précipité du groupe II par l'acide chlorhydrique dilué et froid, qui dissout le titane et laisse le molybdène comme résidu.

La solution filtrée est additionnée d'eau oxygénée; une coloration rouge-orangé caractérise le titane.

Le précipité insoluble dans l'acide chlorhydrique dilué est traité par de l'eau oxygénée et de l'acide chlorhydrique concentré; on ajoute à la solution obtenue du zinc et du sulfocyanure de potassium; une coloration rouge indique le molybdène.

104. Recherche des éléments du groupe II en presence du vanadium. Le précipité du groupe II est dissous dans l'acide chlorhydrique dilué; la liqueur est additionnée d'eau de brome et de soude caustique, puis chauffée légèrement. On filtre:

Résidu A: Il peut contenir le titane et en partie l'uranium; dans ce dernier cas il est jaune.

Liqueur B: Elle peut renfermer le zinc, l'aluminium, le glucinium, le chrome (comme chromate alcalin) et le vanadium (comme vanadate alcalin).

Recherche du titane: Une partie du précipité est dissoute dans l'acide chlorhydrique; on ajoute à la solution de l'eau oxygénée; une coloration rouge-orangé indique la présence du titane.

Recherche de l'uranium: L'autre partie du précipité est dissoute dans une solution concentrée de carbonate d'ammonium; la liqueur est acidulée par l'acide chlorhydrique, et additionnée de ferrocyanure de potassium; un précipité brun-rouge caractérise l'uranium.

La solution alcaline B est partagée en 2 portions.

La première portion est utilisée pour la recherche du zinc, de l'aluminium et du glucinium.

Recherche du zinc: La solution acidulée par l'acide chlorhydrique est traitée par l'ammoniaque en excès, qui dissout l'hydrate de zinc. La liqueur filtrée est acidulée par l'acide acétique et soumise à un courant d'hydrogène sulfuré; un précipité blanc de sulfure de zinc, caractérise le zinc.

Recherche de l'aluminium et du glucinium: Le précipité d'hydrate, bien lavé, est traité par une solution de bicarbonate de sodium, à 10% qui dissout l'hydrate de glucinium, et laisse l'hydrate d'aluminium. On filtre: Avec le résidu, on identifie l'aluminium sur le charbon, par le nitrate de cobalt. La liqueur filtrée est acidulée par l'acide chlorhydrique; la glucine en est reprécipitée par l'ammoniaque. En présence d'uranium ayant passé avec le glucinium, on séparera l'uranium et le glucinium par l'eau oxygénée comme ci-dessus.

L'autre portion de la liqueur B sert à la recherche du chrome et du vanadium.

Recherche du chrome: Une partie de la liqueur B est acidulée par l'acide sulfurique dilué, et agitée avec de l'éther et de l'eau oxygénée: L'éther se colore en bleu en présence du chrome; le liquide prend une coloration rouge en présence du vanadium.

Recherche du vanadium: Le reste de la liqueur B est acidulée fortement par l'acide chlorhydrique concentré, et additionné goutte à goutte d'eau oxygénée; une coloration rouge caractérise le vanadium.

105. Recherche des terres rares. Les combinaisons de ces éléments, qui sont insolubles dans l'acide chlorhydrique et l'acide nitrique, sont désagrégées par le bisulfate de potassium.

La solution obtenue est traitée par l'hydrogène sulfuré, pour séparer le groupe I, puis par l'ammoniaque et le sulfure d'ammonium. Le précipité formé par le sulfure d'ammonium est lavé, puis dissous dans de l'acide chlorhydrique pas trop dilué. On chauffe pour éliminer l'hydrogène sulfuré, puis on verse par petites portions le liquide, dans une solution bouillante diluée d'acide oxalique, on laisse refroidir et on filtre.

Précipité A: Il peut renfermer le thorium, le cérium, le lanthane, le didyme, l'yttrium et l'erbium.

Liqueur B: Elle peut contenir le glucinium et le zirconium.

Le précipité A bien lavé, est desséché et calciné en présence de l'air. Les oxydes formés sont dissous dans un peu d'acide nitrique additionné d'alcool, pour réduire les sels cériques en sels céreux. La solution est évaporée à sec et le résidu repris par un peu d'eau. On ajoute alors au liquide un excès de sulfate de potassium pulvérisé, puis on laisse reposer environ 12 heures et on filtre.

Résidu C: Il peut renfermer le thorium, le cérium, le lanthane et le didyme.

Liqueur D: Elle peut renfermer l'yttrium et l'erbium.

Recherche du thorium: Le résidu C est dissous dans un peu d'acide nitrique dilué; on élimine l'excès d'acide, puis on ajoute dans la solution chaude, de l'eau oxygénée goutte à goutte; un précipité blanc, gélatineux, caractérise le thorium. Dans le cas où le précipité serait coloré, il faudrait répéter la précipitation en redissolvant le précipité dans l'acide nitrique.

Recherche du cérium: La solution filtrée, séparée du thorium, est évaporée à sec et calcinée. Les oxydes sont dissous dans un peu d'acide chlorhydrique; on ajoute un léger excès de soude caustique en solution étendue et l'on fait passer un courant de chlore dans la solution. S'il se forme un précipité dû à la présence du cérium, on filtre. Le précipité bien lavé est dissous dans un peu d'acide nitrique dilué; l'addition d'eau oxygénée à la solution jaune-orangé la décolore. Le liquide incolore donne quand on l'additionne d'ammoniaque et d'eau oxygénée en excès, un précipité rouge-brun de peroxyde de cérium.

Recherche du didyme: Le liquide filtré, séparé du cérium, est acidulé par l'acide chlorhydrique et soumis à l'ébullition pendant quelques minutes. On précipite de nouveau par l'acide oxalique bouillant, filtre et calcine le précipité. La solution nitrique de ce résidu sert à caractériser le didyme, par son spectre d'absorption.

Recherche du lanthane: Cet élément se recherche sur la même solution qu'on précipite par l'ammoniaque, après l'avoir traitée par l'acétate de sodium. Le précipité, humecté d'une solution d'iode ou saupoudré d'iode pulvérisé, prend une coloration bleue qui caractérise le lanthane. On peut aussi procéder un peu autrement: La solution neutralisée par l'acétate est additionnée d'un peu d'iode, puis goutte à goutte d'ammoniaque, de façon à ce qu'elle reste encore colorée en brun. On chauffe ensuite; il se forme alors un précipité bleu foncé, ou, en présence de traces de lanthane, une couleur bleue de la solution.

La liqueur filtrée D est employée à l'identification de l'yttrium et de l'erbium.

Recherche de l'erbium: La liqueur D est précipitée par l'acide oxalique; le précipité filtré est calciné, puis repris par l'acide nitrique. On évapore la solution à sec, et on dissout le résidu dans l'eau. L'erbium peut être identifié sur cette solution par son spectre d'absorption.

Recherche de l'yttrium: La même solution est additionnée d'acide fluorhydrique. La formation d'un précipité blanc, caractérise l'yttrium.

La liqueur B qui peut renfermer le glucinium et le zirconium, est évaporée à sec, et le résidu calciné. Les oxydes formés sont dissous dans l'acide chlorhydrique; s'il reste un résidu insoluble, on le fond dans un excès de sulfate de potassium, on reprend la masse fondue par l'acide chlorhydrique et on réunit les deux solutions en une seule, qui est précipitée par l'ammoniaque et le sulfure d'ammonium. Cette solution peut en effet renfermer également les métaux usuels du groupe II. On dissout le précipité dans l'acide chlorhydrique un peu concentré et on opère comme suit s'il s'agit de rechercher le zirconium et le glucinium.

Recherche du zirconium: On caractérise le zirconium en le transformant en oxychlorure de la manière suivante, d'après Ruer[1]. Le zirconium est précipité comme hydrate par l'ammoniaque, puis filtré; le précipité séparé du filtre est dissous dans un peu d'acide chlorhydrique. La solution est évaporée au bain-marie, le résidu repris par un peu d'eau, puis après refroidissement on ajoute goutte à goutte de l'acide chlorhydrique concentré. En présence de zirconium, il se produit un précipité volumineux d'oxychlorure de zirconium $ZrOCl_2$, qui se redissout à chaud et recristallise de nouveau après refroidissement en fines aiguilles soyeuses. L'aluminium peut donner aussi dans les mêmes conditions un précipité de chlorure, mais les cristaux ont un aspect très différent de ceux du zirconium. On peut également effectuer la réaction du zirconium au papier de curcuma (voir zirconium p. 153).

Recherche du glucinium: Le glucinium s'identifie comme il a été indiqué ci-dessus à propos de la recherche de l'uranium, du titane, et du glucinium (No. 104).

Les métaux usuels du groupe II qui précipitent par l'acide oxalique, sont: Le nickel, le cobalt, le zinc et le fer; ils pourront se retrouver en partie dans le résidu A avec le thorium, le cérium, le lanthane, le didyme, l'yttrium et l'erbium; et en partie, avec le manganèse, le chrome et l'aluminium, dans la liqueur filtrée B qui renferme le glucinium et le zirconium.

[1] R. Ruer, Zeitschr. f. anorg. Chem. t. 46, S. 456. 1905.

§ 6. RECHERCHE DES MÉTAUX DU GROUPE III.

106. Généralités sur le groupe III. La solution séparée du groupe II est additionnée d'acide chlorhydrique dilué, concentrée au bain-marie, puis filtrée pour en séparer le soufre et éventuellement les sulfures de nickel, de vanadium, etc. La liqueur est neutralisée par l'ammoniaque, et additionnée de carbonate d'ammonium. Le précipité qui se forme peut renfermer les métaux alcalino-terreux: Baryum, strontium, calcium. Le magnésium reste en solution et passe dans le filtrat avec les alcalis.

107. Recherche des métaux alcalino-terreux:

Méthode par le chromate d'ammonium: Le précipité obtenu par le carbonate d'ammonium, est bien lavé, puis dissous sur le filtre dans un peu d'acide acétique.

Recherche du baryum: Une petite portion de la liqueur est additionnée de chromate d'ammonium; un précipité jaune indique le baryum.

En présence de baryum, la totalité de la liqueur est précipitée par le chromate d'ammonium en léger excès, et filtrée. La solution jaune est neutralisée par l'ammoniaque et additionnée de carbonate de sodium; le précipité blanc qui se forme peut renfermer le strontium et le calcium.

Recherche du strontium: Le précipité lavé soigneusement pour éliminer l'excès de chromate alcalin, est dissous sur le filtre dans un peu d'acide chlorhydrique dilué; le liquide est neutralisé par l'ammoniaque. Une partie de la solution est additionnée d'une dissolution de sulfate de calcium; la formation d'un précipité blanc indique le strontium. Le reste de la solution est additionné d'une solution concentrée de sulfate d'ammonium: Un précipité blanc indique à nouveau le strontium; la liqueur filtrée peut renfermer le calcium.

Recherche du calcium: La liqueur séparée du strontium, est additionnée d'oxalate d'ammonium; la formation d'un précipité blanc, insoluble dans l'acide acétique, indique le calcium.

Méthode par l'alcool: Le précipité du groupe III formé par le carbonate d'ammonium est dissous dans un peu d'acide chlorhydrique dilué; la solution est évaporée à sec et le résidu est pulvérisé, puis chauffé un certain temps dans un petit ballon avec de l'alcool absolu. On filtre s'il reste résidu. Le chlorure de baryum insoluble dans l'alcool reste sur le filtre; la liqueur peut renfermer les chlorures de strontium et de calcium, qui sont solubles dans l'alcool.

Recherche du baryum: Le résidu insoluble est essayé à la flamme: Une coloration verte indique la baryum; on peut aussi caractériser nettement cet élément au moyen du spectroscope.

La solution alcoolique qui peut renfermer le strontium et le calcium est traitée par l'ammoniaque et le carbonate de sodium. Le précipité obtenu est filtré, lavé, et dissous dans un peu d'acide nitrique dilué. La solution nitrique est évaporée à sec, le résidu est repris par l'alcool absolu, et chauffé un certain temps dans un petit ballon. Le nitrate de strontium, insoluble dans l'alcool, est séparé par filtration du nitrate de calcium, qui reste dans la solution alcoolique.

Recherche du strontium: Le résidu insoluble dans l'alcool est essayé à la flamme; une coloration rouge-carmin indique le strontium; au spectroscope, le strontium donne des raies caractéristiques.

Recherche du calcium: La solution alcoolique est évaporée à sec et le résidu essayé à la flamme; une coloration rouge-orange indique le calcium. Au spectroscope, le calcium présente des raies caractéristiques; le résidu dissous dans l'eau donne un précipité blanc avec l'ammoniaque et l'oxalate d'ammonium.

§ 7. RECHERCHE DES MÉTAUX USUELS DU GROUPE IV.

108. Généralités sur les métaux du groupe IV. La solution filtrée du groupe III peut renfermer les métaux usuels: Magnésium, potassium, sodium et ammonium, ainsi que les métaux rares suivants: lithium, coesium, rubidium. Ces métaux ne sont précipités par aucun des réactifs généraux.

109. Recherche du magnésium et des métaux alcalins. Recherche du magnésium: Une petite portion de la liqueur est additionnée d'ammoniaque et de phosphate de sodium; un précipité blanc de phosphate ammoniaco-magnésien, caractérise le magnésium.

Recherche des métaux alcalins:

En absence du magnésium: La solution est évaporée à sec et calcinée pour éliminer les sels ammoniacaux; on recherche directement les alcalis sur le résidu obtenu (A).

En présence du magnésium: Le magnésium doit être éliminé; dans ce but, la solution est évaporée à sec et calcinée pour chasser les sels ammoniacaux; on reprend par un peu d'eau, puis on ajoute de l'hydrate de baryum en excès, jusqu'à réaction fortement alcaline. On fait bouillir, et on filtre. La liqueur est rendue ammoniacale, puis additionnée de carbonate d'ammonium pour précipiter l'excès de baryte; on filtre de nouveau, évapore avec quelques gouttes d'acide chlorhydrique, et calcine. Le résidu obtenu A, renferme les alcalis; il peut être examiné à la flamme et au spectroscope.

Recherche du sodium: Le sodium colore la flamme en jaune intense, invisible à travers le verre bleu épais de cobalt. Un peu du résidu A dissous dans quelques gouttes d'eau et additionné d'une solution limpide de pyroantimoniate de potassium, donne un précipité blanc, qui caractérise le sodium.

Recherche du potassium: Les sels de potasium colorent la flamme en violet pâle, visible à travers le verre de cobalt. Une partie de la solution du résidu A donne avec le chlorure de platine, un précipité jaune, cristallin, insoluble dans l'alcool, qui indique le potassium. Le nitrate cobaltico-sodique, ajouté à une seconde partie de cette solution, y produit également un précipité jaune de nitrite cobaltico-potassique.

Recherche de l'ammonium: L'ammonium ne peut se rechercher que sur la substance primitive. Pour cela, on chauffe la matière pulvérisée, avec un peu d'une solution de soude caustique; la présence de l'ammonium est caractérisée par un dégagement de gaz ammoniac, à odeur caractéristique, bleuissant le papier de tournesol humide.

§ 8. RECHERCHE DES MÉTAUX RARES DU GROUPE IV.

110. Généralités et recherche des métaux alcalins rares. On peut avoir à rechercher dans le groupe IV le lithium, le coesium, et le rubidium; on retrouvera et caractérisera ces éléments rares en présence des autres alcalis de la manière suivante:

Le résidu calciné qui peut renfermer les chlorures de sodium, de potassium, de rubidium, et de coesium, est repris par l'alcool; s'il reste un résidu, on filtre.

Liqueur: Elle peut renfermer du chlorure de lithium.

Résidu: Il peut contenir des chlorures de sodium, de potassium, de coesium, et de rubidium.

Recherche du lithium: La solution alcoolique est évaporée à sec; le résidu est examiné à la flamme et au spectroscope. La solution aqueuse du résidu, additionnée de soude caustique et de phosphate de sodium, donne, à l'ébullition, un précipité blanc de phosphate de lithium.

Recherche du coesium et du rubidium: Le résidu insoluble dans l'alcool est dissous dans l'eau, acidulé par l'acide chlorhydrique, et la solution évaporée à sec avec un excès de chlorure de platine. On reprend le résidu par l'alcool à 80%.

Liqueur: Elle renferme le chloroplatinate de sodium. On l'évapore à sec, calcine, reprend par l'eau, filtre, et identifie le sodium dans la liqueur filtrée.

Résidu: Il renferme le potassium, le coesium et le rubidium. On l'épuise par l'eau bouillante.

La liqueur obtenue renferme du chloroplatinate de potassium avec un peu de sels de coesium et de rubidium. On l'évapore à sec, calcine, reprend par l'eau, filtre, et identifie le potassium dans la solution par les procédés ordinaires.

Le résidu formé par le chloroplatine de coesium et de rubidium est calciné avec un peu d'acide oxalique, la masse calcinée reprise par l'eau, et le coesium et le rubidium sont indentifiés par le spectroscope sur la solution.

§ 9. RECHERCHE DES MÉTALLOÏDES.

111. Généralités sur la recherche des métalloïdes. Les acides que l'on peut rencontrer dans les minerais ne sont pas très nombreux. Ce sont les acides fluorhydrique, bromhydrique, chlorhydrique, iodhydrique, sulfhydrique, sulfurique, nitrique, phosphorique, arsénique, borique, chromique, silicique et carbonique. Les solutions aqueuses ou autres contenant ces acides doivent être séparées des métaux lourds qu'elles peuvent renfermer, en les précipitant par une dissolution de carbonate de sodium. Si pour dissoudre le composé on a dû prendre un acide, ce dernier ne pourra pas être recherché dans la solution filtrée et débarrassée des métaux lourds.

112. Recherche des halogènes. Acides fluorhydrique, chlorhydrique, bromhydrique, iodhydrique.

Recherche de l'acide fluorhydrique: La substance primitive qui doit être un fluorure décomposable par les acides, est pulvérisée, et chauffée dans un creuset de platine avec de l'acide sulfurique concentré; un dégagement de gaz incolore, à odeur piquante qui corrode le verre, indique l'acide fluorhydrique. Si la substance renferme également de la silice ou un silicate attaquable, il se dégage des fumées blanches de fluorure de silicium qui troublent l'eau. Si le fluor est combiné dans un silicate non attaquable, on le recherche par les essais pyrognostiques (voir chapitre III, fluor, p. 94).

Recherche de l'acide chlorhydrique: La substance primitive, pulvérisée, est chauffée dans un tube à essais avec de l'acide sulfurique concentré; un dégagement de gaz incolore, à odeur piquante, troublant une solution nitrique de nitrate d'argent, indique le chlore. Cette réaction n'est applicable qu'avec les chlorures décomposables par l'acide sulfurique.

La solution nitrique de la matière première est additionnée de nitrate d'argent; un précipité blanc, caillebotté, noircissant à la lumière, soluble dans l'ammoniaque, caractérise l'acide chlorhydrique. La réaction ne s'applique qu'au cas des chlorures solubles.

Avec le chlorure d'argent, qui est insoluble dans l'acide nitrique, il faut traiter à froid par le zinc et l'acide sulfurique dilué; après réduction de l'argent on filtre, et on recherche l'acide chlorhydrique par le nitrate d'argent, dans la solution filtrée.

Si le chlore est lié dans un silicate, on désagrège celui-ci par le carbonate de sodium, reprend la masse fondue par l'eau bouillante, et cherche le chlore dans la solution aqueuse acidifiée par l'acide nitrique, comme il a été indiqué.

Recherche de l'acide bromhydrique: La substance primitive est chauffée dans un tube à essais avec de l'acide sulfurique et du peroxyde de manganèse; le dégagement d'un gaz brun-rouge, colorant le papier amidonné en jaune-feu, indique le brome.

Dans le cas où il s'agit d'un bromure non décomposable par les acides comme le bromure d'argent, on le traite par le zinc et l'acide sulfurique dilué comme ci-dessus. La liqueur filtrée est additionnée de chloroforme et d'eau de chlore, puis on agite; une coloration brun-rouge du chloroforme indique le brome.

Recherche de l'acide iodhydrique: La matière primitive chauffée avec de l'acide sulfurique concentré et du peroxyde de manganèse dégage des vapeurs violettes qui colorent le papier amidonné en bleu. Dans le cas d'un iodure d'argent, opérer comme avec le bromure; la solution filtrée de l'argent métallique précipite en jaune par le nitrate d'argent.

Recherche simultanée des acides chlorhydrique, bromhydrique, et iodhydrique: La liqueur provenant de la solubilisation du minéral dans l'eau et l'acide nitrique, ou de la désagrégation de la substance primitive, est évaporée à sec, et le résidu repris par l'eau. La solution est acidulée par l'acide nitrique, portée à l'ébullition, puis une petite partie de celle-ci est additionnée de nitrate d'argent; un précipité blanc ou jaunâtre indique la présence du chlore, du brome ou de l'iode. Le reste de la solution A est divisé en deux parties.

Recherche de l'acide iodhydrique: La première portion de la liqueur A est additionnée de chloroforme et de quelques gouttes d'eau de chlore; on agite. Une coloration violette du chloroforme indique l'acide iodhydrique.

Recherche de l'acide bromhydrique: Dans la même solution, on ajoute un grand excès d'eau de chlore; une coloration brun-rouge du chloroforme indique l'acide bromhydrique. Si, au contraire, le chloroforme s'est complètement décoloré, on peut conclure à l'absence de brome.

Recherche de l'acide chlorhydrique: Si l'on n'a trouvé ni acide bromhydrique, ni acide iodhydrique, un précipité blanc formé par addition de nitrate d'argent à la liqueur A, caractérise l'acide chlorhydrique.

Pour retrouver cet acide en présence de brome ou d'iode, on évapore à sec la deuxième portion de la liqueur A. Le résidu est calciné avec un excès de bichromate de potassium. La masse fondue est broyée, puis chauffée avec de l'acide sulfurique concentré dans un petit appareil à distiller. Les gaz qui se dégagent sont dirigés dans une solution de soude caustique. Après distillation, cette solution est acidulée par l'acide acétique, et additionnée d'acétate de plomb: Un précipité jaune de chromate de plomb, caractérise l'acide chlorhydrique.

113. Recherche des acides du soufre. Tous les composés du soufre chauffés au chalumeau sur le charbon avec du carbonate de sodium, donnent une masse, qui, placée sur une pièce d'argent, et humectée d'eau, y produit une tache noire.

Recherche de l'acide sulfhydrique: Généralement, s'il s'agit d'un sulfure, la substance primitive dégage de l'hydrogène sulfuré quand on la chauffe avec de l'acide chlorhydrique. Le gaz noircit le papier humecté d'acétate de plomb. Les sulfures qui ne sont attaquables que par l'acide nitrique donnent ordinairement un dépôt de soufre. Grillés dans le tube ouvert, les sulfures métalliques donnent un dégagement d'acide sulfureux.. Fondus avec le carbonate de soude, les sulfures forment une masse qui se dissout partiellement dans l'eau. La solution filtrée donne une superbe coloration violette avec le nitroprussiate de sodium.

Recherche de l'acide sulfurique: La solution primitive chlorhydrique ou nitrique, donne, par addition de chlorure de baryum, un précipité blanc de sulfate de baryum, insoluble dans tous les réactifs. Les sulfates insolubles sont désagrégés par le carbonate de sodium. La partie de la masse fondue qui est soluble dans l'eau, donne avec le chlorure de baryum, après avoir été acidifiée avec l'acide chlorhydrique, un précipité blanc, insoluble dans les acides.

114. Recherche des acides nitrique, phosphorique, arsénique, chromique, et borique.

Recherche de l'acide nitrique: La matière primitive, chauffée avec de l'acide sulfurique concentré et avec de la tournure de cuivre, dégage des vapeurs rutilantes. Une partie de la solution de la substance, débarrassée des métaux lourds par le carbonate de sodium, et additionnée d'acide sulfurique concentré et d'un peu de brucine donne une coloration rouge en présence d'acide nitrique.

Recherche de l'acide phosphorique: Cet acide se recherche déjà dans l'analyse des bases. La solution faiblement acide du minerai est soumise à un courant d'hydrogène sulfuré, pour éliminer l'arsenic, le cas échéant. La solution filtrée, est additionnée d'un excès de nitromolybdate d'ammonium, puis chauffée; un précipité jaune indique l'acide phosphorique.

Recherche de l'acide arsénique: On ne recherchera cet acide que dans le cas où l'arsenic aurait été constaté dans l'analyse des bases. La solution débarrassée des métaux lourds par le carbonate de sodium, est acidulée par l'acide chlorhydrique, puis additionnée d'un excès d'ammoniaque et de mixture magnésienne (chlorure de magnésium et d'ammonium). Un précipité blanc, cristallin, indique l'acide arsénique. L'acide phosphorique donne la même réaction, mais le précipité d'arséniate ammoniaco-magnésien, séparé du liquide par filtration, devient brun-rouge lorsqu'on l'humecte d'une solution de nitrate d'argent.

Recherche de l'acide chromique: La liqueur séparée des métaux lourds par le carbonate de sodium, possède une couleur jaune si elle renferme de l'acide chromique; cette solution, acidulée par l'acide acétique, donne un précipité jaune par addition d'acétate de plomb. De toute façon, le chrome a déjà été retrouvé dans l'analyse des bases.

Recherche de l'acide borique: On imbibe du papier de curcuma avec la solution de la substance qui peut contenir l'acide borique et qui a été acidulée par l'acide chlorhydrique; après dessiccation, le papier prend une couleur rouge, devenant noir-bleuâtre au contact d'une solution de carbonate de sodium. L'acide borique doit toujours être caractérisé préalablement par les essais pyrognostiques.

115. Recherche des acides silicique et carbonique.

Recherche de l'acide silicique: Certains silicates sont attaqués par l'acide chlorhydrique en laissant un précipité gélatineux d'acide silicique. Les autres silicates sont insolubles et doivent être désagrégés par le carbonate de sodium. La masse fondue, reprise par l'acide chlorhydrique, donne un précipité gélatineux. Le liquide, évaporé à sec, laisse un résidu de silice, insoluble dans les acides. Ce résidu est attaqué par l'acide fluorhydrique en dégageant des vapeurs de fluorure de silicium, qui troublent l'eau.

La silice laisse généralement dans la perle de sel de phosphore, un squelette siliceux insoluble.

Recherche de l'acide carbonique: Les carbonates se reconnaissent facilement sur la matière primitive, à l'effervescence qu'ils produisent quand on les traite par l'acide chlorhydrique dilué. Certains carbonates naturels ne sont pas attaqués à froid; mais seulement si l'on chauffe légèrement. On peut constater le dégagement d'acide carbonique en recueillant le gaz qui se dégage dans une éprouvette contenant de l'eau de chaux. Celle-ci se trouble en présence d'acide carbonique par formation de carbonate de chaux insoluble.

116. Bibliographie relative à l'analyse par voie humide.

W. Böttger, Qualitative Analyse vom Standpunkte der Ionentheorie. Leipzig, Wilhelm Engelmann, 1908.

A. Carnot, Traité d'analyse des substances minérales. Paris, C. Dunod, 1898 (en publication).

A. Classen, Ausgewählte Methoden der analytischen Chemie. Braunschweig, F. Vieweg, 1901.

O. Dammer, Handbuch der anorganischen Chemie. Stuttgart, F. Enke, 1892—1895.

L. Duparc & A. Monnier, Traité de chimie analytique qualitative, deuxième édition. Genève et Paris, Kundig et Alcan, 1908.

R. Frésénius, Traité d'analyse chimique qualitative; édition française. Paris, F. Savy, 1879 et éditions subséquentes.

Gmelin-Kraut, Handbuch der anorganischen Chemie. Heidelberg, C. Winter (en publication).

L. de Koninck, Lehrbuch der qualitativen und quantitativen chemischen Analyse. Berlin, R. Muckenberger, 1904.

B. Margosches, Die chemische Analyse. Stuttgart, F. Enke, 1907 (en publication).

A. Moissan, Traité de chimie minérale. Paris, Masson, 1904—1906.

W. V. Muller & H. Kiliani, Traité de chimie analytique; édition française. Paris, Gauthier-Villars, 1907.

J. von Panayeff, Verhalten der wichtigsten seltenen Erden zu Reagenzien. Halle, W. Knapp, 1909.

F. Pisani, Traité pratique d'analyse chimique qualitative et quantitative. Paris, Baillière, 1880.

Henry Rose, Traité complet de chimie analytique; édition française. Paris, Masson, 1862.

F. P. Treadwell, Kurzes Lehrbuch der analytischen Chemie, Band I. Leipzig und Wien, F. Deuticke.

P. Truchot, Les terres rares. Paris, C. Naud, 1898.

Ad. Wurtz, Dictionnaire de chimie pure et appliquée avec suppléments. Paris, Hachette et Cie., 1868—1908.

CHAPITRE VII.

LES MÉTHODES SPECTROSCOPIQUES.

§ 1. Généralités sur la spectroscopie. § 2. Les spectroscopes et les mesures spectroscopiques. § 3. Les spectres de flamme. § 4. Les spectres d'étincelle. § 5. Les spectres d'arc. § 6. Les spectres obtenus par illumination des gaz raréfiés par la décharge électrique. § 7. Les spectres de phosphorescence. § 8. Les spectres d'absorption.

§ 1. GÉNÉRALITÉS SUR LA SPECTROSCOPIE.

117. Décomposition de la lumière par le prisme. Lorsque l'on fait tomber sur un prisme de verre P un mince faisceau de lumière blanche (celle fournie par une lampe par exemple), et si l'on reçoit l'image obtenue sur un écran E, on observe sur celui-ci une bande lumineuse, qui présente les sept couleurs de l'arc-en-ciel disposées comme suit, par ordre de réfrangibilité croissante: rouge, orangé, jaune, vert, bleu, indigo, violet. Si l'on isole l'une quelconque de ces couleurs, et que l'on cherchè à la décomposer à son tour par un second prisme *p*, on constate qu'elle est simplement réfractée, mais nullement décomposée (fig. 57). On tire de cette expérience la conclusion suivante: la lumière blanche est formée de sept couleurs principales cheminant dans l'air avec la même vitesse, mais qui, dans d'autres milieux transparents, marchent avec des vitesses différentes, d'où elles sont inégalement réfractées. Chaque lumière colorée composante est simple, la moins réfrangible est la lumière rouge, la plus réfrangible, la lumière violette.

On donne le nom de *spectre continu* à la bande lumineuse et colorée obtenue dans l'expérience précitée. Si on la répète avec des

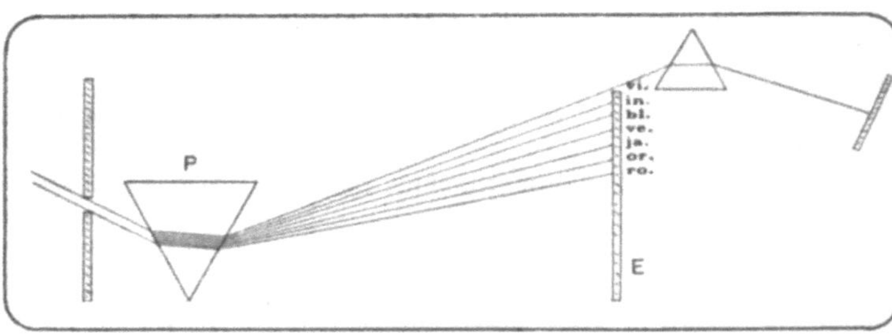

Fig. 57.

prismes de verres différents, on remarque que l'étalement de ce spectre varie, et que les différentes couleurs y sont généralement très inégalement réparties. Si, par exemple, on projette l'un sous l'autre deux spectres obtenus avec deux prismes différents, mais dans des conditions telles, que leurs deux extrémités rouge et violette coïncident, il n'en sera pas nécessairement de même pour les couleurs intermédiaires. Il s'en suit que les spectres fournis par des prismes différents, ne sont pas directement comparables entre eux.

Si, à la lumière d'une lampe on substitue celle du soleil, on observe le même phénomène, soit un spectre continu; seulement un examen attentif montre la présence d'une multitude de fines lignes noires, échelonnées dans les différentes régions de celui-ci. Ces bandes, qui sont, comme nous le verrons plus loin, dues à des phénomènes d'absorption, s'appellent *raies* de Frauenhofer; les principales d'entre elles sont désignées par les lettres de l'alphabet.

Le spectre solaire (comme aussi celui fourni par une source de lumière blanche quelconque), ne se borne pas à la bande colorée et lumineuse qu'on observe directement. En deçà du rouge, il existe une région obscure où le thermomètre indique une élévation de température, c'est le *spectre calorifique infra-rouge.* Au delà du violet, se trouve une seconde région, obscure également, mais qui possède la propriété d'impressionner les papiers photographiques et en général de provoquer des réactions chimiques; c'est le *spectre chimique ultra-violet.* On croyait jadis à l'existence de trois spectres distincts; on sait actuellement qu'il n'en est rien, et qu'il n'existe qu'un spectre unique, allant de la limite de l'infra-rouge à celle de l'ultra-violet. Nous devons donc nous représenter celui-ci comme résultant d'une infinité de radiations de longueur d'onde décroissantes, qui toutes, possèdent à des degrés divers les trois propriétés: calorifique, lumineuse, et chimique. Les radiations de grande longueur d'onde ont une action éminemment calorifique; celles de courte longueur d'onde une action principalement chimique, et celles de longueur d'onde en quelque sorte moyenne, produisent l'impression lumineuse. Toutefois, ces dernières sont restreintes à une région de faible étendue dans le spectre; en effet la partie visible de celui-ci est comprise entre $\lambda = 0{,}8\,\mu$ pour le rouge et $\lambda = 0{,}4\,\mu$ pour le violet, tandis que les limites extrêmes du spectre complet sont de $\lambda = 60\,\mu$ pour l'infra-rouge et $\lambda = 0{,}1\,\mu$ pour l'ultra-violet.

118. Classification des spectres. On peut classer les spectres lumineux en *spectres d'émission,* et *spectres d'absorption.*

Les spectres d'émission: Sont ceux fournis par une source lumineuse quelconque, dont la lumière est examinée telle quelle.

Les spectres d'absorption: Sont ceux que l'on obtient avec de la lumière émanant d'une source quelconque, mais qui, préalablement, a passé à travers un milieu transparent, placé entre la source et le prisme, qui absorbe et retient une partie de ses radiations.

Les spectres d'émission peuvent présenter trois types différents à savoir:

1. *Les spectres continus:* Constitués par une bande lumineuse ininterrompue du rouge au violet, qui contient par conséquent toutes les radiations de la partie visible du spectre. Ces spectres sont généralement fournis par les corps solides ou liquides à l'état incandescent (à une température qui dépasse 716°). Tel est par exemple le cas pour un fil de platine porté au rouge-blanc; ou encore pour une flamme éclairante, la lumière émise provenant, comme l'on sait, dans ce cas de fines particules solides de carbone portées à l'incandescence. Cette règle n'est cependant pas absolument générale; en effet, certains oxydes des terres rares, comme celui d'erbium par exemple, n'émettent pas de la lumière blanche, mais au contraire de

la lumière colorée (phosphate d'erbium). D'autre part, on sait aussi que certains gaz ou vapeurs incandescents, comme le chlore, le brome, l'iode, le soufre et l'arsenic, émettent également des spectres continus.

2. *Les spectres discontinus à raies brillantes:* Ceux-ci sont formés par un certain nombre de raies brillantes distinctes, réparties sur un fond obscur dans les différentes régions du spectre, et possèdant par conséquent des couleurs différentes. Le nombre et la couleur de ces raies sont variables d'un corps à un autre, mais invariables pour un même corps, dans les mêmes conditions d'incandescence; il peut en exister en dehors du spectre visible, dans l'infra-rouge ou dans l'ultra-violet. Ces raies sont toujours parallèles à la fente qui laisse passer la lumière incidente, et généralement très étroites. Les spectres discontinus, appelés aussi *spectres à raies*, sont généralement donnés par les gaz ou les vapeurs incandescents.

3. *Les spectres à bandes:* Formés par des bandes plus ou moins larges, qui sont d'habitude brillantes sur un bord (généralement celui qui est tourné contre le violet), et qui vont en s'affaiblissant graduellement vers l'autre bord, de sorte qu'elles font l'impression de colonnes éclaïrées d'un côté. Si la dispersion est forte, ces bandes se résolvent parfois en une multitude de fines raies; dans certains cas aussi, elles sont distribuées périodiquement; le spectre prend alors le nom de *spectre cannelé.*

Les spectres d'absorption s'obtiennent en faisant passer la lumière émise par une source déterminée qui fournirait un spectre continu (par un corps incandescent par exemple), à travers un milieu solide, liquide ou gazeux. Certaines radiations sont absorbées par celui-ci, et au lieu d'un spectre continu, on obtient un spectre dans lequel on observe certaines régions fortement atténuées, ou qui sont même totalement supprimées, et obscures dans ce cas. Ces spectres peuvent en effet présenter quatre types qui sont les suivants:

Premier type: Une partie du spectre continu est supprimée, en commençant par l'une de ses extrémités. Ainsi, par exemple, toute la région violette, bleue et en partie verte, manque. (Spectre d'absorption des solutions de bichromate de potassium, de chlorure ferrique, etc.)

Deuxième type: Le spectre continu est réduit à sa partie médiane. (Spectre d'absorption des solutions concentrées de chlorure de cuivre ou de nickel, etc.)

Troisième type: Le spectre continu est réduit à une série de bandes plus ou moins larges, à bords estompés. (Spectres d'absorption d'un grand nombre de couleurs naturelles ou artificielles en solution.)

Quatrième type: C'est celui du spectre à lignes. Il est formé par une série de raies obscures, qui sont toujours très nettes, et qui s'échelonnent dans toute l'étendue du spectre visible ou invisible. Ce type se rencontre dans les spectres d'absorption fournis par les gaz ou les vapeurs. (Spectres à raies du peroxyde d'azote.)

Un cas particulier des spectres d'absorption est celui des *spectres renversés ou intervertis.* On sait, d'après KIRCHOFF, que tout corps possède la propriété d'absorber les radiations qu'il émet dans des conditions données. Prenons par exemple de la vapeur de sodium incandescente; elle donne un spectre d'émission formé par une raie jaune très brillante. Faisons au contraire passer de la lumière blanche à travers de la vapeur de sodium, nous obtiendrons un spectre continu, dans lequel nous verrons une ligne noire, qui se trouvera exactement à la place qu'occupait la raie brillante dans le spectre d'émission. Prenons une autre vapeur incandescente, qui donne un spectre d'émission formé par un plus grand nombre de raies échelonnées dans toute l'étendue de ce spectre, et répétons la même expérience; il en sera de même pour toutes ces raies, et nous aurons alors un spectre zébré de lignes noires, qui se trouvera vis-à-vis du spectre d'émission correspondant, dans les conditions d'un cliché négatif vis-à-vis d'une image positive. Cette expérience explique les particularités du spectre solaire. La lumière solaire qui est blanche, devrait donner un spectre continu; mais avant d'arriver à nous, elle traverse l'atmosphère gazeuse du soleil et celle de la terre; elle est donc en partie absorbée, et le spectre au lieu d'être continu, sera sillonné d'une multitude de bandes d'absorption, les unes d'origine tellurique, les autres d'origine solaire. C'est précisement ce que l'on observe, et les raies noires en question sont celles de FRAUENHOFER. Nous énumérerons ici les principales d'entre elles, avec les longueurs d'onde correspondantes:

Notation	Région du spectre	Valeur de λ en $\mu\mu$	Élément correspondant
A	rouge extrême	759	O
B	rouge	686	O
C	rouge-orangé	656	H
D	jaune	589	Na
E	vert	527	Ca
F	bleu	486	H
G	indigo	430	Fe
H	violet	396	Ca

119. Applications de la spectroscopie. Ce qui précède permet de comprendre les applications de la spectroscopie à l'analyse. Les spectres continus étant sensiblement les mêmes (à quelques exceptions près) pour tous les corps solides ou liquides incandescents, n'offrent guère d'intérêt. Il n'en est pas de même pour les spectres d'émission à raies, car nous avons dit que dans certaines conditions déterminées, le nombre, la position et la couleur de ces raies brillantes sont invariables pour un même corps, qui pourra par conséquent toujours être identifié dans un mélange, au moyen de son spectre d'émission. Seulement, celui-ci variant avec les procédés qui servent à le produire, il est évident que l'on doit toujours se placer dans les mêmes conditions pour comparer le spectre à identifier d'avec celui de tel ou tel élément ou composé déterminé.

Les spectres d'absorption étant aussi très caractéristiques sont également utilisés dans l'analyse; mais, sauf dans certains cas particuliers (terres rares), leur emploi est en général limité à l'examen des corps colorés.

Les spectres intervertis enfin, trouvent leur emploi dans l'analyse spectrale proprement dite, dont le but est l'identification des éléments qui se trouvent dans l'atmosphère gazeuse des astres.

§ 2. LES SPECTROSCOPES ET LES MESURES SPECTROSCOPIQUES.

120. Principales qualités des spectres. La qualité d'un spectre dépend de la finesse des détails que l'on peut y observer. Un spectre doit être aussi pur que possible, c'est-à-dire que les différentes radiations qui le constituent ne doivent pas empiéter les unes sur les autres; il doit être aussi très étendu et avoir un éclat suffisant pour permettre les observations. Ces différentes qualités ne pourront pas toujours marcher de pair, car si la source lumineuse est faible, il n'y a aucun avantage à trop étaler le spectre, ce qui diminuerait son éclat. Les spectres les plus parfaits sont donnés par les réseaux de diffraction; mais ceux-ci ne sont guère en usage dans les laboratoires de chimie. Ils absorbent toujours beaucoup de lumière et sont fragiles et coûteux. Dans les spectroscopes ordinaires, on produit les spectres au moyen d'un prisme de verre, et si l'on ne veut observer que la partie visuelle de ceux-ci, on prendra, autant que faire se peut, le prisme qui donne le spectre le plus étendu et le plus parfait. Mais s'il s'agit d'examiner les spectres dans la région violette et surtout ultra-violette, il faudra remplacer le verre par le quartz, bien que ce dernier soit beaucoup moins dispersif que le flint. En effet, le quartz n'absorbe pas sensiblement les rayons ultra-violets, ce qui n'est pas le cas pour le verre; le prisme et les lentilles d'un spectroscope destiné à des recherches dans l'ultra-violet, devront donc être construits entièrement en quartz.

Un spectre peut être considéré comme composé d'un nombre infiniment grand d'images, diversement colorées, de la fente par laquelle passe la lumière incidente, images qui se recouvrent en partie les unes les autres. Dans ces conditions, il est évident que plus ces images seront étroites, plus le spectre sera pur; la pureté d'un spectre est donc proportionnelle à la longueur et inversément proportionnelle à la largeur des images de la fente. Par contre, l'éclat du spectre diminue quand la fente se rétrécit et que le spectre s'allonge; l'éclat du spectre est donc inversément proportionnel à sa pureté. Enfin, l'image de la fente, pour une radiation déterminée, est d'autant plus nette, qu'on se rapproche plus de la position qui correspond au minimum de la déviation où cette netteté est parfaite; les rayons de lumière incidente devront donc traverser le prisme de façon à ce que leur déviation soit minimum.

Si la lumière incidente n'est pas monochromatique, les différentes radiations ne donneront des bonnes images de la fente que si les rayons correspondants sont successivement amenés au minimum de déviation; il faudra donc pouvoir modifier éventuellement la position du prisme, pour observer les différentes raies dans les conditions les meilleures.

121. Spectroscopes. On donne le nom de *spectroscopes* aux appareils qui servent à l'étude directe des spectres fournis par une source lumineuse déterminée, et de *spectrographes* à ceux qui servent à fixer les spectres obtenus par la photographie.

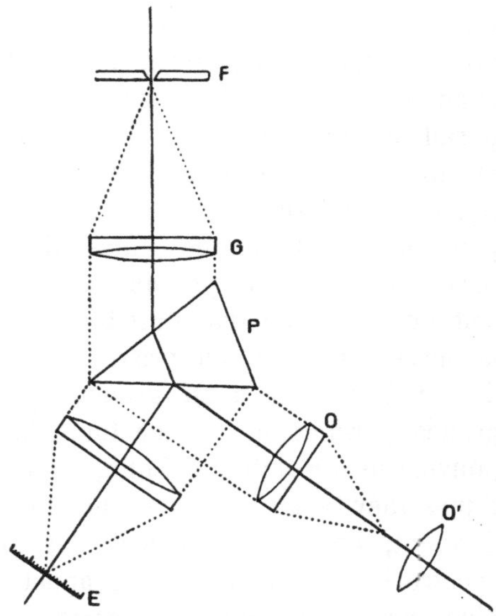

Fig. 58. Marche théorique des rayons dans le spectroscope.

Un spectroscope se compose en principe d'un prisme P (fig. 58), sur lequel on fait tomber la lumière incidente au moyen d'un collimateur G. Au foyer de celui-ci se trouve une fente F, à écartement variable, permettant de régler l'épaisseur du faisceau de rayons incidents qui sortent parallèles de la lentille collimatrice. Après avoir traversé le prisme P, les rayons émergeants qui forment le spectre, sont reçus dans une lunette composée d'un objectif O et d'un oculaire O'. Cette lunette qui a pour but l'agrandissement de ce spectre, peut se déplacer autour de l'axe du prisme pour permettre d'observer les raies échelonnées dans les différentes régions de la bande spectrale.

Il y a en effet un réel avantage à agrandir le spectre donné par le prisme, à la condition que ce grossissement soit proportionné à la pureté de ce spectre, car il est évident qu'on grossit du même coup ses imperfections, ce qui nuit à sa finesse. Comme une lentille biconvexe possède autant de foyers distincts qu'il y a de couleurs dans la lumière blanche, il est clair qu'il ne pourra exister qu'une seule radiation pour laquelle ce foyer coïncidera avec celui de la lentille du collimateur; c'est par conséquent seulement le faisceau qui correspond à cette radiation qui sera rigoureusement parallèle, et quelle que soit la position du prisme, l'objectif donnera avec ce faisceau une image parfaitement nette de la fente. Il en résulte que dans un spectre, pour une position déterminée du prisme, il ne peut exister que deux raies, soit deux images de la fente qui sont parfaitement nettes: Celle pour laquelle le prisme se trouve au minimum de déviation, et celle pour laquelle le collimateur donne un faisceau de rayons rigoureusement parallèles. Si l'on veut examiner un spectre d'une certaine étendue sans modifier le réglage de l'appareil, pour observer successivement les différentes raies, il y a un certain avantage à placer le prisme au minimum de déviation et à rendre parallèle le faisceau incident pour deux radiations qui sont assez éloignées. Il faudra seulement déplacer l'oculaire pour la mise au point des différentes raies. De plus, lord Rayleigh[1] à démontré que pour obtenir de bonnes raies, il faut que la différence des chemins parcourus dans le prisme par les rayons qui limitent le faisceau, soit aussi grande que possible. Si donc les rayons couvrent toute la surface latérale du prisme, il y a avantage à ce que la largeur de sa base soit aussi grande que possible, et il faudra avoir de grands prismes et utiliser toute la surface pour obtenir le meilleur pouvoir de résolution. Enfin, pour diminuer les aberrations chromatiques inévitables dans les objectifs avec les lentilles biconvexes, qui donnent, comme on le sait, les images des diverses radiations du spectre le long d'une courbe appelée diacaustique, on prendra, aussi bien pour la lentille collimatrice que pour celle qui forme l'objectif, des lentilles achromatiques, qui suppriment la diacaustique et donnent des images sensiblement situées dans un plan. Pour la partie visuelle du spectre, on prend des lentilles biconvexes de crown-glas, achro-

[1] Phil. Mag. t. 8, p. 261—403, 477. 1879; t. 9, p. 40, 271. 1880.

matisées avec des ménisques de flint, et pour l'ultra-violet, des lentilles biconvexes de quartz, achromatisées avec de la fluorine.

Dans tout spectroscope, il faut nécessairement pouvoir repérer exactement les positions des différentes raies. Pour cela, on doit avoir une échelle graduée quelconque, qui soit visible en même temps que le spectre. Dans ce but, une échelle gravée sur verre est placée en E (fig. 58) dans le plan focal d'un collimateur; elle est éclairée par une lampe quelconque. Les rayons parallèles, issus de ce collimateur, sont alors réfléchis totalement sur la face d'émergence du prisme, et pénètrent dans l'objectif en même temps que ceux, parallèles aussi, qui constituent le spectre. On obtient de la sorte, dans le plan focal

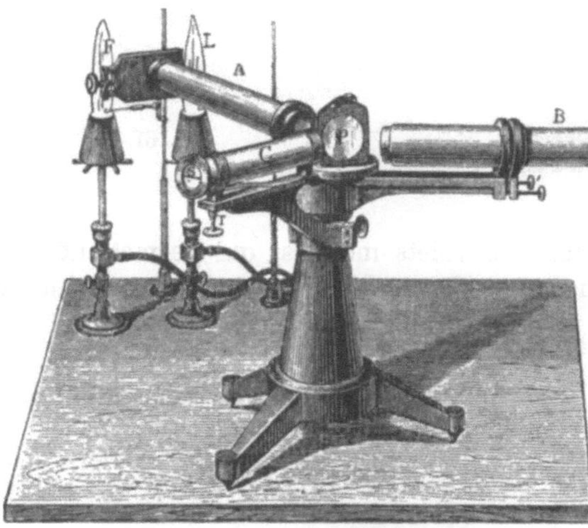

Fig. 59. Spectroscope.

de l'objectif, l'image du spectre et celle de l'éohelle; toutes deux sont agrandies par l'oculaire.

La disposition générale que l'on donne à l'appareil qui sert aux recherches spectroscopiques dans les laboratoires est indiqué fig. 59. Le prisme P est fixé au plateau qui le supporte par une armature métallique. Le collimateur se trouve en A; en B la lunette d'observation mobile autour de l'axe du prisme. Cette lunette possède une mise au point pour l'oculaire. L'échelle graduée est placée dans le tube C, elle est éclairée par une lampe. La source lumineuse dont on veut observer le spectre est placée directement en F devant la fente du collimateur; on peut aussi la placer à une distance quelconque, et projeter son image sur la fente elle-même, à l'aide d'une lentille. La manière dont cette fente est construite a une certaine importance. Dans les appareils ordinaires, l'une seulement des deux plaques métalliques qui la composent est mobile; dans les appareils plus perfectionnés, les deux plaques se meuvent en sens inverse, de sorte que le milieu de la fente ne subit aucun déplacement quand on fait varier la largeur de celle-ci (fig. 60). Souvent la fente est munie

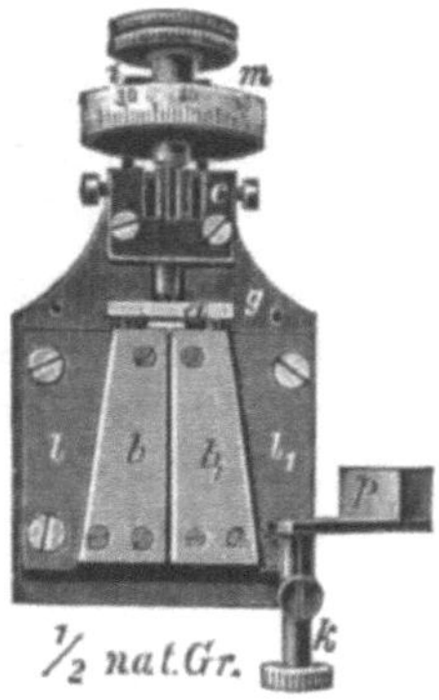

Fig. 60. Fente symétrique. Modèle de la maison Fuess à Berlin.

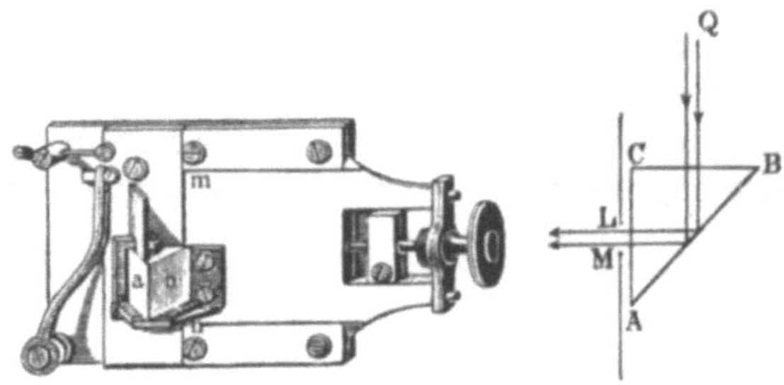

Fig. 61.

d'un certain nombre de volets mobiles, qui permettent d'en diminuer à volonté la longueur. Souvent aussi, l'une des moitiés de la fente

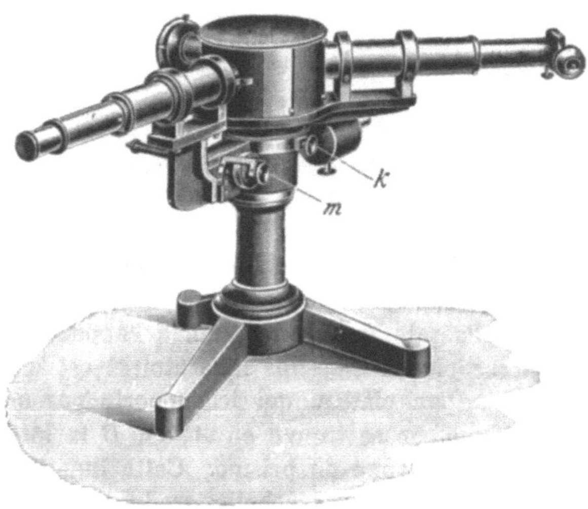

Fig. 62. Spectroscope avec sa çape. Modèle de la maison Schmidt & Haensch à Berlin.

est recouverte par un petit prisme *ab* à réflexion totale, qui sert à comparer entre eux les spectres émis par deux sources lumineuses distinctes, dont l'une est placée directement devant la fente en *F*, l'autre en *L* (fig. 59) devant la face d'incidence du petit prisme. La fig. 61 montre la disposition de ce prisme et la marche des rayons. Le prisme qui sert à produire le spectre est lui-même généralement recouvert et protégé par un capuchon métallique qui s'emboîte sur la lunette et le collimateur, et qui empêche l'arrivée des rayons latéraux (fig. 62).

On remplace souvent dans le spectroscope ordinaire, le prisme de flint par un prisme de RUTHERFORD, composé d'un prisme de flint F très dispersif placé entre deux prismes de crown C (fig. 63.) Ceux-ci diminuent notablement la déviation, mais n'agissent que peu sur la dispersion.

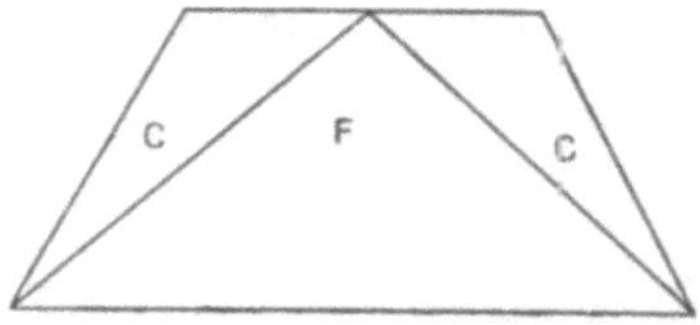

Fig. 63. Prisme de RUTHERFORD.

Quand on veut obtenir un spectre très étalé, on utilise parfois des spectroscopes à prismes multiples, qui augmentent considérablement la dispersion. KIRCHOFF paraît avoir été le premier qui a employé ce genre d'instrument qui est représenté fig. 64.

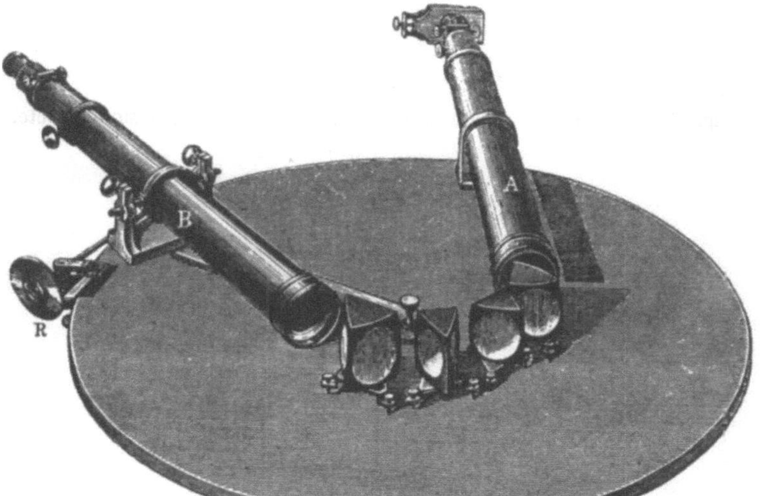

Fig. 64. Spectroscope à prismes multiples.

122. Spectroscopes à vision directe. Le spectroscope à vision directe est un appareil dans lequel la lunette d'observation se trouve sur le prolongement immédiat du collimateur. La pièce principale de ce spectroscope est un prisme d'AMICI, composé d'un prisme de flint placé entre deux prismes de crown, dont les arêtes sont disposées en sens inverse. La fig. 65 représente la marche de la lumière dans un tel prisme; le rayon incident est formé par de la lumière blanche, le rayon émergeant jaune j sort parallèlement au rayon incident, tandis que les rayons rouges et violets sont déviés et la bande spectrale s'échelonne entre les deux limites r et v.

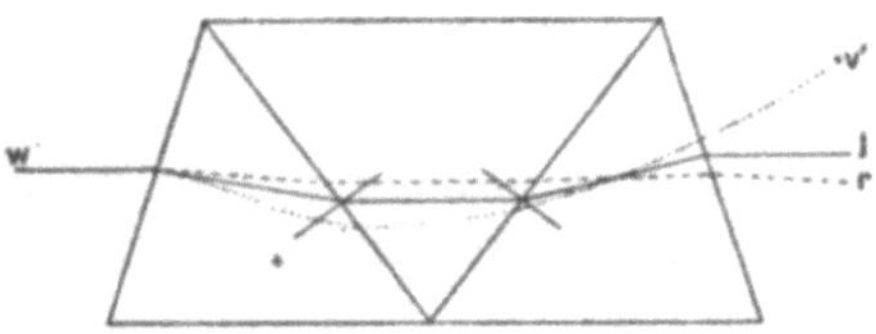

Fig. 65.

Dans certains appareils, le prisme d'Amici est composé de deux prismes de flint F placés entre trois de crown C, disposés en sens inverse (fig. 66).

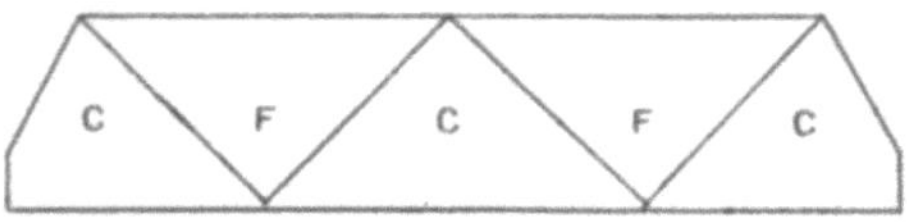

Fig. 66. Prisme d'Amici.

Quant à la disposition générale d'un spectroscope à vision directe, elle est dans ses grandes

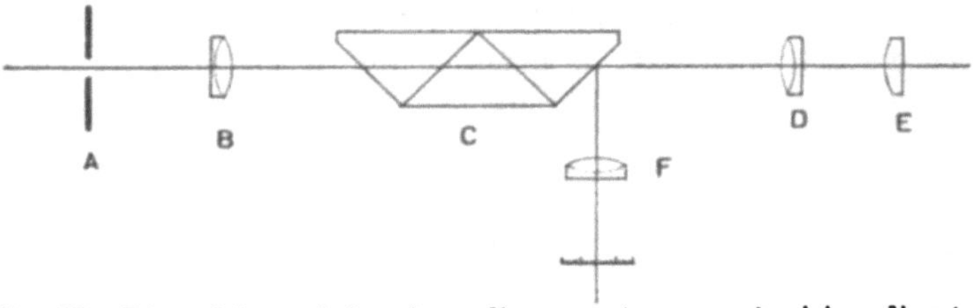

Fig. 67. Disposition schématique d'un spectroscope à vision directe.

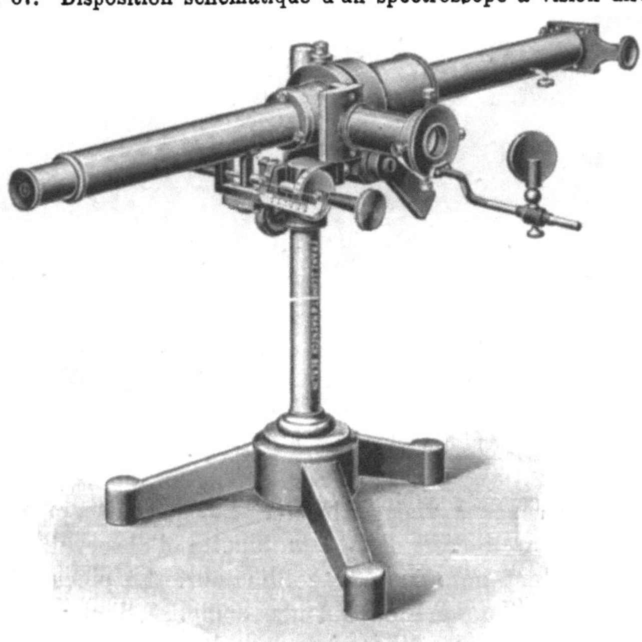
Fig. 68. Spectroscope à vision directe. Modèle de la maison Schmidt & Haensch à Berlin.

lignes la suivante: En A (fig. 67) se trouve la fente réglable du collimateur, en B la lentille collimatrice, en C le prisme d'AMICI, en D l'objectif et en E l'oculaire. L'échelle gravée sur verre est placée dans un tube latéral F muni d'une lentille collimatrice. L'appareil est généralement fixé sur un support (fig. 68).

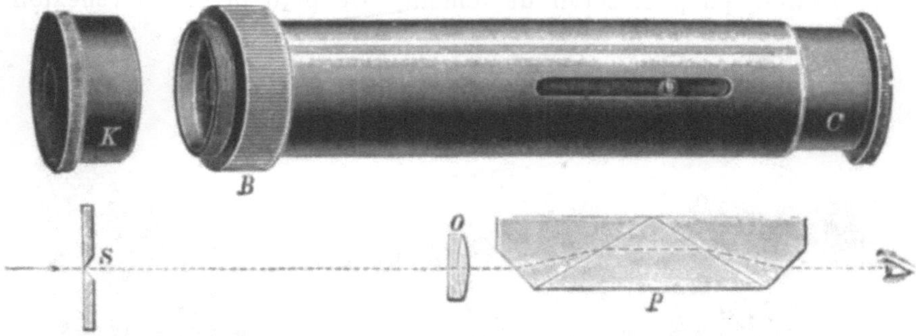

Fig. 69. Spectroscope à vision directe. Modèle de la maison Schmidt & Haensch à Berlin.

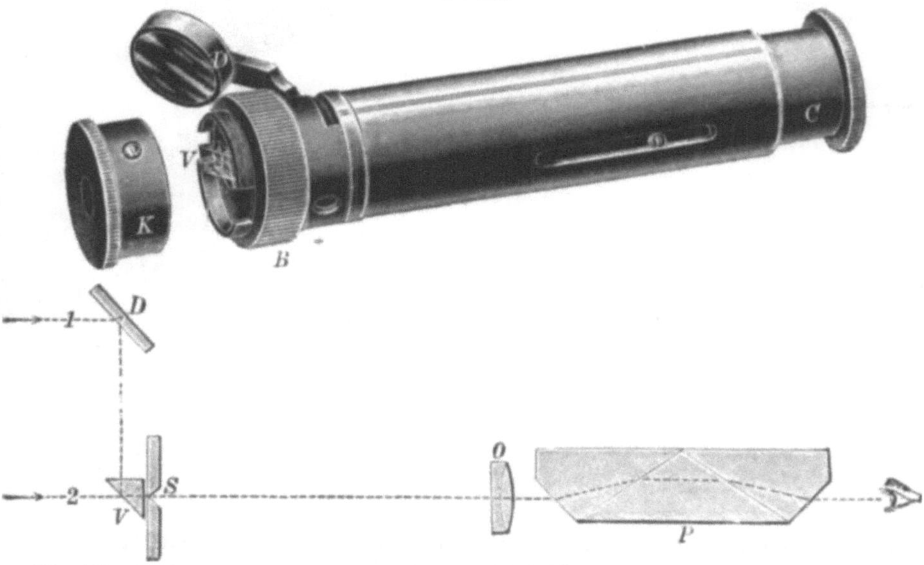

Fig. 70. Petit spectroscope à vision directe. Modèle de la maison Schmidt & Haensch à Berlin.

On trouve dans le commerce des petits spectroscopes de poche à vision directe, qui servent principalement à observer les spectres de flamme, ou encore les spectres d'absorption, et qui rendent de grands services dans les laboratoires.

Le plus simple de ces appareils est représenté fig. 69. En B se trouve une virole qui sert à régler l'écartement de la fente du collimateur, en O la lentille collimatrice, en P le prisme et en C un tirage permettant la mise au point. Le capuchon K sert à protéger la fente de l'appareil.

On peut fixer sur ce modèle un dispositif spécial dans le but de comparer le spectre que l'on veut étudier, avec celui fourni par une autre source qui peut servir de témoin. Un petit prisme à réflexion

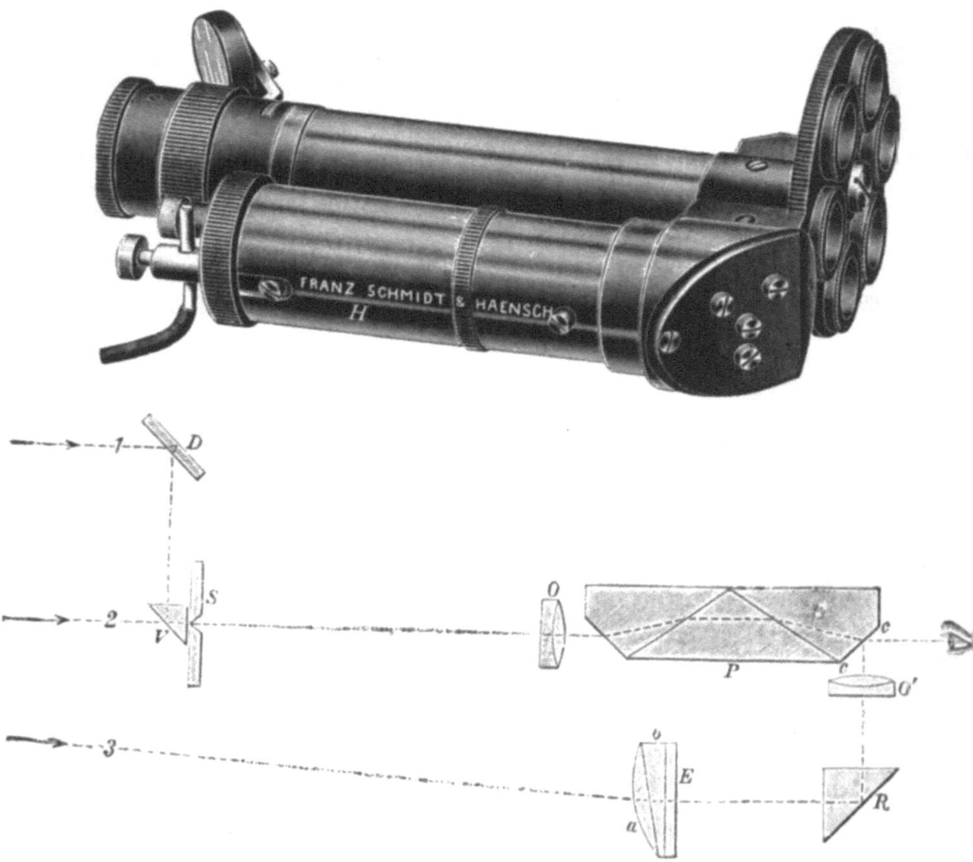

Fig. 71. Spectroscope à vision directe d'après BECKMANN. Modèle de la maison Schmidt & Haensch.

totale V recouvre la moitié de la fente du collimateur; il est éclairé par le miroir D qui réfléchit la lumière émise par la source auxiliaire, tandis que celle dont le spectre doit être étudié est placée directement devant la fente. La fig. 70 montre l'aspect de cet appareil construit par H. W. VOGEL, et la marche des rayons à l'intérieur.

Enfin, quand on veut pouvoir repérer les lignes spectrales au moyen d'une échelle, on donne à l'appareil la disposition indiquée par

Beckmann[1] et représentée sur la fig. 71, qui en résume le schéma, et qui est suffisamment claire pour éviter une longue description. En *E* se trouve l'échelle gravée en traits transparents sur fond opaque, qui est éclairée par une lampe électrique *g*, contenue dans le tube. *A*. Les

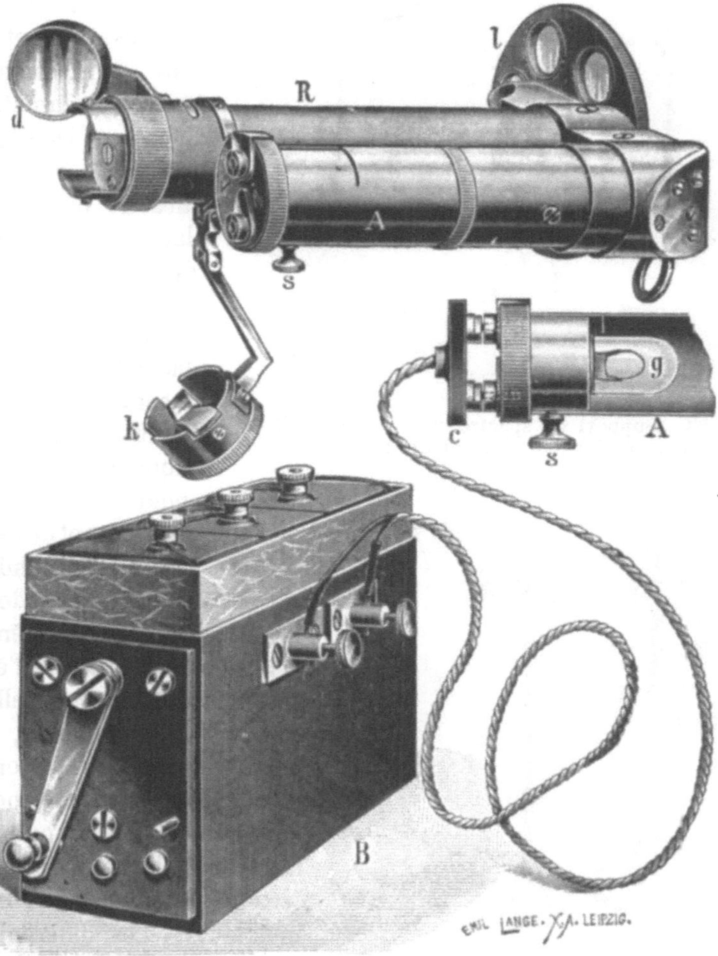

Fig. 72. Spectroscope à vision directe avec éclairage électrique de l'échelle. Modèle de la maison Schmidt & Haensch à Berlin.

rayons émis par la source lumineuse traversent tout d'abord la lentille planconvexe *a* et le prisme *b*; ils arrivent de là dans le prisme à réflexion totale *R*, puis dans la lentille *O*, qui donne de l'échelle une image virtuelle, située à la même distance de l'œil que le spectre lui-même. Cette image se réfléchit ensuite sur la face *cc* du prisme *P* et arrive jusqu'à

[1] Ber. d. Deutsch. Chem. Ges. 36. 1903.

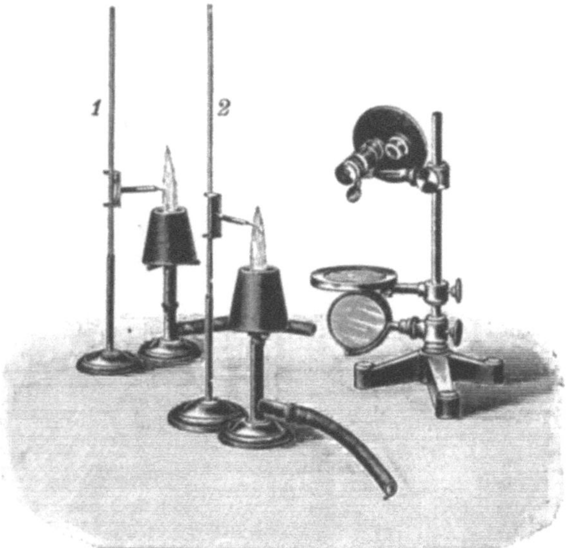

Fig. 73. Support du spectroscope. Modèle de la maison Schmidt & Haensch à Berlin.

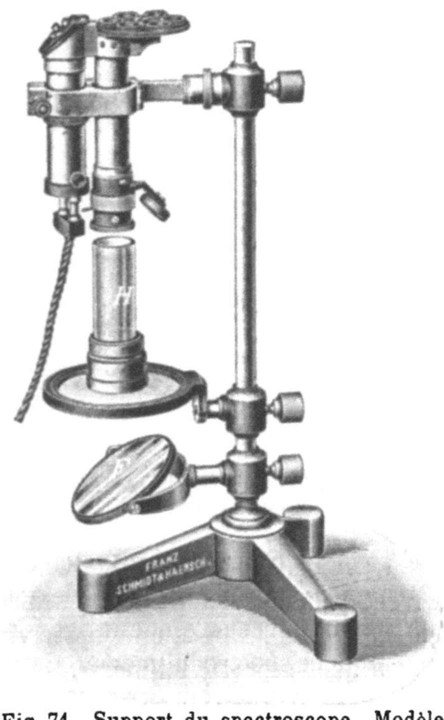

Fig. 74. Support du spectroscope. Modèle de la maison Schmidt & Haensch à Berlin.

l'œil de l'observateur. La mise au point de l'échelle se fait par une virole rotative, analogue à celle qui sert à régler l'écartement de la fente; puis, pour permettre l'adaptation à différentes vues, on utilise une série de lentilles de divers foyers, placées sur un disque rotatif excentrique *l*. En tournant celui-ci, chaque lentille vient se placer devant la pupille de sortie des rayons, et il suffit de chercher par tâtonnements celle qui convient pour obtenir une vue distincte de la fente et de l'échelle (fig. 72). Dans ces conditions, la distance angulaire de deux lignes spectrales, de même que celle de deux traits de l'échelle restent constantes, quelle que soit la lentille employée, ce qui permet de mesurer la longueur d'onde pour une ligne spectrale déterminée. La lampe qui sert à éclairer l'échelle est généralement actionnée par des accumulateurs. Les différentes recherches que l'on peut faire avec cet appareil sont facilitées en le fixant sur un support universel représenté fig. 73, 74 et 75.

123. Repérage des lignes. On repère, comme nous l'avons dit, les différentes lignes d'un spectre, au moyen de l'échelle graduée du spectroscope; mais les résultats que l'on obtient par ce procédé ne sont comparables qu'avec l'appareil qui a servi à les établir. Si l'on veut pouvoir comparer les données fournies par divers instruments, il faut exprimer en longueur d'onde les radiations qui correspondent aux différentes bandes que l'on a observées. Pour cela, on repère avec chaque appareil une série de bandes spectrales de longueur d'onde connue (potassium, sodium, lithium, hydrogène, etc. ou encore les principales lignes de Frauenhofer), puis on construit une courbe, en prenant en ordonnées les longueurs d'onde en millionièmes de millimètres, et en abcisses les divisions correspondantes de l'échelle de l'instrument. On peut également remplacer ce graphique par une formule dont les coefficients diffèreront naturellement d'un appareil à l'autre, ou encore par une table donnant par interpolation

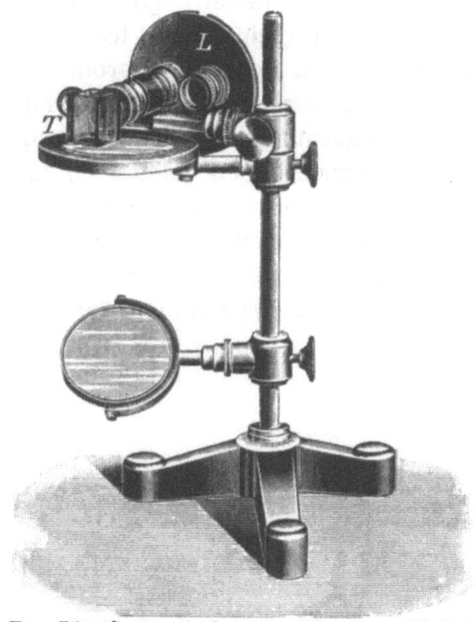

Fig. 75. Support du spectroscope. Modèle de la maison Schmidt & Haensch à Berlin.

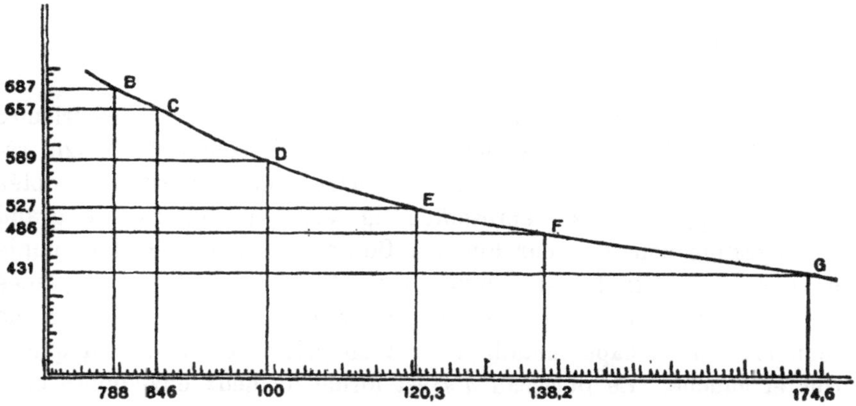

Fig. 76.

les valeurs de λ pour chaque degré de l'échelle. La fig. 76 représente une telle courbe, construite au moyen des lignes de Frauenhofer.

124. Spectrographes. Les spectrographes permettent de photographier l'image des différents spectres, mais comme on le sait, les radiations les moins réfrangibles (rouge-orangé, jaune) n'étant guère actiniques, c'est principalement les régions bleue, violette, et ultra-violette du spectre, qui impressionneront la plaque photographique ordinaire. De plus, le verre absorbant en grande partie les rayons ultra-violets, tout le dispositif optique de ces instruments, prisme et lentilles, devra être en quartz ou en calcite. Il n'y a d'ailleurs pas grand avantage à utiliser dans ces appareils des lentilles achromatiques, qui sont toujours excessivement coûteuses.

Les prismes de calcite doivent avoir leur arête réfringente parallèle à l'axe optique; ils donnent dans ce cas deux spectres séparés, celui

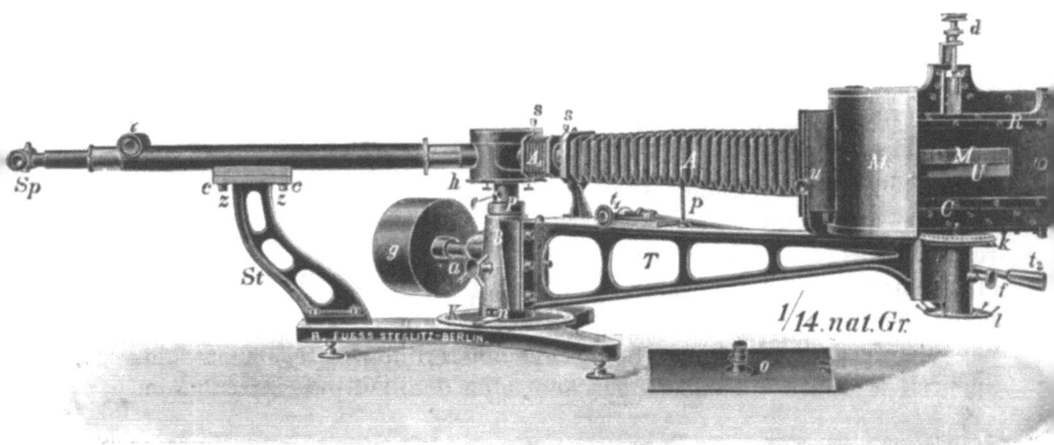

Fig. 77. Spectrographe. Modèle de la maison Fuess à Berlin.

dû au rayon ordinaire, le plus réfrangible, est seul utilisé. Les prismes de quartz ont l'axe optique normal au plan bissecteur de l'angle réfringent, et ne donnent qu'un seul spectre. La disposition adoptée pour ces appareils est représentée fig. 77, qui reproduit le grand spectrographe construit par Fuess à Berlin. La fente réglable, munie de volets permettant d'en couvrir les différentes parties, est placée en *Sp*; la mise au point se fait par la crémaillère *t*. Le prisme recouvert par sa cape métallique, est un prisme de Cornu en quartz droit et gauche. Le boisseau *h s* est formé de deux enveloppes concentriques, dont l'une en *h* est solidaire du collimateur, et l'autre du levier *T*, qui supporte la chambre. La position donnée à celle-ci est lue par le vernier *n* sur le cercle divisé *K*; tout l'équipage est équilibré par le contrepoids *g*.

L'objectif en quartz est en *s*, il est compris entre les deux soufflets A_1 et A_2, commandés par la crémaillère à tige $t_1 t_2$. Le porte-châssis *R C* est mobile autour d'un axe vertical dans un tambour *M* étanche; son inclinaison est lue sur le cercle *k*, la vis d'arrêt *d*, qui est à ressort, permet son déplacement dans le sens vertical, pour faire des poses successives sur la même plaque.

Le verre dépoli de mise au point est formé par 2 parties; l'une *M* est une glace, l'autre *U* est un verre d'urane fluorescent, permettant de faire la mise au point des raies ultra-violettes à la loupe.

L'image de la source lumineuse est projetée sur la fente du spectroscope par une lentille sphérique ou cylindrique de quartz.

Tout récemment, Mr Ch. Féry[1] a fait exécuter par Mr Ch. Beaudouin constructeur à Paris, un spectrographe à prismes de quartz, qui constitue un réel perfectionnement, et peut rendre de grands services. On sait en effet que vu la difficulté d'achromatiser les lentilles des appareils en quartz, il faut recevoir l'image spectrale sur une plaque courbée, et de plus, incliner les châssis par rapport à la direction moyenne du faisceau. Dans l'appareil de Mr Ch. Féry, les lentilles sont supprimées, et c'est le prisme qui sert à la fois à la dispersion des rayons et à la mise au point du spectre obtenu. Les avantages réalisés par l'appareil sont une inclinaison moins grande de la plaque (51° au lieu de 64°), une netteté uniforme dans toute l'étendue du plan focal, et un réglage facile.

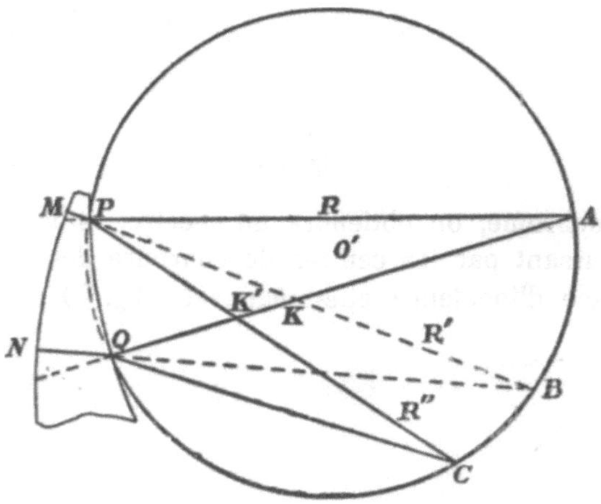

Fig. 78.

La théorie de cet instrument est la suivante: Nous avons vu que pour obtenir un spectre pur, il faut opérer sur un faisceau de rayons parallèles qui traversent le prisme au minimum de déviation. Il est plus général de dire qu'il est seulement nécessaire d'obtenir, sur toute la surface réfringente, un angle d'incidence constant. Cet énoncé permet d'employer des surfaces courbes pour le faisceau divergent issu de la fente. Soit une surface réfringente sphèrique *P Q* (fig. 78) dont le centre est en *A*. On pourra toujours trouver un point *C* tel,

[1] Journal de Physique théorique et appliquée. Paris, IX, 1910.

que les angles d'incidence CPA et CQA soient égaux. Dans ces conditions, après réfraction, on obtiendra pour ces deux rayons une déviation égale, et ces rayons sembleront provenir d'un point virtuel B. Choisissons ce point comme centre de la seconde surface réfringente MN; les rayons réfractés PM et QN tombent alors normalement sur cette surface courbe d'émergence, que l'on peut rendre réfléchissante par un dépôt d'argent métallique; la radiation considérée revient donc par autocollimation, former un foyer exact sur le point C. Les points $A\,B\,C\,Q\,P$ sont placés sur un même cercle, construit sur le rayon R de la surface réfringente sphérique d'entrée, pris comme diamètre. Si au lieu d'un rayon monochromatique, on emploie une radiation hétérochrome, on obtiendra un spectre, et le diacaustique épouse le cercle passant par les centres de courbure des surfaces du prisme et la surface d'incidence elle-même. La fig. 79 montre l'effet que produirait

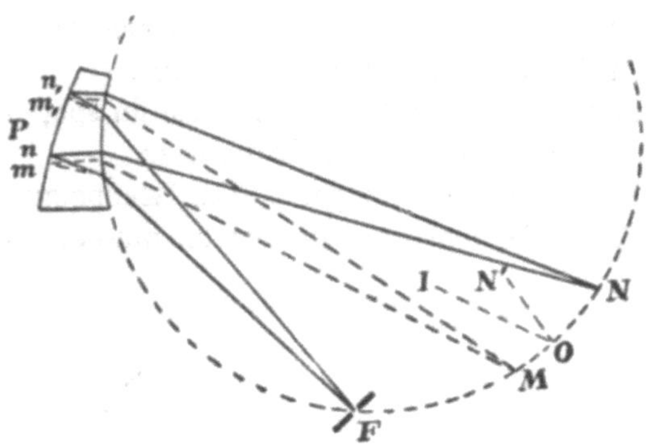

Fig. 79.

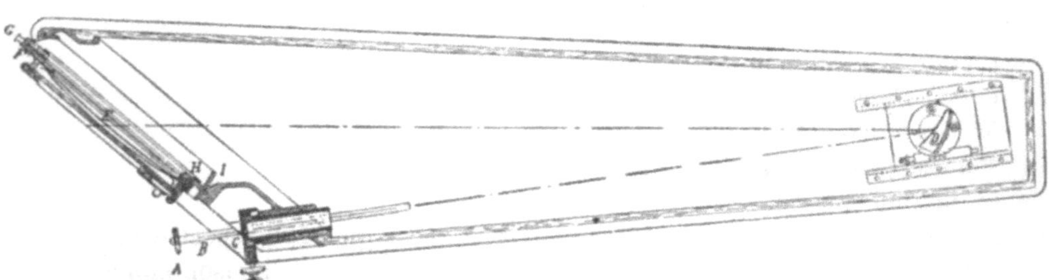

Fig. 80. Vue en plan du spectroscope de F. Féry. Modèle construit par M. Beaudouin à Paris.

la dispersion sur deux radiations extrêmes, dont les foyers sont en M et N, la fente F ayant été rapprochée du prisme pour éviter que le spectre ne vienne s'y superposer.

Le châssis, qui contient la plaque sensible destinée à recevoir ce spectre, devrait être placé en MN. L'angle ION', qui mesure la direction moyenne du faisceau IO par rapport à la normale $N'O$, est inférieur à 51°.

La fig. 80 représente la vue en plan de l'appareil construit sur le principe qui vient d'être indiqué. Il est supporté par un socle massif de fonte, portant à une de ses extrémités le prisme à faces courbes D, qui est argenté sur la surface d'émergence. Le prisme est monté sur un support à glissière permettant une mise au point grossière; il est muni de tous les réglages nécessaires à son orientation. A l'autre extrémité du bâti et faisant corps avec lui, se trouve le porte-châssis, qui est solidaire du support de la fente; c'est par déplacement longitudinal de celle-ci que la mise au point est achevée. Cette fente *C* est éclairée par une lentille cylindro-sphérique en quartz *A*, qui donne sur la fente une image linéaire de la source. La glissière *B* qui porte cette lentille, coulisse dans la direction même du prisme, ce qui assure l'éclairage de celui-ci dès que l'image de la source tombe sur la fente. Une fenêtre percée à l'extrémité du couvercle de bois qu'on pose sur l'appareil, permet de s'assurer si cette condition est remplie.

La fente *C* possède des couteaux de nickel ajustés pour que leur déplacement reste toujours parallèle; ils sont rapprochés par un

Fig. 81. Vue perspective du spectrographe de M. Féry. Modèle construit par M. Beaudouin à Paris.

ressort, et écartés par un tambour divisé en 200ièmes de mm. Cette fente possède un mouvement de rotation autour de l'axe du tube qui la supporte, afin de pouvoir être amenée parallèlement à l'arête du prisme; elle peut être bloquée après réglage. La mise au point s'effectue sur la partie visible du spectre; le porte-châssis *I* peut pivoter autour d'un axe; on peut donc en prenant sur la même plaque quelques photographies sous des orientations différentes, faire varier la mise au point dans l'ultra-violet, sans altérer la netteté de la partie visible; le réglage est ainsi rapidement obtenu.

Un tambour déplace un écran intérieur, muni d'une fenêtre horizontale *H*, qui limite exactement à 4 mm. la largeur de la plaque exposée. Un tour de ce tambour correspond exactement à 4 mm., de sorte que sur une plaque $^6/_{24}$, qu'il est aisé de découper dans le format usuel de $^{18}/_{24}$, on peut obtenir 6 poses successives, donnant des spectres tangents ayant 4 mm. de largeur sur 215 mm. de longueur.

Le châssis porte-plaque est métallique, il porte un gabarit cylindrique, du rayon de courbure de la surface focale, sur lequel la plaque ou la pellicule viennent se modeler. On choisit toujours des plaques panorthochromatiques pour les épreuves. La fig. 81 donne une vue perspective de l'appareil. La longueur du spectre visible est de 45 mm; sa netteté est très grande, de sorte que son image aérienne peut supporter un grossissement de 20 diamètres. Un petit microscope coudé qui est supporté par une plaque métallique qu'on peut glisser à la place du châssis photographique, permet d'examiner ce spectre et de repérer les raies dans la région visible. Un vernier, entraîné par le microscope et donnant $^1/_{50}$ de mm., permet de faire des pointés à environ une unité *UA*.

Les dimensions de l'appareil sont les suivantes: Largeur de la surface extérieure du prisme 58 mm., hauteur 50 mm. Distance de la face du prisme au centre de la plaque photographique 1080 mm. Longueur totale de l'appareil 1,32 m. Largeur maximum 0,32 m. Dimension de la plaque photographique 6,24 cm. Dimension du spectre 215 mm. Etendue du spectre de $\lambda = 6{,}700\,UA$, à $\lambda = 2200\,UA$.

Fig. 82. Machine à diviser pour mesurer l'écartement des bandes spectrales. Modèle construit par M. Beaudouin à Paris.

Le même constructeur livre avec l'appareil, un condensateur à lame, très pratique pour travailler avec la bobine d'induction et une bobine de self-induction à tours multiples, couplables à volonté, pour introduire dans le circuit extérieur de la décharge (voir spectres d'étincelle).

Dans les spectrographes, on ne repère jamais les lignes spectrales par une échelle graduée, mais au contraire par un spectre déterminé et bien connu, qu'on appelle *spectre de référence*, qui est photographié sur la même plaque et au-dessous du spectre à étudier, grâce à un volet que l'on peut placer sur la fente du collimateur. Après développement et fixage de la plaque, celle-ci est placée sur le plateau d'une machine à diviser, et les différentes raies sont successivement amenées en coïncidence avec le réticule d'un microscope qui se déplace au moyen de la vis micrométrique de la machine. On inscrit les nombres de tours et de fractions de tours qui correspondent aux différentes raies du spectre étudié et du spectre de référence, puis à l'aide de ce dernier, dont les longueurs d'onde sont connues, on construit une courbe en prenant comme ordonnées les valeurs de λ et comme abcisses les déplacements de la vis micrométrique. Il est alors aisé de déterminer par un graphique, les longueurs d'onde des raies du spectre à étudier. Ces longueurs s'expriment alors en microns $\mu = 10^{-3}$ de mm., ou en micromicrons $\mu\mu = 10^{-6}$, ou encore en unités d'Angström $UA = 10^{-7}$, dans ce cas à l'aide de quatre chiffres. La fig. 82 représente la machine à diviser construite spécialement par Mr Beaudouin pour relever la position des raies sur les clichés.

§ 3. LES SPECTRES DE FLAMME.

125. Généralités sur les spectres d'émission. On peut obtenir des spectres d'émission par plusieurs procédés, qui sont applicables suivant les cas, et qui ne donnent pas toujours les mêmes résultats, à savoir:

1. Par la chaleur seule, et notamment par la flamme, qui volatilise certains corps et rend leur vapeur incandescente. Les spectres qu'on obtient dans ces conditions s'appellent *spectres de flamme.*

2. Par l'étincelle électrique jaillissant entre deux conducteurs métalliques *(spectres d'étincelle)* ou par l'étincelle jaillissant entre un conducteur et une dissolution saline *(spectres d'étincelle des solutions).*

3. Par l'arc électrique jaillissant entre des électrodes métalliques ou de charbon (spectres d'arc).

4. Par l'illumination des gaz raréfiés par la décharge électrique *(spectres des gaz sous pression réduite).*

5. Par la lumière émise par les corps phosphorescents *(spectres de phosphorescence).*

126. Procédés pour obtenir les spectres de flamme. Pour obtenir un spectre de flamme, on peut procéder de deux façons, soit:

1. Introduire directement la substance solide ou en solution dans la flamme d'un brûleur de Bunsen ou d'un chalumeau.

2. Pulvériser la dissolution de la substance à étudier dans la flamme au moyen d'un dispositif approprié.

Pour introduire directement la substance dans la flamme, on se sert d'un fil de platine soudé par une extrémité à une baguette de verre. On l'humecte avec un peu d'eau ou d'acide, on y fait adhérer quelques menus fragments de matière solide, et on transporte le tout dans la flamme d'un bec Bunsen à fort tirage ou mieux d'un bec Téclu. Lorsqu'il s'agit d'une solution, on y trempe simplement à fois réitérées le fil de platine, et on l'introduit ensuite dans la flamme. Il ne faut jamais prendre des fils trop gros, qui absorberaient trop de chaleur; la dimension la meilleure est de deux dixièmes de millimètre de diamètre environ. Il faut toujours avoir soin de vérifier préalablement, par une opération à blanc, que le fil est parfaitement propre, et ne communique à la flamme aucune coloration. Dans le cas contraire, on le laissera séjourner un certain temps dans l'acide chlorhydrique, puis on le calcinera ensuite fortement au chalumeau. En tous cas, on évitera soigneusement de le toucher avec les doigts. Quelles que soient les précautions prises, on observe presque toujours même avec les fils les plus propres, la raie jaune plus ou moins nette des sels de sodium, par le fait que ce métal se trouve toujours dans les poussières atmosphériques. Les spectres obtenus par ce procédé sont assez faibles, et ne contiennent que les lignes principales; on peut cependant déceler aisément les métaux alcalins et alcalino-terreux, même en très petite quantité; il en est de même pour le thallium, l'indium, le cuivre et l'acide borique. Cela ne veut pas dire que d'autres substances ne puissent donner des spectres dans les mêmes conditions; les sels de plomb, de zinc, de manganèse, d'or, de platine, de gallium, etc. se comportent en effet comme ceux des métaux alcalins, mais leurs spectres sont trop faibles ou trop fugitifs pour pouvoir être utilisés.

Lorsque l'on veut repérer les raies spectrales obtenues, la méthode qui vient d'être indiquée n'est guère recommandable. Tout d'abord, si la substance est solide, elle se détache souvent du fil auquel elle adhère et tombe alors dans le brûleur. Si elle est en solution, il faut à chaque instant y plonger le fil et le transporter dans la flamme, car les sels en très petite quantité se volatilisent rapidement; cette manoeuvre est fastidieuse et rend impossible l'observation de certaines lignes, faibles ou trop fugaces. On peut remédier à cet inconvénient en plaçant cette solution dans un petit tube de verre recourbé, par l'extrémité étirée duquel passe une mèche en fils de platine très fins (fig. 83). La solution monte par capillarité dans cette mèche, et arrive ainsi jusqu'à la flamme, dans laquelle on l'indroduit. On peut aussi, comme l'ont fait MM. Eder et Valenta[1], introduire la solution dans la flamme au moyen d'une roue, dont l'axe S est incliné à 45° du brûleur Bunsen, et qui tourne régulièrement au moyen d'un mouvement d'horlogerie. Cette roue est munie à sa périphérie d'une bande de toile métallique de platine, qui, aux deux extrémités d'un même

[1] Beiträge zur Photochemie und Spektralanalyse, Wien 1904, puis Wien, Ber. t. 110. 1883.

diamètre, plonge à la fois dans la solution et dans la flamme. La fig. 84 montre la disposition de l'appareil.

Les spectres obtenus avec le brûleur de BUNSEN sont assez pauvres en raies, ce qui tient à la température relativement basse de la flamme; en lui substituant le chalumeau oxyhydrique, on obtient souvent des spectres plus complets. La matière est directement introduite dans la flamme, ou supportée par des lamelles de Cyanite. Récemment,

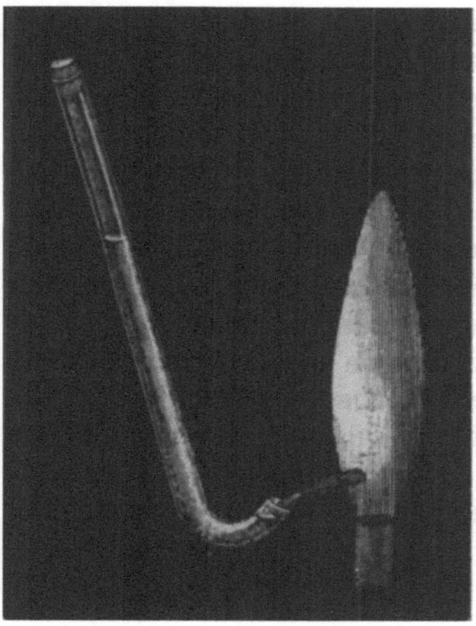

Fig. 83.

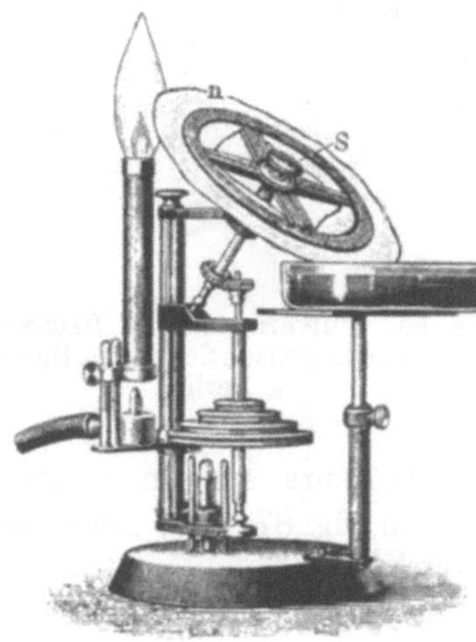

Fig. 84. Appareil de MM. EDER et VALENTA.

M. DE GRAMMONT a employé avec succès le chalumeau oxyacétylénique, dont la flamme est très chaude et permet d'obtenir des spectres excellents.

127. Méthode par pulvérisation des solutions salines. Elle est particulièrement recommandable pour obtenir des spectres de flamme à la fois constants et brillants, et consiste à pulvériser aussi finement que possible, la solution dans la flamme. On peut employer pour cela divers dispositifs; nous examinerons les plus pratiques, et ceux dont l'emploi est le plus courant.

Pulvérisateur de Beckmann[1]: Il se compose d'un brûleur de BUNSEN ordinaire, auquel on peut adapter, par un tube de caoutchouc, le pulvérisateur proprement dit, qui contient la solution à examiner qu'on y a introduite par une tubulure. Le gaz entre dans le brûleur

[1] Zeitsch. f. physik. Chem. XL, 4, p. 270 et XXXIV, 5. 1900.

par l'orifice habituel, puis au moyen d'une trompe, on insuffle de l'air dans le pulvérisateur, où il se charge de fines gouttelettes de solution avant de pénétrer dans le brûleur (fig. 85).

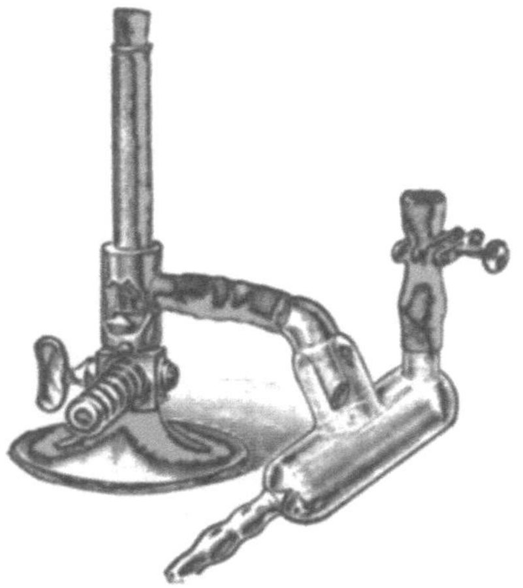

Fig. 85. Pulvérisateur de BECKMANN. Modèle de la maison Schmidt & Haensch à Berlin.

Brûleur de Rupp: C'est une sorte de »BUNSEN« entièrement en verre, muni en son fond d'un pulvérisateur, et de deux tubulures latérales. La solution est introduite dans le brûleur par une pipette; le gaz arrive par la tubulure inférieure, et l'air qui sert à le brûler par celle placée en regard du pulvérisateur. Le brûleur est terminé par une douille amovible en verre, munie d'un anneau de platine, pour éviter une coloration possible de la flamme par les éléments contenus dans le verre (fig. 86). On dispose quelquefois une série de ces brûleurs sur un même disque rotatif (système à révolver de BRUSCH, fig. 87). Le nettoyage de ces brûleurs se fait aisément, mais

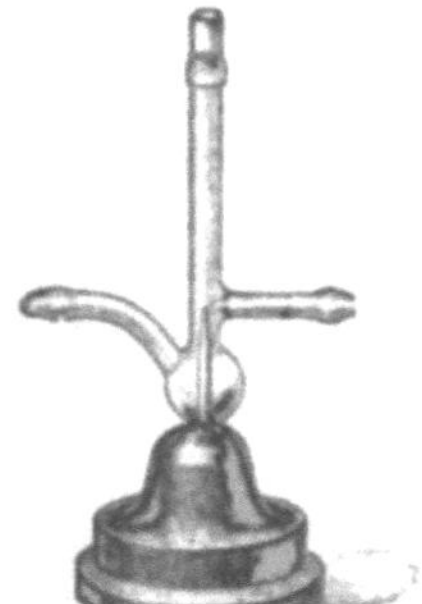

Fig. 86. Pulvérisateur de RUPP. Modèle de la maison Franz Hugershoff à Leipzig.

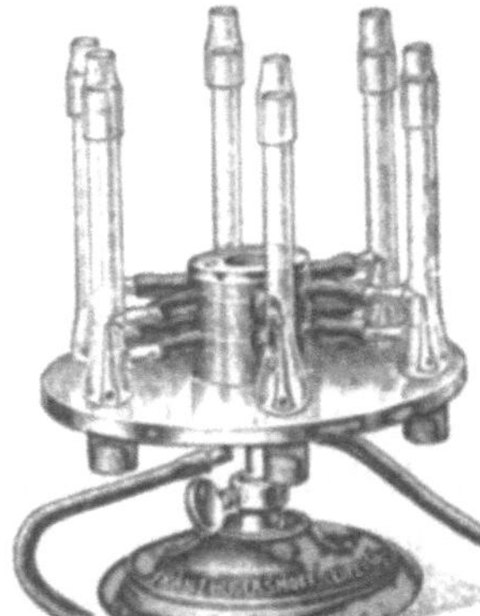

Fig. 87. Pulvérisateur à révolver de BRUSCH. Modèle de la maison Franz Hugershoff à Leipzig.

il est toujours bon de les faire d'abord fonctionner à blanc, pour vérifier s'il ne reste aucune trace de la solution employée pour une détermination précédente.

Appareil de Gouy: Il est représenté fig. 88. En P se trouve le pulvérisateur à air comprimé, qui aspire la solution contenue dans la partie inférieure de l'ampoule *A*. L'air saturé abandonne d'abord dans *A* les plus grosses gouttelettes, puis se rend dans le ballon *C*, tandis que le gaz arrive dans le ballon *B*; ces deux ballons servent à rendre uniforme la pression de l'air et du gaz. De là le mélange gazeux est dirigé dans le brûleur *F* où il est enflammé. L'appareil est d'un réglage facile, et donne des spectres très constants.

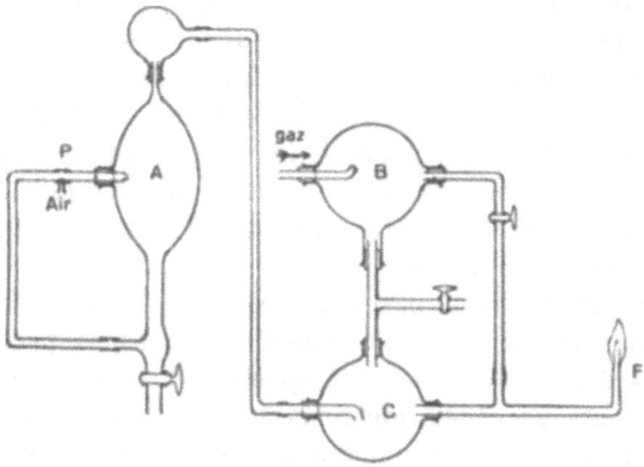

Fig. 88. Appareil de Gouy.

Appareils de MM. Hemsalech et de Watteville[1]**:** Il se compose d'un brûleur à flammes multiples formant une rampe de flammes identiques; le gaz arrive dans ce brûleur par le tube *A*, l'air par le tube *B*. Il passe dans une ampoule traversée par deux conducteurs formés par le métal dont on veut étudier le spectre, et entre lesquels on fait jaillir l'étincelle (fig. 89). Sous son influence, le métal se volatilise, et les vapeurs métalliques produites sont entraînées par le courant d'air jusque dans la flamme. Elles sont excessivement ténues, et permettent d'obtenir de fort beaux spectres, beaucoup plus complets que les spectres de flamme ordinaires.

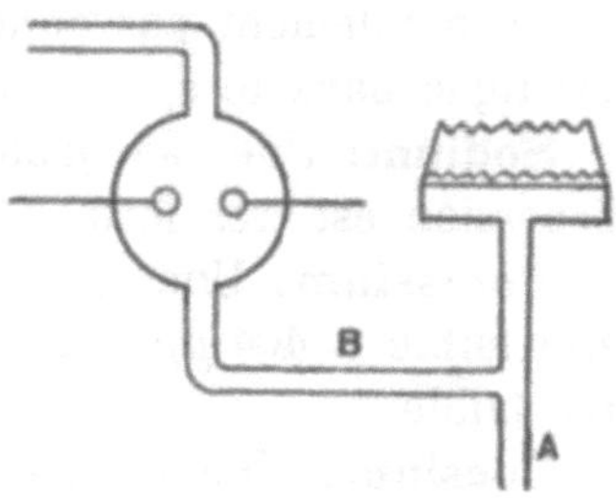

Fig. 89.

128. Caractères des spectres de flamme. Les spectres de flamme sont, comme nous l'avons vu, formés en général par un petit nombre de raies; pendant longtemps on les a considérés comme absolument caractéristiques pour les métaux, abstraction faite de la forme sous laquelle ils sont combinés. Ainsi tous les sels de sodium donnant la raie jaune *D*, on en conclut que celle-ci est caractéristique pour cet

[1] Comp. Rend. acad. scienc. Paris t. 144, I, p. 1338. 1907 puis t. 145, II, p. 1266.

élément. Actuellement, on sait que cette manière de voir est sensiblement exacte pour les sels alcalins, facilement réductibles à l'état de métal par les hydrocarbures de la flamme, mais n'est qu'approchée pour les métaux alcalino-terreux. En effet, les spectres de ceux-ci diffèrent selon la nature du sel du même métal qu'on introduit dans la flamme, et on en a conclu que ces spectres sont caractéristiques, non pas pour le métal, mais pour le sel lui-même. Actuellement on admet qu'un spectre de flamme résulte de la coexistence simultanée de plusieurs spectres dont l'un, composé des raies qui se retrouvent dans tous les spectres des divers sels d'un même métal, caractérise par conséquent celui-ci; les autres, qui se superposent au premier, et qui varient suivant la nature du sel introduit dans la flamme, résultent du caractère chimique de ce sel, et varient par conséquent d'un cas à l'autre.

Nous ne reproduirons pas dans ce livre la liste des raies des divers éléments, en renvoyant pour cela aux ouvrages spéciaux donnant les longueurs d'onde des raies des spectres des corps simples obtenus par les différents procédés que nous avons énumérés à l'alinéa 125. Nous nous bornerons simplement à titre d'indication générale, à énumérer les principales raies des éléments que l'on recherche généralement à la flamme dans les laboratoires.

Lithium: Une raie rouge caractéristique à 670 $\mu\mu$, une raie jaune faible à 610 $\mu\mu$, peu visible, et une raie bleue à 460 $\mu\mu$ que l'on ne voit généralement pas dans les spectres de flamme (mais qui est caractéristique dans le spectre d'étincelle).

Sodium: Une raie jaune à 589 $\mu\mu$, qui se dédouble en deux, si la dispersion est très forte.

Potassium: Une raie rouge brillante à 768 $\mu\mu$, puis une raie violette faible à 404 $\mu\mu$, parfois difficile à observer, et un spectre continu très faible.

Coesium: Une double raie dans l'orangé, et deux raies dans le bleu foncé à 456 et 459 $\mu\mu$, très caractéristiques.

Rubidium: Deux raies rouges à 795 et 780 $\mu\mu$, et deux violettes très caractéristiques à 421 et 420 $\mu\mu$.

Indium: Une raie bleue très caractéristique, à 451 $\mu\mu$, et une violette faible à 410 $\mu\mu$.

Thallium: Une superbe raie verte à 534,9 $\mu\mu$ (qui est triple en réalité, et composée d'une raie brillante et de deux plus faibles).

Calcium: Le chlorure de calcium donne une triple bande dans le rouge, et une double dans le vert; puis une raie indigo caractéristique du métal à 422,6 $\mu\mu$.

Strontium: Le chlorure de strontium donne 6 belles bandes rouges mais assez floues, puis une bande orangée double, et une raie bleue à 461 $\mu\mu$; celle-ci est très caractéristique et appartient sans doute au métal.

Baryum: Le chlorure de baryum donne un spectre très riche en bandes, principalement dans la région du vert; la raie verte brillante à 553,6 $\mu\mu$, appartient au métal.

Pour les spectres de flamme obtenus par la méthode de MM. Hemsalech et de Watteville[1], on consultera avec avantage un certain nombre de notes publiées par ces auteurs dans les Comptes Rendus.

§ 4. LES SPECTRES D'ÉTINCELLE.

129. Généralités sur les spectres d'étincelle. Lorsqu'on approche à une distance suffisante deux conducteurs électrisés à des potentiels différents, il y a décharge, et on voit jaillir une étincelle entre ces conducteurs. Cette étincelle est donc une forme spéciale de la décharge dans les gaz sous pression normale, caractérisée par un faible débit, joint à une différence de potentiel élevée. Placée devant la fente d'un spectroscope, cette étincelle donne un spectre dont les caractères varient avec la nature de la décharge; il est donc nécessaire de pouvoir préciser ces derniers, et au besoin de les faire varier. On appelle *distance explosive*, la distance maximum à laquelle éclate l'étincelle. Pour produire cette étincelle, on emploie soit une machine électrostatique à plateaux multiples, soit une bobine d'induction actionnée par un courant alternatif, ou continu ce qui est préférable.

Fréquemment on fait communiquer les électrodes avec les armatures d'un condensateur, qui rend alors la décharge oscillante. L'étincelle obtenue dans ces conditions s'appelle *étincelle condensée ou de capacité*; sa distance explosive est plus faible que celle que l'on obtient sans condensateur, mais elle est plus fournie. Le courant d'une bobine d'induction est alternatif; sa période dépend de l'oscillation de l'interrupteur, ou de la fréquence du courant inducteur, selon que l'on opère avec les courants alternatif ou continu. Or, il y a avantage à choisir la capacité du condensateur de façon à ce que la période de sa décharge soit en résonnance avec le courant de la bobine; dans ces conditions, la distance explosive de l'étincelle condensée est maximum. Si la capacité du condensateur est invariable, on peut arriver au même résultat en agissant sur le courant inducteur au moyen d'une bobine

[1] G. A. Hemsalech et C. de Watteville, Comp. rend. acad. scienc. Paris t. 146, I, p. 748. 1908; t. 146, I, p. 859 et p. 962. 1908; t. 147, II, p. 188. 1908; t. 149, II, p. 1369; puis G. A. Hemsalech et H. Deslandres t. 151, II, p. 222. 1910; G. A. Hemsalech et C. de Watteville t. 1501, p. 229. 1910.

de self-induction, réglable par un noyau mobile de fer doux qu'on intercale dans le circuit[1].

Si l'on introduit une bobine de self-induction dans le circuit de la décharge, les oscillations deviennent plus nombreuses, et l'étincelle prend un caractère spécial; son éclat diminue tout d'abord, puis augmente ensuite lorsque croît la self-induction. Cette étincelle porte le nom *d'étincelle oscillante*, pour la distinguer de celle de capacité, qui d'ailleurs est oscillante également.

L'étincelle condensée présente deux zones distinctes; l'une centrale très brillante appelée *trait lumineux*, et l'autre périphérique qui forme *l'auréole*. Si, sur la fente du collimateur, on projette l'image de cette étincelle, qui doit jaillir normalement à cette fente, on observe dans le spectre une série de raies longues qui correspondent à l'auréole, et de lignes plus courtes qui correspondent à la zone centrale (fig. 90).

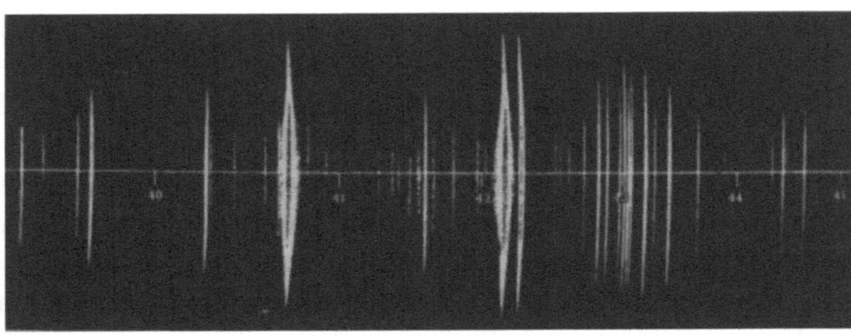

Fig. 90. Enhanced-lines.

Lockyer[2] qui découvrit ce phénomène, considérait les raies courtes comme provenant d'une température plus élevée que les raies longues, car il admettait que la partie centrale de l'étincelle est plus chaude que l'auréole. Ces raies courtes, il les appelle «*enhanced-lines*» ou raies renforcées, en se basant pour cette appellation sur le fait que, lorsque l'on passe de l'arc à l'étincelle, certaines raies disparaissent, d'autres deviennent plus fortes, et d'autres apparaissent à nouveau. En prenant des charges de plus en plus fortes, et en notant les raies qui apparaissent, on obtient un spectre typique pour chaque métal. Nous laisserons de côté la discussion de la théorie de ce phénomène, et dirons seulement qu'actuellement on sait que le trait du feu donne principalement les lignes du spectre parasite de l'air, puis quelques raies métalliques qui figurent parmi les «enhanced-lines». Quant à

[1] Hemsalech et Tissot, Comp. rend. acad. scienc. Paris t. 144, I, p. 262. 1907.

[2] Proceed. royal soc. t. 27. 1878 et t. 30. 1880 et Studies in spectrum analysis. Londres, Bibliothèque internationale.

l'auréole, elle fournit les véritables lignes métalliques. Ce sont donc les raies longues qui caractérisent le spectre d'une substance donnée, bien qu'elles soient souvent beaucoup moins brillantes que les courtes.

En remplaçant l'étincelle de capacité par l'étincelle oscillante, la forme irrégulière de l'auréole qui caractérise l'étincelle condensée, change, et tend vers un ellipsoïde; le spectre parasite de l'air peut alors être complètement éliminé, si on rapproche suffisamment les électrodes, de façon à ce que l'espace situé entre les pôles reste saturé de vapeurs métalliques. Dans ces conditions, à chaque nouvelle décharge oscillante, la première décharge ne traversera plus l'air, mais bien ces vapeurs, et le spectre obtenu sera presque exclusivement celui de l'auréole, qui ne contient que les raies des métaux. Si les électrodes étaient trop éloignées, une partie de la décharge traverserait nécessairement l'air, mais au lieu du spectre de lignes que l'on observe avec les décharges ordinaires, on obtiendrait le spectre de bandes négatif de l'azote.

130. Spectres d'étincelle condensée. Pour obtenir des spectres d'étincelle condensée on adopte généralement le dispositif représenté

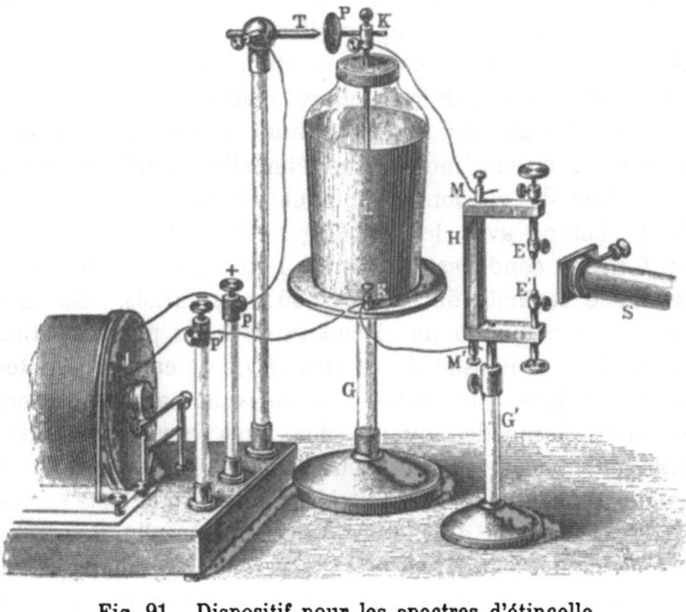

Fig. 91. Dispositif pour les spectres d'étincelle.

fig. 91. Le métal ou l'alliage qui forme les pointes entre lesquelles doit jaillir l'étincelle est coulé en baguettes, serrées en E et E', à l'extrémité de deux tiges que l'on peut rapprocher à volonté. Les pointes E et E' sont reliées par les bornes M et M', aux deux armatures d'une bouteille de LEYDE K et K'. L'armature extérieure K' communique par un fil avec la borne p', à laquelle aboutit le pôle négatif d'une bobine de RHUMKORFF; le pôle positif de celle-ci est relié à une pointe métallique isolée T, placée en face du disque métallique P, qui est uni à l'armature intérieure K de la bouteille de LEYDE. L'étincelle éclate simultanément entre TP et EE'; elle est placée directement devant la fente du spectroscope.

C. WEASTONE paraît être le premier qui a montré que les spectres d'étincelle des divers métaux sont différents, et qu'ils sont caractéristiques pour un même métal. Le diagramme qu'il a publié pour les raies d'une série de métaux (Hg, Zn, Cd, Bi, Sn, Pb,) ne présente aucune des lignes de l'air, ce qui semble indiquer qu'il opérait avec des étincelles courtes, et avec une grande intensité électrique. Depuis lors ce procédé d'investigation s'est généralisé; c'est MASSON qui le perfectionna, en substituant à l'étincelle ordinaire l'étincelle condensée, et qui dessina les spectres de nombreux métaux. ANGSTRÖM[1] a montré que les spectres des métaux sont toujours accompagnés d'un spectre parasite invariable, contenant les raies d'un certain nombre de dérivés de l'azote, de l'oxygène de l'air, et parfois la raie rouge de l'hydrogène provenant de la vapeur d'eau.

Mr A. DE GRAMONT[2] a également étudié les spectres d'étincelle fournis, non seulement par les métaux, mais encore par les minéraux et les produits métallurgiques. Il utilisait une bobine donnant, sans condensateur du circuit induit, une étincelle chaude de 15 mm. Il employait l'étincelle condensée obtenue en reliant les bornes du fil induit de la bobine avec les armatures d'une batterie de bouteilles de LEYDE formant condensateur, de 25 à 75 d.q. de surface de condensation, et d'une capacité de 0,08 à 0,026 microfarads. Ces armatures étaient en outre réunies à un circuit interrompu par une étincelle.

Le support se composait d'une tige verticale carrée de laiton, portant une crémaillère, sur laquelle se meuvent par des pignons deux coulisses, dans lesquelles glissent des tiges horizontales d'ébonite. L'extrémité de chacune de ces deux tiges porte une tête métallique, dans laquelle se fixe par une mâchoire et une vis, la base carrée d'une pince à ressort à bouts de platine, semblable à celle décrite à propos des essais au chalumeau. Les éclats des corps à étudier étaient maintenus entre les pinces, et l'on pouvait ainsi régler aisément l'écarte-

1 ANGSTRÖM et THALEN, Nova acta reg. soc. Upsala t. g. 1875.

2 A. DE GRAMONT, Analyse spectrale directe des minéraux, Paris 1895 et Bull. soc. minér. de Fr. t. 18, p. 171. 1895; puis Comp. rend. acad. scienc. Paris t. 118 et 119. 1894; t. 120 et 121. 1895; t. 122. 1896; t. 124 et 125. 1897; t. 126 et 127. 1898; t. 134. 1902; puis Bull. soc. chim. Paris t. 13. 1895; t. 17. 1897; t. 18. 1898.

ment des deux fragments du minerai entre lesquels devait éclater l'étincelle. Les expériences de Mr DE GRAMONT ont porté principalement sur la famille des sulfures, arséniures, antimoniures, arséniosulfures, tellurures et séléniures d'or, argent, mercure, cuivre, plomb, zinc, étain, bismuth, etc.; il a résumé lui-même les résultats qu'il a obtenus comme suit: Un grand nombre de minéraux métallifères peuvent donner, avec l'étincelle condensée, des bons spectres de lignes brillantes, composés, non seulement des raies des métaux, mais encore de celles des métalloïdes qui se trouvent en combinaison avec eux; les éléments contenus même en faible quantité, sont discernables par ce procédé. En supprimant le condensateur, les spectres des métalloïdes disparaissent, et ceux des métaux sont réduits aux raies les plus brillantes. Les minéraux non conducteurs, mais volatils dans l'étincelle, donnent aussi de bons résultats.

Mr DE GRAMONT[1] a également fait la remarque que l'intensité des raies du spectre d'un corps pris en masse, diffère de celle des raies du même corps réduit à l'état de traces dans un mélange. Le spectre d'un élément dans un mélange est d'autant plus faible que sa teneur est plus réduite, et les raies de l'élément disparaissent au fur et à mesure que cette teneur s'abaisse. Les dernières lignes qui persistent sont les *raies ultimes*; ce sont celles qui caractérisent un corps en faible proportion. Ces raies, qui ne sont pas toujours les plus fortes dans le spectre complet, sont celles qui résistent à l'intercalation d'une self-induction dans le circuit de l'étincelle; *elles correspondent aux raies des spectres de flamme.*

Mr DE GRAMONT[2] a également, par une méthode tout à fait originale, étudié les spectres d'étincelle des minéraux non conducteurs à l'état de sels fondus. Pour cela, il introduit dans la flamme d'un bec de BUNSEN deux fils de platine superposés. Le fil inférieur, qui est gros et horizontal, est aplati à son extrémité en forme de spatule, qui contient les sels maintenus à l'état liquide ou pâteux qu'il s'agit d'examiner. Le fil supérieur est incliné, il amène l'étincelle qui jaillit ainsi au sommet de l'angle aigu du *V* formé par les deux fils, sur l'extrémité aplatie qui porte le sel fondu. On opère avec une faible quantité de matière finement pulvérisée, mêlée à deux ou trois parties du sel destiné à la désagréger. A cet effet, on choisit généralement le carbonate de sodium, on encore le carbonate de lithium, qui fond mieux, et donne un spectre parasite fort simple; souvent on emploie

[1] Comp. rend. acad. scienc. t. 144, I, p. 1101. 1907; t. 145, II, p. 231; puis t. 147, p. 1260. 1908 et t. 151, II, p. 308. 1910.

[2] Comp. rend. acad. scienc. Paris 1896 et Bull. soc. minér. de Fr. t. 21, p. 94. 1898.

les deux réactifs concurremment. On peut aussi employer les bisulfates alcalins, sans dépasser une faible condensation, insuffisante pour amener les raies du soufre des bisulfates. Si le sel fondu attaque le platine, on remplace celui-ci par une petite coupelle de graphite de Sibérie pur, maintenue dans la flamme par une pince à bouts de platine. La bobine de Rhumkorff utilisée par Mr de Gramont, donnait une étincelle de 50 mm. sans condensateur intercalé. Le condensateur était composé de six bouteilles de Leyde, dont chaque armature avait une surface de 0,12 mq., et qu'on disposait en quantité dans le circuit extérieur de la bobine. Un commutateur permettait d'introduire successivement chaque bouteille dans le circuit, ce qui donnait des surfaces de condensateur comprises entre 0,12 et 0,72 mq. Quand il s'agissait de rechercher les métaux par leurs raies capitales en éliminant les spectres des métalloïdes, le condensateur était réduit à une seule bouteille. Deux de celles-ci donnaient déjà les doublets du silicium, et trois ou quatre étaient nécessaires pour obtenir les raies des autres métalloïdes.

Les fils de platine, disposés en V, étaient maintenus dans la flamme par un support à crémaillère, dont les deux pignons portaient des tiges d'ébonite à tête de laiton, où des vis de serrage fixaient les fils de platine, en permettant d'en faire varier l'inclinaison.

Dans son travail, publié dans le bulletin de la société française de minéralogie, Mr de Gramont a indiqué tout d'abord la série des raies spectrales des corps simples qui se rencontrent le plus souvent dans les minéraux, avec les longueurs d'onde correspondantes obtenues avec son procédé; puis il a énuméré les raies des spectres qu'il a obtenus avec certains minéraux appartenant aux familles des silicates, titanates, sulfates, carbonates, oxydes, fluorures, etc. Nous renverrons à son travail original pour la description de ces spectres et l'énoncé des valeurs des longueurs d'onde de leurs différentes lignes; nous renverrons aussi à l'ouvrage de MM. F. Exner et E. Haschek, pour la liste des valeurs de λ des raies de spectres d'étincelle des divers corps simples.

131. Spectres d'étincelle oscillante. Les premières expériences sur les spectres fournis par l'étincelle oscillante de self-induction sont dues à MM. Schuster et Hemsalech[1]; elles ont été continuées par Mr G. H. Hemsalech[2], qui a publié à ce sujet une série de notes dans les Comptes Rendus. Pour obtenir une étincelle de self-induction,

[1] Phil. trans. t. 193. 1894.

[2] G. H. Hemsalech, Comp. rend. acad. scienc. Paris t. 129, II, p. 285. 1899; t. 131, I, p. 898. 1900; t. 123, I, p. 917. 1901 et t. 132, p. 1040, puis: Recherches expérimentales sur les spectres d'étincelle. Paris 1901. Hermann.

soit une étincelle oscillante, il faut intercaler dans le circuit extérieur du condensateur *C*, une bobine de self-induction *S*, qu'on doit pouvoir faire varier à volonté (fig. 92). Cette bobine doit être creuse, et dépourvue de noyau de fer doux, Mr HEMSALECH[1] ayant montré qu'avec un tel noyau, les oscillations sont détruites. Dans ses expériences, Mr HEMSALECH se servait de condensateurs de 0,0084 microfarad, et de deux bobines, l'une à 15 couches de 55 tours chacune, de longueur totale de 20 cm., et de diamètre interne 1,3 cm.; l'autre à 12 couches de 150 tours, de longueur totale 50 cm., et de 5,5 cm. de diamètre interne. Le diamètre du fil non isolé était de 1,2 mm. Ces deux bobines étaient placées en série, on faisait passer la décharge d'abord à travers une, deux, trois, etc., jusqu'à 15 couches de la première bobine, et on ajoutait ensuite, deux, quatre, jusqu'à 12 couches de la seconde. La dispositition schématique de l'expérience est donnée fig. 92. Mr HEMSALECH obtenait une série de spectres superposés, produits dans les conditions indiquées; le premier en tête étant donné par l'étincelle sans self-induction; la valeur maximum de celle-ci était de 0,06 henry. L'examen de ces photographies montre nettement l'élimination graduelle du spectre parasite de l'air. A la suite de ses expériences, Mr HEMSALECH propose de classer les raies comme suit:

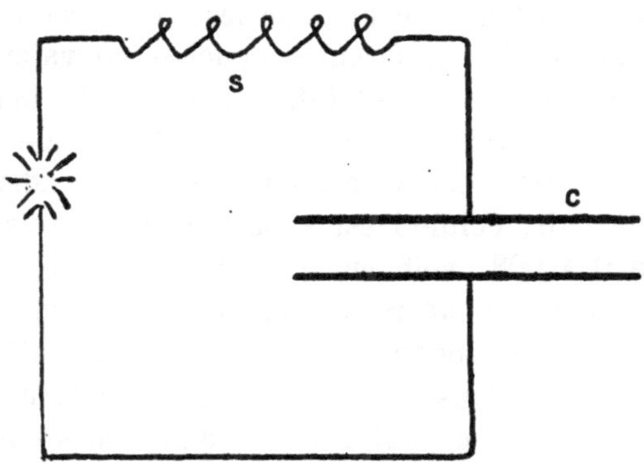

Fig. 92.

1. Raies qui diminuent rapidement avec augmentation de la self. Ce sont les raies de l'air et les raies métalliques courtes.

2. Raies qui diminuent lentement et d'une manière continue avec augmentation de la self.

3. Raies qui diminuent d'abord, atteignent un minimum, puis réaugmentent d'éclat en arrivant à un maximum d'intensité, puis faiblissent à nouveau. Ce sont les raies de l'étincelle ordinaire et de l'arc; elles sont très brillantes dans celui-ci. Les spectres de self-induction de certains métaux sont presque identiques avec ceux de la flamme, tels qu'ils ont été décrits par Mr DE WATTEWILLE[2].

[1] G. H. HEMSALECH, Comp. rend. acad. scienc. Paris t. 140, I, p. 1323. 1905 et Journal de physique t. IX, p. 437. 1900.

[2] Comp. rend. acad. scienc. Paris t. 135, II, p. 1329. 1902.

Mr A. de Gramont[1] a étudié l'action de la self-induction sur les spectres de dissociation des composés, obtenus par sa méthode décrite ci-dessus page 242. Il se servait d'une bobine de 5 à 10 cm. d'étincelle, chargeant un condensateur à 1 bis 6 jarres, intercalables à volonté. Chaque jarre avait une surface condensante de 12,6 dm² et une capacité de 0,00433 microfarads. Une faible coupure du circuit était disposée d'un côté, entre les armatures et l'étincelle à étudier, sa distance explosive était de 1 mm. au plus; de l'autre, on intercalait deux bobines de self-induction de grandeurs différentes. Elles étaient formées par deux manchons isolants 4 à 5 cm. de diamètre, avec couches de fil isolé de 35 tours pour l'une, et de 93 pour l'autre, donnant de 0,00002 à 0,00006 henry. Il utilisait aussi une grande bobine de 72 cm. de longueur, portant sur un noyau isolant de 2,8 cm. de diamètre 12 couches de 216 tours de fil pour les trois premières, et de 242 pour les neuf autres. Ces différentes couches pouvaient être employées séparément, ou réunies; la self totale était 0,0225 henry.

Il a vérifié dans ces conditions que 40 tours de fil correspondant à 0,00002 henry, atténuent déjà considérablement le spectre parasite de l'air; celui-ci est supprimé avec trois jarres et une self de 0,00006 à 0,00008. soit en quelque sorte avec un simple boudin de fil de cuivre. Un accroissement de la self amène très rapidement la disparition des spectres des lignes des métalloïdes contenus dans les minéraux ou dans les sels fondus, et cela avant d'arriver à des valeurs de cette self, capables de modifier sensiblement le spectre des métaux. Toutefois, la raie rouge $H = 6560$ de l'hydrogène, très intense, persiste après que celles de l'air ont disparu.

L'intercalation d'une bobine de self est donc très-avantageuse pour l'étude des spectres de dissociation des sels fondus ou des minéraux.

Mr B. Eginites[2] a étudié les variations que subit le spectre d'étincelle de self-induction lorsque l'on met aux pôles des étincelles des métaux différents, et que l'on fait varier la self dans le circuit de la décharge. Il opérait avec des fils d'aluminium recouverts de sodium, entre lesquels jaillissait l'étincelle. Il a observé que le spectre fourni dans ces conditions, contient d'abord des raies de l'aluminium et du sodium, puis, si la self augmente, celles d'aluminium s'éliminent. Il arrive à la conclusion que les métaux dont les spectres s'éliminent ou diminuent d'intensité, sont ceux qui donnent peu de vapeurs; ceux dont les spectres sont intenses, sont les métaux très volatils.

On trouvera la description des spectres d'étincelle oscillante de self d'un certain nombre d'éléments dans les divers ouvrages de

[1] Comp. rend. acad. scienc. Paris t. 134, I, p. 1048. 1902 et t. 139, II, p. 188. 1904.
[2] Comp. rend. acad. scienc. Paris t. 134, I, p. 824. 1902.

Mr Hemsalech[1], puis dans la thèse de Mr Neculcea[2] et dans plusieurs notes de cet auteur.

132. Spectres d'étincelle des solutions. C'est van Willingen qui, le premier, produisit des spectres électriques de métaux en se servant de leurs sels. A peu près à la même époque, Seguin eut l'idée de faire jaillir l'étincelle verticalement entre un fil de platine et une solution saline. Il observa que, dans ces conditions, cette étincelle prend de vives colorations lorsque le liquide forme l'électrode négative, tandis que l'effet est nul quand la solution forme le pôle positif. Cette méthode fût appliquée plus tard avec succès par Mitscherlich, mais sa véritable mise au point est due à Mr Lecoq de Boisbeaudran; elle a été également perfectionnée par MM. Demarçay, A. de Gramont, Crooks, etc.

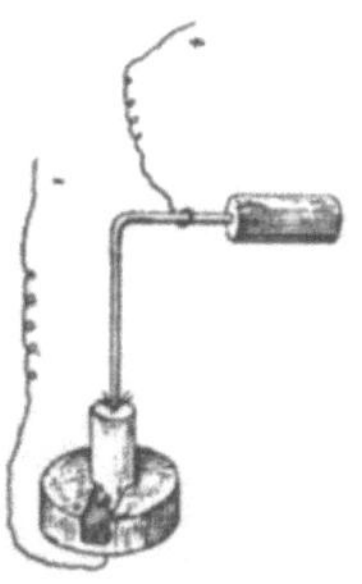

Fig. 93.

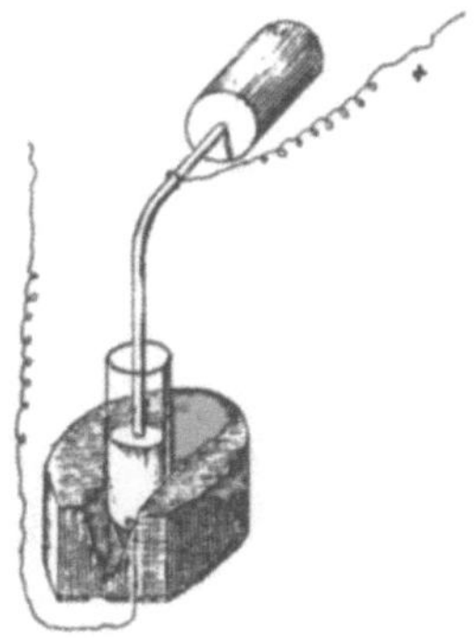

Fig. 94.

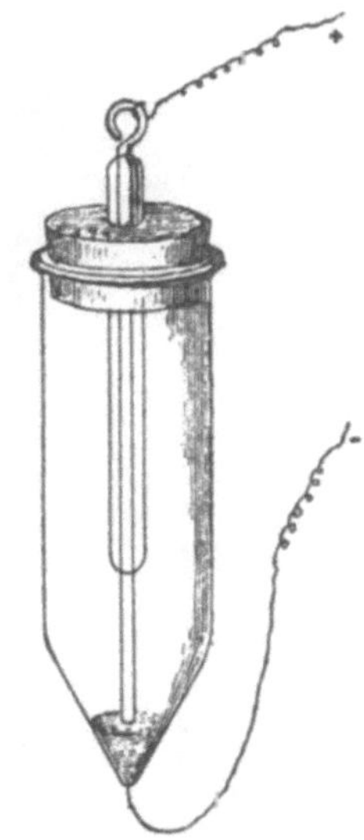

Fig. 95.

Pour faire éclater l'étincelle, Mr Lecoq de Boisbaudran se sert de tubes de verre plus ou moins hauts, fermés à une extrémité, et dont le fond est traversé par un fil de platine. La solution est introduite dans ces tubes, puis on fait jaillir l'étincelle à la surface du liquide par une électrode en platine dont on peut régler l'écartement, et qui est reliée au pôle positif de la bobine. Le fil qui forme l'électrode négative, doit rester immergé dans le liquide. La dimension des tubes varie avec la quantité de matière dont on dispose; avec de très petites cupules on peut opérer sur une goutte du liquide. Les fig. 93 et 94

[1] A. Schuster et G. A. Hemsalech, The constitution of the électron. Spark. Royal soc. V, LXIV, p. 331, puis Hemsalech, Recherches expérimentales sur les spectres d'étincelle 1901. Paris, Hermann et dans différentes notes ou comptes-rendus.

[2] E. Neculcea, Comp. rend. acad. scienc. Paris t. 135, II, p. 25. 1902 et t. 134, I, p. 1494. 1902, puis E. Neculcea, Thèse. Paris 1907.

représentent les types de ces dispositifs. Lorsque la substance à étudier est précieuse et qu'on ne veut en perdre aucune parcelle, on opère en tube fermé avec l'appareil indiqué fig. 95. En effet, l'étincelle projette une quantité de très petites gouttelettes de solution, et si l'on observe directement cette étincelle en la rapprochant aussi près que faire se peut de la fente du collimateur, celle-ci est rapidement corrodée, à moins qu'on ne la protège par une plaque de verre; le dispositif indiqué fig. 95 supprime cet inconvénient.

Le tube de Mr Lecoq de Boisbaudran a été modifié par divers expérimentateurs. MM. Delachanal et Mermet emploient un fulgurateur de

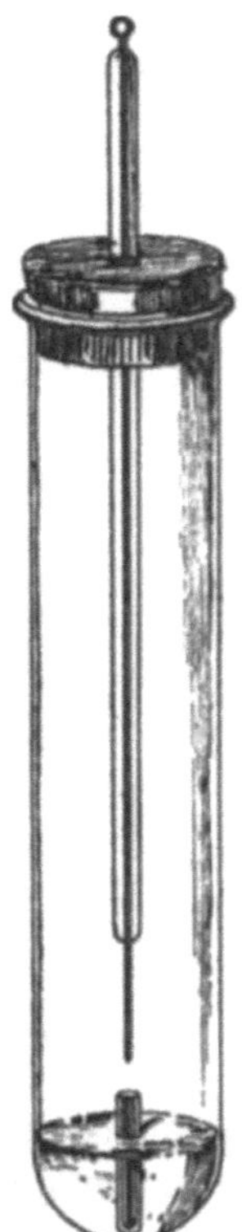

Fig. 96. Fulgurateur Delachanal.

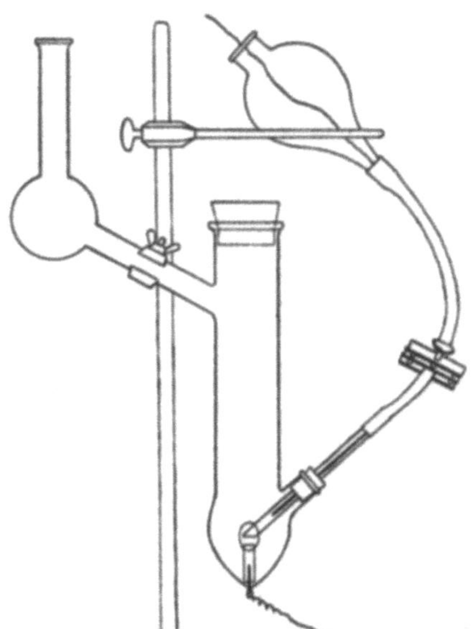

Fig. 97. Fulgurateur de Mr de Gramont.

1,5 cm. de diamètre (fig. 96), traversé à sa partie inférieure par une électrode négative de platine, coiffée par un tube capillaire conique qui la dépasse de un demi-millimètre. L'électrode positive, qui se trouve en regard, est contenue dans un tube de verre fixé au bouchon de l'appareil. La solution est versée dans le tube jusqu'à mi-hauteur de l'électrode; elle monte dans le tube capillaire, et son niveau y reste constant, malgré la pulvérisation du liquide par l'étincelle, qui acquiert de la sorte une grande fixité. Souvent les cupules de verre se fêlent, et de plus, lorsque l'étincelle vient lécher accidentellement leurs parois, on voit immédiatement apparaître dans le spectre, les raies des substances contenues dans le verre (telles que métaux alcalins, et alcalino-terreux, plomb, manganèse, etc.). Pour remédier à ces divers inconvénients, Mr DE GRAMONT[1] remplace le tube capillaire de verre par un tube de silice, qui ne donne pas de spectre parasite; puis il suprime également l'électrode positive de platine qui donne les raies de ce métal. Dans son appareil, cette électrode est constituée par la solution elle-même, qui se trouve dans un tube capillaire de silice relié à un petit réservoir; le fil de platine passe dans ce capillaire et s'arrête à 5 mm. de l'extrémité. L'étincelle jaillit, dans ces conditions, de la solution à la solution (fig. 97).

Le fulgurateur employé par Mr DEMARÇAY se compose d'une petite cupule de forme évasée et basse, traversée en

Fig. 98.

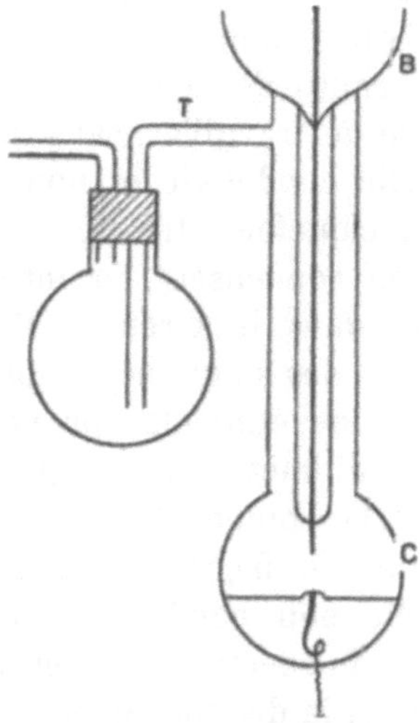

Fig. 99. Fulgurateur de CROOKS.

son fond par une mèche de fil de platine, dont l'extrémité dépasse légèrement le niveau du liquide, qui remplit presque complètement cette cupule (fig. 98). La solution monte par capillarité dans cette mèche, et la distance des pôles entre lesquels éclate l'étincelle est constante, ce qui lui assure une grande fixité. De plus, la lumière de l'étincelle ne traverse pas une paroi de verre avant d'arriver au collimateur, ce qui offre de réels avantages. L'électrode positive est formée par un gros fil de platine; ce métal peut être remplacé pour les deux électrodes par l'iridium, ce qui diminue les raies parasites. Quand les corps à examiner se trouvent à l'état de fluorures (niobium par exemple), on substitue à la cupule de verre une cupule de platine.

Pour étudier les spectres d'étincelle ultra-violets des solutions de sels précieux (radium) Mr CROOKS utilise un fulgurateur spécial re-

[1] Comp. rend. acad. scienc. Paris t. 145, p. 1170—1173. 1907.

présenté fig. 99. L'étincelle jaillit entre des électrodes de platine dans un ballon percé d'un orifice *C* pratiqué à la hauteur de celles-ci, et qu'on place en regard de la fente du collimateur; de cette façon la lumière de l'étincelle ne traverse pas le verre avant d'arriver sur le prisme. Le ballon est fermé par le bouchon de verre *B*, qui traverse l'électrode positive; il communique par une tubulure latérale *T*, avec un petit ballon plein d'eau qui est mis en relation avec un aspirateur. Le liquide pulvérisé par l'étincelle est aspiré et recueilli par barbotage dans le petit ballon. Si l'on veut éviter toute perte, il faut au sortir de celui-ci, faire passer un courant d'air aspiré dans des tubes en *U* contenant du coton humide.

La bobine d'induction que l'on emploie généralement, doit donner des étincelles de deux à trois centimètres; il y a presque toujours avantage à travailler sans condensateur, mais comme les spectres d'étincelle condensée et non condensée sont souvent très différents, il est quelquefois utile de vérifier les observations faites avec l'étincelle non condensée, en introduisant des condensateurs de capacité variable dans le circuit. Demarçay, dans son étude des spectres d'étincelle des solutions, employait une bobine à induit gros et court, donnant une étincelle non condensée dont la longueur ne dépassait pas un millimètre, mais qui était excessivement lumineuse. Quelle que soit la bobine utilisée, il faut régler la longueur d'éclatement de l'étincelle de façon à obtenir le maximum d'effet lumineux. Avec l'étincelle non condensée, on obtient toujours un spectre parasite, composé du spectre positif et du spectre négatif des bandes de l'azote. De plus, si la distance explosive est faible, et si l'étincelle jaillit entre une électrode de platine et une solution chlorhydrique, le spectre parasite renferme encore certaines raies du chlore et du platine. Avec l'étincelle condensée, ces spectres parasites de l'air, du chlore, et du platine sont très nets, et formés souvent par un grand nombre de raies qui peuvent gêner beaucoup les observations.

Les solutions nécessaires pour obtenir de bons spectres doivent être à un état de concentration qu'il faut chaque fois déterminer. En général, il faut éviter les liqueurs trop diluées; cependant, si elles sont trop concentrées, il se forme souvent un champignon de sels à l'extrémité de la mèche, ce qui rend l'étincelle intermittente. Si tel était le cas, il faudrait arrêter le courant, et dissoudre le champignon au moyen d'une goutte d'acide chlorhydrique dilué.

On trouvera, dans les ouvrages de MM. Lecoq de Boisbaudran[1] et E. Demarçay[2], les spectres des dissolutions chlorhydriques des prin-

[1] Lecoq de Boisbaudran, Spectres lumineux. Paris 1854. 1 vol. avec atlas.

[2] E. Demarçay, Spectres électriques. Paris 1875. 1 vol. avec atlas.

cipaux métaux; on trouvera également, dans l'ouvrage de MM. F. Exner et E. Haschek[1], la liste des longueurs d'onde des principales raies. Nous citerons cependant à titre d'exemple quelques spectres de dissolution des métaux alcalino-terreux et du groupe du fer.

Chlorure de baryum. Système de bandes dans le vert, parmi lesquelles une bande, dégradée à gauche, et nette à droite, dont le milieu tombe à 524,2 : $BaCl_2\alpha$. Une autre semblable, moins forte à 13,6 : $BaCl_2\beta$, puis une raie nette à 553,5 : $BaCl_2\gamma$, qu'on retrouve dans le spectre de flamme; enfin la raie $BaCl_2\delta = 531{,}2$, et deux lignes à 493,2 et 455,6.

Chlorure de strontium. Système compliqué de bandes dans l'orangé, dégradées à droite, soit: Bande $SrCl_2\alpha$, la plus intense à 605,8; bande $SrCl_2\beta$, bord gauche = 636,4; bande $SrCl_2\gamma$, bord gauche 662,7. Raie $SrCl_2\delta = 460{,}7$. Bande $SrCl_2\varepsilon$, bord gauche 674,7; bande $SrCl_2\xi$, bord gauche 649,7; bande $SrCl\eta$, bord gauche 624,5; bande $SrCl_2\theta$, bord gauche 686,7.

Chlorure de calcium. Spectre compliqué avec bandes dans l'orangé et le vert.

Raies α, commençant à 626,5, principalement à 620,2 et 618,1.

Bande β, raie de gauche 554,3, milieu de la seconde raie 551,7.

Raie γ, bord gauche 593,5; raie $\delta = 422{,}6$ appartenant au calcium métallique.

Raie ε, de 606,8 à 606,4.

Chlorure de gallium. Spectre de raies violettes $\alpha = 417$ et $\beta = 403{,}1$.

Manganèse. Quatre raies principales, 482,5; 478,4, 476,6; 475,5. $Mn\beta$, 601,8 (double); $Mn\gamma$ à 553,9; puis δ, 557,8 et $Mn\varepsilon$ diffuse, 446,2.

133. Spectres des gaz à pression normale. Ces spectres ont été étudiés principalement par Mr Salet au moyen de tubes excitateurs spéciaux, construits comme suit (fig. 100). Dans un tube de verre ordinaire on a soudé deux électrodes de platine *A* et *B*, qui doivent être assez grosses pour éviter de vibrer sous l'influence de l'étincelle; les soudures de ces électrodes doivent être faites avec beaucoup de soin, pour résister à l'échauffement. Le tube porte deux étranglements *a* et *b* qui servent à le fermer à la lampe après remplissage. On commence à dessécher le tube en le chauffant, et en y faisant pénétrer un courant d'air; puis on y aspire ensuite le gaz à étudier, qu'on fait passer suffisamment longtemps

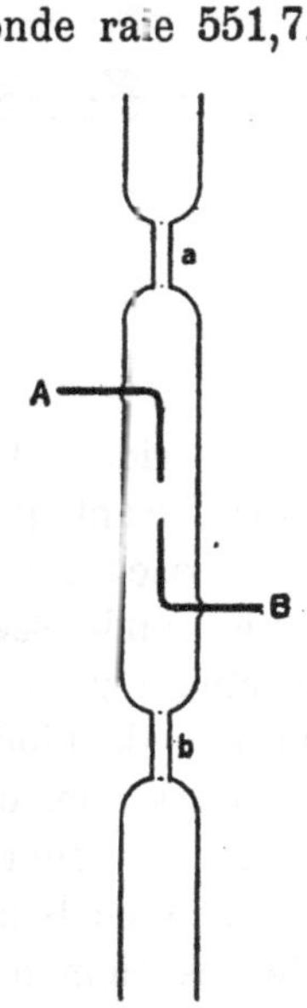

Fig. 100.
Tube de Salet.

[1] F. Exner et E. Haschek, Die Spektren der Elemente. Leipzig und Wien 1911.

pour chasser toute parcelle d'air. Pour s'assurer que ce résultat est obtenu, on fait jaillir l'étincelle, et on examine le spectre qui doit être exempt des raies de l'azote, puis on ferme le tube à la lampe en commençant par l'extrémité supérieure. On peut aussi utiliser des tubes dans lesquels les électrodes ne sont pas directement soudées, mais fixées par l'intermédiaire d'un mastic permettant une fermeture étanche (fig. 101). Ces appareils servent également à examiner les spectres des vapeurs; dans ce but, la substance solide ou le liquide à étudier sont introduits dans l'excitateur auquel on donne volontiers la forme indiquée fig. 102. On fixe ensuite les électrodes au mastic, réunit le tube à une pompe à mercure par sa tubulure latérale, et

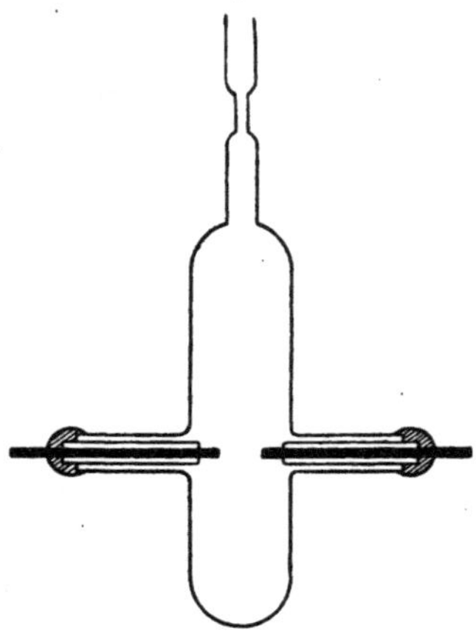

Fig. 101.

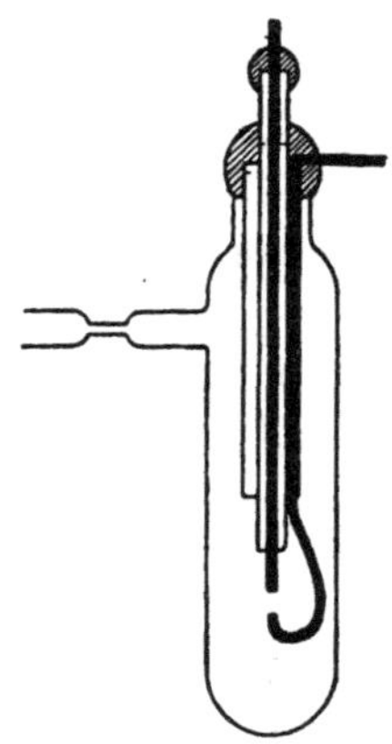

Fig. 102.

fait le vide. On chauffe alors le tube de façon à vaporiser la substance, puis faisant jaillir l'étincelle, on place l'appareil devant la fente du spectroscope et examine le spectre. Il y a avantage à employer l'étincelle condensée pour éviter l'échauffement des électrodes. Mr Salet[1] a étudié pour ce procédé les spectres de l'hydrogène, du chlore, du brome, de l'iode, du fluor par l'intermédiaire du fluorure de silicium, de l'oxygène, du sélénium, du tellure, du phosphore, etc. On trouvera dans son ouvrage, auquel nous renvoyons, la liste des principales raies avec leurs longueurs d'onde, ainsi que les dessins des spectres de ces éléments.

§ 5. LES SPECTRES D'ARC.

134. Généralités sur les spectres d'arc. Lorsque, entre deux électrodes de charbon de cornue qui sont tout d'abord en contact, on fait

[1] G. Salet, Traité élémentaire de spectroscopie, premier fascicule, p. 187—204. Paris, Masson 1888.

passer un courant suffisamment intense, et qu'on écarte ensuite ces électrodes, il se produit un arc lumineux éblouissant, appelé *arc voltaïque.*

Le courant qui alimente cet arc, peut être indifféremment alternatif ou continu. Dans ce dernier cas, comme il y a transport de matière du pôle positif sur le pôle négatif, et que cette matière étant portée à l'incandescence, brûle au contact de l'air, le charbon positif s'use en moyenne deux fois plus vite que le négatif; il est aussi plus lumineux, et présente une concavité en forme de cratère. Dans un gaz inerte, la combustion n'étant plus possible, l'usure est alors peu sensible. En somme, l'arc est une forme spéciale de décharge dans les gaz, caractérisée par un débit considérable et une différence de potentiel relativement faible entre les électrodes (de 50 à 100 volts). Celles-ci peuvent être des conducteurs primaires quelconques, c'est à dire des substances qui conduisent à froid l'électricité; d'habitude elles sont en charbon ou en métal. On pourrait aussi prendre des conducteurs de seconde classe, qui sont isolants à froid, et bons conducteurs à chaud (oxydes terreux agglomérés), mais ces électrodes ne paraissent pas être encore entrés dans la pratique.

Le spectre de la flamme de l'arc qui jaillit entre des électrodes de charbon est un spectre de bandes, auquel se superpose les spectres des impuretés qui sont contenues dans le charbon (fer, silicium, magnésium, calcium, etc.). Si le courant est alternatif, ce spectre varie à chaque instant avec la phase. Avec des électrodes métalliques (le fer par exemple) et le courant continu, les spectres que l'on obtient se distinguent de ceux d'étincelle donnés par les mêmes métaux, par le fait que les raies fortes de Lockyer font défaut ou sont très affaiblies. Cependant l'arc donne toutes les raies de l'étincelle, mais elles n'apparaissent que dans les régions immédiatement voisines des électrodes seulement. D'ailleurs la distinction entre raies d'arc et d'étincelle n'est pas absolue, et il existe toute une série de formes intermédiaires. D'autre part, toute cause qui affaiblit l'intensité et la longueur de la flamme de l'arc fait prédominer les raies du spectre d'étincelle.

135. Procédé opératoire. Pour obtenir des spectres d'arc, on prend des électrodes pleines en charbon aussi pur que possible, qui mesurent de cinq à sept millimètres de diamètre. Ces électrodes sont placées verticalement l'une au-dessous de l'autre; dans le charbon positif qui est toujours en bas, on a creusé au couteau une petite cavité dans laquelle on dépose la matière que l'on veut étudier. L'arc est monté en tension avec une résistance pouvant supporter une quarantaine d'ampères (l'intensité du courant nécessaire est de 12 ampères environ). Entre la fente du spectroscope et les deux charbons, on place, à la hauteur convenable, une lentille de projection en quartz, montée sur un support. Il faut diaphragmer la fente du collimateur de façon à n'y laisser pénétrer que la lumière de l'arc et pas celle due à l'incandescence des électrodes. En général on règle les charbons à la distance de 4 à 5 mm. l'un de l'autre, puis on s'assure, en projectant leur image par une flamme que l'on place derrière, que cette image tombe exactement sur la fente du spectroscope. On commence d'abord à faire jaillir l'arc entre les électrodes en faisant passer le courant, et en amorçant cet arc au moyen d'un charbon auxiliaire que l'on met en contact avec les deux autres. Au bout de quelques instants, on photographie le spectre obtenu dans ces conditions, en ouvrant un des volets qui recouvrent la fente. On coupe alors le courant et laisse refroidir les charbons, puis on introduit dans la cavité pratiquée dans le charbon positif une parcelle de la substance à étudier, qui peut être solide ou même en solution, et on fait jaillir l'arc à nouveau. La matière se volatilise, la couleur de l'arc change, et le son qu'il émet se modifie. On photographie alors le spectre obtenu en levant le second volet qui recouvre la fente du spectroscope. Enfin, on produit le spectre de référence en faisant jaillir une troisième fois l'arc entre deux électrodes de fer doux, et on photographie également ce troisième spectre qui, grâce au jeu de volets qui recouvre la fente du collimateur, vient exactement se placer au-dessous des deux précédents.

Pour tirer un bon parti des spectres d'arc, il est nécessaire d'utiliser un spectroscope dont tous les dispositifs optiques sont en quartz, de façon à pouvoir surtout étudier la région ultra-violette du spectre. En effet, tout le spectre visible et le commencement de l'ultra-violet sont occupés par le spectre parasite du carbone, tandis que, de la région où $\lambda = 340\ \mu\mu$ jusqu'aux confins de l'ultra-violet, ce spectre parasite se borne à quelques raies du fer, du calcium, de l'aluminium, du silicium et du magnésium.

Mr Urbain[1] qui a considérablement perfectionné la technique des spectres d'arc et l'a rendue courante dans les laboratoires, emploie un spectroscope avec un seul prisme de Cornu en quartz, donnant un spectre ultra-violet qui, sur la plaque, occupe une longueur de 20 cm. Le microscope de sa machine à diviser grossissant dix fois, cela équivaut à observer un spectre de deux mètres de longueur. Comme spectre de comparaison, il utilise le spectre d'arc du fer

[1] Urbain, Introduction à l'étude de la spectrochimie p. 14—16. Paris, Hermann.

publié par MM. Fabry et Buisson[1], qui est accompagné d'une graduation en longueurs d'onde. Sur ces spectres de comparaison, il marque les pricipales raies de la plupart des corps simples, ce qui lui permet de reconnaître pour ainsi dire au premier coup d'œil la presque totalité des éléments qui sont contenus dans la substance étudiée. Après ce premier examen, il prépare un mélange des corps dont il a reconnu la présence, puis fait une nouvelle série de spectres, en encadrant celui de la substance à étudier, des spectres de référence du fer, et de celui du mélange préparé. Il laisse de côté les raies qui coïncident dans le spectre de la substance à étudier et dans celui donné par le mélange qui sert de témoin, et porte au contraire principalement son attention sur celles qui, dans le spectre à étudier, ne coïncident pas avec les raies du spectre témoin.

Tous les métaux donnent des spectres d'arc; seuls, quelques métalloïdes tels que le chlore, le brome, l'iode, le fluor, l'oxygène, le soufre, le sélénium, le tellure, l'azote, et le phosphore, n'en donnent pas. Il suffit souvent d'un milligramme de substance pour obtenir un bon spectre.

C'est avec les spectres d'arc que Mr Urbain a découvert le lutécium et le celtium, et qu'il a réussi à isoler à l'état pur, le terbium et dysprosium. On trouvera dans l'ouvrage de MM. Exner et Haschek, la liste des raies des spectres d'arc avec les valeurs de λ correspondantes.

§ 6. LES SPECTRES OBTENUS PAR ILLUMINATION DES GAZ RARÉFIÉS PAR LA DÉCHARGE ÉLECTRIQUE.

136. Effet de la décharge dans les gaz raréfiés. Quant on fait passer la décharge électrique dans un gaz soumis à des raréfactions successives, on observe une série de phénomènes qui ont été excellement décrits par Mr Urbain, et que nous résumerons brièvement comme suit: Prenons un tube muni de deux électrodes en aluminium, l'une constituée par un fil à grosse section forme l'anode, l'autre terminée par un disque plat du même métal, la cathode. Relions ce tube avec une pompe à mercure par une tubulure latérale, et faisons communiquer les deux électrodes avec les pôles d'une grosse bobine d'induction. A la pression ordinaire, l'étincelle ne jaillit qu'avec difficulté dans le tube, et à un voltage élevé, elle est maigre et filiforme. Si on fait alors progressivement le vide dans le tube, la tension s'abaisse, l'étincelle devient de plus en plus fournie, et le tube s'illumine dans sa totalité. A ce moment on observe une lueur générale

[1] Comp. rend. acad. scienc. Paris t. 143, II, p. 165. 1906 et t. 144, p. 1155. 1907. Puis Annales de la faculté des sciences de Marseille, t. XVIII. 1908.

autour de la cathode, c'est la *lueur cathodique*, puis un espace sombre appelé *espace de Faraday*, suivi d'une colonne lumineuse appelée *colonne anodique* ou positive qui va jusqu'à l'anode. Plus le vide augmente, plus la lueur cathodique se localise et plus l'espace de Faraday augmente; en même temps la colonne anodique se stratifie et diminue d'intensité aux approches de l'anode (fig. 103). Le vide croissant toujours, il se forme entre la cathode et la lueur cathodique un nouvel espace sombre appelé *espace de Crooks*. L'espace de Faraday s'élargit vers l'anode, et la stratification de la colonne anodique diminue en même temps que son éclat. Puis en poussant plus loin le vide, l'espace de Crooks s'élargit à son tour, les stratifications disparaissent, et la lueur cathodique recule de plus en plus. A ce moment le vide dit de Crooks est réalisé, et le verre s'illumine par phosphorescence vis-à-vis de la cathode; la décharge donne alors naissance dans ce vide à trois sortes de rayons qui sont:

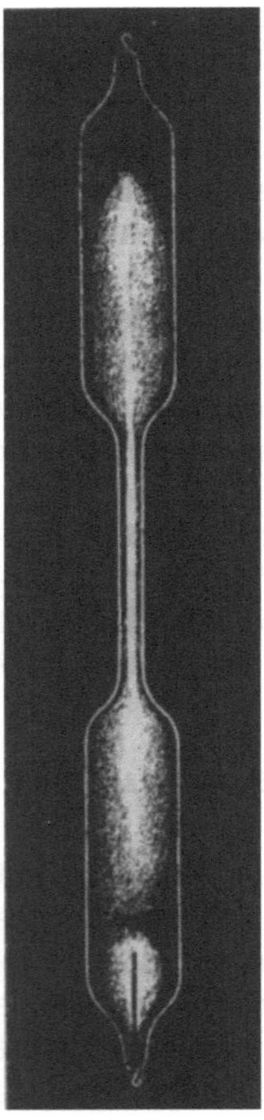

Fig. 103.
Tube de Plucker.

1. Les *rayons cathodiques*, qui provoquent précisément la dite phosphorescence au voisinage de la cathode et qui se propagent en ligne droite, normalement à celle-ci. Ils peuvent pénétrer à travers certains corps et excitent la phosphorescence des solides.

2. *Les rayons canaux ou de Goldstein*, qui prennent naissance en avant de la cathode, viennent la frapper et peuvent même cheminer en arrière de celle-ci en la traversant, si elle est percée de petits trous. Ces rayons sont beaucoup moins pénétrants que les précédents et n'excitent que très faiblement la phosphorescence des solides.

3. *Les rayons de Röntgen*, qui naissent aux points où les rayons cathodiques frappent les obstacles. Ils ont un pouvoir pénétrant très considérable, traversent les corps opaques, provoquant la phosphorescence de nombreuses substances, et seuls jouissent de la propriété de traverser les parois de verre de l'ampoule. Il est à remarquer qu'au fur et à mesure que la pression du gaz diminue dans le tube, le voltage diminue également; il passe par un certain minimum, puis à partir de ce point, si on continue à améliorer le vide, ce voltage croît à nouveau

et quand le vide est quasi parfait, l'étincelle ne passe plus, quel que soit ce voltage.

137. Caractères des spectres. Il est vraisemblable que ce sont les radiations du tube de CROOKS qui jouent le rôle principal dans l'illumination des gaz dans le tube de GEISSLER, et que ce phénomène n'a pas une origine thermique. Des expériences directes ont en effet montré que si l'on chauffe un gaz raréfié, il cesse de s'illuminer. Il est donc probable que c'est à un phénomène de phosphorescence qu'il faut attribuer l'origine de la lumière émise par le tube de GEISSLER. Le spectre donné par cette lumière varie d'ailleurs avec le caractère de la décharge. Les faibles excitations donneront généralement des spectres de bandes, les fortes, des spectres de raies. Les spectres de bandes s'appellent *spectres primaires*; ils sont obtenus par une décharge continue. Lorsque l'on renforce l'excitation en intercalant un condensateur dans le circuit, il se forme des spectres de lignes qui sont alors des *spectres secondaires*. Souvent les deux spectres se superposent.

Il résulte de ceci qu'un même gaz peut donner des spectres différents, suivant les conditions de l'excitation. La question de la multiplicité de ces spectres n'est pas encore définitivement tranchée. D'après URBAIN, il semble qu'il existe trois spectres principaux, deux spectres de bandes et un spectre de lignes, qui pratiquement se superposent. On peut d'ailleurs faire prédominer les uns ou les autres en faisant varier les pressions des gaz, l'excitation dans le circuit, la capacité, la self-induction et enfin la fréquence des oscillations.

Il est à remarquer que lorsque plusieurs gaz sont mélangés dans un même tube, la décharge ne les illumine pas tous simultanément; souvent même, un gaz seul donne son spectre, et si l'on fait varier la pression, ce sont d'autres spectres qui apparaissent.

Le rapport des proportions du mélange gazeux a d'ailleurs une influence considérable. Il semble aussi que les gaz à poids moléculaire élevé s'illuminent les premiers.

Fig. 104.

138. Tubes de Plucker. Pour étudier le spectre des gaz raréfiés on se sert des tubes de PLUCKER[1] représentés fig. 104. Les électrodes sont en aluminium, soudés à un tube de platine, qui seul, traverse le verre. Le platine est inévitable à cause de son coefficient de dilatation qui est égal à celui du verre, ce qui permet de les souder ensemble. Certains gaz, comme l'hélium,

[1] Ces tubes sont appelés généralement tubes de GEISSLER, du nom du souffleur de verre qui les construisit pour l'industrie.

le néon, le crypton, l'argon, le xénon, détériorent rapidement le fil de platine qui supporte l'électrode. Dans ce cas, ce fil est emprisonné dans un tube de verre évasé à la partie inférieure pour laisser pénétrer le fil d'aluminium (fig. 105). L'aluminium est particulièrement recommandable pour fabriquer les électrodes, qu'on peut faire grosses, ce qui diminue l'échauffement, et permet d'employer de décharges beaucoup plus intenses qu'avec des électrodes de platine, qui sont désagrégées peu à peu, et émettent des particules, qui viennent tapisser l'intérieur du tube et le rendent opaque.

Tous les tubes de Plucker présentent une région capillaire dans laquelle la lueur émise est la plus intense, et qui donne le spectre de la colonne positive; cette tige capillaire est placée parallèlement à la fente du spectroscope. Lorsque le gaz contenu dans le tube

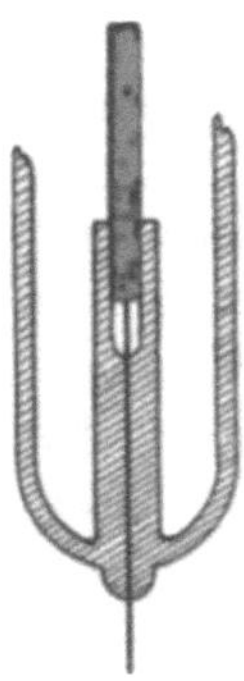

Fig. 105.

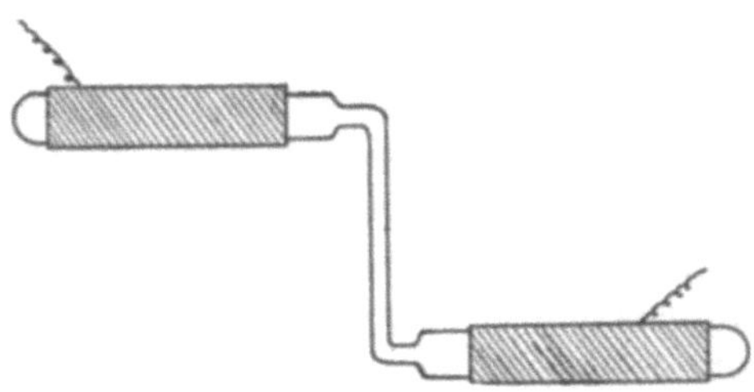

Fig. 106.

attaque les électrodes, celles-ci doivent être placées à l'extérieur; pour cela, on enveloppe d'un papier d'étain les deux renflements du tube, et l'on fait passer la décharge à travers le verre (fig. 106).

Avec les tubes ordinaires, on ne peut guère observer le spectre ultra-violet, le verre, absorbant, comme on le sait, une partie de ces radiations. On le remplace actuellement par le quartz fondu, dont on fait des tubes qui sont parfaitement transparents pour l'ultraviolet; seulement les électrodes doivent être placées à l'extérieur des tubes, le platine ne pouvant être soudé au quartz comme au verre. Dans certains cas, lorsqu'il s'agit d'observer les spectres que donnent, dans le tube de Plucker, les vapeurs de certains corps qui sont solides à la température ordinaire, il est nécessaire de pouvoir chauffer ce tube; pour cela, on enveloppe ses deux chambres avec une gaîne de clinquant, et on chauffe ces deux gaînes avec la flamme de becs de Bunsen (fig. 107).

139. Remplissage des tubes de Plucker. Le vide se fait dans un tube de Plucker, au moyen d'une pompe à mercure, simple, ou combinée à une trompe, qui est directement soudée à une pipette fixe (fig. 108). Le tube lui-même est généralement soudé par une tubulure latérale à cette pipette. Toutes ces soudures doivent se faire sur place, avec un petit chalumeau à main, mis en relation avec une trompe soufflante ou une canalisation d'air comprimé. Pour souder deux tubes, on en ferme un à une extrémité par un bouchon, et réunit l'autre à un tube de caoutchouc que l'on tient dans la bouche. On place alors les deux tubes bout à bout, promène la flamme du chalumeau sur les parties voisines de la soudure à effectuer, puis lorsque le verre est ramolli et incandescent, on souffle modérément par l'intermédiaire du tube de caoutchouc.

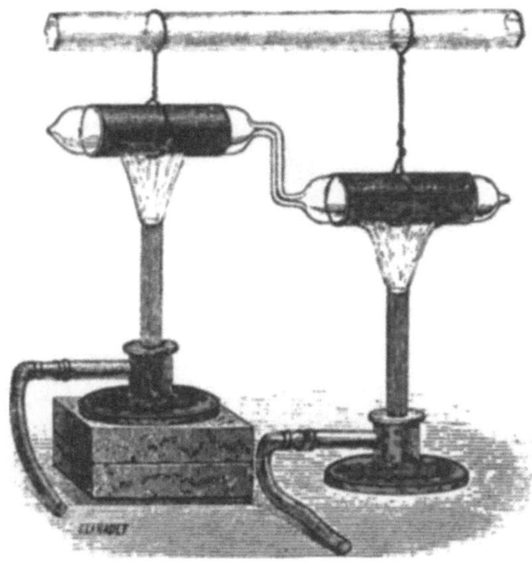

Fig. 107.

La pipette est constituée par un ballon *B*, duquel partent quatre tubulures. La tubulure supérieure communique avec la trompe; elle possède un robinet d'isolement *a*, un renflement en verre dur *b*, destiné à contenir certaines matières épurantes et un tube latéral *c*, fermé à la lampe. Le tubulure de droite est munie d'un renflement *d* communiquant avec le Geissler par le tube *f*, muni du robinet d'isolement *g* et du tube latéral *h* fermé à la lampe également. La tubulure gauche *i* porte un tube capillaire recourbé, muni également du robinet d'isolement *k*; l'extrémité de ce tube pénètre dans l'éprouvette *l* placée sur une cuve à mercure, qui renferme le gaz à étudier. Enfin la tubulure inférieure est munie d'un robinet *R*, qui sert de purgeur pour *B*.

Dans le renflement *b*, on met de l'anhydride phosphorique pur qui sert à absorber la vapeur d'eau; dans le renflement *d*, on place divers réactifs, qui varient suivant le gaz qu'il s'agit de purifier. Il faut, le cas échéant, pouvoir chauffer ce renflement; pour cela on l'entoure de clinquant que l'on fixe par des fils de cuivre, puis on chauffe progressivement le manchon avec la flamme d'un brûleur de Bunsen. A titre d'indication, nous donnerons quelques uns des corps qui servent à absorber les gaz les plus usuels: Le cuivre, chauffé au rouge, absorbe l'oxygène. L'oxyde de cuivre, chauffé dans les mêmes conditions, absorbe l'hydrogène avec formation d'eau. L'azote est absorbé par le lithium fondu; ce métal doit toujours être placé dans une nacelle qu'on introduit dans le renflement. Les vapeurs de mercure sont absorbées par des feuilles d'or légèrement chauffées; enfin l'anhydride carbonique est absorbé par la chaux sodée.

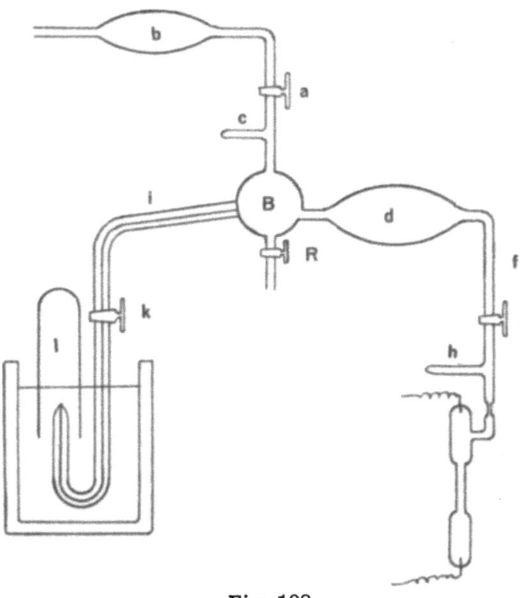

Fig. 108.

Il faut d'abord purger le tube de Geissler de tout gaz étranger. Pour cela, après avoir fermé le robinet *k*, on fait communiquer le tube avec la pompe à mercure, et on commence à faire le vide. Quand le manomètre indique que la pression est suffisamment basse, on relie les électrodes du tube de Geissler avec les pôles d'une bobine de Rhumkorff, puis on fait passer l'étincelle, en continuant à pousser le vide. On chasse de la sorte les gaz qui étaient occlus dans le métal des électrodes. Il est bon également pendant cette opération, de chauffer légèrement le tube avec une flamme pour le déssècher, et expulser les gaz qui adhérent, par capillarité, aux parois internes. Souvent, le procédé que nous venons d'indiquer est insuffisant; c'est tout particulièrement le cas lorsqu'il s'agit d'éliminer complètement l'hydrogène et l'acide carbonique. Le meilleur moyen consiste alors à continuer à faire le vide jusqu'à une pression très basse, puis après avoir fermé le robinet *g*, on casse la pointe *h* et laisse rentrer l'air dans le tube de Geissler. On scelle ensuite à nouveau cette pointe, et après avoir ouvert le robinet *g*, on recommence à faire le vide et on le pousse jusqu'à ce que la décharge refuse de passer. A ce moment le tube de Geissler est prêt à recevoir le gaz dont on veut étudier le spectre. Pendant cette dernière opération, il est bon de chauffer constamment le tube.

Le remplissage se fait comme suit: l'éprouvette *l* contenant le gaz, est enfoncée dans la cuve à mercure de façon à ce que l'extrémité du tube capillaire plonge dans le gaz. On ouvre le robinet *k*, et laisse pénétrer dans la pipette une certaine quantité de ce gaz, puis on soulève l'éprouvette pour laisser le mercure entrer dans le capillaire, et on ferme *k* à nouveau. Après avoir laissé séjourner un certain temps le gaz dans la pipette, où il se purifie au contact des réactifs placés dans l'ampoule, on ouvre le robinet *g* et on fait à nouveau le vide jusqu'à la pression à laquelle on désire examiner le spectre. On peut donc, avec le dispositif indiqué, examiner à différentes pressions les spectres des gaz raréfiés. Lorsque l'on désire conserver le tube de Geissler, on le scelle au chalumeau en l'étranglement que l'on a réservé dans ce but. Il est bien évident que si les spectres que l'on obtient ne sont pas purs, il faudra recommencer toute la série des opérations.

140. Spectres de quelques gaz principaux. Nous donnerons comme indication la liste des principales raies des spectres des gaz les plus importants obtenus par le tube de Geissler avec la décharge ordinaire.

Hydrogène. Il existe sans doute plusieurs spectres de l'hydrogène, celui que l'on obtient avec le tube de Geissler dans les conditions ordinaires se compose de cinq raies principales, qui sont les suivantes:

Désignation	Couleur	Valeur de λ en $\mu\mu$	Raies correspondantes de Frauenhofer
Hα	rouge	656	C
Hβ	vert	486	F
Hγ	indigo	434	G
Hδ	violet	410	H
Hε	violet	397	H

Oxygène. Il donne dans le tube de Geissler un spectre composé, formé de quatre raies dont les longueurs d'onde sont: 615,7; 543,6; 532,9 et 436,8. On observe en outre au pôle négatif du tube un spectre formé par quatre larges bandes, comprises entre 601 et 596; 590 et 584; 563 et 555,3; 520 et 520,5.

Azote. Dans le tube de Geissler, le spectre est formé par deux séries de bandes, l'une qui se trouve dans le rouge et le jaune, l'autre dans le bleu foncé et le violet.

Hélium. Son spectre contient de nombreuses bandes, il a été étudié principalement par RAMSAY[1]. Son spectre principal est caractérisé par une raie jaune double à 587,5.

§ 7. LES SPECTRES DE PHOSPHORESCENCE.

141. Généralités sur la phosphorescence. On appelle phosphorescence, une émission particulière de lumière par les corps froids, qui se manifeste seulement quand on les soumet à différentes causes excitatrices, telles que la lumière elle-même, les radiations du tube de CROOKS (rayons cathodiques de GOLDSTEIN et de RÖNTGEN), celles des corps radio-actifs, ou encore certaines actions mécaniques, telles que le frottement, la pression, le clivage, etc. On peut donc classer la phosphorescence suivant la nature de l'excitation qui la produit en: photo-luminescence, luminescence cathodique, triboluminescence, etc. La phosphorescence est donc une transformation de l'énergie reçue, en énergie lumineuse restituée; dans le cas particulier de la photoluminescence, le corps phosphorescent reçoit et émet de l'énergie de même espèce et la couleur de la lumière émise est caractéristique pour ce corps. Si l'excitation et la restitution sont simultanées, le phénomène prend le nom particulier de *fluorescence*; si un certain temps s'écoule entre ces deux manifestations et si, le corps émet encore de la lumière après que l'excitation a cessé, le phénomène s'appelle *phosphorescence* ou *persistance*; si enfin, un certain temps s'écoule entre l'excitation et la restitution, et si, pour produire celle-ci, il est nécessaire d'élever la température du corps, le phénomène s'appelle *thermo-luminescence*; il n'existe pas d'ailleurs de différence essentielle entre ces trois phénomènes, et le temps qui s'écoule entre la restitution et l'excitation dépend de la température à laquelle cette dernière s'est produite[2]. La phosphorescence est une propriété très générale de la matière inorganique, comme aussi de la matière vivante; elle se retrouve à des degrés divers sous les trois états, solide, liquide et gazeux.

Lorsque l'on provoque la phosphorescence par la lumière, toutes les radiations spectrales ne sont pas également actives; certains rayons excitent fortement la phosphorescence, d'autre beaucoup moins, d'autres encore sont sans action. L'ensemble des radiations lumineuses susceptibles de produire la phosphorescence d'un corps constituent son *spectre*

[1] Ann. chim. et phys. t. 13, p. 465. 1898. Argon, Néon, Crypton, Xénon. Pour les détails des spectres de ces éléments on consultera avec avantage les travaux de MM. TROWBRIDGE et RICHARDS, Phil. magaz. t. 43, p. 77. 1897; CROOKS, Zeitschr. f. phys. Chem. t. 13, p. 369. 1895; BALY, Phil. trans. t. 202, p. 183. 1904 et Phys. Zeitschr. t. 4, p. 799. 1903.

[2] DEWAR, Chemicaln ew. p. 252. 1894.

d'excitation. Par contre, la lumière émise par le corps phosphorescent donne également un *spectre de phosphorescence* proprement dit; ces deux spectres sont toujours différents. La région d'absorption est, en effet, généralement plus réfrangible que celle de phosphorescence, mais nous verrons qu'il existe certains cas où ceci n'est plus exact.

142. Spectres de phosphorescence cathodique. Quand on place des substances phosphorescentes dans le tube de PLUCKER, on constate qu'elles s'illuminent par la décharge. L'excitation est probablement due, dans ce cas, aux rayons ultra-violets émis par le gaz. Lorsque l'on introduit les mêmes substances dans une ampoule de CROOKS, elles s'illuminent également sous l'influence des rayons cathodiques et émettent des lumières donnant des spectres variés, qui ont été étudiés principalement par M. G. URBAIN[1], auquel on doit d'importants travaux dans ce domaine. L'ampoule dont il se sert, est une modification, qu'il a, en collaboration avec M. J. PERRIN, apportée à celle de CROOKS, de façon à mieux l'adapter à ce genre de recherches. Elle est formée de deux parties, réunies par un tube rodé *R* (fig. 109). Celle supérieure porte la cathode *C*, et l'anode *A* en aluminium, fixée à demeure sur la trompe; celle inférieure est une sorte de récipient contenant la substance à étudier. L'anode a la forme d'un anneau, normal au faisceau des rayons cathodiques, dont le centre passe par l'axe du tube, ce qui empêche les rayons de frapper le rodage et de l'échauffer pendant le passage de la décharge. Dans ces conditions, les gaz raréfiés qui restent dans l'ampoule, après qu'on y a fait le vide, ne s'illuminent qu'entre l'anode et la cathode, et leur spectre ne se superpose pas à celui de la substance phosphorescente, qu'il suffit de placer à la hauteur de la fente du spectroscope. Pour éviter l'échauffement de la partie rodée, le faisceau cathodique est limité par un étranglement du verre, qui se trouve immédiatement au-dessus de celle-ci.

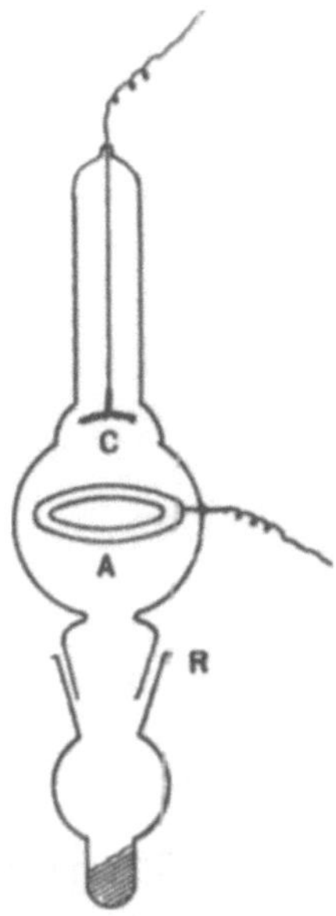

Fig. 109.
Ampoule d'Urbain.

On peut aussi, au lieu de tubes rodés, prendre des ampoules d'une seule pièce, avec lesquelles on opère d'ailleurs de la même façon. Quand on veut pouvoir étudier la région ultra-violette des spectres,

[1] Voir notamment divers articles publiés dans le Bulletin de la Société chimique de Paris et les Comptes Rendus; ainsi que l'Introduction à l'étude de la spectrochimie. Paris, Hermann 1911.

il faut réserver, sur la partie inférieure de l'ampoule, une ouverture qu'on obture au moyen d'une plaque de quartz. Lorsqu'il s'agit de comparer les spectres fournis par différentes substances ou encore d'étudier une série de préparations du même corps à des degrés de pureté différents, on emploie des rampes de ces ampoules; chacune d'entre elles possède sa cathode, qui se trouve en face de la matière à étudier, tandis que toutes ont une anode commune constituée par un gros fil d'aluminium, placé à l'intérieur du tube collecteur (fig. 110). Tous ces tubes étant identiques, on obtient de la sorte un régime de décharge semblable pour chacun d'eux, ce qui est nécessaire pour comparer les différents spectres dans des conditions analogues.

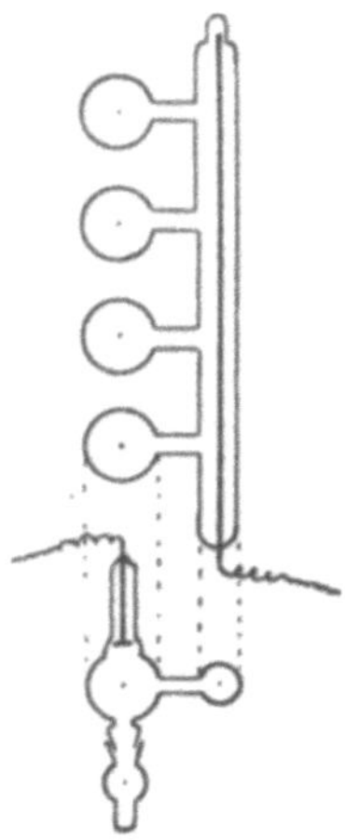

Fig. 110. Batterie d'ampoules.

On emploie, pour produire la décharge, une bobine d'induction ordinaire, sans condensateurs; ceux-ci ne deviennent utiles que si le vide est insuffisant. Cependant, on les intercale parfois dans le but d'éviter un échauffement trop considérable par le bombardement cathodique. Mr Urbain recommande de mettre une étincelle de longueur réglable dans le circuit de la décharge avec ou sans condensateur; cette étincelle a une influence sensible sur l'éclat de la phosphorescence.

Quant au vide qu'il convient de faire dans l'ampoule, il n'y a pas de règle à formuler à cet égard; on observe seulement que les phosphorescences sont souvent beaucoup moins vives dans les vides poussés trop loin que dans ceux plus modérés.

143. Phosphorescence dans les dissolutions solides. Au fur et à mesure qu'on les purifie, les substances qui sont phosphorescentes perdent cette propriété; lorsqu'elles sont tout à fait pures, toute trace de cette phosphorescence disparaît complètement. La phosphorescence est donc due à la présence d'une très petite quantité de substance active, appelée phosphorogène, diluée dans un corps inerte qui forme la masse principale, appelée diluant; le tout constitue ce que Mr Lecoq de Boisbaudran a appelé une *solution solide*. Les expériences de MM. Urbain et Bruninghaus, faites au moyen de mélanges $xCaO + yMnO$ en proportions variables, préparés par précipitation chimique avec calcination subséquente et soumis à l'action des rayons cathodiques dans une batterie d'ampoules, ont montré que dans le cas du système binaire chaux-manganèse, la phosphorescence présente un optimum qui correspond aux proportions 99,5 % CaO et 0,5 % MnO. Avec la chaux et les terres rares, cet optimum est de 1 % de ces dernières dans 99 %

de chaux; avec l'oxyde de chrome, dilué dans l'oxyde d'aluminium, l'optimum correspond à 0,1 % de Cr_2O_3 dans 99,9 % d'Al_2O_3. En opérant sur différents mélanges, on observe que la couleur de la lumière émise par phosphorescence varie; à mesure que la dilution du phosphorogène augmente, la coloration tend à virer au bleu ou au violet; l'inverse se produit quand on augmente progressivement la quantité de phosphorogène. Il résulte de ceci que la loi de l'optimum ne doit pas être appliquée à la phosphorescence dans son ensemble, mais à chaque radiation en particulier.

144. Caractères des spectres de phosphorescence. Les spectres de phosphorescence des corps usuels, tels que le manganèse, le chrome, le cuivre, etc. dilués dans une substance appropriée, sont en général composés de quelques larges bandes, toujours diffuses et difficiles à repérer. On en compte rarement plus de trois et souvent une seule. Avec les terres rares, Mr Urbain a montré que l'on obtient au contraire de superbes spectres de lignes, très variés, très lumineux, et souvent exceptionnellement riches en raies; il a proposé d'utiliser ces spectres pour établir une méthode complète d'analyse des terres rares. Les spectres de phosphorescence sont en général indépendants des transformations chimiques que subissent les substances qui les donnent; ainsi une chaux renfermant 0,5 % de MnO, pourra subir des transformations variées, sans que sa phosphorescence disparaisse, à la condition toutefois que ces transformations ne diminuent pas la proportion initiale du manganèse. Il s'ensuit que les sels de calcium, obtenus à la suite de ces transformations, seront eux-mêmes phosphorescents, et que leur spectre gardera le même caractère général. Si le phosphorogène est une terre rare, on retrouve, d'un sel à un autre, une correspondance évidente entre les divers groupes de bandes, mais ceux-ci pourront différer par le nombre et la distribution de ces bandes.

145. Phosphorescence des mélanges ternaires. Quant à un mélange binaire phosphorescent, on ajoute une troisième substance, fonctionnant comme diluant auxiliaire, on observe souvent qu'il y a affaiblissement de la phosphorescence et modification de la couleur de la lumière et du spectre primitif. Le spectre nouveau est constitué par la superposition de ce dernier, au spectre qu'on obtiendrait avec le phosphorogène dans le deuxième diluant ajouté; ce second spectre peut même se substituer complètement au premier. Si, au contraire, dans un mélange binaire, on introduit un deuxième phosphorogène fonctionnant comme troisième substance, le diluant restant le même, le spectre que l'on obtient résulte de la superposition des spectres de chacun des phosphorogènes dans le même diluant, et les modifications que subit chacun de ces spectres sont insignifiantes. Par contre les fluorescences s'abaissent, et tandis que le phosphorogène le plus actif est à peine influencé par celui qui l'est moins, ce dernier est presque complètement anéanti, comme l'ont démontré MM. Urbain et Scal.

Dans certains cas, cependant, l'adjonction d'une troisième substance joue un rôle tout différent; elle est, en effet, nécessaire pour que le mélange devienne lumineux. Ainsi les métaux lourds jouent le rôle de phosphorogène vis-à-vis des sulfures alcalino-terreux, à la condition d'ajouter à leur mélange une petite quantité d'un sel alcalin fusible. Ces phénomènes ont été étudiés principalement par MM. Lenard et Klatt[1]; ils ont donné le nom d'*«addition fusible»* aux substances qui présentent cette propriété.

146. Caractères généraux des diluants. Les diluants sont toujours de mauvais conducteurs de la chaleur et de l'électricité; les oxydes des métaux alcalino-terreux et les terres du groupe de l'aluminium seront donc particulièrement désignées comme diluants des phosphorogènes. Les substances conductrices (composés à éclat métallique, métaux, etc.) par contre, devront être rejetées; il en est de même pour les substances très colorées, à moins que leur région spectrale d'absorption ne soit très éloignée de celle où le phosphorogène émet de la lumière. C'est d'après Mr Urbain, ce qui explique que dans la série des terres rares, les seuls corps qui peuvent servir de diluants pour des éléments comme le didyme, le samarium, le terbium, l'erbium, le dysprosium, et l'europium, sont le lanthane et l'yttrium, qui n'ont pas de spectre d'absorption dans le voisinage de la région où se manifeste la phosphorescence.

§ 8. LES SPECTRES D'ABSORPTION.

147. Spectres d'absorption. Pour obtenir un spectre d'absorption, il suffit d'intercaler le corps à étudier entre la fente du spectroscope et une source lumineuse donnant un spectre continu. On peut choisir comme source une lampe à pétrole, ou une flamme éclairante de gaz, mais avec ces moyens il n'est guère possible d'étudier l'ultra-violet. On peut également se servir de la lampe Nernst, ou plus avantageusement, comme le préconise Mr Urbain, d'un bloc aggloméré d'oxyde de thorium, porté à l'incandescence par la flamme d'un chalumeau à oxygène-acétylène. Pour obtenir le plus de lumière possible, on met au point, sur la fente, une image aussi petite que possible de la source lumineuse.

[1] Lenard et Klatt, Wied. Annal. t. 38, p. 90. 1889 et DA. t. 15, p. 225, 425, 693. 1904.

Si le corps dont on veut avoir le spectre est un gaz, on devra le mettre dans un tube de métal, fermé aux deux extrémités par des glaces de verre parallèles, et muni de deux tubulures. L'une de celles-ci est mise en relation avec une pompe, l'autre avec le gaz qu'il s'agit d'introduire dans le tube. On commence à chauffer ce dernier, on aspire l'air qu'il contient et laisse rentrer le gaz. En répétaut un cer-

Fig. 111. Cuve à faces parallèles. Modèle de la maison Franz Hugershoff, Leipzig.

Fig. 112. Cuve à faces parallèles. Modèle de la maison Franz Hugershoff, Leipzig.

Fig. 113. Cuve prismatique. Modèle de la maison Franz Hugershoff, Leipzig.

tain nombre de fois cette opération, le gaz contenu dans le tube est alors parfaitement pur. Si la substance à étudier est une vapeur, on introduit le corps solide ou liquide, qui doit la produire, dans le même tube, qu'on chauffe à une température convenable pour vaporiser la substance, après avoir préalablement rempli le tube d'hydrogène ou d'un gaz inerte, si la vapeur à produire ne peut exister en présence de l'air.

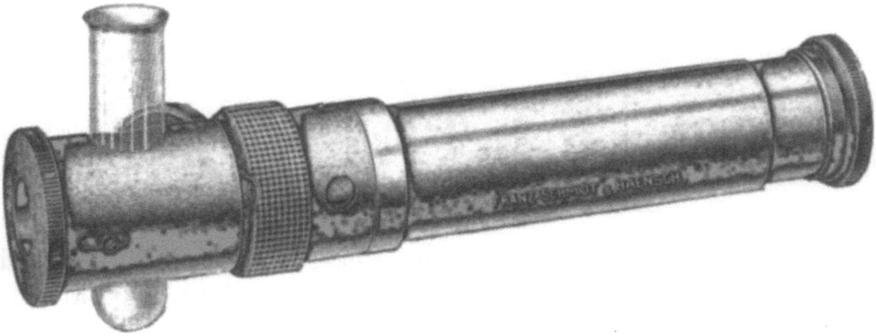

Fig. 114. Petit spectroscope à vision directe, pour étudier l'absorption. Modèle de la maison Schmidt et Haensch à Berlin.

Si le corps est un liquide, on place celui-ci dans des cuves de verre, dont les faces parallèles sont plus ou moins écartées (fig. 111 et 112), de façon à pouvoir observer l'absorption à travers une couche de liquide de plus en plus épaisse. Il faut naturellement pouvoir disposer d'une série de ces cuves. On peut aussi prendre des cuves cunéiformes, qui permettent d'obtenir une rapide variation de la couche absorbante traversée (fig. 113). Ces cuves sont placées sur un support à la hauteur convenable. Si enfin, le corps est solide, on l'interpose simplement sur le trajet des rayons lumineux. Souvent, lorsque en cours d'analyse on veut examiner le spectre d'absorption d'une dissolution, on peut se servir d'un petit spectroscope de poche à vision

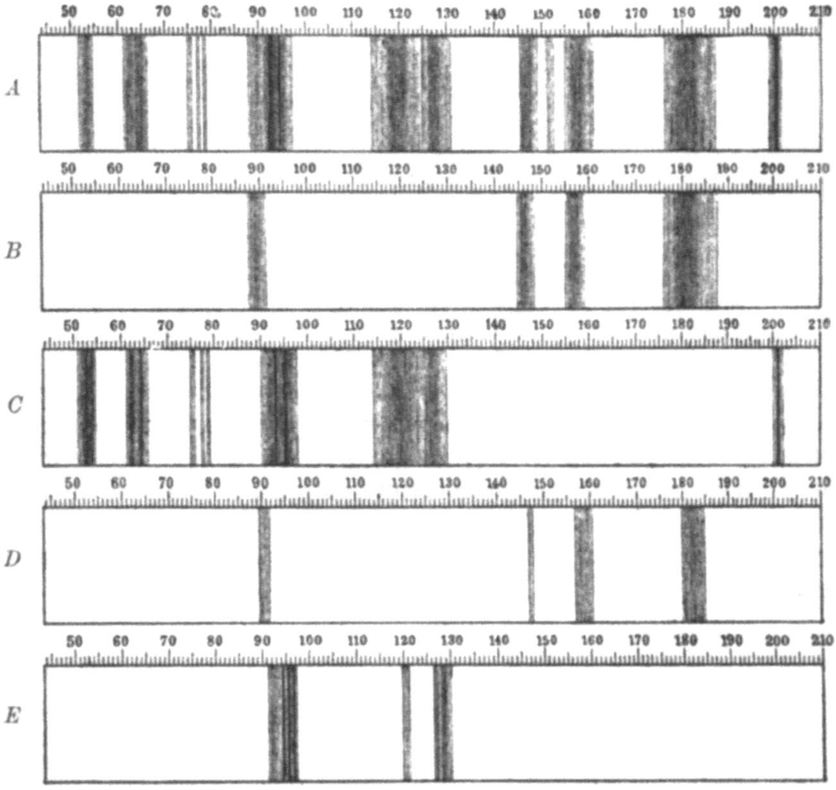

Fig. 115. Spectre d'absorption du dydime.

directe, auquel on donne la diposition représentée fig. 114. Le liquide est introduit dans une éprouvette qui est placée dans la position indiquée sur la figure.

Les spectres d'absorption sont beaucoup moins utilisés dans l'analyse minérale que dans l'analyse chimique en général; ils jouent en effet un grand rôle dans l'étude des substances colorées, obtenues par synthèse[1]. Cependant, ils peuvent rendre de réels services dans la

[1] Voir notamment H. W. Vogel, Praktische Spektralanalyse der irdischen Stoffe Berlin 1899.

recherche de certaines terres rares. On sait, en effet, que les sels de didyme et de lanthane à l'état solide, ou encore de solutions dans l'eau ou le borax fondu, donnent des spectres d'absorption très caractéristiques, qui varient d'ailleurs avec le degré de dilution de la solution. La fig. 115, empruntée à l'ouvrage de Mr CLASSEN[1] montre les spectres d'absorption: *A* du nitrate de didyme en solution, *B* du nitrate de praséodyme en solution concentrée. *C* du nitrate de néodyme en solution concentrée également, puis du nitrate de praséodyme *D* et de néodyme *E*, en solutions diluées.

Nous ne reparlerons pas dans ce chapitre de l'absorption des cristaux et de la mesure quantitative de celle-ci au moyen des spectrophotomètres, ce sujet ayant été traité antérieurement[2].

148. Bibliographie relative à la spectroscopie.

Traités de spectroscopie.

I. CAZIN, La spectroscopie. Paris 1878.

DIETRICH, Spektralanalyse in dem Handwörterbuch der Chemie von LADENBURG. Breslau 1892.

GÄNGE, Die Spektralanalyse. Leipzig 1893.

L. GRANDEAU, Instructions pratiques sur l'analyse spectrale. Paris 1863.

J. HAGENBACH et KONEN, Atlas des spectres d'émission des éléments (avec texte). Paris 1905 (traduit par H. VEILLON).

H. KAYSER, Handbuch der Spectroskopie in 5 Bänden. 1900. Hirzel, Leipzig. Le cinquième volume paru en 1910.

—, Lehrbuch der Spektroskopie. Berlin 1883.

—, Spektralanalyse in WINKELMANNS Handbuch der Physik. Vol. 4, 2. Ausgabe. Leipzig 1906.

VON KONKOLY, Handbuch für Spektroskopiker. Halle 1890.

LANDAUER, Spektralanalyse. Braunschweig 1896.

LEFÈVRE, La spectroscopie et la spectrométrie. 2 vol. Paris 1896 (dans l'encyclopédie LÉAUTÉ).

C. LOKYER, The spectroscope and its use.

MACMUNN, The spectroscope. London 1888.

PROCTOR, The spectroscope. London 1890.

ROSCOE and SCHUSTER, Spectrum analysis. London 1886.

SALET, Traité élementaire de spectroscopie, premier fascicule (seul paru). Paris 1888.

SCHELLEN, Spectrale analysis. Braunschweig 1887 (avec atlas).

G. URBAIN, Introduction à l'étude de la spectrochimie. Paris 1911. Hermann.

H. W. VOGEL, Praktische Spektralanalyse der irdischen Stoffe. Berlin 1899.

W. M. WATTS, Introduction to study of spectrum analysis. London 1904.

Longueurs d'onde.

H. DUFET, Recueil de données numériques publiées par la société française de physique. 1 fasc. Paris 1898.

[1] A. CLASSEN, Ausgewählte Methoden der analytischen Chemie t. I. 1901.

[2] L. DUPARC et F. PEARCE, Traité de technique minéralogique et pétrographique. Les méthodes optiques p. 423—427.

F. EXNER et E. HASCHEK, Die Spektren der Elemente. 3 Bde. erschienen. Leipzig und Wien 1911.

—, Wellenlängen-Tabellen für spektralanalytische Untersuchungen. Vol. I et II. Leipzig und Wien 1902 (spectres d'étincelle).

—, Wellenlängen-Tabellen der Bogenspektren. Vol. I et II. Wien 1904.

F. STANLEY, Lines in the Arc spectra of element. London 1911. Eder et Valenta.

W. M. WATTS, Index of spectra. Manchester 1889.

—, Appendice of spectra. Manchester 1891—1898 et 1899—1905.

CHAPITRE VIII.

VÉRIFICATION DE LA RADIOACTIVITÉ.

§ 1. Caractères généraux de la radioactivité. § 2. Vérification de la radioactivité dans les minéraux et les roches.

§ 1. CARACTÈRES GÉNÉRAUX DE LA RADIOACTIVITÉ.

149. Généralités sur la radioactivité. Certains minéraux qui renferment de l'uranium, ou encore certains dérivés qui contiennent du thorium, ont la propriété d'émettre des radiations invisibles, qui sont pénétrantes, et analogues aux rayons cathodiques et aux rayons de RÖNTGEN. Cette découverte fut faite en 1896 par Mr H. BECQUEREL; on donna le nom de *radioactivité* à ce nouveau phénomène. Plus tard Mme CURIE constata que l'uranium et le thorium possédaient à peu près au même degré le pouvoir de rayonnement, et que certains minerais qui contenaient de l'uranium, présentaient même une radioactivité très supérieure à celle du métal lui-même. La conclusion logique à tirer de cette constatation était que ces minéraux renfermaient à côté de l'uranium, une ou plusieurs substances qui possédaient un pouvoir radioactif plus grand que lui. Mr et Mme CURIE après un long travail de fractionnement, fait sur des résidus provenant du traitement de la Pechblende, sont en effet arrivés à isoler à l'état de sels plus ou moins purs, deux éléments nouveaux; le *radium*, qui, par son poids atomique et les caractères de son spectre se rapproche du baryum, et *le polonium*[1], qui paraît se rapprocher du bismuth, et posséder des propriétés plus ou moins analogues à celles de ce métal. Un troisième élément, qui a été appelé *actinium*, a été signalé par Mr DEBIERNE; il paraît appartenir au groupe des terres rares. De ces divers éléments, le radium est de beaucoup le mieux connu et le mieux étudié; il se rencontre en très petite quantité dans certains minéraux d'uranium tels que la Pechblende, l'Uranite, la Carnotite, la Chalcolite, etc.; l'Orangite

[1] Le polonium est actuellement considéré comme un produit de décomposition du radium F.

et la Clévéite sont également radioactives. La radioactivité a été aussi constatée sur un certain nombre d'eaux minérales naturelles, qui lui doivent en partie leurs propriétés curatives. C'est la Pechblende qui paraît contenir la plus forte proportion de radium; celle de Joachimstal renferme en moyenne 0,2 g. de cet élément par tonne de minerai; le polonium s'y trouve en quantité encore beaucoup plus petite (0,1 mg. pour deux tonnes, d'après Mme Curie et Mr Debierne).

150. Propriétés des corps radioactifs. Les propriétés du radium et de ses sels ont été étudiées par M^r^ et Mme Curie. Le radium lui-même a été isolé par Mr Debierne[1], par électrolyse du chlorure pur au moyen d'une cathode de mercure et d'une anode de platine iridiée, avec distillation subséquente de l'amalgame dans un courant d'hydrogène. A l'état pur, il est blanc, brillant, fond à 700° et décompose l'eau. Le chlorure, le bromure et le nitrate sont solubles dans l'eau, ils colorent la flamme en rouge. Le spectre de flamme des sels est formé de deux bandes dans le rouge, une dans le bleu-verdâtre, et deux faibles dans le violet. Le spectre d'étincelle des solutions est également très caractéristique; il a été étudié par Mr Demarcay et comporte trois raies principales très vives, l'une dans le bleu ($\lambda = 468{,}3\ \mu\mu$) les deux autres dans le violet ($\lambda = 431{,}1$ et $381{,}5\ \mu\mu$).

Les sels de radium sont en général lumineux dans l'obscurité, ils dégagent constamment de la chaleur à raison de 100 petites calories par heure et par gramme (pour le bromure). Ils émettent continuellement un rayonnement complexe et invisible, qui traverse les corps solides, et illumine certains composés comme le platino-cyanure de baryum. La radiation émise par le radium peut être séparée au moyen d'un champ magnétique en trois catégories de rayons, à savoir:

Les rayons α, qui ont une grande analogie avec ceux de Goldstein, et qui transportent de l'électricité positive.

Les rayons β, qui présentent des propriétés analogues aux rayons cathodiques.

Les rayons γ, qui correspondent aux rayons de Röntgen, mais sont plus pénétrants.

Les sels de radium (et en général les corps radioactifs) ont la propriété de rendre conducteurs pour l'électricité, l'air et les diélectriques liquides; ils émettent en outre, constamment, une émanation, qui s'échappe si les sels sont dissous; cette émanation se transforme en rayons de Becquerel en se détruisant. En présence des solides, elle produit la radioactivité induite.

[1] Comp. rend. acad. scienc. Paris t. 151, p. 523. 1910.

§ 2. CONSTATATION DE LA RADIOACTIVITÉ DANS LES MINÉRAUX ET LES ROCHES.

151. Considérations générales sur les méthodes. Les corps radioactifs se rencontrent, comme nous l'avons dit, en si petite quantité dans les minéraux et les roches, que leur identification par les méthodes chimiques est pratiquement impossible, du moins pour le moment. Les seuls procédés qui donnent des résultats, sont basés, soit sur l'action des rayons émis par les corps radioactifs sur la plaque photographique, soit sur la propriété que possèdent ces corps de rendre l'air conducteur pour l'électricité dans leur voisinage. Ces procédés sont tellement sensibles, qu'ils permettent de retrouver des quantités de radium 500 fois plus petites que celles que l'on peut identifier par la spectroscopie, qui est cependant une méthode d'une sensibilité remarquable.

152. Méthode photographique. Elle est excessivement simple à appliquer, et a été indiquée par Crooks. Dans une chambre obscure, on place dans une boîte en carton, une plaque photographique sensible, la couche de gélatine en dessus; on la couvre avec une feuille de papier noir très mince, puis l'on pose sur cette feuille des petits fragments des minéraux ou des roches à essayer. Ces fragments ont un volume d'un centimètre cube environ; ils sont si possible soigneusement échantillonnés, et usés au tour à polir de façon à obtenir une face plane. La boîte est ensuite couverte, et la plaque laissée en contact, pendant douze heures, avec les fragments placés à sa surface. On procède ensuite au développement comme à l'ordinaire. Si le minéral ou la roche renferment des corps radioactifs, on voit apparaître, sur la plaque, des taches, qui sont, toutes choses égales, d'autant plus sombres que la matière est plus active. Si l'on a placé plusieurs minéraux différents sur la même plaque, on peut ainsi comparer l'intensité relative de leur radioactivité. Si le même échantillon n'est pas homogène, la variation de son pouvoir radioactif apparaîtra également immédiatement; dans ce cas si l'on veut évaluer son activité moyenne, on le réduira en poudre, que l'on disposera en tas sur la plaque photographique.

153. Méthode par l'électroscope. Les substances radioactives rendent l'air conducteur pour l'électricité; il en résulte que, placées dans le voisinage d'un électroscope, elles le déchargeront plus ou moins rapidement, ce qui permet de vérifier l'existence de la radioactivité et d'en évaluer comparativement l'intensité. Le dispositif que l'on adopte pour effectuer une telle vérification est le suivant: Un électroscope à feuilles d'or chargé E, est réuni à l'un des plateaux A

horizontaux d'un condensateur (fig. 116); le second plateau *B*, étant relié au sol. Dans l'air sec, et en l'absence d'un corps radioactif, l'électroscope reste chargé, et l'écartement des feuilles d'or mesuré sur une échelle graduée appropriée, reste constant. Si l'on place ensuite, sur le plateau *B*, le corps radioactif finement pulvérisé, l'électroscope se décharge, et les feuilles d'or se rapprochent d'autant plus rapidement que l'activité de la substance est plus grande.

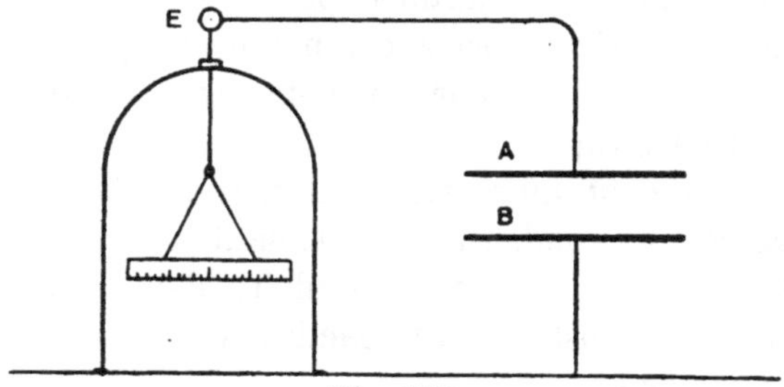

Fig. 116.

154. Méthode par l'électromètre. Cette méthode a été employée par Mr et Mme Curie; elle utilise les propriétés piézoélectriques du quartz. Le dispositif expérimental est le suivant (fig. 117): Les deux plateaux d'un condensateur *A* et *B* sont réunis, l'un *A* à une forte batterie d'accumulateurs *C*, dont le second pôle communique avec la terre; l'autre *B* avec l'électromètre *E*. L'interrupteur *D* permet de mettre également le plateau *B* en communication avec le sol. Le plateau *A* peut ainsi être porté à un potentiel élevé, celui *B* au potentiel de la terre, lorsque l'interrupteur *D* est fermé. Si, sur le plateau *A*, on place une substance radioactive, le plateau *B* se charge alors d'électricité, et l'électromètre *E* dévie plus ou moins fortement suivant l'intensité du courant produit. Pour déterminer cette intensité, on se sert du quartz piézoélectrique *Q* de MM. J. et P. Curie, composé d'une longue et mince lame de quartz suspendue à une extrémité et qui porte à l'autre un plateau *P*, sur lequel on peut mettre des poids gradués. Les deux faces de la lame de quartz sont recouvertes de feuilles de papier d'étain, et constituent un condensateur qui se charge quand on exerce une traction sur la lame de quartz. Avec ce quartz piézoélectrique on peut compenser l'action produite sur l'électromètre

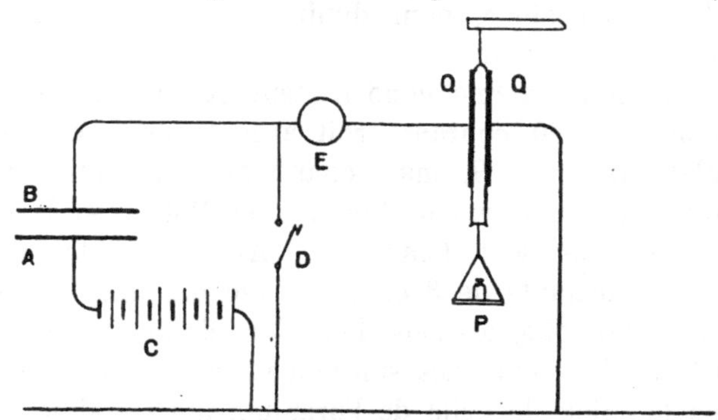

Fig. 117.

E et le ramener au 0. On opère pratiquement avec cet appareil comme suit: on met un poids connu sur le plateau P après avoir placé le corps radioactif sur le plateau A du condensateur; puis avec l'interrupteur D, on rompt la communication de B avec le sol. On enlève ensuite graduellement les poids placés sur le plateau P, ce qui dégage des quantités connues d'électricité par allègement du quartz, et l'on arrive ainsi à compenser la quantité d'électricité qui traverse le condensateur par celle de signe contraire, fournie par le quartz piézoélectrique.

On peut ainsi aisément mesurer la quantité d'électricité qui traverse le condensateur pendant un temps déterminé, c'est-à-dire l'intensité du courant produit, d'où l'on déduira la richesse relative en substance radioactive contenue dans la matière placée sur le plateau A.

Lorsqu'il s'agit de mesurer le pouvoir rayonnant de corps très radioactifs, la quantité d'électricité fournie par le quartz piézoélectrique est insuffisante pour effectuer la compensation; il faut alors: ou bien diminuer la surface occupée par la substance radioactive sur le plateau A; ou bien placer celle-ci à une certaine distance au-dessus du condensateur, pour diminuer l'intensité du rayonnement qui traverse les plateaux.

Pour un même condensateur et une même substance radioactive, l'intensité du courant croît avec la différence de potentiel entre les plateaux A et B, mais quand on augmente fortement celle-ci, elle tend vers une valeur limite, que MM. J. et P. Curie ont prise pour mesure de la radioactivité. Avec des plateaux de 8 cm. de diamètre, distants de 3 cm., et avec des différences de potentiel dépassant 100 volts, les sels d'uranium donnent des courants de 10^{-11} ampères. L'activité des substances radioactives peut ainsi être exprimée en fonction de celle de l'uranium ainsi établie.

155. Détermination de la radioactivité des eaux minérales. Pour vérifier la présence de la radioactivité chez certaines eaux minérales, on utilise le procédé préconisé par MM. Curie et Laborde[1] qui est le suivant: Une certaine quantité d'eau est portée pendant une heure à l'ébullition dans un ballon de 5 litres, muni d'un réfrigérant ascendant, après y avoir ajouté un peu d'une solution de potasse caustique. On dirige de temps en temps quelques ccm. d'air dans ce ballon pour entraîner l'émanation. Les gaz qui se dégagent pendant l'ébullition, sont recueillis sur du mercure, puis désséchés, et introduits dans une boîte cylindrique en laiton, qui est fermée et qui constitue

[1] Comp. rend. acad. scienc. Paris I, p. 1150. 1904 et II, p. 1425. 1905.

l'armature extérieure d'un condensateur, dont l'armature interne est formée par une tige en laiton, placée suivant l'axe de la boîte. On porte cette boîte à un potentiel élevé (200 ou 300 volts), puis on relie la tige interne avec un électromètre, et on mesure comme précédemment, par le quartz piézoélectrique, l'intensité du courant qui traverse le condensateur. Le courant s'établit dès que l'on introduit le gaz, il augmente pendant quelques heures, puis décroît lentement, et au bout de 24 heures cette décroissance suit la loi de celle de l'émanation du radium.

Pour évaluer la quantité d'émanation continue dans les gaz, on la compare avec celle que dégage, dans un temps donné, une solution de bromure de radium pur contenue en vase clos, et entraînée par un courant d'air dans le condensateur cylindrique.

CHAPITRE IX.

TABLES POUR LA DÉTERMINATION DES MINÉRAUX.

§ 1. Principes généraux de la construction des tables. § 2. Minéraux à éclat métallique. § 3. Minéraux sans éclat métallique.

§ 1. PRINCIPES GÉNÉRAUX DE LA CONSTRUCTION DES TABLES.

156. But proposé et système employé. Dans la pratique courante, le minéralogiste a constamment à identifier rapidement les diverses espèces minérales, soit dans un but systématique, soit aussi pour être orienté dès le début sur les méthodes qui conviennent plus particulièrement pour en faire l'analyse complète. Pour effectuer cette identification, on se sert de tables, dont le principe consiste à réunir les différentes espèces naturelles dans un certain nombre de groupements, basés sur leurs propriétés physiques et chimiques. Les caractères physiques qui servent dans ce but sont: l'éclat, la couleur, la structure, la forme cristalline, le clivage, la dureté, la densité, le degré de fusibilité, la solubibilité dans l'eau et les acides. Quant aux caractères chimiques, ils sont déterminés par un ensemble de réactions par voie sèche telles que: les essais en tubes fermé et ouvert, les essais sur le charbon, les essais avec les perles vitreuses de borax, etc., en opérant comme il a été indiqué au chapitre III. Les résultats donnés par voie sèche sont complétés par quelques réactions simples par voie humide.

On a proposé de nombreux systèmes pour le classement et la détermination des minéraux, en se basant sur ces caractères; nous avons adopté la méthode établie par F. de Kobell[1] et complétée par divers auteurs, notamment par F. Pisani et par F. Oebbeke[2]. Cette méthode très pratique, permet d'arriver rapidement au but proposé; nous l'avons choisie parce qu'elle est très généralement employée, et que l'expérience nous a montré, qu'elle donne d'excellents résultats. Nous avons fait à ces tables un certain nombre d'adjonctions et de modifications, qui nous paraissent faciliter les déterminations.

F. de Kobell subdivise les minéraux en 2 grandes classes:

1. Minéraux à éclat métallique.
2. Minéraux sans éclat métallique.

Chacune de ces classes peut être divisée en un certain nombre de groupes et ceux-ci à leur tour en sections et sous-sections. Ces groupes sont basés sur un ensemble de caractères communs et établis par une ou plusieurs réactions générales. Ces réactions doivent être effectuées *successivement* dans l'ordre indiqué, ce qui permet immédiatement de déterminer le groupe dans lequel rentre le minéral à examiner. Une nouvelle réaction sert ensuite à préciser éventuellement la section qu'occupe ce minéral, et ainsi de suite. On arrivera de la sorte à trouver un nombre généralement restreint de minéraux, présentant tous les caractères précédemment établis, parmi lesquels le minéral à déterminer sera facilement identifié par une comparaison avec l'ensemble des autres caractères. Il est bien évident que dans des tables de cette nature, on ne peut réunir qu'un nombre restreint de ces caractères; il est donc indispensable de compléter les données des tables par celles fournies par un bon manuel de minéralogie.

Pour la détermination d'une espèce minérale, il faudra choisir des fragments aussi purs et homogènes que possible; il y aura donc souvent avantage à opérer sur du matériel trié à la main, ou purifié par les liqueurs lourdes. Il est indispensable de procéder avec beaucoup de soin et de méthode dans l'application des différentes réactions, car une erreur commise entraînerait inévitablement un faux diagnostic.

157. Abréviations utilisées dans les tables. Pour simplifier les tables et les réduire au plus petit volume, nous avons employé un certain nombre d'abréviations dont nous indiquons ici la signification:

EA = éléments accessoires; nous désignons ainsi les corps qui peuvent se rencontrer dans une espèce minérale déterminée, et qui ne s'y trouvent en général qu'en petite quantité.

[1] F. de Kobell. Les Minéraux. Guide pratique pour leur détermination. 3e édition française, traduite par le comte Ludovic de la Tour du Pin, avec nombreuses additions de F. Pisani. Paris. Rothschild. 1879.

[2] F. Oebbeke. F. von Kobells Tafeln zur Bestimmung der Mineralien. München. J. Landauersche Buchhandlung. 1912.

PS = densité.
D = dureté, évaluée à l'échelle de Mohs.
FC = forme cristalline. Nous nous sommes bornés à indiquer le système cristallin et le genre spécial de symétrie, sans entrer dans les détails des combinaisons réalisées.
C = couleur propre du minéral.
P = couleur de la poussière du minéral.
S = solubilité, ou attaque par les acides.
F = fusibilité.
Fus = fusible.
Ins = insoluble.
Ac = acide.
FO = réactions à la flamme d'oxydation.
FR = réactions à la flamme de réduction.

Pour la désignation des types de symétrie et des systèmes, nous avons employé la nomenclature française abrégée. Nous donnerons ci-dessous une table de ces abréviations, avec les formules de symétrie correspondantes. Cette table est la reproduction de celle contenue dans la traduction française des tables de Groth[1], qui sont universellement répandues.

Triclinique pinacoïdal	Triclin.	C
Monoclinique hémiédrique	Monocl. hém.	L^2
Monoclinique holoédrique	Monocl.	$L^2 C P^2$
Orthorhombique hémiédrique holoaxe	Orthor. hém. hol.	$L^2 L'^2 L''^2$
Orthorhombique hémiédrique hémimorphe	Orthor. hém. hémim.	$L^2 P'^2 P''^2$
Orthorhombique holoédrique	Orthor.	$L^2 L'^2 L''^2 C P^2 P'^2 P''^2$
Quadratique tétartoédrique hémimorphe	Quadrat. tétartoédr. hémim.	A^4
Quadratique hémiédrique sphénoïdal	Quadrat. hém. sphén.	$A^2 2A^2 2P'^2$
Quadratique hémiédrique bipyramidal	Quadrat. hém. bipyr.	$A^4 C P^4$
Quadratique holoédrique	Quadrat.	$A^4 2L^2 2L'^2 C P^4 2P^2 2P'^2$
Rhomboédrique hémiaxe centré	Rhomb. hém. c.	$A^3 C$
Rhomboédrique holoaxe	Rhomb. hol.	$A^3 3L^2$

[1] P. Groth, Tableau systématique des minéraux (traduction française par E. Joukowsky et F. A. Pearce). Grebel & Wendler, Genève 1904.

Rhomboédrique hémimorphe	Rhomb. hémim.	$A^3 3P^2$
Rhomboédrique holoédrique	Rhomb.	$A^3 3L^2 C 3P'$
Hexagonal tétartoédrique hémimorphe	Hexag. tétartoédr. hémim.	A^6
Hexagonal hémiédrique bipyramidal	Hexag. hém. bipyr.	$A^6 C P^6$
Hexagonal hémiédrique hémimorphe	Hexag. hém. hémim.	$A^6 3P^2 3P'^2$
Hexagonal hémiédrique holoaxe	Hexag. hém. hol.	$A^6 3L^2 3L'^2$
Hexagonal holoédrique	Hexag.	$A^6 3L^2 3L'^2 C P^6 3P^2 3P'^2$
Cubique tétartoédrique	Cub. tétartoédr.	$3A^2 4A^3$
Cubique hémiédrique holoaxe	Cub. hém. hol.	$3A^4 4A^3 6L^2$
Cubique hémiaxe centré	Cub. hém. c.	$3A^2 4A^3 C 3P^4$
Cubique hémiédrique tetraédr.	Cub. hém. tétraédr.	$3A^2 4A^3 6P^2$
Cubique holoédrique	Cub.	$3A^4 4A^3 6L^2 C 3P^4 6P^2$

158. Schéma de la disposition des tables de Kobell.

I. Minéraux à éclat métallique, § 2, p. 282.

A. Métaux natifs malléables, No. 159, p. 282.

B. Minéraux fusibles de 1 à 5 ou facilement volatils, No. 160, p. 283.

1. Minéraux qui, chauffés sur le charbon, donnent des vapeurs à odeur alliacée, p. 283.

a) Minéraux ne donnant pas de globule métallique malléable quand on les chauffe sur le charbon avec du carbonate de sodium, p. 283.

b) Minéraux donnant sur le charbon, avec le carbonate de sodium, un globule de plomb soluble dans l'acide nitrique. La solution nitrique donne un précipité blanc par addition d'acide sulfurique dilué, p. 283.

c) Minéraux donnant sur le charbon, avec le carbonate de sodium, un globule de cuivre soluble dans l'acide nitrique; la solution nitrique devient bleue par addition d'un excès d'ammoniaque, p. 284.

d) Minéraux solubles dans l'acide nitrique, dont la solution neutralisée par l'ammoniaque et additionnée d'une solution de diméthylglyoxime donne un précipité rose, volumineux, p. 284.

e) Minéraux donnant une coloration bleue intense à la perle de borax, p. 285.

2. Minéraux qui, chauffés sur le charbon, répandent d'abondantes fumées d'antimoine, et donnent un enduit blanc, volatil, ne communiquant pas de coloration à la flamme réductrice. Chauffés à la flamme oxydante, ils donnent une coloration bleu-livide, avec dégagement de vapeurs à odeur métallique, particulière, p. 285.

3. Minéraux, qui, chauffés sur le charbon avec le carbonate de sodium, donnent la réaction de l'hépar et qui ne rentrent pas dans les groupes précédents. Le minéral pulvérisé, placé dans une éprouvette avec du fer réduit et de l'acide chlorhydrique dilué de son volume d'eau, donne lieu à un dégagement d'hydrogène sulfuré, qui noircit le papier humecté d'acétate de plomb, p. 288.

a) Minéraux attaqués par l'acide nitrique, avec formation d'une solution devenant bleue par addition d'un excès d'ammoniaque, mais ne donnant pas de trouble lorsqu'on la dilue avec un grand excès d'eau, p. 288.

b) Minéraux pouvant présenter les mêmes caractères que les précédents, mais dont la solution nitrique concentrée, donne un dépôt de soufre et de sulfate de plomb, ou un précipité blanc de sulfate, par addition d'acide sulfurique dilué, p. 289.

c) Minéraux pouvant présenter les mêmes caractères que les précédents, mais dont la solution nitrique donne un précipité blanc, caillebotté, par addition d'acide chlorhydrique. Le précipité noircit à la lumière; il est soluble dans l'ammoniaque, p. 289.

d) Minéraux pouvant présenter les mêmes caractères que les précédents, mais qui, chauffés sur le charbon, avec un mélange de soufre et d'iodure de potassium, donnent un enduit rouge caractéristique, d'iodure de bismuth, p. 290.

e) Minéraux qui donnent sur le charbon une masse magnétique. Leur solution nitrique, évaporée à sec, et reprise par l'eau ammoniacale, donne un précipité rose avec le diméthylglyoxyme, ou colore en bleu la perle de borax, p. 290.

f) Minéraux donnant sur le charbon une masse magnétique, sans présenter les réactions des minéraux précédents, p. 291.

g) Minéraux ne rentrant pas dans les groupes précédents, p. 291.

4. Minéraux qui, chauffés sur le charbon, répandent une forte odeur de chou pourri, p. 292.

5. Minéraux qui, chauffés sur le charbon, donnent un enduit blanchâtre; qui communiquent à la flamme une coloration bleu-verdâtre, et qui, chauffés avec de l'acide sulfurique concentré, colorent cet acide en rouge ou rouge-brun. Par addition d'eau, la coloration disparaît et il se dépose un précipité noir de tellure, p. 293.

6. Minéraux n'appartenant pas aux sections précédentes, p. 294.

C. Minéraux non volatils, infusibles, ou fusibles au-dessus de 5, No. 161, p. 296.

1. Minéraux qui communiquent à la perle de borax, une couleur violet-améthyste, p. 296.

2. Minéraux qui, chauffés sur le charbon au feu de réduction, deviennent magnétiques ou le sont d'eux-mêmes, p. 296.

3, Minéraux qui ne rentrent pas dans les groupes précédents, p. 297.

II. Minéraux sans éclat métallique, § 3, p. 299.

A. Minéraux brûlant au chalumeau ou facilement volatils, No. 162, p. 299.

B. Minéraux peu ou pas volatils, de fusibilité 1 à 5, No. 163, p. 301.

1. Minéraux qui, chauffés sur le charbon, donnent une masse attirable à l'aimant, ou qui, fondus avec du carbonate de sodium, donnent un globule métallique, p. 301.

a) Minéraux donnant sur le charbon, avec le carbonate de sodium, un globule d'argent, p. 301.

b) Minéraux donnant sur le charbon, avec le carbonate de sodium, un globule de plomb, p. 302.

c) Minéraux qui, humectés d'acide chlorhydrique, colorent la flamme du chalumeau en bleu, légèrement pourpré. Leur solution nitrique devient bleu-azur, par l'addition d'un excès d'ammoniaque, p. 305.

α) Minéraux qui dégagent sur le charbon des vapeurs à odeur alliacée, p. 305.

β) Minéraux qui ne dégagent pas de vapeurs à odeur alliacée, et qui, pour la plupart, chauffés sur le charbon donnent un globule rouge de cuivre métallique, p. 306.

γ) Minéraux présentant les mêmes caractères généraux que les précédents; ils ne donnent pas de vapeurs arsenicales, mais leur solution donne un précipité jaune, à chaud, par addition de nitromolybdate d'ammonium. p. 308.

d) Minéraux qui communiquent à la perle de borax une belle couleur bleu-saphir ou une coloration brun-rouge et qui donnent sur le charbon des vapeurs arsenicales à odeur alliacée, p. 309.

e) Minéraux n'appartenant pas aux groupes précédents, et qui, chauffés sur le charbon, donnent une masse grise ou noire, attirable à l'aimant, p. 309.

α) Minéraux qui dégagent sur le charbon des vapeurs arsenicales, p. 309.

β) Minéraux qui sont solubles dans l'acide chlorhydrique sans résidu appréciable et sans gélifier, et qui ne dégagent pas au chalumeau de vapeurs arsenicales p. 310.

γ) Minéraux qui gélifient avec l'acide chlorhydrique ou se décomposent avec dépôt de silice, p. 312.

δ) Minéraux qui sont à peine attaqués par l'acide chlorhydrique, p. 314.

f) Minéraux n'appartenant pas aux sections précédentes, p. 315.

2. Minéraux qui, chauffés sur le charbon, ne donnent pas de masse attirable à l'aimant; et qui, fondus avec du carbonate de sodium sur le charbon, ne donnent pas de globule métallique, p. 315.

a) Minéraux qui donnent une réaction alcaline, après avoir été fondus et chauffés longtemps à la flamme du chalumeau ou dans la cuiller de platine, p. 316.

α) Minéraux facilement et complètement solubles dans l'eau, p. 316.

β) Minéraux insolubles ou peu solubles dans l'eau, p. 318.

b) Minéraux solubles dans l'acide chlorhydrique, sans résidu notable; la solution ne se prend pas en gelée quand on l'évapore. Quelques-uns de ces minéraux sont solubles dans l'eau, p. 320.

c) Minéraux solubles dans l'acide chlorhydrique, en gélifiant complètement, p. 323.

α) Minéraux donnant de l'eau dans le tube fermé et colorant la flamme en jaune. Leur solution ne donne pas de précipité avec l'acide sulfurique dilué, p. 323.

β) Minéraux donnant de l'eau dans le tube fermé mais ne colorant pas nettement la flamme, p. 324.

γ) Minéraux donnant de l'eau dans le tube fermé, et dont la solution donne avec l'acide sulfurique un précipité blanc, insoluble dans les acides, p. 324.

δ) Minéraux ne donnant que peu ou pas d'eau dans le tube fermé, p. 324.

d) Minéraux attaqués par l'acide chlorhydrique avec dépôt de silice pulvérulente, ou en gélifiant plus ou moins complètement, p. 326.

α) Minéraux donnant de l'eau dans le tube fermé, p. 326.

β) Minéraux ne donnant pas d'eau dans le tube fermé, p. 328.

e) Minéraux peu attaqués par l'acide chlorhydrique, et qui colorent fortement la perle de borax en violet-améthyste, p. 329.

f) Minéraux ne rentrant pas dans les sections précédentes, p. 330.

C. Minéraux infusibles ou fusibles au-dessus de 5, No. 164, p. 335.

1. Minéraux qui, chauffés et humectés d'une solution de nitrate de cobalt, donnent au chalumeau, une masse bleue, infusible, p. 335.

a) Minéraux donnant beaucoup d'eau dans le tube fermé, p. 336.

b) Minéraux ne donnant que peu ou pas d'eau dans le tube fermé, p. 338.

2. Minéraux qui donnent sur le charbon une masse verte, après avoir été humectés par la solution de nitrate de cobalt, p. 339.

3. Minéraux qui présentent une réaction alcaline, après avoir été fortement chauffés à la flamme du chalumeau, p. 339.

a) Minéraux donnant de l'eau dans le tube fermé, p. 339.

b) Minéraux ne donnant pas d'eau dans le tube fermé, p. 339.

4. Minéraux entièrement, ou en grande partie solubles dans l'acide chlorhydrique ou dans l'acide nitrique; la solution évaporée ne donne lieu, ni à la formation d'une gelée, ni à celle d'un dépôt de silice, p. 340.

5. Minéraux gélifiant avec l'acide chlorhydrique, ou donnant un dépôt de silice pulvérulente, p. 343.

a) Minéraux donnant de l'eau dans le tube fermé, p. 343.

b) Minéraux qui ne donnent pas d'eau dans le tube fermé, ou qui en donnent seulement des traces, p. 345.

6. Minéraux n'appartenant pas aux sections précédentes, p. 346.

a) Minéraux qui présentent une dureté inférieure à 7, p. 346.

b) Minéraux de dureté égale ou supérieure à 7, p. 350.

§ 2. MINÉRAUX À ÉCLAT MÉTALLIQUE.

159. A. Métaux natifs malléables.

Fer natif Fe. **EA**: Ni, Co, Cr, Mn, Cu, C, P, S. **FC**: cub. **PS**: 7,3—7,8. **D**: 4,5. **C**: gris d'acier. **F**: infusible. Attirable au barreau aimanté. **S**: facilement soluble dans l'ac. chlorhydrique.

Plomb Pb. **EA**: Ag. **FC**: cub. **PS**: 11,4. **D**: 1,5. **F**: 1. **C**: gris de plomb. **S**: ac. nitrique. Fond facilement sur le charbon avec dépôt d'un enduit jaune, volatil. Au FO, colore la flamme en bleu-azur; la solution nitrique précipite par addition d'acide sulfufurique dilué.

Argent Ag. **EA**: Au, Cu, S, As, Sb. **FC**: cub. **PS**: 10—11. **D**: 2,5. **F**: 2. **C**: blanc d'argent. **S**: ac. nitrique. La solution nitrique donne par addition d'ac. chlorhydrique, un précipité blanc de AgCl.

Cuivre Cu. **EA**: Ag, Au. **FC**: cub. **PS**: 8,5—8,9. **D**: 2,5—3. **F**: 2—3. **C**: rouge, bronzé à la surface. **S**: ac. nitrique. Chauffé sur le charbon au FR, fond; au FO, noircit à la surface. La solution nitrique bleu-clair, prend une belle couleur bleu-azur, par addition d'un excès d'ammoniaque.

Étain Sn. **EA**: Mo, Fe. **FC**: dimorphe: quadrat.; orthor. **PS**: 7. **D**: 2. **F**: 2. **C**: blanc d'étain. **S**: ac. chlorhydrique; transformé en acide stannique insoluble, par l'ac. nitrique concentré.

Or natif Au. **EA**: Ag, Cu, Fe, Pb. **FC**: cub. **PS**: 15,1—19,4. **D**: 2,5—3. Fus. **C**: jaune. **S**: eau régale. La solution régale évaporée presqu'à sec, puis étendue d'eau et chauffée dans une capsule avec une feuille d'étain, donne une coloration ou un précipité pourpre.

Platine Pt. **EA**: Ir, Os, Rh, Ru, Pd, Cu, Fe. **FC**: cub. **PS**: 17,2—17,8. **D**: 4,5—5. **F**: infusible. **C**: gris d'acier. **S**: eau régale, à chaud; la solution régale donne par addition de carbonate de potassium, un précipité jaune, insoluble dans un excès de réactif.

Palladium Pd. **EA**: Pt, Ir. **FC**: rhomb. **PS**: 11,3—11,8. **D**: 4,5—5. **F**: infusible. **C**: blanc d'argent. **S**: ac. nitrique et eau régale. La solution donne avec le carbonate de potassium, un précipité blanc, soluble dans un excès de réactif.

Iridosmine Ir.Os. **EA**: Fe, Rh, Ru. **FC**: rhomb. **PS**: 19—21,12. **D**: 7. **F**: infusible. **C**: blanc d'étain. **S**: ins. dans les acides et l'eau régale. Chauffé au chalumeau sur le charbon, avec du salpêtre, dégage des vapeurs d'acide osmique, à odeur caractéristique.

Mercure natif Hg. **EA**: Ag. Liquide à la température ordinaire. **PS**: 13,5—13,6. **C**: blanc d'étain. Volatil au chalumeau.

Electrum Au.Ag (or natif argentifère). **FC**: cub. **PS**: 12,5—15,5. **D**: 2,5—3. Fus. **C**: jaune à blanc-jaunâtre. **S**: eau régale, avec dépôt blanc de chlorure d'argent, soluble dans l'ammoniaque.

Auramalgame Au.Hg.Ag. **EA**: Cu. **FC**: cub. **PS**: 15,5. **C**: blanc d'argent.

Argyrose Ag_2S est malléable (voir: minéraux donnant la réaction de l'hépar avec le carbonate de sodium 3. c. p.).

160. B. Minéraux de fusibilité 1 à 5 ou facilement volatils.

1. Minéraux qui, chauffés sur le charbon, donnent des vapeurs à odeur alliacée.

a) Minéraux ne donnant pas de globule métallique malléable, quand on les chauffe sur le charbon avec du carbonate de sodium.

Arsenic natif As. **EA**: Sb, Bi, Fe, Ag, Au. **FC**: rhomb. **PS**: 5,7—5,8. **D**: 3,5. Volatil. **C**: blanc d'étain. Chauffé dans le tube fermé, donne un sublimé cristallin, gris métallique. Sur le charbon, se volatilise sans fondre, en dégageant des vapeurs blanches, à odeur alliacée.

Mispickel FeAsS. **EA**: Sb, Co, Ni, Ag, Au. **FC**: orthor. **PS**: 6—6,2. **D**: 5,5—6. **C**: blanc d'argent dans sa cassure. **S**: ac. nitrique avec dépôt de S et As_2O_3. Dans le tube fermé, enduit rouge, puis noir; il reste un résidu de pyrite magnétique. La solution nitrique donne un précipité brun-rouge de $Fe(OH)^3$, par addition d'ammoniaque.

Loelingite $FeAs_2$. **EA**: S. **FC**: orthor. **PS**: 7,2. **D**: 5—5,5. **C**: blanc d'étain. Mêmes réactions que le Mispickel, mais ne renferme pas ou peu de soufre.

b) Minéraux donnant sur le charbon, avec le carbonate de sodium, un globule de plomb soluble dans l'ac. nitrique; la solution nitrique donne un précipité blanc, par addition d'acide sulfurique dilué.

Dufrénoysite $Pb_2As_2S_5$. **EA**: Sb, Bi, Ag. **FC**: monocl. **PS**: 4,5—4,7. **D**: 3. **C**: gris d'acier. **P**: brun-rougeâtre. Fond facilement et se volatilise lentement. **S**: ac. nitrique, avec dépôt blanc de $PbSO_4$. Attaquée et dissoute en partie par la soude caustique à chaud; la solution alcaline, acidulée par l'acide chlorhydrique, donne un précipité jaune de As_2S_3. Dans le tube fermé, sublimé jaune, ou gouttelettes transparentes rouge-hyacinthe. Sur le charbon, avec le carbonate de sodium, grains métalliques et réaction de l'hépar.

Scléroclase (Sartorite) $PbAs_2S_4$. **EA**: Ag, Fe. **FC**: orthor. **PS**: 5,4. **D**: 3. **C**: gris de plomb. **P**: brun-rougeâtre. Mêmes réactions que la Dufrénoysite.

Jordanite $Pb_4As_2S_7$. **EA**: Sb, Fe, Ag. **FC**: monocl.; mêmes réactions que la Dufrénoysite.

c) Minéraux donnant sur le charbon, avec le carbonate de sodium, un globule de cuivre soluble dans l'acide nitrique; la solution nitrique devient bleue par addition d'un excès d'ammoniaque.

Domeykite Cu_3As. **EA**: Sb, Ag. **FC**: orthor. **PS**: 7—7,5. **D**: 3—3,5. **C**: blanc d'étain ou blanc d'argent, légèrement jaunâtre. **S**: ac. nitrique. Dans le tube ouvert, sublimé blanc, cristallin, de As_2O_3.

Algodonite Cu_6As donne les mêmes réactions que la Domeykite.

Whitneyite Cu_9As donne les mêmes réactions que la Domeykite.

Tennantite (cuivre gris arsenical) $Cu_8As_2S_7$. **EA**: Sb, Fe, Zn. **FC**: cub. hém. tétraédr. **PS**: 4,3—4,5. **D**: 4. **C**: gris de fer. **P**: gris-rougeâtre. **S**: ac. nitrique; décrépite au chalumeau; humectée d'acide chlorhydrique, colore la flamme en bleu, légèrement pourpré. **F**: fond sur le charbon en bouillonnant, et donne avec le carbonate de sodium, des grains métalliques et la réaction de l'hépar. Attaquée à chaud par la soude caustique, la solution alcaline donne, par addition d'acide chlorhydrique, un précipité jaune de As_2S_3.

Binnite et **Julianite** sont des variétés de Tennantite.

Enargite Cu_3AsS_4. **EA**: Sb, V, Fe, Zn, Ag. **FC**: orthor. **PS**: 4,3—4,5. **D**: 3. **C**: gris de fer. **P**: noire. Mêmes réactions que la Tennantite.

d) Minéraux solubles dans l'acide nitrique, dont la solution neutralisée par l'ammoniaque et additionnée d'une solution de diméthylglyoxime, donne un précipité rose, volumineux.

Nickeline NiAs. **EA**: Sb, Co, Fe, Mn, Zn, Cd. **FC**: rhomb. hém. hémim. **PS**: 7,4—7,7. **D**: 5,5. **C**: gris-rouge; très fragile. **S**: ac. nitrique et eau régale. La solution acide, évaporée, neutralisée par l'ammoniaque et additionnée d'une solution de diméthylglyoxime, donne un précipité rose (réaction caractéristique pour tous les minerais nickelifères). La soude caustique et le silicate de potassium donnent tous deux des précipités verts dans la solution régale (Ni). Les perles de borax donnent les réactions du nickel et souvent du cobalt.

Chloanthite $(Ni.Co.Fe)As_2$. **EA**: S, Sb, Bi, Mn. **FC**: cub. tétartoédr. **PS**: 6,4—6,8. **D**: 5,5. **C**: blanc d'étain, gris ou noirâtre.

S: ac. nitrique. Dans le tube fermé anneau noir d'arsenic (différence avec la Nickeline et la Disomose). Perle de borax, bleue au FR. Les autres réactions analogues à celles de la Nickeline.

Disomose (Gersdorfite) (Ni.Fe)AsS. **EA**: Sb, Bi, Co. **FC**: cub. tétartoédr. **PS**: 6—6,7. **D**: 5,5. **C**: blanc d'étain, gris, gris-noirâtre. **P**: gris-noirâtre. **S**: ac. nitrique; la solution donne un précipité blanc, avec le nitrate de baryum. Avec les perles de borax et de sel de phosphore, coloration du fer, du nickel et du cobalt, après grillage du minéral. Sur le charbon, avec le carbonate de sodium, vapeurs à odeur alliacée et réaction de l'hépar.

Corynite (Ni.Fe) (As.Sb)S. **EA**: Co, Bi. **FC**: cub. tétartoédr. **PS**: 6. **D**: 4,5—5. **C**: blanc d'argent, grise, jaune ou bleue. **P**: noire. **S**: ac. nitrique, avec dépôt de S et de Sb_2O_3. Facilement fusible sur le charbon, en dégageant d'épaisses fumées de As_2O_3 et de Sb_2O_3, et en laissant un enduit blanc, volatil. Avec le carbonate de sodium, réaction de l'hépar. Dans le tube fermé, sublimé blanc, puis miroir d'arsenic métallique, bordé d'une zône rouge et d'une zône jaune. Perles de borax, généralement colorées en bleu par du cobalt.

e) Minéraux donnant une coloration bleue intense à la perle de borax.

Smaltine $CoAs_2$. **EA**: Ni, Fe, S, Sb. **FC**: cub. tétartoédr. **PS**: 6,4—7,2. **D**: 5,5. **C**: blanc d'argent ou gris d'étain, très brillant dans sa cassure. **P**: gris-noirâtre. **S**: ac. nitrique; la solution est rose, avec dépôt de As_2O_3. Fond sur le charbon en un bouton métallique, attirable à l'aimant. Dans le tube fermé, anneau noir d'arsenic.

Cobaltine CoAsS. **EA**: Fe, Ni. **FC**: cub. tétartoédr. **PS**: 6—6,3. **D**: 5,5; se clive en cubes. **C**: gris métallique, rosé. **P**: gris-noirâtre. **S**: ac. nitrique; solution rouge avec dépôt de As_2O_3; la solution précipite avec le nitrate de baryum (différence avec la Smaltine); dans le tube fermé, pas d'anneau noir (diff. avec la Smaltine); en présence de cyanure de potassium, sublimé noir, brillant. Sur la charbon, vapeurs de SO_2 et As_2O_3; avec le carbonate de sodium, réaction de l'hépar.

Glaucodot (Co.Fe)AsS. **EA**: Sb, Ni. **FC**: orthor. **PS**: 5,9—6. **D**: 5; se clive suivant un prisme rhomboïdal. **C**: gris d'étain foncé. **S**: ac. nitrique, avec dépôt de As_2O_3. Dans le tube fermé, anneau noir d'arsenic. Mêmes caractères que la Cobaltine.

Alloclase est une sorte de Glaucodot, où une partie de As a été remplacée par Bi. Donne sur le charbon un enduit jaune; la solution nitrique très concentrée donne un précipité blanc, quand on la dilue avec un grand excès d'eau.

2. Minéraux qui, chauffés sur le charbon, répandent d'abondantes fumées d'antimoine et donnent un enduit blanc, volatil, ne communiquant pas de coloration à la flamme réductrice. Chauffés à la flamme oxydante, il donnent une coloration bleu-livide, avec dégagement de vapeurs à odeur métallique, particulière.

Antimoine natif Sb. **EA**: As, S, Fe, Ag. **FC**: rhomb. **PS**: 6,7. **D**: 3; fragile, structure foliacée. **C**: blanc d'étain. **S**: ac. nitrique, avec dépôt de Sb_2O_3. Sur le charbon, fond facilement et se volatilise; la masse fondue se recouvre, en refroidissant, de petites aiguilles blanches de Sb_2O_3.

Stibine (Antimonite) Sb_2S_3. **EA**: As, Ag, Au. **FC**: orthor. **PS**: 4,6—4,7. **D**: 2. **C**: gris de plomb ou gris de d'acier, souvent irisée. **S**: ac. chlorhydrique, avec dégagement de H_2S; attaquable par l'ac. nitrique, avec dépôt blanc. La soude et la potasse caustiques, la dissolvent en donnant une solution jaune; l'acide chlorhydrique reprécipite de cette solution des flocons rouge-orangé de Sb_2S_3. Sur le charbon avec le carbonate de sodium, enduit blanc et grains métalliques cassants; réaction de l'hépar.

Zinckénite $PbS.Sb_2S_3$. **EA**: As, Cu, Ag, Fe. **FC**: orthor. **PS**: 5,3. **D**: 3—3,5. **C**: gris d'acier. **P**: gris-noirâtre. Sur le charbon, avec du carbonate de sodium donne des fumées blanches avec enduit, présentant des zônes blanches et jaunes, puis des globules de plomb; réaction de l'hépar. L'ac. nitrique la transforme en un oxyde blanc. Pulvérisée finement, elle est attaquée à chaud par la potasse caustique en solution concentrée; l'acide chlorhydrique précipite dans cette solution des flocons jaune-orangé.

Jamesonite $2PbS.Sb_2S_3$. **EA**: As, Fe, Zn, Cu, Ag. **FC**: orthor.; facilement clivable. **PS**: 5—5,6. **D**: 2,5. **C**: gris d'acier. Mêmes caractères que la Zinckénite.

Bournonite $2PbS.Sb_2S_3.Cu_2S$. **EA**: As, Fe, Zn, Bi. **FC**: orthor. **PS**: 5,7—5,9. **D**: 2,5—3. **C**: gris d'acier ou gris noir. **S**: ac. nitrique; la solution devient bleue par addition d'ammoniaque; les autres réactions, comme la Zinckénite.

Boulangérite $Pb_5S_{11}Sb_4$. **EA**: As, Ag. **FC**: orthor. **PS**: 5,7—6. **D**: 3. **C**: gris de plomb, noirâtre. Mêmes réactions que la Zinckénite.

Géocronite $Pb_5Sb_2S_8$. **EA**: As, Ag. **FC**: orthor. **PS**: 6,3—6,5. **D**: 2,5—3. **C**: gris de plomb, noirâtre. Mêmes réactions que la Zinckénite.

Kilbrickénite identique à la Géocronite.

Plagionite $Pb_5Sb_8S_{17}$. **FC**: monocl. **PS**: 5,4. **D**: 2,5. **C**: gris de plomb foncé. Mêmes réactions que la Zinckénite.

Ménéghinite $Pb_4Sb_2S_7$. **FC**: orthor. **PS**: 6,3—6,4. **D**: 2,5—3. **C**: gris de plomb plus ou moins foncé. **P**: noire.

Kobellite $Pb_2Bi_2Sb_2S_5$. **EA**: As, Ag. **FC**: orthor. **PS**: 6,3. **D**: 2—3. **C**: gris d'acier jaunâtre ou rougeâtre. **P**: noire. Chauffée sur le charbon avec du soufre et de l'iodure de potassium, donne un enduit rouge de BiI_3.

Breithauptite NiSb. **EA**: As, Fe, Cd, Zn, Co. **FC**: rhomb. hém. hémim. **PS**: 7,5. **D**: 5. Difficilement fusible. **C**: rouge de cuivre-violacé. **S**: ac. nitrique; la potasse donne dans cette solution un précipité vert; l'ammoniaque, un liquide bleu-saphir. La solution neutralisée, donne un précipité rose, par addition de diméthylglyoxime.

Ullmanite NiSSb. **EA**: As, Co, Fe. **FC**: cub. tétartoédr. **PS**: 6,2—6,7. **D**: 5—5,5. **C**: gris d'argent ou gris d'acier. **S**: ac. nitrique; la solution donne un précipité vert avec la soude caustique; neutralisée ou évaporée et reprise par l'eau, cette même solution donne un précipité rose par addition de diméthylglyoxime. Sur le charbon, avec le carbonate de sodium, réaction de l'hépar.

Les minéraux suivants, donnent de plus sur le charbon un bouton d'argent métallique; leur solution nitrique précipite par addition d'acide chlorhydrique:

Dyscrase Ag_3Sb. **FC**: orthor. **PS**: 9,4—10. **D**: 3,5—4. **C**: blanc d'argent, jaunâtre ou brûnatre. **S**: ac. nitrique; la solution donne un précipité blanc avec l'acide chlorhydrique; ce précipité est soluble dans l'ammoniaque. Le minéral pulvérisé n'est pas attaqué par la solution de soude caustique.

Stéphanite (Psaturose) Ag_5SbS_4. **EA**: As, Fe, Cu. **FC**: orthor. **PS**: 6,2—6,3. **D**: 2- 2,5. **C**: gris de plomb, noirâtre. **P**: gris-noirâtre. **S**: ac. nitrique; la solution nitrique ne bleuit pas ou très peu, par addition d'ammoniaque. Le minéral en poudre fine est attaqué à chaud, par la soude caustique en solution concentrée; l'acide chlorhydrique reprécipite de cette solution des flocons rouge-orangé. Réaction de l'hépar.

Miargyrite $AgSbS_3$. **EA**: As, Fe, Cu. **FC**: monocl. **PS**: 5,1—5,3. **D**: 2—2,5. **C**: gris de fer. **P**: rouge-cerise foncé. **S**: ac. nitrique; la solution nitrique ne bleuit pas ou peu par addition d'ammoniaque.

Pyrargyrite (Argyrithrose) Ag_3SbS_3. **EA**: As. **FC**: rhomb. hém. hémim. **PS**: 5,7—5,8. **D**: 2. **F**: 2. **C**: rouge. **P**: rouge. **S**: ac. nitrique. Dans le tube fermé, sublimé rouge. Attaquée par la soude caustique à chaud; la solution alcaline, additionnée d'acide chlorhydrique, donne un précipité rouge-orangé. Sur le charbon, avec le carbonate de sodium, réaction de l'hépar.

Polybasite $(Ag.Cu)^9SbS_6$. **EA**: As. **FC**: monocl. **PS**: 6—6,3. **D**: 2—2,5. **C**: gris de fer. **S**: ac. nitrique; la solution nitrique bleuit par addition d'ammoniaque et précipite par l'ac. chlorhydrique. Sur le charbon, avec le carbonate de sodium, réaction de l'hépar et globule métallique de cuivre-argent.

Freieslébénite (Pb.Ag_2)$_5SbS_{11}$. **EA**: As, Cu. **FC**: orthor ou monocl. **PS**: 6,2—6,4. **D**: 2—2,5. **C**: gris d'acier ou de plomb. **S**: ac. nitrique, avec dépôt de sulfate de plomb.

Tétraédrite (cuivre gris) (Cu_2.Ag_2.Fe.Zn)$_4Sb_2S_7$. **EA**: As, Bi, Hg, Au. **PS**: 4,4—5,1. **D**: 3—4. **C**: gris d'acier foncé. **P**: noire ou brun-rouge. **S**: ac nitrique; la solubilisation complète est difficile. La solution nitrique se colore en bleu par addition d'ammoniaque. Sur le charbon, réaction de l'hépar.

Wolfsbergite $Cu_2Sb_2S_4$. **EA**: As, Bi, Pb, Ag, Fe, Se. **FC**: orthor. **PS**: 4,7—5. **D**: 3,5. **C**: gris de fer, gris-noirâtre. **P**: noire. **S**: ac. nitrique; la solution bleuit par addition d'ammoniaque en excès. Dans le tube fermé, décrépite. Sur le charbon, avec le carbonate de sodium, réaction de l'hépar et globule de cuivre.

Hermésite (Spaniolite, Cuivre gris mercurifère) (Cu.Hg.Sb.As)S. Ce minéral est une Tétraédrite dans laquelle l'argent est remplacé par le mercure. **S**: ac. nitrique; la solution se colore en bleu-azur par addition d'un excès d'ammoniaque. Chauffée dans le tube fermé avec de la chaux, donne un sublimé gris de mercure.

3. Minéraux, qui, chauffés sur le charbon avec le carbonate de sodium, donnent la réaction de l'hépar, et qui ne rentrent pas dans les groupes précédents. Le minéral pulvérisé, placé dans une éprouvette avec du fer réduit et de l'acide chlorhydrique dilué de son volume d'eau, donne lieu à un dégagement d'hydrogène sulfuré, qui noircit le papier humecté d'acétate de plomb.

a) Minéraux attaqués par l'acide nitrique, avec formation d'une solution devenant bleue par addition d'un excès d'ammoniaque, mais ne donnant pas de trouble lorsqu'on la dilue avec un grand excès d'eau.

Chalcosine Cu_2S. **EA**: Se, Te, Tl, Ag, Au. **FC**: orthor., pseudo-hexag. **PS**: 5,5—5,8. **D**: 2,5—3. **C**: gris de plomb, noirâtre. Fond facilement en bouillonnant. **S**: ac. nitrique, avec dépôt de soufre. Sur le charbon, avec le carbonate de sodium, globule de cuivre et dégagement d'acide sulfureux; réaction de l'hépar.

Chalcopyrite $CuFeS_2$. **EA**: As, Ag, Au. **FC**: quadrat. hém. sphén. **PS**: 4,1—4,3. **D**: 3,5—4. **C**: jaune de laiton ou jaune d'or; éclat vif. **P**: vert-noirâtre. **S**: ac. nitrique, avec dépôt de soufre. Fond facilement sur le charbon, en un globule magnétique, et en dégageant de l'acide sulfureux.

Phillipsite (Erubescite, Bornite) Cu_3FeS_3. **EA**: Ag, Au. **FC**: cub. **PS**: 4,9—5,4. **D**: 3. **C**: rouge de cuivre. Mêmes réactions que la Chalcopyrite.

Barnhardtite $Cu_4Fe_2S_5$. **FC**: ? Mêmes réactions que la Chalcopyrite.

Cubanite $CuFe_2S_3$. **EA**: Ag. **FC**: cub.; clivable suivant un cube. **PS**: 4. **D**: 4. **C**: jaune de laiton. **P**: noire. Mêmes réactions que la Chalcopyrite.

Stannine Cu_2FeSnS_4. **EA**: Ag. **FC**: quadrat. hém. sphén. **PS**: 4,3—4,5. **D**: 4. **C**: gris d'étain ou gris de fer. **S**: ac. nitrique, avec dépôt de soufre et d'acide stannique.

b) Minéraux pouvant présenter les mêmes caractères que les précédents, mais dont la solution nitrique concentrée, donne un dépôt de soufre et de sulfate de plomb, ou un précipité blanc de sulfate, par addition d'ac. sulfurique dilué.

Galène PbS. **EA**: Se, Fe, Ag, Cu. **FC** cub., clivable en cubes. **PS**: 7,4—7,6. **D**: 2,5. **C** gris de plomb. **S**: ac. nitrique, avec dépôt de soufre et de $PbSO_4$; la solution ne bleuit pas par addition d'ammoniaque, mais donne par addition d'acide chlorhydrique un précipité blanc de $PbCl_2$, soluble dans l'eau bouillante. Sur le charbon, enduit jaune et globule de plomb métallique.

Cuproplombite $Pb_2Cu_2S_3$. Mélange de PbS et de Cu_2S. **EA**: Se, Te, Ag, Au. **FC**: cub. **S**: ac. nitrique, avec dépôt de soufre et de sulfate de plomb; la solution bleuit par addition d'un excès d'ammoniaque.

c) Minéraux pouvant présenter les mêmes caractères que les précédents, mais dont la solution nitrique donne un précipité blanc, caillebotté, par addition d'acide chlorhydrique. Le précipité noircit à la lumière; il est soluble dans l'ammoniaque.

Argyrose Ag_2S. **EA**: Se, Te, Fe, Cu, Pb. **FC**: cub. **PS** 7,2—7,3. **D**: 2—2,5; se laisse couper au couteau. **F**: 3. **C**: gris de plomb, noirâtre ou brunâtre. **S**: ac. nitrique; la solution ne bleuit pas par addition d'ammoniaque. Sur le charbon, avec le cyanure de potassium, globule d'argent métallique.

Jalpaïte $(Ag.Cu)^2S$. **EA**: Se, Te, Pb. **FC**: cub. **PS**: 6,9. **D**: 2,5; se laisse couper au couteau. **C**: gris de plomb, noirâtre. **S**: ac. nitrique; la solution bleuit par addition d'ammoniaque, en excès. Sur le charbon, avec le cyanure de potassium, globule métallique, d'un alliage argent-cuivre.

Argyrodite $AgGeS_5$. **EA** Fe, Zn, Hg, Sn. **FC**: cub. **PS**: 6,1. **D**: 2,5. **C**: gris métallique, un peu rougeâtre ou violacé. **P**: gris d'acier. Dans le tube fermé, enduit noir ou brun-rouge de sulfure de germanium. Dans le tube ouvert, sublimé blanc et dégagement d'acide sulfureux. Sur le charbon, globule d'argent et enduit blanc, puis jaune.

Sternbergite $AgFe_2S_3$. **EA**: Ni. **FC**: orthor. **PS**: 4,2. **D**: 1—1,5. **C**: brune, tirant sur le bleu. **P**: noire. **S**: ac. nitrique; la solution donne un précipité brun-rouge par addition d'ammoniaque ou de soude caustique. Au chalumeau, sur le charbon, fond facilement en donnant un globule magnétique; par addition de carbonate de sodium et de borax, globule d'argent.

Argentopyrite $AgFe_3S_5$. **FC**: orthor. **PS**: 6,5. **D**: 3,5—4. **C**: blanc d'étain ou gris de plomb. Mêmes réactions que la Sternbergite.

Argyropyrite $Ag_3Fe_7S_{11}$. **FC**: orthor. **PS**: 4,2. **D**: 2. **C**: jaune-bronzé. Mêmes réactions que la Sternbergite.

Frieséite $Ag_2Fe_5S_8$. **FC**: orthor. **PS**: 4,2. **D**: 1—1,5. **C**: brun foncé. Mêmes réactions que la Sternbergite.

d) Minéraux pouvant présenter les mêmes caractères que les précédents, mais qui, chauffés sur le charbon, avec un mélange de soufre et d'iodure de potassium, donnent un enduit rouge, caractéristique, d'iodure de bismuth.

Bismuthine Bi_2S_3. **EA**: Se, Sb, As. **FC**: orthor. **PS**: 6,4—6,5. **D**: 2. **F**: 1. **C**: blanc d'étain, blanc jaunâtre, gris de plomb. **S**: ac. nitrique, avec dépôt de soufre; la solution concentrée précipite par addition d'un grand excès d'eau. Sur le charbon, donne un globule de bismuth métallique, avec enduit jaune et dégagement d'acide sulfureux.

Galénobismuthine $PbBi_2S_4$. **EA**: Se, As, Sb, Cu. **FC**: orthor. **PS**: 6,9. **D**: 3—4. **C**: blanc d'étain, gris de plomb. **S**: ac. nitrique; la solution précipite par addition d'un excès d'eau (Bi) et par addition d'acide sulfurique (Pb).

Chiviatite $Pb_2Bi_6S_{11}$. **EA**: As, Sb, Ag, Cu. **FC**: ? **PS**: 6,9. **C**: gris de plomb. Structure foliacée. **S**: ac. nitrique, avec dépôt de sulfate de plomb.

Aïkinite $PbCuBiS_3$. **EA**: As, Sb, Ag. **FC**: orthor. **PS**: 6,1—6,8. **D**: 2—2,5. **C**: gris de plomb, noirâtre. **S**: ac. nitrique; la solution précipite par addition d'acide sulfurique et devient bleue en présence d'un excès d'ammoniaque.

Wittichénite Cu_3BiS_3. **EA**: As, Sb, Fe, Zn. **FC**: orthor. **PS**: 5. **D**: 3,5. **C**: gris d'acier foncé. **S**: ac. nitrique; la solution concentrée précipite par addition d'un excès d'eau, et bleuit par l'ammoniaque. Sur le charbon fond facilement; avec le carbonate de sodium, globule de cuivre.

Klaprothite $Cu_6Bi_4S_9$. **FC**: orthor. **PS**: 4,6. **D**: 2,5. **C**: gris d'étain, jaunâtre. Mêmes réactions que la Wittichénite.

e) Minéraux qui donnent sur le charbon une masse magnétique. Leur solution nitrique, évaporée à sec, et reprise par l'eau ammoniacale, donne un précipité rose avec le diméthylglyoxime ou colore la perle de borax en bleu.

Millérite NiS. **EA**: Co, Fe, Cu, Mn, As, Sb. **FC**: rhomb. hémim. **PS**: 5,6. **D**: 3—3,5. **C**: jaune. **P**: noire. **S**: ac. nitrique; la solution est verte et donne un précipité vert, par addition de soude caustique. Dans le tube ouvert, dégage de l'acide sulfureux.

Polydimite Ni_4S_5. **EA**: Co, Fe, Cu. **FC**: cub. **PS**: 4,5—4,8. **D**: 4,5. **C**: gris d'acier foncé ou jaune. **S**: ac. nitrique. Mêmes réactions que la Millérite.

Linneïte $(Ni.Co)S_4$. **EA**: Fe, Cu. **FC**: cub. **PS**: 4,8—5. **D**: 5,5. **C**: blanc d'argent, jaunâtre ou rougeâtre. **P**: gris-noirâtre. **S**: ac. nitrique. La solution est rose ou rouge. Perles de borax colorées en bleu-saphir, dans les deux flammes.

Carollite Co_2CuS_4. **EA**: Fe, Ni. **FC**: cub. **PS**: 4,8. **D**: 5,5. **C**: blanc d'argent, jaunâtre ou rougeâtre. **S**: ac. nitrique; la solution est rose; un morceau de fer décapé s'y recouvre de cuivre quand on l'y plonge. Le minéral pulvérisé, humecté d'acide chlorhydrique, colore la flamme en bleu-azur, légèrement pourpré.

f) Minéraux donnant sur le charbon une masse magnétique, sans présenter les réactions des minéraux précédents.

Pyrite FeS_2. **EA**: As, Sb. Ni, Co, Mn, Cu, Ag, Au. **FC**: cub. tétartoédr. **PS**: 5. **D**: 6—6,5. **C**: jaune; vif éclat. **P**: vert-noirâtre. **S**: ac. nitrique, avec dépôt de soufre; l'ammoniaque donne dans cette solution un précipité volumineux, brun-rouge. Dans le tube fermé, sublimé de soufre.

Marcassite FeS_2. **EA** As, Co, Ni. **FC**: orthor. **C**: blanc-jaunâtre, reflets verdâtres. Mêmes caractères que la Pyrite.

Pyrrothine (Pyrite magnétique) FeS (?). **EA**: As, Co, Ni, Mn, Zn, Cu, Ag, Au. **FC**: rhomb. hémim. **PS**: 4,5—4,6. **D**: 3,5—4,5. **C**: jaune-bronzé. **P**: vert-noirâtre. **S**: ac. chlorhydrique, avec dégagement d'hydrogène sulfuré. Magnétique. Dans le tube fermé, ne donne pas de sublimé.

g) Minéraux ne rentrant pas dans les groupes précédents.

Alabandine MnS. **EA**: Zn, Fe, Cd. **FC**: cub. hém. tétraédr. **PS**: 4. **D**: 3,5—4. **C**: gris d'acier foncé, brun-noir. **P**: vert-sale. **S**: ac. nitrique; chauffée avec un mélange d'acide nitrique et d'acide phosphorique, donne une solution violette. Sur le charbon avec le carbonate de sodium, réaction de l'hépar. Fondue sur la lame de platine avec du carbonate de sodium et du salpêtre, donne une masse vert-émeraude.

Hauérite MnS_2. **EA**: As, Sb, Bi, Fe, Co, Ni. **FC**: cub. hém. c. **PS**: 3,5. **D**: 4. **C**: rouge-brun foncé à noir. **P**: brun-rouge. Mêmes réactions que l'Alabandine

Cinabre HgS. **EA**: Cu, Zn. **FC**: rhomb. **PS**: 8—8,2. **D**: 2—2,5; cassant. **C**: rouge-cochenille, rouge-écarlate ou rouge-noirâtre. **P**: rouge. **S**: eau régale. Dans le tube fermé, se volatilise sans fondre; le sublimé noir devient rouge quand on le frotte; avec du carbonate de sodium ou du cyanure de potassium, sublimé gris de mercure métallique.

Métacinabre HgS. **EA**. Se. **FC**: cub. hém. tétraédr. **PS**: 7,8. **D**: 3. **C**. gris-noir. **P**: noire. Mêmes réactions que le Cinabre.

Guadalcazarite est un Métacinabre, renfermant un peu de zinc.

4. Minéraux qui, chauffés sur le charbon, répandent une forte odeur de chou pourri.

Tiémannite HgSe. **EA**: Pb, Cd, S. **FC**: cub. hém. tétraédr. **PS**: 8,2. **D**: 2,5. **C**: gris de plomb foncé. **P**: noirâtre. Au chalumeau, fond, puis se volatilise. Dans le tube fermé avec du carbonate de sodium, sublimé de mercure métallique.

Clausthalite PbSe. **EA**: Ag, Cu, S, Te. **FC**: cub. **PS**: 8,2—8,8. **D**: 2,5—3. **C**: gris de plomb. **S**: acide nitrique; la solution précipite par l'acide sulfurique (Pb). Sur le charbon, se volatilise sans fondre, en formant une aréole grise, devenant blanche, puis jaune-verdâtre; avec du carbonate de sodium, globule de plomb. Le minéral pulvérisé et chauffé avec l'acide sulfurique conc. donne une liqueur verte; en diluant avec de l'eau, il se forme un précipité rouge de sélénium.

Lerbachite (séléniure de mercure et de plomb). Paraît être un mélange de Tiémannite et de Clausthalite. Présente les caractères de ces deux minéraux.

Berzéline Cu_2Se. **EA**: S, Te, Tl, Fe, Ag, Au. **FC**: orthor. **PS**: 6,7. **D**: 2,5—3. **C**: blanc d'argent. **S**: ac. nitrique. Fond sur le charbon, en donnant un globule métallique, qui, humecté d'acide chlorhydrique, communique à la flamme une belle coloration bleue. La solution nitrique ne précipite pas par addition d'acide sulfurique ou d'acide chlorhydrique; elle devient bleue par addition d'un excès d'ammoniaque.

Zorgite $(Pb.Cu_2)Se$. **EA**: S, Te, Ag. **FC**: cub. **PS**: 7—7,5. **D**: 2,5. **C**: gris de plomb à bleu-violacé. **S**: acide nitrique; la solution donne un précipité blanc par addition d'acide sulfurique dilué.

Naumannite Ag_2Se. **EA**: Pb, Cu, S, Te. **FC**: cub. **PS**: 8. **D**: 2,5. **C**: gris de fer, gris-noirâtre. **P**: noire. **S**: ac. nitrique; la solution donne un précipité blanc, caillebotté, par addition d'acide chlorhydrique;

sur le charbon fond facilement; en présence de borax, donne un globule d'argent.

Crookésite (Cu.Tl.Ag)^{2}Se. **EA**: Fe. **FC**: ? **PS**. 6,9. **D**: 2,5—3. **C**: gris de plomb. **S**: ac. nitrique; la solution précipite par addition d'acide chlorhydrique; l'ammoniaque en excès donne une liqueur bleu-azur. Au chalumeau, fond en un émail vert-noirâtre, et colore la flamme en vert intense.

Eukaïrite (Ag.Cu_2)Se. **EA**: S, Te, Pb. **FC**: cub. **PS**: 7,5. **D**: 2,5. **C**: gris de plomb. **S**: ac. nitrique; la solution précipite par l'ac. chlorhydrique et devient bleue par addition d'un excès d'ammoniaque.

Umangite Cu_3Se_2. **EA**: Ag. **FC**: ? **PS**: 5,6. **D**: 3. **C**: rouge-foncé, violacé. **P**: noire. **S**: ac. nitrique; la solution bleuit par addition d'un excès d'ammoniaque.

Onofrite Hg(S.Se). **EA**: Te. **FC**: cub. hém. tétraédr. **PS**: 5,5. **C**: gris de plomb foncé. Mêmes réactions que la Tiémannite; donne la réaction de l'hépar.

Frenzélite (Guanajuatite) Bi_2Se_3. **EA**: S. Sb. **FC**: orthor. **PS**: 6,2—6,6. **D**: 2,5—3,5. **C**: gris de plomb. **S**: ac. nitrique. Fond facilement sur le charbon, en colorant la flamme en bleu-azur; avec le soufre et l'iodure de potassium, enduit rouge caractéristique.

5. Minéraux qui, chauffés sur le charbon, donnent un enduit blanchâtre; qui communiquent à la flamme une coloration bleu-verdâtre, et qui, chauffés avec de l'acide sulfurique concentré, colorent cet acide, en rouge ou rouge-brun. Par addition d'eau, la coloration disparaît et il se dépose un précipité noir de tellure.

Tellure natif Te. **EA**: Se, Fe, Ag, Au. **FC**: rhomb. **PS**: 6,1—6,3. **D**: 2,5. **C**: blanc d'étain. **S**: ac. nitrique; la solution ne précipite ni par l'acide sulfurique, ni par l'acide chlorhydrique; la soude caustique y produit un précipité blanc, presque entièrement soluble dans un excès de réactif. Au chalumeau, fond facilement, en dégageant des vapeurs blanches ayant souvent l'odeur de chou pourri (Se). Sur le charbon, brûle complètement sans résidu, avec d'abondantes fumées et une aréole blanche. Dans le tube ouvert, sublimé blanc, fusible, devenant noir par addition d'une goutte de chlorure stanneux.

Altaïte PbTe. **EA**: Se, S, Cu, Ag, Au. **FC**: cub. **PS**: 8,2. **D**: 3. Non malléable. **C**: blanc d'étain. **S**: ac. nitrique; la solution donne un précipité blanc par addition d'acide sulfurique; sur le charbon, avec le carbonate de sodium, globule de plomb.

Hessite Ag_2Te. **EA**: Se, Fe, Pb, Au. **FC**: cub. **PS**: 8,3—8,5. **D**: 2,5—3. Malléable. **C**: blanc d'argent. **S**: ac. nitrique; la solution donne un précipité blanc par addition d'acide chlorhydrique. Sur le charbon, globule d'argent.

Stützite Ag_4Te. **EA** Se, Fe Pb, Au. **FC**: pseudo-hexag. **C**: gris de plomb, rougeâtre. **S**: ac. nitrique; la solution précipite par l'acide chlorhydrique.

Mullérine (Au.Ag.Pb)Te. **FC**: orthor. **C**: blanc d'argent. **S**: ac nitrique, avec résidu d'or. Sur le charbon, globule d'argent, insoluble dans l'acide nitrique. La solution nitrique précipite par l'acide sulfurique dilué et par l'acide chlorhydrique.

Tétradymite Bi_2Te_2S. **EA**: Se, Sb, As. **FC**: rhomb. **PS**: 7,2—7,6. **D**: 1,5—2. **F**: 3. **C**: gris de plomb. **S**: ac. nitrique, avec dépôt de soufre. La solution nitrique donne, avec la soude caustique, un précipité blanc, insoluble dans un excès de réactif. Sur le charbon, fond facilement en un bouton métallique; avec le soufre et l'iodure de potassium, enduit rouge d'iodure de bismuth. Avec le carbonate de sodium, réaction de l'hépar.

Sylvanite (Au.Ag)Te_2. **EA**: Se, As, Cu. **FC**: monocl. **PS** 7,9—8,3 **D**. 1,5—2. **C**: gris d'acier. **S**: ac. nitrique; la solution ne précipite pas par addition d'acide sulfurique. Sur le charbon, enduit blanc, et globule métallique partiellement soluble dans l'acide nitrique; soluble dans l'eau régale avec dépôt de chlorure d'argent.

Petzite $(Au.Ag)^2Te$. **EA**: S, As, Se, Cu. **FC**: orthor. **PS**: 8,7—9. **D**: 2,5—3. **C**: gris-noirâtre. Mêmes réactions que la Sylvanite.

Nagyagite (Elasmose) $Au_2Pb_{10}Sb_2Te_6S_{15}$. **EA**: Se, Fe, Cu, Ag. **FC** orthor. **PS**: 6,8—7,2. **D**: 1—1,5. **C**: gris-noirâtre. **S**: eau regale; la solution précipite par l'acide sulfurique. Sur le charbon, enduit jaune, bouton métallique malléable; avec le carbonate de sodium, réaction de l'hépar. Traité par l'acide sulfurique concentré, le minéral ne communique à l'acide qu'une coloration jaune ou jaune-rougeâtre: mais l'addition d'eau, produit un précipité noir de tellure.

Coloradoïte Hg_2Te_3. **EA**: S, Se. **FC** cub. hém. tétraédr. **PS** 8,6. **D**: 3. **C**: gris de fer. Chauffé dans le tube fermé, donne un sublimé de mercure.

6. Minéraux n'appartenant pas aux sections précédentes.

Bismuth natif Bi. **EA**: As, Sb, S, Te. **FC**: rhomb. **PS**: 9,7—9,8. **D**: 2—2,5. **C**: blanc d'argent, rosé, souvent foncé. Facilement fusible. **S**: ac. nitrique; non malléable; se volatilise au chalumeau; donne sur le charbon, un enduit jaune-orangé, devenant jaune-clair en refroidissant; avec l'iodure de potassium et le soufre, enduit rouge caractéristique. La solution nitrique se trouble par addition d'un grand excès d'eau.

Amalgame (Arquérite, Kongsbergite, Ag.Hg. **FC**: cub. **PS**: 13,7—14,1. **D**. 3—3,5. **C**: blanc d'argent. **S**: ac. nitrique. Chauffé dans le tube fermé, bouillonne en donnant un enduit de mercure métallique, et en laissant un résidu poreux d'argent.

Oligiste Fe_2O_3. **EA**: Ti, Mn. **FC**: rhomb. **PS**: 4,9—5,3. **D**: 5,5—6,5. **C**: gris de fer, noirâtre. **P**: rouge-cerise. **S**: lentement dans l'acide chlorhydrique. Difficilement fusible. Devient noir et magnétique au FR.

Magnétite Fe_3O_4. **EA**: Al, Mn, Ti, Mg. **FC**: cub. **PS**: 5,2. **D**: 5,5—6,5. **C**: noir de fer. **P**: noire. Magnétique. **S** · ac. chlorhydrique. **F** · difficilement fusible.

Cuprite Cu_2O. **FC**: cub. **PS**: 5,5—6. **D**: 3,5—4. **C**: rouge-cochenille; rarement éclat métallique. **P**: brun-rouge. **S**: dans les acides. La solution chlorhydrique concentrée, donne avec l'eau un précipité blanc de CuCl; avec les alcalis, elle ne précipite pas. La Cuprite est facilement réduite sur le charbon en un bouton de cuivre.

Plattnérite PbO_2. **EA**: Mn, Sn. **FC**: quadrat. **PS**: 8,5—9,4. **D**: 5—5,5. **C**: gris de fer foncé. **P**: brune. Chauffée sur le charbon avec le carbonate de soude, donne un bouton de plomb.

Psilomélane $BaMnO_3$. **EA**: Fe, Al, Ca, Mg, K, Li. **FC**: amorphe. **PS**: 4,14. **D**: 5,5. **C**: noir-bleuâtre. **S**: ac. chlorhydrique, avec dégagement de chlore. La solution donne un précipité blanc par addition d'acide sulfurique. Colore la flamme en vert-pâle (Ba); donne les réactions du manganèse.

Wolfram $(Fe.Mn)WO_4$. **EA**: Mo. **FC** monocl. **PS**: 7,2—7,5. **D**: 5—5,5. **C**: brune ou gris-noirâtre; éclat vif. **P**: rouge-brun foncé. **S**: eau régale. **F**: 3, en donnant un globule gris, un peu magnétique, qui se recouvre généralement de cristaux lamelleux, gris de fer. Perles de sel de phosphore, rouge-sang au FR. Le produit pulvérisé, traité par l'acide phosphorique sirupeux, donne un liquide bleu, devenant jaune-rougeâtre, puis incolore, par addition d'eau; en ajoutant à cette solution un peu de fer réduit et d'acide sulfurique, coloration bleue intense (W). Le liquide bleu obtenu par l'acide phosphorique, devient violet par addition d'acide nitrique (Mn).

Samarskite (Yttroïlménite) Niobate et tantalate de fer, yttrium, erbium, cérium, thorium, didyme, lanthane. **EA**: Sn, Gl, W, Zn, Mn, Co, Mg. **FC**: orthor. **PS**: 5,6—5,8. **D**: 5—6. **C**: noire. **P**: brun-rouge. **F**: 4—5. Chauffée en creuset d'argent avec de la soude caustique, et reprise par l'eau, donne un liquide vert, laissant déposer un précipité blanchâtre par addition d'ac. chlorhydrique. Ce précipité chauffé avec HCl fumant et Sn, puis dilué, donne un liquide bleu-clair.

Ilvaïte $CaFe_2(FeOH)(SiO_4)^2$. **EA** Mn. **FC**: orthor. **PS**: 3,9—4,1. **D**: 5,5—6. **C**: noire. **P**: noire. Forme gelée avec l'acide chlorhydrique; facilement fusible sans se gonfler.

Orthite (Allanite) $(Al.Ce.Fe)^2Ca_2(AlOH)(SiO_4)^3$. **EA**: La, Di, Y, Mg, K, Na. **FC**: monocl. **PS**: 3—4. **D**: 5,5—6. **C**: noir-brunâtre ou grisâtre. **P**: noir-verdâtre. **S**: forme gelée avec l'acide chlorhydrique. Se gonfle fortement au chalumeau et fond facilement.

Fayalite Fe_2SiO_4. **EA**: Mn, Mg, Ca. **FC**: orthor. **PS**: 4—4,1. **D**: 6,5. **S**: forme gelée avec l'acide chlorhydrique. Magnétique.

161. C. Minéraux non volatils, infusibles ou fusibles au-dessus de 5.

1. Minéraux qui communiquent à la perle de borax une coloration violet-améthyste.

Les minéraux de cette catégorie sont attaqués par l'acide chlorhydrique avec dégagement de chlore; réduits en poudre et chauffés avec de l'acide phosphorique sirupeux et un peu d'acide nitrique, ils donnent une coloration violette, qui disparaît par addition de sulfate ferreux.

Braunite Mn_2O_3. **EA**: Fe. **FC**: quadrat. **PS**: 4,7—4,8. **D**: 6—6,5. **C**: brun-noir foncé. **P**: noire, un peu brunâtre. Donne peu ou pas d'eau dans le tube fermé.

Hausmannite Mn_3O_4. **EA**: Fe. **FC**: quadrat. hém., sphén. **PS**: 4,7—4,8. **D**: 5—5,5. **C**: brun-noir. **P**: brune. Peu ou pas d'eau dans le tube fermé.

Pyrolusite MnO_2. **EA**: Fe, Ti. **FC**: généralement amorphe. **PS**: 4,8. **D**: 2—2,5. **C**: gris de fer. **P**: noire. Donne un peu d'eau dans le tube fermé

Polianite Mn_3O_4. **FC**: quadrat. **PS**: 5. **D**: 6—6,5. **C**: gris d'acier clair. **P**: noire. Mêmes réactions que le Pyrolusite.

Acerdèse MnO(OH). **EA**: Al, Fe. **FC**: orthor. **PS**: 4,3. **D**: 4. **C**: gris de fer ou gris d'acier. **P**: brune. Donne un peu d'eau dans le tube fermé.

Psilomélane $BaMnO_3$ n'est connue qu'à l'état amorphe; pour les réactions voir p. 295.

Crednérite $Cu_3Mn_4O_9$ semble être un mélange de Mn_2O_3 et CuO. **FC**: monocl.? **PS**: 5. **D**: 4,5. **C**: gris de fer. **P**: noire. **S**: ac. chlorhydrique; la solution chlorhydrique, additionnée d'ammoniaque en excès, donne un précipité brunâtre et un liquide bleu. Colore la flamme en bleu.

Lithiophorite est une Psilomélane qui renferme $Al(OH)_3$, Co, Cu, Li, K, et SiO_2. Colore la flamme du chalumeau en rouge-carmin. **C**: noir-bleuâtre. **P**: brun-noirâtre.

2. Minéraux qui, chauffés sur le charbon au feu de réduction, deviennent magnétiques ou le sont d'eux-mêmes.

Oligiste (Hématite) Fe_2O_3 (voir p. 295).

Magnétite Fe_3O_4 (voir p. 295).

Franklinite $(Fe.Mn.Zn)(FeO)^2$. **EA**: Al, Cr, Ti, Mg. **FC**: cub. **PS**: 5—5,2. **D**: 5,5—6,5. **C**: gris de fer, noirâtre. **P**: brune, un peu magnétique. **S**: ac. chlorhydrique, avec dégagement de chlore. Chauffée avec l'ac. phosphorique donne une liqueur violette (Mn). Donne sur le charbon, avec le carbonate de sodium, une aréole jaune à chaud, blanche à froid.

Magnoferrite (Magnésioferrite) $(FeO_2)^2Mg$. **EA**: Mn, Al, Cr, Mg, Ti, Zn. **FC**: cub. **PS**: 4,6. **D**: 6—6,5. **C**: noire. **P**: brun-rouge foncé; fortement magnétique. **S**: peu soluble dans l'ac. chlorhydrique. La solution, oxydée par le chlorate de potassium, additionnée d'un excès d'ammoniaque et filtrée, donne avec le phosphate de sodium, un précipité blanc, cristallin (Mg).

Jacobsite $[(Fe.Mn)O^2]^2Mn$. **EA**: Al, Cr, Zn, Ti, Mg. **FC**: cub. **PS**: 4,7. **D**: 6. **C**: noire. **P**: noir-rougeâtre. Fortement magnétique. **S**: ac. phosphorique; la solution phosphorique devient violette à chaud par addition d'acide nitrique.

Ilménite (Ménacanite) $FeTiO_3$. **EA**: Mn, Mg, Ca. **FC**: rhomb. **PS**: 4,5—5. **D**: 5—6. **C**: gris de fer à gris d'acier. **P**: noire. Plus ou moins magnétique. **S**: ac. chlorhydrique concentré; la solution filtrée et additionnée d'étain, prend une belle couleur bleue ou violette, devenant rose par addition d'eau.

Rutile et **Anatase** (TiO_2). **EA**: Fe. **FC**: quadr. Chauffés longtemps ils peuvent devenir magnétiques; ils sont à peine attaqués par l'acide chlorhydrique. Voir page 298 et 347.

Limonite $[Fe_4O_3(OH)_6]$. **EA**: Si, Al, Mn. **FC**: rhomb. et amorphe. **PS**: 3,6—4. **D**: 5—5,6. **C**: jaune d'ocre à brune. **P**: jaune d'ocre à brune.

Certaines **Blendes** qui contiennent du fer, peuvent être caractérisées, au dégagement d'hydrogène sulfuré qui se produit, lorsqu'on les traite par l'ac. chlorhydrique.

3. Minéraux qui ne rentrent pas dans les groupes précédents.

Chromite (Sidérochrome, Fer chromé) $Cr_2O_3.FeO$. **EA**: Ti, Al, Mn, Mg. **FC**: cub. **PS**: 4,3—4,5. **D**: 5,5. **C**: gris de fer ou brun-noir; structure lamelleuse. **P**: brune. Quelques variétés sont très magnétiques, d'autres ne le sont pas. **S**: à peine attaquée par l'ac. chlorhydrique. Chauffée avec de l'acide phosphorique sirupeux, donne une solution vert-émeraude. Si le minéral renferme Mn, la solution est violette; en y ajoutant un cristal de sulfate ferreux elle devient verte. Colore les perles de borax et de sel de phosphore en vert (Cr).

Molybdénite MoS_2. **EA**: W. **FC**: hexag. **PS**: 4,7—4,8. **D**: 1—1,5. **C**: gris de plomb, un peu rougeâtre. **F**: gris-verdâtre; laisse un trait verdâtre sur le papier. **F**: infusible. **S**: attaquée difficilement par l'ac. nitrique, avec résidu blanc; soluble dans la potasse caustique; cette solution, acidulée par HCl et additionnée d'étain, donne un liquide bleu. Au chalumeau, sur le charbon, dégagement de SO_2 et enduit pulvérulent, jaunâtre, d'acide molybdique. Chauffée sur une lame de platine, avec du salpêtre, détonne avec flamme.

Graphite C. **EA**: Fe. **FC**: rhomb. **PS**: 2,1—2,2. **D**: 1—2. **F**: infusible. **C**: gris de fer; structure micacée. **P**: noire, tachant les doigts. Sur le charbon, au FO, brûle difficilement sans flamme, en laissant des cendres ferrugineuses. Un fragment de graphite, tenu avec une pince de zinc et plongé dans une solution de sulfate de cuivre, se recouvre de suite d'une couche de cuivre.

Arkansite TiO_2 et **Rutile** TiO_2 ont quelquefois l'éclat métallique. Finement pulvérisés et fondus avec la potasse caustique ils donnent une masse qui, traitée par de l'acide chlorhydrique et de l'étain donne une liqueur bleue. Voir page 347.

Pérowskite $CaTiO_3$. **EA**: Fe, Mn, Mg. **FC**: pseudo-cub. **PS**: 4. **D**: 5,5. **C**: gris de fer ou brune; donne les mêmes réactions que l'Arkansite et le Rutile.

Iridosmine IrOs. **EA**: Rh, Ru, Pt. **FC**: rhomb. **PS**: 19,4—21,12. **D**: 6—7. **C**: blanc d'étain. **S**: Insoluble dans l'eau régale. Sur le charbon, au FO, avec du salpêtre, odeur caractéristique d'acide osmique. Tenue avec une pince de zinc et plongée dans une solution de sulfate de cuivre, se recouvre instantanément d'une couche de cuivre métallique.

Newjanskite **PS**: 18,8—19,5 et **Syserskite** **PS**: 20—21,2 sont des variétés d'Iridosmine.

Tantalite $(Fe.Mn)[(Ta.Nb)O_3]^2$. **EA**: W, Sn. **FC**: orthor. **PS**: 6,3—8. **D**: 6—6,5. **C**: gris de fer. **P**: noir-brunâtre. A peine attaquée par les acides. Après fusion avec KOH (dans un creuset d'argent), la masse, reprise par l'eau et acidulée par HCl, donne un précipité qui, soumis à l'ébullition avec l'ac. sulfurique dilué, devient blanc; par addition de zinc, ce précipité devient bleu à chaud, et se décolore par adjonction d'eau.

Niobite (Columbite) $Fe.Mn[(Nb.Ta)O^3]^2$. **EA**: W, Sn. **FC**: orthor. **PS**: 5,4—6,4. **D**: 6. **C**: gris de fer ou brunâtre. **P**: brun-rouge. Mêmes caractères que la Tantalite; par addition de zinc, le précipité devient bleu foncé, et la coloration ne disparaît que très lentement après addition d'eau.

Mossite $Fe.Mn[(Nb.Ta)O^2]^2$. **FC**: quadrat. **PS**: ? **D**: ? Mêmes caractères que la Niobite.

Tapiolite $[(Ta.Nb)O_3]^2Fe.Mn$. **FC**: quadrat. Mêmes caractères que la Tantalite.

Yttrotantalite $(Ta_2O_7)Y^4.(Nb_2O_7)Y^4$, avec tantalate de chaux et de fer. **EA**: U, W, Sn, Er, Ce. **FC** rhomb. **PS**: 5,5—5,9. **D** 5—5,5. **C**: jaune, brune, noire. **P**: grisâtre. Dans le tube fermé donne de l'eau et se décolore en devenant jaune ou blanche. Mêmes caractères que la Tantalite.

Fergusonite $(Nb.Ta)O^4Y$. **EA**: Th, U. **FC**: quadrat. tétartoédr. hémim. **PS**: 5,5—5,9. **D**: 5—5,5. **C**: brun-noir foncé. **P**: brune.

Péchurane (Uraninite, Pechblende) $UO_2.UO_3.PbO$. **FC**: cub. **PS**: 9,8. **D**: 5,5. **C**: noire; éclat gras. **S**: en grande partie dans l'ac. nitrique. La solution est jaune, l'ammoniaque y donne un précipité jaune. Attaquée par l'acide phosphorique sirupeux, à chaud, en donnant une solution vert-émeraude.

Quelques minéraux du titane et des terres rares, comme la *Polycrase, l'Euxénite, l'Aeschynite* etc., ont quelquefois l'éclat métallique; ils rentrent alors dans ce groupe. Les propriétés de ces minéraux seront décrites dans le groupe des minéraux sans éclat métallique.

§ 3. MINÉRAUX SANS ÉCLAT MÉTALLIQUE.

162. A. Minéraux brûlant au chalumeau ou facilement volatils.

Soufre S. **EA**: Se, Te. **FC**: rhomb. **PS**: 1,9—2,1. **D**: 1,5—2,5. **C**: jaune, jaune-brun, gris. **S**: sulfure de carbone. Brûle avec une flamme bleue.

Réalgar As_2S_2. **EA**: Sb. **FC** monocl. **PS**: 3,4—3,6. **D**: 1,5—2. **C**: jaune-orangé. **P**: rouge-orangé. Fond très facilement et se volatilise en dégageant des vapeurs à odeur alliacée. Dans le tube fermé, sublimé rouge. Presque entièrement soluble dans une solution de soude caustique; l'acide chlorhydrique reprécipite du sulfure, jaune-citron.

Orpiment As_2S_3. **EA**: Sb. **FC**: monocl. **PS**: 3,4—3,5. **D**: 1,5—2. **C**: jaune-citron. Facilement fusible et volatil. Dans le tube fermé, se volatilise complètement, en donnant un sublimé orangé, devenant jaune par refroidissement. **S**: soude caustique.

Arsénolite As_2O_3. **EA**: Sb, Bi. **FC**: cub. **PS**: 3,7. **D**: 1,5. **C**: incolore, blanche, jaune ou rougeâtre. **S**: faiblement dans l'eau. Dans le tube fermé, se volatilise en donnant un sublimé blanc, cristallin. Sur le charbon, vapeurs blanches à odeur alliacée.

Claudétite As_2O_3. **FC**: monocl. **PS**: 3,8—4. **D**: 2,5. Mêmes caractères que l'Arsénolite.

Sénarmontite Sb_2O_3. **EA**: As. **FC**: cub. **PS**: 5,2—5,3. **D**: 2—2,5. **C**: incolore, blanche ou grise. **S**: ac. chlorhydrique sans dégagement de gaz; la solution reprécipite par addition d'eau. Au chalumeau, fond et se volatilise; colore la flamme en bleu-livide. Sur le charbon, avec le carbonate de sodium, enduit blanc et grains métalliques cassants.

Valentinite Sb_2O_3. **FC**: orthor. **PS**: 5,6. **D**: 2,5—3. **C**: blanc-grisâtre, jaunâtre; éclat adamantin. **S**: ac. chlorhydrique. Mêmes réactions que la Sénarmontite.

Kermès Sb_2S_2O. **EA**: Bi, As. **FC**: monocl. **PS**: 4,5. **D**: 1—1,5. **C**: rouge-cochenille, mordoré. **S**: acide chlorhydrique, avec dégagement de H_2S. Chauffé dans le tube fermé, donne un sublimé jaune-rougeâtre, puis noir, devenant rouge-cochenille foncé en refroidissant.

Cotunnite $PbCl_2$. **EA**: Hg. **FC**: orthor. **PS**: 5,2. **D**. 2. **C**: blanc-jaunâtre. **S**: ac. nitrique; la solution précipite par le nitrate d'argent. Se volatilise en partie, en donnant un sublimé de $PbCl_2$. Sur le charbon, enduit jaune; avec le carbonate de sodium, globule de plomb.

Calomel HgCl. **EA**: Cu. **FC**: quadrat. **PS**: 6,5. **D**: 1—2. **C**: blanc-grisâtre ou jaunâtre. **P**: blanche. Dans le tube fermé, se volatilise sans fondre; sublimé blanc de HgCl, noircissant par l'ammoniaque; chauffé avec du carbonate de sodium, sublimé de mercure métallique. Le minéral pulvérisé, noircit de suite au contact de la soude caustique.

Cinabre HgS. **EA**: Cu. **FC**: rhomb. hém. hol. **PS**: 8,1. **D**: 2—2,5. **C**: rouge-cochenille à rouge foncé. **P**: rouge, caractéristique. **S**: eau régale. Dans le tube fermé, se volatilise sans fondre et donne un sublimé brun-noirâtre; avec le carbonate de sodium, anneau de mercure métallique. Sur le charbon, dégagement de SO_2 et vapeurs mercurielles.

Salmiac NH_4Cl. **EA**: Fe, K, Na. **FC**: cub. **PS**: 1,5—1,6. **D**: 1,5—2; incolore ou jaunâtre. **S**: eau; saveur salée; la solution aqueuse précipite par le nitrate d'argent. Décomposé par la soude caustique, avec dégagement de gaz ammoniac; se volatilise sans fondre, en répandant des vapeurs blanches.

Mascagnite $(NH_4)^2SO_4$. **EA**: K, Na, Fe. **FC**: orthor. **PS**: 1,7—1,8. **D**: 2—2,5. **C**: blanche, gris-jaunâtre. **S**: eau; saveur amère; la solution aqueuse précipite par le chlorure de baryum; le précipité est insoluble dans les acides. Au chalumeau, fond, bouillonne, puis se volatilise. Traité par la soude caustique, le sel se décompose avec dégagement de gaz ammoniac.

163. B. Minéraux peu ou pas volatils, de fusibilité 1 à 5.

1. Minéraux qui, chauffés sur le charbon, donnent une masse attirable à l'aimant, ou qui, fondus avec du carbonate de sodium, donnent un globule métallique. (Les minéraux qui répandent une odeur alliacée, rentrent dans ce groupe.)

a) Minéraux donnant sur le charbon, avec le carbonate de sodium, un globule d'argent.

Cérargyre AgCl. **EA**: Br, I, Na. **FC**: cub. **PS**: 5,5. **D**: 1—1,5. **C**: blanc, gris, jaunâtre ou verdâtre; sectile et malléable. **F**: 1; légèrement volatil. Sur le charbon, donne une perle nacrée, blanche ou grise; avec le carbonate de sodium et le cyanure de potassium, réduction immédiate. Chauffé dans la perle de sel de phosphore saturée de CuO, colore la flamme en bleu.

Bromargyre AgBr. **EA**: Cl, I. **FC**: cub. **PS**: 5,8—6. **D**: 2—3. **C**: jaune clair. **F**: l. Chauffé dans le tube fermé avec du bisulfate de potassium, dégage du brome. Le minéral, laissé en contact une heure avec du zinc et de l'acide sulfurique étendu, donne une solution qui, filtrée, puis additionnée d'eau de chlore et de chloroforme colore ce dernier en brun.

Iodyrite AgI. **EA**: Cl, Br. **FC**: hexag. hém. hémim. **PS**: 5,5—5,7. **D**: 1,5. **C**: jaune de soufre ou jaune-verdâtre. **F**: 1. Dans le tube fermé, vapeurs violettes. Sur le charbon, fond très facilement, dégage des vapeurs violettes, et donne un globule d'argent. Solubilisée et traitée comme le bromargyre, communique au chloroforme une coloration violette.

Iodobromite (Iodembolite) Ag(Br.I). **EA**: Cl. **FC**: cub. Présente les mêmes caractères que le Bromargyre et l'Iodyrite.

Proustite Ag_3AsS_3. **EA**: Sb, Bi. **FC**: rhomb. hémim. **PS**: 5,5—5,6. **D**: 2—2,5. **C**: rouge vif, rouge-cochenille. **P**: rouge-vif. **S**: ac. nitrique, avec résidu de soufre et de As_2O_3. Chauffée sur le charbon avec le carbonate de sodium donne l'odeur d'arsenic, et la réaction de l'hépar. Le minéral pulvérisé, traité par la soude caustique, noircit, puis est attaqué en partie à chaud; la solution alcaline, donne par addition d'acide, un précipité jaune (As_2S_3).

Xanthoconite (Rittingérite) Ag_3AsS_3. **EA**: Sb, Cu. **FC**: monocl. **PS**: 5,5. **D**: 2—3. **C**: jaune-orangé, brunâtre. **P**: jaune. Mêmes réactions que la Proustite.

Pyrargyrite Ag_3SbS_3. **EA**: As, Bi. **FC**: rhomb. hémim. **PS**: 5,7—5,8. **D**: 2—2,5. **C**: gris-noir. **P**: rouge-pourpre. **S**: ac. nitrique, avec dépôt de soufre et de Sb_2O_3. Chauffée sur le charbon avec du carbonate de sodium, donne un enduit blanc, volatil; réaction de l'hépar. Attaquée par la soude caustique; la solution précipite des flocons rouge-orangé (Sb_2S_3), par addition d'ac. chlorhydrique.

b) Minéraux donnant sur le charbon, avec le carbonate de sodium, un globule de plomb.

Ces minéraux sont solubles dans l'acide nitrique; la solution donne, par addition d'acide sulfurique dilué, un précipité volumineux de sulfate de plomb. Pulvérisés finement, ils sont attaqués par la soude caustique; la solution alcaline, acidulée par l'acide acétique et additionnée de chromate de potassium, donne un précipité jaune.

Minium PbO_4Pb_2. **EA**: Sn, Mn. **FC**: quadrat. hém. sphén; amorphe. **PS**: 4,6. **D**: 2—3; pulvérulent. **C**: rouge. **P**: rouge. **S**: ac. chlorhydrique, avec résidu de $PbCl_2$; les perles de borax sont jaunes à chaud, incolores à froid. Chauffé seul, sur le charbon, donne un globule de plomb.

Plattnérite $PbPbO_4$. **EA**: Sn, Th, Ti, Mn. **FC**: quadrat. **PS**: 8,5—9. **D**: 5—5,5. **C**: gris de fer. **P**: brune. **S**: ac. chlorhydrique avec dépôt de $PbCl_2$, et dégagement de chlore. Chauffée au chalumeau dans le tube fermé, dégage de l'oxygène et devient rouge. Perles de borax jaunes à chaud, se décolorant à froid. Chauffée seul, sur le charbon, donne un globule de plomb.

Cérusite $PbCO_3$. **EA**: Ba, Ca, Sa, Zn. **FC**: orthor. **PS**: 6,4—6,6. **D**: 3—3,5. **C**: incolore, blanc-grisâtre ou jaunâtre, éclat adamantin. **S**: ac. nitrique dilué, avec effervescence. Dans le tube fermé, décrépite, dégage CO_2, et prend une coloration jaune.

Anglésite $PbSO_4$. **EA**: Ba, Ca, Sr. **FC**: orthor. **PS**: 6,1—6,4. **D**: 3. **C**: blanche, grise, brune. **S**: acide nitrique (très difficilement). Sur le charbon, avec le carbonate de sodium, globule de plomb et réaction de l'hépar.

Leadhillite $Pb_2[Pb(OH)_2](CO_3)_2.SO_4$. **EA**: Cu. **FC**: monocl. **PS**: 6,2—6,4. **D**: 2,5. **C**: blanche, blanc-grisâtre ou jaunâtre. **S**: ac. nitrique avec effervescence, et dépôt de $PbSO_4$. Sur le charbon, avec le carbonate de sodium, réaction de l'hépar.

Phosgénite $(Pb.Cl)^2CO_3$. **FC**: quadrat. **PS**: 6—6,3. **D**: 2,5—3. **C**: blanche, blanc-grisâtre. **S**: ac. nitrique, avec effervescence; la solution donne un volumineux précipité par addition de nitrate d'argent.

Lanarkite $(Pb_2O)SO_4$. **EA**: Cu. **FC**: monocl. **PS**: 6,3—6,8. **D**: 2—2,5. **C**: blanc-grisâtre ou jaunâtre. **S**: ac. nitrique (très difficilement); sur le charbon, avec le carbonate de sodium, réaction de l'hépar.

Linarite $[(Pb.Cu)OH_2]SO_4$. **EA**: Ag. **FC**: monocl. **PS**: 5,3—5,4. **D**: 2,5. **C**: bleu-azur, caractéristique. **S**: ac. nitrique; en chauffant, la liqueur se décolore, et il se forme un dépôt de $PbSO_4$. Dans le tube fermé, donne un peu d'eau et se décolore. Sur le charbon, avec l'acide borique, globule de cuivre; réaction de l'hépar.

Matlockite Pb_2OCl_2. **EA**: Cu. **FC**: quadrat. **PS**: 7,2. **D**: 2,5—3. **C**: verdâtre ou jaunâtre. **S**: ac. nitrique; la solution précipite par le nitrate d'argent. Facilement fusible sur le charbon, en donnant une aréole blanche ou jaune. Dans la perle de sel de phosphore, saturée d'oxyde de cuivre, colore la flamme en bleu (Cl).

Mendipite $Pb_3O_2Cl_2$. **EA**: Cu. **FC**: orthor. **PS**: 7. **D**: 2,5—3. **C**: blanc-jaunâtre, rougeâtre. **S**: ac. nitrique; la solution précipite par le nitrate d'argent. **F**: facilement fusible sur le charbon en donnant une aréole à zônes blanches et jaunes.

Schwartzembergite $Pb_3O_2(Cl.I)^2$. **EA**: orthor. Mêmes réactions que la Mendipite, mais donne, chauffée dans le tube fermé avec de l'acide sulfurique concentré, un dégagement de vapeurs violettes (I).

Pyromorphite $(Pb_5.Cl)(PO_4)^3$. **EA**: Fe, As, V, Ca. **FC**: hexag. hém. bipyr. **PS**: 6,5—7,1. **D**: 3,5—4. **C**: blanche, vert d'herbe ou brune. **S**: ac. chlorhydrique et ac. nitrique; la solution nitrique donne, à chaud, un précipité jaune avec le nitromolybdate d'ammonium. Elle précipite également par addition de nitrate d'argent. Dans le tube fermé, sublimé blanc de $PbCl_2$. Fond sur le charbon, en donnant un globule qui cristallise nettement en refroidissant.

Mimétèse $(Pb_5Cl)(AsO_4)^3$. **EA**: Fl, P, Ca, V. **FC**: hexag. hém. bipyr. **PS**: 7,2. **D**: 3,5—4. **C**: jaunâtre, brun-verdâtre. **S**: ac. chlorhydrique et ac. nitrique; la solution nitrique donne un précipité jaune à chaud avec le nitromolybdate d'ammonium, et donne aussi un précipité blanc avec le nitrate d'argent. Dans le tube fermé, sublimé blanc de $PbCl_2$. Sur le charbon, dégage des vapeurs à odeur alliacée.

Hédyphane $(Pb.Ca.Ba)Cl(AsO_4)^3$. **EA**: Fe, P, V. **FC**: hexag. bipyr. Dérive d'une Mimétèse ou une partie de Pb est remplacée par Ca et Ba.

Kampylite $Pb_5Cl[(As.P)O_4]^3$. **EA**: P, Fe, V. **FC**: hexag. hém. bipyr. Mimétèse où une partie de l'arsenic est remplacée par le phosphore.

Bleinière (Bindheimite) $3PbO.2Sb_2O_5.6H_2O$? Ce minéral est très impur, sa formule n'est pas déterminée. **FC**: amorphe. **PS**: 4,6—5. **D**: 4. **C**: blanche, jaune, grise, brune. Dans le tube fermé donne de l'eau et prend une couleur foncée. Sur le charbon, enduit de plomb et d'antimoine.

Nadorite $PbCl(SbO_2)$. **EA**: As. **FC**: orthor. **PS**: 7. **D**: 3,5—4. **C**: jaune-brunâtre. **S**: ac. chlorhydrique. Dans le tube fermé, décrépite et donne un sublimé blanc. Sur le charbon, enduit de plomb et d'antimoine; réactions du chlore.

Vanadinite $Pb_5Cl(VO_4)^3$. **EA**: P, As. **FC**: hexag. hém. bipyr. **PS**: 6,6—7,2. **D**: 2,5—3. **C**: jaune-rosé, ou brun-clair. **S**: ac. chlorhydrique et ac. nitrique. Au chalumeau, décrépite et bouillonne. Sur le charbon, avec le carbonate de sodium donne un globule de plomb et un enduit jaune. Perles de borax rouges et transparentes à chaud, vertes ou bleues et opaques à froid. Perles de sel de phosphore, au FR, jaunes à chaud, vert-émeraude à froid. La solution nitrique précipite par le nitrate d'argent. La solution chlorhydrique additionnée d'alcool, est vert-émeraude; cette liqueur, concentrée au bain-marie, puis diluée avec de l'eau, devient bleue avec dépôt de $PbCl_2$.

Descloizite $(Pb.Zn)(Pb.OH)VO_4$. **EA**: Cu, As, Ca. **FC**: orthor. **PS**: 5,9—6,2. **D**: 3,5. **C**: jaune, brune, vert-olive, vert-noirâtre. **S**: ac. nitrique. Dans le tube fermé, décrépite, et donne un peu d'eau. Sur le charbon, globule de plomb, enduit de PbO et de ZnO. La solution nitrique ne précipite pas par le nitrate d'argent. Les autres réactions sont identiques à celles de la Vanadinite.

Les minéraux suivants sont identiques à la Descloizite: le *Ramirite*, la *Tritochorite*, la *Psittacinite* l'*Eusynchite*, la *Chiléite* (minéral terreux très impur), l'*Araeoxène* et la *Brakebuschite* (qui renferment une certaine proportion de fer et de manganèse).

Cuprodescloizite $(Pb.Cu.Zn)(PbOH)VO_4$. **EA**: Ca, As. **FC**: orthor. Est une variété de Descloizite, renfermant du cuivre.

Déchénite $Pb(VO_3)^2$. **EA**: Zn. **FC**: orthor. **PS**: 5,7—5,8. **D**: 3,5. Ce minéral présente les mêmes caractères que la Descloizite, mais il contient une petite quantité de zinc.

Stolzite $PbWO_4$. **EA**: Ca, Cu, Mo. **FC**: quadrat. hém. bipyr. **PS**: 7,8—8. **D**: 3. **C**: verte, jaune, brune, grise. **S**: acide nitrique, avec dépôt de WO_3. **S**: ac. phosphorique sirupeux; la solution ne se trouble pas par addition d'eau; si l'on y ajoute un peu de fer pulvérisé et que l'on chauffe, le liquide prend une belle couleur bleue; un excès de poudre de fer ne change pas la coloration. Le minéral pulvérisé devient jaune-citron au contact de l'acide sulfurique concentré; l'acide ne se colore pas.

Wulfénite $PbMoO_4$. **EA**: Ca, Cu, W. **FC**: quadrat. tétartoédr. hémim. **PS**: 6,7. **D**: 3. **F**: 2. **C**: jaune-citron; éclat gras. **P**: jaune vif. **S**: acide chlorhydrique, avec décomposition. Au chalumeau, décrépite, devient foncée, et reprend sa couleur à froid. Perles de borax au FR, transparentes à chaud, brunes et opaques à froid. Le minéral pulvérisé, traité à chaud par l'acide phosphorique sirupeux, donne une solution vert-pâle, se troublant par addition d'eau et devenant bleue par addition de fer pulvérisé, sans chauffer (différence avec la Stolzite). Avec un excès de fer, la solution devient verte. La poudre du minéral, chauffée avec de l'acide sulfurique concentré, puis additionnée d'un peu d'alcool, donne une coloration bleue, quand on y projette l'haleine humide.

Crocoïse $PbCrO_4$. **FC**. monocl. **PS**: 5,9—6,1. **D**: 2,5—3. **C**: rouge. **P**: rouge-orangé. **S**: ac. chlorhydrique avec dépôt de $PbCl_2$;

la solution est verte; l'ac. phosphorique sirupeux dissout la Crocoïse en donnant une solution rouge-orangé. Perles de borax, vert-émeraude. Sur la lame de platine, avec du carbonate de sodium et du salpêtre, réaction du chrome.

Phoenicite (Mélanochroïte) $Pb(Pb_2O)(CrO_4)^2$. **FC**: monocl. **PS**: 5,7. **D**: 3—3,5. **C**: rouge-hyacinthe, rouge-cochenille. **P**: rouge-brique. Mêmes réactions que la Crocoïse.

Vauquelinite $(Pb.Cu)(Pb_2O)(CrO_4)^2$. **EA**: P, As. **FC**: ? **PS**: 5,5 — 5,8. **D**: 2,5—3. **C**: vert-olive, vert-noirâtre. **S**: ac. nitrique et ac. chlorhydrique. Perles de borax, vert-émeraude au FO; rouges ou noires au FR. Fondue sur la lame de platine avec le carbonate de sodium et le salpêtre, réaction du chrome. La solution nitrique verte ne précipite pas par le nitrate d'argent. L'ac. chlorhydrique concentré et l'alcool donnent une solution verte, qui précipite en vert par addition d'ammoniaque.

Laxmannite $Pb(Pb_2O)(CrO_4)^2.(Pb.Cu)^3(PO_4)^2$. **EA**: Cu. **FC**: monocl. **PS**: 5,8. **D**: 3. **C**: vert-olive. **S**: ac. nitrique; la solution donne un précipité jaune à chaud, par addition de nitromolybdate d'ammonium. Les autres réactions sont les mêmes que pour la Vauquelinite.

c) Minéraux qui, humectés d'acide chlorhydrique, colorent la flamme du chalumeau en bleu, légèrement pourpré. Leur solution nitrique devient bleu-azur par l'addition d'un excès d'ammoniaque.

Les combinaisons du cuivre appartenant à ce groupe sont décomposées par une solution chaude de soude caustique.

α) Minéraux qui dégagent sur le charbon des vapeurs à odeur alliacée.

La plupart de ces minéraux donnent, quand on les chauffe sur le charbon, un bouton métallique blanc, non malléable (Cu + As).

Olivénite $Cu(CuOH)AsO_4$. **EA**: P, V, Ca, Zn, Pb. **FC**: orthor. **PS**: 4,1—4,4. **D**: 3. **C**: vert-olive, vert-noirâtre. **S**: ac. nitrique, ac. chlorhydrique, ammoniaque. Fond au chalumeau, à l'extrémité de la pince à bouts de platine, et cristallise en refroidissant en une masse noirâtre, recouverte de cristaux prismatiques, aciculaires. Donne très peu d'eau dans le tube fermé, et prend une teinte foncée. La solution nitrique, additionnée de molybdate d'ammonium donne, à l'ébullition, un précipité jaune.

Euchroïte $Cu(CuOH)AsO_4.3H_2O$. **EA**: P, V, Ca, Fe, Pb. **FC**: orthor. **PS**: 3,3—3,4. **D**: 3,5—4. **C**: vert-émeraude. **P**: verte. Dans le tube fermé donne beaucoup d'eau. Autres réactions, comme l'Olivénite.

Erinite $Cu(CuOH)^4(AsO_4)^2$. **EA**: V, P, Pb. **FC**: ? **PS**: 4—4,1. **D**: 4,5—5. **C**: vert-émeraude. **P**: vert-pomme. Au chalumeau décrépite fortement. Autres réactions, comme l'Olivénite.

Cornwallite $Cu(CuOH)^4(AsO_4)^2.3H_2O$. **EA**: Ca, S, CO_2. **FC**: amorphe. **PS**: 4,2. **D**: 4,5. **C**: vert foncé; donne beaucoup d'eau dans le tube fermé. Autres réactions, comme l'Olivénite.

Tyrolite $Cu(CuOH)(AsO_4)^2.7H_2O$. **EA**: Ca, S, CO_2. **FC**: ? **PS**: 3. **D**: 1—1,5. **C**: verte à vert-bleuté. **P**: vert-clair ou bleue. Décrépite. Les autres réactions, comme l'Olivénite.

Clinoclase (Aphanèse, Abichite) $(CuOH)^3.AsO_4$. **EA**: P. **FC**: monocl. **PS**: 4,2—4,4. **D**: 2,5—3. **C**: vert-noirâtre. **P**: vert-bleuâtre. Mêmes réactions que l'Olivénite.

Bayldonite $(Cu.Pb)(CuOH).AsO_4.{}^1/_2H_2O$. **EA**: P, Ca. **FC**: ? Mêmes caractères que l'Euchroïte, mais la solution nitrique donne un précipité blanc par addition d'acide sulfurique.

Chénevixite $Cu_3(FeO)^2(AsO_4)^2.3H_2O$. **EA**: Ca, P, Fe, Al, Mn. **FC**: orthor. **PS**: 3,9. **D**: 3,5—4,5. **C**: vert-olive, vert-foncé. **P**: vert-jaunâtre. **S**: ac. nitrique. Au chalumeau, décrépite. Fond sur le charbon en donnant une scorie noire, magnétique.

Chalcophyllite $(CuOH)^3.Cu(OH)^2.AsO_4.3{}^1/_2H_2O$. **EA**: Al. **FC**: rhomb. **PS**: 2,4—2,6. **D**: 2. **C**: vert-bleuâtre, vert-émeraude. **S**: ac. nitrique. Décrépite dans le tube fermé, et donne beaucoup d'eau; mêmes réactions que l'Olivénite.

Liroconite $Cu_9Al_4(OH)_{15}(AsO_4)^5.20H_2O$. **EA**: P, Ca, Fe, Mn. **FC**: monocl. **PS**: 2,8—2,9. **D**: 2—2,5. **C**: bleu de ciel, bleu-verdâtre. **S**: ac. nitrique. Chauffée doucement dans le tube fermé donne beaucoup d'eau et prend une belle teinte bleue; ne décrépite pas; soluble dans l'ammoniaque avec séparation de flocons blancs, translucides, de $Al(OH)^3$.

Conichalcite $(Cu.Ca)(CuOH)(As.P)O_4.{}^1/_4H_2O$. **EA**: V, Pb. **FC**: monocl? **PS**: 4,1. **D**: 4,5. **C**: vert-pistache à vert-émeraude. **P**: verte. Fond au chalumeau en une masse rouge, à réaction alcaline; dans le tube fermé, décrépite, donne de l'eau, et devient noire. La solution nitrique donne un précipité jaune avec le molybdate d'ammoniaque.

β) **Minéraux qui ne dégagent pas de vapeurs à odeur alliacée, et qui, pour la plupart, chauffés sur le charbon donnent un globule rouge de cuivre métallique.**

Cuprite Cu_2O. **EA**: Pb. **FC**: cub. **PS**: 5—5,6. **D**: 3,5—4. **C**: rouge-cochenille. **P**: rouge-cerise. **S**: facilement soluble dans les acides, sans effervescence. La solution dans l'ac. chlorhydrique concentré, diluée avec de l'eau, laisse déposer un précipité blanc de CuCl et donne par addition de soude caustique un précipité jaune. Perles de borax au FO, bleu-clair à froid, au FR, avec un peu d'étain, incolores à chaud, rouges et opaques à froid.

Mélaconite (Ténorite) CuO. **EA**: Pb. **FC**: monocl. **PS**: 5,8—6,2. **D**: 3—4. **C**: gris d'acier ou noirâtre. **S**: ac. nitrique et ac. chlorhydrique. La solution chlorhydrique ne précipite pas par addition d'eau (différence avec la Cuprite); la soude caustique donne un précipité brun.

Malachite $(CuOH)_2CO_3$. **EA**: Pb, Zn. **FC**: monocl. **PS**: 3,7—4. **D**: 3,5—4. **C**: vert-émeraude. **P**: vert-pomme. **S**: ac. chlorhydrique et ac. nitrique avec effervescence. Dans le tube fermé décrépite, donne de l'eau, et devient noire.

Azurite (Chessylite) $Cu(CuOH)^2(CO_3)^2$. **FC**: monocl. **PS**: 3,7—3,8. **D**: 3,5—4. **C**: bleu d'azur. **P**: bleue. **S**: ac. chlorhydrique et ac. nitrique, avec dégagement de CO_2. Dans le tube fermé, donne de l'eau.

Aurichalcite (Buratite) $(Cu.Zn)[(Cu.Zn)OH]^2.2(Zn.Cu)(OH)^2CO_3)^2$. **EA**: Ca. **FC**: monocl. **PS**: 3,5—3,6. **D**: 2. **C**: verte. **P**: verdâtre ou bleuâtre. **S**: ac. chlorhydrique et nitrique, avec dégagement de CO_2. Donne les mêmes réactions que la Malachite et l'Azurite; mais sur le charbon, il se forme une aréole jaune à chaud et blanche à froid de ZnO.

Nantockite Cu_2Cl_2. **EA**: I, Hg. **FC**: cub. hém. tétraédr. **PS**: 3,9. **D**: 2—2,5. **C**: blanche. **S**: ac. chlorhydrique. Chauffée avec le bisulfate de potassium dans le tube fermé, dégage des vapeurs d'ac. chlorhydrique; colore la flamme en bleu, légèrement pourpré, sans addition d'ac. chlorhydrique.

Atacamite $Cu(OH)^2.Cu(OH)Cl$. **EA**: Fe. **FC**: orthor. **PS**: 3,7—3,8. **D**: 3—3,5. **C**: verte. **P**: vert-pomme. **S**: ac. chlorhydrique et ac. nitrique; la solution nitrique donne un précipité blanc avec le nitrate d'argent. Colore la flamme en bleu, sans addition d'ac. chlorhydrique. Dans le tube fermé, donne de l'eau et devient noire; avec le bisulfate de potassium, dégage des vapeurs de HCl.

Tallingite $Cu_5(OH)^8.Cl_2.4H_2O$. **FC**: ? **PS**: 3,5. **D**: 3. **C**: bleue ou verte. **P**: bleu de ciel ou blanche. Mêmes réactions que l'Atacamite.

Footéite $Cu_9(OH)^{16}.Cl_2.4H_2O$. Mêmes caractères que l'Atacamite.

Percylite $(CuOH).(PbOH)Cl_2$. **FC**: quadrat. **PS**: ? **D**: 2,5. **C**: bleu-clair. **S**: ac. nitrique; la solution donne un précipité blanc de $PbSO_4$ avec l'acide sulfurique. Sur le charbon, avec le carbonate de sodium, aréole de PbO et bouton de Cu et Pb.

Covelline CuS. **EA**: Ag, Hg. **FC**: rhomb.? **PS**: 4,6. **D**: 1,5—2. **C**: bleu-indigo, bleu-noirâtre. **P**: noire. **S**: ac. nitrique; la solution donne un précipité par addition de chlorure de baryum. Sur le charbon, avec le carbonate de sodium, réaction de l'hépar.

Chalcanthite (Cyanose) $CuSO_4.5H_2O$. **EA**: Fe, Zn, Mn, Mg. **FC**: triclin. **PS**: 2,3—2,5. **D**: 2,5. **C**: bleu de ciel. **S**: eau; la solution précipite par addition de chlorure de baryum. Dans le tube fermé donne beaucoup d'eau et se décolore. Sur le charbon, avec le carbonate de sodium, globule de cuivre et réaction de l'hépar.

Brochantite $2Cu(OH)^2.(CuOH)^2SO_4$. **FC** orthor. **PS**: 3,9. **D**: 3,5—4. **C**: vert-émeraude ou vert-noirâtre. **P**: verte. **S**: ac. nitrique; la solution précipite par addition de chlorure de baryum. Mêmes réactions que la Chalcanthite.

Kamarézite $Cu(OH)^2.(CuOH)^2SO_4.6H_2O$. **FC** orthor? Mêmes réactions que la Brochantite.

Arnimite $2SO_4.Cu(OH)^2.(CuOH).3H_2O$. **FC**: monocl. Mêmes réactions que la Brochantite.

Langite $2Cu(OH)^2.(CuOH)^2.SO_4.H_2O$. **FC**: orthor. **PS** 3,5. **D**: 2,5—3. **C**: bleu-verdâtre. Mêmes réactions que la Brochantite.

Pisanite $(Fe.Cu)SO_4.7H_2O$. **EA**: Co, Mn, Mg. **FC**: monocl. **C**: bleu-clair, brun-rougeâtre à la surface. **S** ac. nitrique; la solution donne, par addition d'un excès d'ammoniaque, un précipité brun-rouge de $Fe(OH)_3$ et une liqueur bleu-azur. La solution donne un précipité blanc, par addition de chlorure de baryum.

Herrengrundite (Urvoelgyite) . $2SO_4(CuOH)^2.Ca(OH)^2.3H_2O$. **FC**: monocl. **PS**: 3,1. **D**: 2,5—3. **C**: vert-émeraude foncé. **P**: verte. **S**: ac. nitrique; la solution neutralisée par l'ammoniaque et additionnée d'oxalate d'ammonium, donne un précipité blanc.

Volborthite $[(Cu.Ca.Ba)OH]^3VO_4.6H_2O$. **FC**: hexag.? **PS**: 3,5. **D**: 3—3,5. **C**: vert-jaunâtre. **P**: jaune. **S**: ac. nitrique. En tube fermé, donne de l'eau et devient noire. Si l'on fond la substance pulvérisée avec du carbonate de sodium, que l'on reprend la masse fondue par l'eau, et que l'on concentre cette solution au bain-marie, après l'avoir acidulée par l'acide chlorhydrique, on obtient un liquide d'une belle couleur vert-émeraude, devenant bleu de ciel, lorsqu'on le dilue avec de l'eau.

γ) Minéraux présentant les mêmes caractères généraux que les précédents; ils ne donnent pas de vapeurs arsenicales, mais leur solution donne un précipité jaune, à chaud, par addition de nitromolybdate d'ammonium.

Libéthénite $Cu(CuOH)PO_4$. **EA**: As, V, Pb, Zn, Ca. **FC**: orthor. **PS**: 3,6—3,8. **D**: 4. **C**: vert-olive ou vert-noirâtre. **S**: ac. nitrique et ac. chlorhydrique. Dans le tube fermé donne de l'eau, et noircit. Le minéral, en poudre fine, est un peu soluble dans l'ammoniaque, en lui communiquant une couleur bleue.

Phosphorochalcite (Pseudomalachite) $(Cu.OH)^3PO_4$. **EA**: As. **FC**: monocl. **PS**: 3,4—4,4. **D**: 4,5—5. **C**: vert-émeraude ou vert foncé. **P**: verte. Mêmes réactions que la Libéthénite.

Tagilite $Cu(CuOH)PO_4.H_2O$. **EA**: As, V. **FC**: monocl. **PS**: 4—4,1. **D**: 3—4. **C**: vert-émeraude. **S**: ac. nitrique. Mêmes réactions que la Libéthénite.

Dihydrite $Cu(CuOH)^4(PO_4)^2$. **EA**: As, V, Pb. **FC**: triclin. **PS**

4—4,4. **D**: 4,5—5. **C**: vert-émeraude ou vert foncé. **S**: ac. nitrique; mêmes réactions que la Libéthénite.

Ehlite $Cu(CuOH)^4.(PO_4)^2.H_2O$. **EA**: As, V, Ca, Pb. **FC**: orthor. **PS**: 3,8—4,2. **D**: 1,5—2. **C**. vert-émeraude. **S**: ac. nitrique. Mêmes réactions que la Libéthénite.

Chalcolite (Torbernite) $Cu(UO_2)^2.(PO_4)^2.8H_2O$. **EA**: As, Ba, Ca. **FC**: quadrat. **PS**: 3,4—3,6. **D**. 2—2,5. **C**: verte. **P**: vert-pomme. **S**: ac. nitrique; l'ammoniaque en excès donne dans cette solution un précipité bleu-verdâtre et une liqueur bleue. Le réactif molybdique donne à chaud, un précipité jaune.

d) Minéraux qui communiquent à la perle de borax une belle couleur bleu-saphir, ou une coloration brun-rouge, et qui donnent sur le charbon des vapeurs arsenicales à odeur alliacée.

Erythrine $Co_3(AsO_4)^2.8H_2O$. **EA**: P, Ni, Fe, Zn, Ca, Mg. **FC**: monocl. **PS**: 3. **D**: 1,5—2,5. **C**: rouge-fleur de pêcher. **S**: ac. nitrique et ac. chlorhydrique; dans l'ac. chlorhydrique dilué, solution rose; dans l'ac. chlorhydrique concentré, solution bleue. La solution nitrique donne un précipité jaune, à chaud, par le réactif nitromolybdique. Dans le tube fermé, donne de l'eau, devient verte, puis noircit.

Annabergite $Ni_3(AsO_4)^2.8H_2O$. **EA**: P, Co, Fe, Zn. **FC**: monocl. **PS**: 3. **D**: 2—2,5. **C**: vert-pomme. **P**: blanc-verdâtre. **S**: ac. nitrique. La solution donne un précipité vert avec la soude caustique; la solution nitrique donne un précipité jaune à chaud par le réactif nitromolybdique. La solution acide, neutralisée par l'ammoniaque, donne un précipité rose volumineux, par addition de diméthylglyoxime.

e) Minéraux n'appartenant pas aux groupes précédents, et qui, chauffés sur le charbon, donnent une masse grise ou noire, attirable à l'aimant.

α) Minéraux qui dégagent sur le charbon des vapeurs arsenicales.

Pitticite $(SO_4)^3[(As.P)O_4]^{10}Fe_{20}(OH)_{24}.9H_2O$. **FC**: amorphe. **PS**: 2,2—2,5. **D**: 2—3. **C**: jaune, brun-rouge ou blanchâtre. **S**: ac. nitrique; la solution précipite par le chlorure de baryum (SO_3), et par le réactif molybdique à chaud (P_2O_5 et As_2O_5).

Scorodite $FeAsO_4.2H_2O$. **EA**: P. **FC**: orthor. **PS**: 3,1—3,3. **D**: 3,5—4. **C**: brune, rouge, verdâtre, bleue. **P**: blanche. **S**: ac. nitrique et ac. chlorhydrique; la solution donne un précipité brun-rouge par addition de soude caustique; la solution nitrique précipite également à chaud par le réactif molybdique. Dans le tube fermé, donne de l'eau et devient jaune.

Pharmacosidérite $(Fe.OH)^3.(AsO_4)^2.5H_2O$. **EA**: P, Al. **FC**: cub. **PS**: 2,9—3. **D**: 2,5. **C**: vert-foncé. **P**: vert-clair ou jaune. **S**: ac. nitrique; la solution donne un précipité jaune à chaud par le réactif molybdique, et un précipité brun-rouge par la soude caustique.

Arséniosidérite $Fe_4Ca_3(OH)^9(AsO_4)^3$. **EA**: P, Al, Sb. **FC**: tétrag. ou hexag. **PS**: 3,5—3,9. **D**: 1—2. **C**: jaune d'or ou jaune-brunâtre; éclat soyeux. **S**: ac. nitrique; la solution nitrique neutralisée par l'ammoniaque, puis filtrée, donne un précipité blanc avec l'oxalate d'ammonium (CaO). Mêmes réactions que les minéraux précédents.

β) Minéraux qui sont solubles dans l'ac. chlorhydrique, sans résidu appréciable, et sans gélifier, et qui ne dégagent pas au chalumeau de vapeurs arsenicales.

Oligiste (Hématite rouge) Fe_2O_3. **EA**: Ti. **FC**: rhomb.; se reconnaît facilement à sa couleur rouge. Voir dans les minerais à éclat métallique, p. 295.

Sidérose $FeCO_3$. **EA**: Mn, Zn, Ca, Mg. **FC**: rhomb. **PS**: 3,5—4. **D**: 3—4. **C**: café au lait. **S**: ac. chlorhydrique, avec effervescence, à chaud. Au chalumeau, décrépite, puis devient noire et magnétique.

Rabdionite Fe, Mn, Cu, Co, Al et une quantité notable d'eau; est vraisemblablement un mélange de Manganite et d'hydroxydes. **PS**: 2,7—3. **C**: noire. **P**: brun-foncé. **S**: ac. chlorhydrique, avec dégagement de chlore; attaquée par l'acide phosphorique sirupeux à chaud, en donnant une solution violette. Perles de borax bleu-saphir.

Ludwigite $(FeO_2)(BO_2)Mg_2O$. **EA**: Mn. **FC**: orthor. **PS**: 3,9—4,1. **D**: 5. **C**: vert-foncé ou noire. **S**: ac. chlorhydrique et ac. nitrique. Le minéral pulvérisé, traité par l'acide sulfurique concentré et additionné d'alcool donne, si l'on enflamme l'alcool, une flamme bordée de vert.

β₁) Minéraux donnant la réaction de l'hépar et dont les solutions acides précipitent par addition de chlorure de baryum.

Mélantérite $FeSO_4.7H_2O$. **EA**: Cu, Co, Mn, Mg. **FC**: monocl. **PS**: 1,9. **D**: 2. **C**: verte ou jaune. **S**: eau; la solution donne un précipité blanc avec le chlorure de baryum et un précipité vert avec l'ammoniaque; en présence de l'air, le précipité devient brun-rouge.

Raimondite $Fe_4(OH)_6(SO_4)^3.4H_2O$. **FC**: hexag. **PS**: 3,2. **D**: 3. **C**: jaune ou jaune-brun. **S**: n'est pas soluble dans l'eau, mais se dissout dans les acides; la solution donne un précipité brun-rouge par addition d'ammoniaque; le chlorure de baryum donne un précipité blanc, insoluble dans les acides.

Carphosidérite $Fe_6(OH)^{10}(SO_4)^4.4H_2O$. **FC**: hexag. **PS**: 2,5. **D**: 4—4,5. **C** jaune. **P**: jaunâtre. **S**: ac. chlorhydrique et ac. nitrique. Mêmes réactions que la Raimondite.

Coquimbite $Fe_2(SO_4)^3.9H_2O$. **EA**: Al. **FC**: rhomb. **PS**: 2,1. **D**: 2—2,5. **C**: blanchâtre, verdâtre, bleuâtre. **S**: ac. chlorhydrique et ac. nitrique. Le minéral pulvérisé prend une coloration brun-rouge au contact de la soude caustique.

Se comportent de même les minéraux suivants.

Quenstedtite $Fe_2(SO_4)^3.10H_2O$. **FC**: monocl.

Fibroferrite $Fe(OH)SO_4.4^1/_2H_2O$. **FC**: monocl. **PS**: 1,8. **D** 2—2,5. **C**: jaune. **S**: ac. chlorhydrique et ac. nitrique.

Copiapite $Fe_2(FeOH)_2(SO_4)^5.18H_2O$. **FC**: monocl. **PS**: 2,1. **D**: 2,5. **C** jaune.

Jarosite $K_2[Fe(OH)_2]^6(SO_4)^4$. **FC**: rhomb. **PS**: 3,2. **D**: 2,5—3,5. **C**: jaune d'ocre, brune. **P**: jaune.

Natrojarosite $Na_2(Fe.2OH)^6(SO_4)^4$. **FC**: rhomb. **PS**: 3. **D**: 2,5—3. **C**: jaune-brun.

Roemérite $(Fe.Zn)H_2(FeOH)^2(SO_4)^4.12H_2O$. **FC**: triclin. **PS**: 2,1. **D**: 3—3,5. **C**: violet-brun. **S**: ac. nitrique et ac. chlorhydrique.

Voltaïte $Fe.Al(OH)^2(Fe.Mg.K_2.Na_2)^5(SO_4)^{10}.14H_2O$. **FC**: quadrat. **PS**: 2,8. **D**: 3—4. **C**: vert-olive. **P**: gris-vert.

Botryogène $Mg(FeOH)(SO_4)^2.7H_2O$. **FC**: monocl. **PS**: 2. **D**: 2—2,5. **C**: rouge-hyacinthe ou jaune d'ocre. **S**: eau, en partie, en laissant un résidu jaune.

β2) Minéraux qui, chauffés dans le tube fermé avec du magnésium, puis repris par l'eau, dégagent de l'hydrogène phosphoré. Leur solution nitrique donne un précipité jaune à chaud, avec le réactif molybdique.

Vivianite $Fe_3(PO_4)^2.8H_2O$. **EA**: Ca, Mg, Co, Ni, As. **FC**: monocl. **PS**: 2,6. **D**: 1,5—2. **C**: bleue ou parfois incolore. **S**: ac. nitrique et ac. chlorhydrique. La solution ne précipite pas par le chlorure de baryum. Donne de l'eau dans le tube fermé et se décolore. Fond facilement sur le charbon, en donnant une masse magnétique.

Destinézite $Fe_4O(OH)^2(SO_4H)^2(PO_4)^2$ et **Diatochite**, qui est un produit d'altération de la Destinézite. **EA**: Ca, Mg. **FC**: monocl. **S**: insolubles dans l'eau; les solutions acides donnent les réactions de l'ac. sulfurique et de l'ac. phosphorique.

Dufrénite (Kraurite) $Fe_2(OH)^3.PO_4$. **FC** orthor. **PS**: 3,2—3,4. **D**: 3,5—4. **C**: vert-olive à vert-noirâtre. **P**: verdâtre. **S**: ac. chlorhydrique et ac. nitrique. Donne les mêmes réactions que la Vivianite.

Cacoxène $Fe_2(OH)^3PO_4.4^1/_2H_2O$. **EA**: Al. **FC**: monocl. **PS**: 2,3—2,4. **D**: 3—4. **C**: jaune ou brun. Donne les mêmes réactions que la Vivianite.

Eléonorite $Fe(OH)^3(PO_4)^2.2^1/_2H_2O$. **FC**: monocl. **PS**: ? **D**: 3—4. **C**: rouge-hyacinthe foncé. **P**: jaune; donne les mêmes réactions que la Vivianite.

Boryckite $CaFe_4(OH)^6(PO_4)^2.3H_2O$. **FC**: orthor. **PS**: 2,7. **D**: 3,5. **C**: brun-rouge; donne les mêmes réactions que la Vivianite.

Triphyline $Li(Fe.Mn)PO_4$. **EA**: Ca, Mg, Na. **FC**: orthor. **PS**: 3,4—3,5. **D**. 4,5—5. **C**: jaune-brun, bleue. **S**: ac. nitrique et ac. chlorhydrique. La solution chlorhydrique évaporée à sec, reprise par l'alcool, donne, si on enflamme l'alcool, une flamme rouge-carmin.

Le minéral pulvérisé se dissout dans l'ac. phosphorique sirupeux à chaud, en donnant une solution incolore; par addition d'un peu d'ac. chlorhydrique concentré, le liquide prend une coloration violette. Fondu sur la lame de platine, avec du carbonate de sodium et du salpêtre, il donne une masse vert-émeraude.

Triplite $(Fe.Mn)PO_4.(Fe.Mn)Fl$. **EA**: Mg, Ca. **FC**: monocl. **PS**: 3,5—3,8. **D**: 4,5—5. **C**: brun-rouge ou brun-noirâtre. **P**: gris-jaunâtre. **S**: ac. nitrique et ac. chlorhydrique. Facilement fusible; donne un peu d'eau dans le tube fermé. Perle de borax au FO. prend une coloration violet-améthyste. La minéral, humecté d'ac. sulfurique, colore la flamme en vert-jaunâtre. Les autres réactions sont identiques à celles de la Triphyline.

Zwiesélite est une Triplite très riche en fer.

Sarcopside est une Zwiesélite décomposée.

Huréaulite $(Mn.Fe)^5H_2(PO_4)^4.4H_2O$. **EA**: As. **FC**: monocl. **PS**: 3,2. **D**: 3,5—5. **C**: jaune ou brun-rougeâtre. **S**: ac. nitrique; facilement fusible au chalumeau. Quand on l'humecte d'ac. sulfurique, colore légèrement la flamme en vert-bleuâtre. Dans le tube fermé donne beaucoup d'eau. Mêmes réactions que la Triplite.

γ) **Minéraux qui gélifient avec l'acide chlorhydrique, ou se décomposent avec séparation de silice.**

Fayalite SiO_4Fe^2. **EA**: Mn. **FC**: orthor. **PS**: 4—4,1. **D**: 6,5. **C**: noire ou verdâtre. **P**: brun-foncé. **S**: ac. chlorhydrique. Facilement fusible, fait gelée; magnétique.

Knébélite $SiO_4(Mn.Fe)^2$. **EA**: Mg. **FC**: orthor. **PS**: 3,9—4,4. **D**: 6—7. **C**: brune, verte, grise. Le minéral, réduit en poudre et chauffé avec de l'ac. sulfurique sirupeux, puis additionné d'ac. nitrique, donne une matière gélatineuse, qui prend une teinte violette.

Hortonolite $SiO_4(Fe.Mg.Mn)_2$. **EA**: Zn. **FC**: orthor. **PS**: 3,9. **D**: 6,5. **C**: jaune ou jaune-verdâtre. Mêmes réactions que la Knébélite.

Roeppérite (Stirlingite) $SiO_4(Fe.Mn.Zn.Mg)_2$. **FC**: orthor. **PS**: 3,9—4. **D**: 5,5—6. **C**: jaune, vert-foncé ou noire. **P**: jaune-gris ou rougeâtre. Donne sur le charbon avec le carbonate de sodium un enduit de ZnO. Les autres réactions comme la Knébélite.

Thraulite (Hisingérite) silicate de fer hydraté. **FC**: amorphe. **PS**: 2,6—3. **D**: 3,5—4. **C**: noir-brunâtre. Devient magnétique, après avoir été fortement chauffée.

Xylotile (Bergholz, variété d'Asbeste). **C**: brune. **FC**: amorphe; structure fibreuse. **PS**: 2,4—2,6. Difficilement fusible; devient magnétique. Dans le tube fermé donne de l'eau. La solution chlorhydrique, après séparation du fer par l'ammoniaque, donne un abondant précipité blanc, par addition de phosphate de sodium (différence avec la Thraulite).

Ilvaïte (Liévrite) $(FeOH)Fe_2.Ca(SiO_4)^2$. **EA**: Mn, Mg. **FC**: orthor. **PS** 3,9—4,1. **D**. 5,5—6. **C**: noir-velouté, grisâtre. **P**: noire. Dans le tube fermé décrépite, puis fond en une perle noire; donne les colorations du fer et du manganèse aux perles de sel de phosphore; fait gelée avec l'ac. chlorhydrique.

Allanite (Orthite) $(Al.Ce.Fe)^2(Al.OH).Ca_2(SiO_4)^3$. **EA**: Mg, K, Na, La, Di, Er, Y. **FC**: monocl. **PS**: 3—4. **D**: 5,5—6. **C**: brune. **P**: noir-verdâtre. Au chalumeau, se boursouffle fortement et fond en une perle brunâtre ou noirâtre.

Lépidomélane est une Biotite riche en fer. **FC**: monocl. **PS**: 3—3,2. **D**: 3. **C**: noir-corbeau. **P**: verte.

Voigtite est une Biotite décomposée et hydratée.

Chloromélanite (Cronstedtite) est une Jadéïte dans laquelle une partie de l'aluminium est remplacée par du fer. **EA**. Ca, Mg. **PS**: 3,3. **D**: 2—3. **C**: noirâtre. **P**: vert-foncé. Dans le tube fermé, donne de l'eau et fond en un verre noir.

Sidéroschizolite est un silicate de fer avec Mn et Mg. **D**: 2,5. **C**: noir-corbeau. **P**: vert-poireau foncé.

Chalcodite (Stilpnomélane) composition analogue au précédent. **PS**: 2,8—3. **D**: 3—4. **C**: vert-bronzé. **P**: gris-verdâtre.

Thuringite (Owénite) $Si_6O_{41}(Al.Fe)^8(Fe.Mg)^8H_{18}$. **EA**: Mn. **PS**: 3,2. **D**: 2—2,5. **C**: vert-olive. **P**: gris-verdâtre. Au chalumeau fond en un globule noir, magnétique; dans le tube fermé, donne de l'eau.

Euralite $Si_7O_{37}(Al.Fe)^4(Mg.Fe.Ca)_9H_{16}$. **EA**: Mn. **FC**: amorphe. **PS**: 2,6. **D**: 2,5. **C**: vert-foncé à noire.

Pyrosmalite $(SiO_4)^4(Fe.Mn)^4[(Fe.Mn)Cl]H_7$. **FC**: rhomb. **PS**: 3—3,2. **D**: 4—4,5. **C**: brune ou vert-olive. **F**: 2. **S**: ac. chlorhydrique, avec dépôt de silice, sans former de gelée. Dans le tube fermé donne de l'eau et un sublimé jaune de chlorure de fer, soluble dans l'eau. Dans la perle de phosphore saturée d'oxyde de cuivre, communique à la flamme une coloration bleue.

Ekmannite $Si_3O_{13}(Fe.Mn.Mg)^4H_6$. **C**. verdâtre ou grise. Noircit à l'air.

Friedélite $(SiO_4)^4Mn_4(MnCl)H_7$. **EA**: Fe. **FC**: rhomb. **C**: rose; présente les mêmes caractères que la Pyrosmalite, mais l'ac. chlorhydrique forme une gelée.

Astrophyllite $(Si.Ti.Zr)^5O_{16}(Fe.Mn.Ca.Mg)^4(K.Na.H)^4$. **EA**: Al. **FC**: orthor. **PS**: 3,3—3,4. **D**: 3. **C**: jaune d'or ou bronze; facilement fusible. Sur la lame de platine avec le carbonate de sodium et salpêtre, masse fondue verte. La solution chlorhydrique chauffée en présence d'un peu d'étain prend une coloration violette (TiO_2).

δ) Minéraux qui sont à peine attaqués par l'acide chlorhydrique.

Wolfram $WO_4(Mn.Fe)$. **EA**: Mg. **FC**: monocl. **PS**: 7,1—7,5. **D**: 5—5,5. **C**: noire. **P**: brune, à éclat métallique. Chauffé avec de l'ac. phosphorique sirupeux, donne un liquide bleu, se décolorant quand on dilue avec de l'eau. Par addition de fer pulvérisé, la solution se colore à nouveau en bleu.

Ferbérite WO_4Fe. **EA**: Mn, Mg. **FC**: monocl. **PS**: 6,8—7,1. **D**: 4—4,5. **C**: noire. **P**: brune, à éclat métallique. Fond facilement en un globule cristallin, noir de fer, nettement magnétique; mêmes réactions que le Wolfram.

Hubnérite WO_4Mn. **EA**: Fe, Mg. **FC**: monocl. **PS**: 7,1. **D**: 4—4,5. **C**: brun-noirâtre. Mêmes réactions que la Ferbérite, mais fond en un globule brun, non magnétique. Donne les réactions du manganèse.

Rhodonite (Pajsbergite, Bustanite) $Mn_2(SiO_3)^2$. **EA**: Fe, Ca. **FC**: triclin. **PS**: 3,4—3,7. **D**: 5,5—6,5. **C**: rose-rougeâtre, rouge-fleur de pêcher. La perle de borax prend une couleur violet-améthyste. La perle de sel de phosphore donne au FO. un squelette siliceux.

Almandine $(SiO_4)^3(Al.Fe)^2(Mg.Fe.Ca)^3$. **EA**: Ti, Mn. **FC**: cub. **D**: 6,5—7,5. **PS**: 3,7—4. **C**: rouge, rouge-brun. **F**: 3. Chauffée au chalumeau, fond en un verre magnétique noir.

Acmite (Aegirine) $FeNa(SiO_3)^2$. **EA**: Mn. **FC**: monocl. **PS**: 3,5. **D**: 6—6,5. **C**: noir-brunâtre ou verdâtre. **F**: 2, en donnant une perle magnétique noire et colore la flamme en jaune.

Babingtonite $(SiO_3)^2(Ca.Fe.Mn)^2$. **EA**: Mg. **FC**: triclin. **PS**: 3,3—3,4. **D**: 5,5—6. **C**: noire. Le minerai attaqué par la potasse, puis traité par l'ammoniaque, filtré et additionné d'oxalate d'ammoniaque, donne un précipité blanc.

Arfvedsonite (Barkévikite) $\begin{cases}(SiO_3)^2(Fe.Mg.Na^2Ca)^4(SiO_3)^2 \\ (SiO_3)^2(Ca.Mg.Fe)^2(Al.Fe)^2(AlO^3)^2\end{cases}$. **EA**: Mn, K, Na. **FC**: monocl. **PS**: 3,3—3,6. **D**: 5,5—6. **C**: noire. **P**: vert-grisâtre. **F**: 2; donne après fusion une perle magnétique noire. Colore la flamme du chalumeau en jaune.

Riebeckite $\begin{cases}(SiO_3)^4Fe_2Na_2 \\ (SiO_3)^4(Fe)^4\end{cases}$. **EA**: Ca, Mn, Mg, K, Al. **FC**: monocl. **C**: noire, bleue. Présente souvent des phénomènes de polychroïsme. Mêmes réactions que l'Arfvedsonite.

Crocidolite, variété fibreuse de Riebeckite. **PS**: 3,2—3,3. **D**: 4. **C**: bleu-lavande, brun-rouge.

Glaucophane (Gastaldite) $\begin{cases}(SiO_3)^4Al_2Na_2 \\ (SiO_3)^4(Mg.Fe.Ca)^4\end{cases}$. **EA**: K, Ti. **FC**: monocl. **PS**: 3—3,1. **D**: 6—6,5. **C**: bleuâtre. Mêmes réactions que l'Arfvedsonite. Fond facilement en un verre grisâtre ou brunâtre.

Cossyrite (Aenigmatite, Koelbingite) $\left\{\begin{array}{l}(Si_4O_{12})(Fe.Mn.Mg)^3Ca\\ Si_4O_{12}Al_2.Na_2\\ (Si.Ti)^4O_{12}(Na_2.K_2.Fe)^4\end{array}\right.$. **FC**: triclin. pinac. **PS**: 3,7. **D**: 5,5. **C**: noire. **P**: rouge-brun. Fond facilement en un verre noir.

Céladonite (Grünerde). Contient en proportions variables de SiO_2, Al_2O_3, FeO, CaO, MgO, K_2O, Na_2O, H_2O. **EA**: Fe, Mn. **PS**: ? **D**: 1. **F**: 3. **C**: vert-céladon. Dans le tube fermé, donne un peu d'eau.

Lépidolite (Lithionglimmer) $Si_3O_9Al_2(Li.K.Na)^2(FlOH)^2$. **EA**: Fe, Mn. **FC**: monocl. **PS**: 2,9—3,1. **D**: 2—3. **F**: fond facilement en donnant une masse généralement magnétique; colore la flamme du chalumeau en rouge-pourpre.

f) Minéraux n'appartenant pas aux sections précédentes.

Molybdite (Molybdénocre) MoO_3. **EA**: W. **FC**: orthor. **PS**: 4,5. **D**: 1—2. **C**: jaune-orangé, vert-serin. **S**: ac. chlorhydrique. Si l'on ajoute de l'étain à la solution, et que l'on agite, celle-ci prend une couleur bleue. Chauffé au FR avec du sel de phosphore, donne une perle transparente de couleur foncée, devenant d'un beau vert en refroidissant.

Les minéraux suivants, chauffés sur le charbon avec du soufre et de l'iodure de potassium, donnent un enduit rouge, caractéristique:

Bismutocre (Bismite) Bi_2O_3. **EA**: Sb. **FC**: amorphe. **C**: jaune ou verdâtre. Chauffé sur le charbon avec le carbonate de sodium, donne un globule de bismuth métallique, avec enduit d'oxyde.

Bismuthite $Bi_2O_3.(BiOH)^2.(BiO)CO_3$. **FC**: amorphe. **PS**: 4,36. **D**: 4—4,5. **C**: jaunâtre, grisâtre, verdâtre. **S**: ac. nitrique, avec effervescence. Dans le tube fermé, décrépite et donne de l'eau.

Puchérite VO_4Bi. **EA**: As, P. **FC**: orthor. **PS**: 6,2. **D**: 4. **S**: ac. chlorhydrique; la solution diluée avec de l'eau donne un précipité jaune; la liqueur filtrée possède une couleur bleu-ciel.

Eulytine $(SiO_4)^3Bi_4$. **EA**: Sb, Pb. **FC**: cub. hém. tétraédr. **PS**: 6,1. **D**: 4,5—5. **C**: brune, tirant sur le jaune. **S**: forme gelée avec l'ac. chlorhydrique.

Agricolite $(SiO_4)^3Bi_4$. **EA**: Sb, Pb. **FC**: monocl. Mêmes réactions que l'Eulytine.

Bismuthosphérite $CO_3(BiO)^2$. **EA**: Sb. **C**: verte.

2. Minéraux qui, chauffés sur le charbon, ne donnent pas de masse attirable à l'aimant; et qui, fondus avec du carbonate de sodium sur le charbon, ne donnent pas de globule métallique.

a) Minéraux qui donnent une réaction alcaline, après avoir été fondus et chauffés longtemps à la flamme du chalumeau ou dans la cuiller de platine.

α) Minéraux facilement et complètement solubles dans l'eau.

Sel gemme NaCl. **EA**: K. **FC**: cub. **PS**: 2,1. **D** 2. **C**: incolore, gris, verdâtre, bleu, parfois rougeâtre. Saveur salée. Colore la flamme en jaune; avec le nitrate d'argent, donne un volumineux précipité blanc.

Sylvine (Chlorure de potassium) KCl. **EA** Na, Br, I. **FC**: cub. **PS**: 2. **D**: 2. **C**: incolore, verdâtre, bleue; saveur salée et amère. Colore la flamme en violet. La solution aqueuse donne avec le nitrate d'argent un volumineux précipité blanc, insoluble dans l'acide nitrique. Le chlorure de platine donne un précipité jaune, cristallin, insoluble dans l'alcool.

Carnallite $MgCl_2.KCl.6H_2O$. **EA**: Fe, Na, Ca. **FC**. orthor. **PS**: 1,6. **D**: 1. **C**: incolore, rougeâtre. **F**: 2. Saveur amère; colore la flamme en violet; la solution aqueuse précipite avec le nitrate d'argent et avec le phosphate de soude.

Tachyhydrite $2MgCl_2.CaCl_2.12H_2O$. **EA**: Na, Fe. **FC** rhomb. Dans le tube fermé donne de l'eau, colore la flamme en rouge-orangé. La solution donne les réactions du calcium, du magnésium et du chlore.

Salpêtre (Nitre) NO_3K. **EA**: Na, NH_4. **FC**: orthor. **PS** 2. **D**: 2. **C**: incolore, blanc, gris. Colore la flamme en violet. Fuse sur le charbon. La solution sulfurique de brucine est colorée en rouge en présence d'une parcelle du minéral. La solution aqueuse donne les réactions du potassium.

Nitratine (Natronitre) NO_3Na. **EA**. Cl, Mg. **FC**: rhomb. **PS**: 2,2. **D**: 1,5—2. **C**: incolore ou grisâtre. Fuse sur le charbon. Colore la flamme en jaune et donne une coloration rouge à la solution sulfurique de brucine.

Nitrobaryte $(NO_3)^2Ba$. **EA**: Ca, K, Na, Mg, I. **FC**: cub. hém. tétraédr. La solution aqueuse, acidulée par l'ac. acétique, donne un précipité jaune avec le chromate d'ammonium et un précipité blanc avec l'ac. sulfurique. La solution aqueuse donne les réactions du potassium. Colore en rouge la solution sulfurique de brucine.

Nitrocalcite $(NO_3)^2Ca$. La solution aqueuse concentrée précipite par addition d'ac. sulfurique. La solution acétique ne précipite pas par le chromate d'ammoniaque. Colore la flamme en jaune-orangé. Colore en rouge la solution sulfurique de brucine.

Nitromagnésite $(NO_3)^2Mg$. La solution aqueuse ne précipite pas par le carbonate de soude et le carbonate d'ammoniaque en présence de chlorure d'ammonium; elle donne un précipité blanc par addition de phosphate de sodium. Colore en rouge la solution sulfurique de brucine.

Natron $CO_3Na_2.10H_2O$. **EA**. K. **FC** monocl. **PS**: 1,4. **D**: 1—1,5. **C**: incolore, blanc, gris. La solution aqueuse présente une réaction alcaline. Fait effervescence avec les acides, colore la flamme en jaune. Donne beaucoup d'eau dans le tube fermé.

Thermonatrite $CO_3Na_2 + H_2O$. **FC**: orthor. **PS**: 1,5. **D**: 1—1,5. Mêmes caractères que le Natron.

Trona (Urao) $CO_3Na_2.CO_3NaH.2H_2O$. **EA**: K, NH_4. **FC**. monocl. **PS**: 2,1. **D**: 2,5—3. Mêmes caractères que le Natron.

Thénardite SO_4Na_2. **EA**: NH_4, K. **FC**: orthor. **PS**: 2,6. **D**: 2—3. **C**: blanc-brunâtre. Colore la flamme en jaune. La solution aqueuse donne avec le chlorure de baryum un volumineux précipité blanc, insoluble dans les acides.

Mirabilite $SO_4Na_2.10H_2O$. **EA**: K, Fe. **FC**: monocl. **PS**: 1,4. **D**: 1,5—2. **C**: blanche. Saveur amère et salée. Mêmes réactions que la Thénardite, mais donne beaucoup d'eau dans le tube fermé.

Glasérite $SO_4(K.Na)^2$. **EA**: Fe. **FC**: rhomb. **PS**: 2,6. **D**: 3—3,5. **C**: blanche. **F**: 2. Colore la flamme en jaune; flamme violette à travers un verre bleu. La solution aqueuse précipite par le chlorure de baryum, et donne un précipité jaune avec le chlorure de platine.

Arcanite $SO_4(K.Na)^2$. **EA**: NH_4. **FC**: orthor. Mêmes caractères que la Glasérite.

Epsomite $SO_4Mg.7H_2O$. **EA**: Zn, Mn. **FC**: orthor. hém. hol. **PS**: 1,7. **D**: 2—2,5. **C**: incolore; saveur amère. La solution donne un précipité blanc avec l'ammoniaque et le phosphate de soude. Avec le chlorure de baryum, précipité blanc, insoluble dans les acides.

Kiesérite $SO_4Mg.H_2O$. **EA**: Fe, Mn, Na, K, Cl. **FC**: monocl. **PS**: 2,5. **D**: 3—3,5. **C**: blanche, grise, jaunâtre. Mêmes réactions que l'Epsomite.

Kaïnite $SO_4Mg.KCl.3H_2O$. **EA**: Na, Fe. **FC**: monocl. **PS**: 2,1. **D**: 2,5—3. **C**: incolore, rouge. Colore la flamme en violet; la solution aqueuse donne les réactions du chlore, du magnésium, et du potassium.

Alun $(SO_4)^2AlK.12H_2O$. **EA**: NH_4. **FC**: cub. hém. c. **PS**: 1,7. **D**: 2—2,5. **F** 1, puis infusible. Dans le tube fermé fond, et donne beaucoup d'eau. Sur le charbon avec le nitrate de cobalt, donne une masse infusible bleue. La solution aqueuse donne les réactions de l'aluminium, du potassium et de l'ac. sulfurique.

Mendozite $(SO_4)^2AlNa.12H_2O$. **EA**: K. **PS**: 1,8. **D**: 3. **C**: blanche. Colore la flamme en jaune; mêmes réactions que l'Alun.

Tschermigite (Alun d'ammoniaque) $(SO_4)^2Al.NH_4.12H_2O$. **EA**: KNa. **FC**: cub. hém. **PS**: 1,5. **D**: 1—2. **C**: blanche; chauffée avec de la soude caustique, dégage du gaz ammoniac. La solution aqueuse donne les réactions de l'aluminium et de l'ac. sulfurique.

Loeweite $(SO_4)^2MgNa_2.2^1/_2H_2O$. **FC**: quadrat. **PS**: 2,3. **D**: 2,5—3. **C**: blanc-jaunâtre ou rougeâtre. Colore la flamme en jaune. La solution aqueuse donne les réactions du magnésium et de l'ac. sulfurique.

Bloedite (Astrakhanite) $(SO_4)^2MgNa_2.4H_2O$. **EA**: K. **FC**: monocl. **PS**: 2,2. **D**: 2,5. **C**: incolore, vert-bleuâtre, rougeâtre. Saveur salée et amère. Mêmes réactions que la Loeweïte.

Borax (Tinkal) $B_4O_7Na_2.10H_2O$. **EA**: Ca, Mg, K. **FC**: monocl. **PS**: 1,7. **D**: 2—2,5. **C**: blanc, jaunâtre, grisâtre. **S**: eau chaude; la solution a une réaction alcaline. **F**: 2. Mélangé avec de l'ac. sulfurique concentré et de l'alcool, communique à la flamme de l'alcool une couleur verte.

β) Minéraux insolubles ou peu solubles dans l'eau.

Pharmacolite $AsO_4CaH.2H_2O$. **EA**: P, Fe. **FC**: monocl **PS**: 2,6—2,7. **D**: 2—2,5. **C**: blanche, grise. **S**: ac. chlorhydrique. Sur le charbon fond facilement en dégageant des vapeurs arsenicales; la solution nitrique donne un précipité jaune, à chaud, avec le réactif molybdique.

Cryolite $AlFl_3.3NaFl$. **EA**: KCl. **FC**: monocl. **PS**: 2,9—3. **D**: 2,5. **C**: blanc de neige, rougeâtre ou brunâtre. **F**: 1. Colore la flamme du chalumeau en jaune. Sur le charbon, avec le nitrate de cobalt, masse bleue. Chauffée avec de l'ac. sulfurique concentré dégage de l'ac. fluorhydrique.

Fluorine $CaFl_2$. **EA**: Cl. **FC**: cub. **PS**: 3,1—3,2. **D**: 4. **C**: incolore et limpide, jaune, verte, rose, rouge-cramoisi, lie de vin, violacée. **F**: fond en un émail et colore la flamme en jaune-rougeâtre. Chauffée dans le tube fermé avec l'ac. sulfurique concentré dégage de l'ac. fluorhydrique; sous l'influence de la chaleur devient généralement phosphorescente.

Ralstonite $3Al(FlOH)^3(Na_2.Mg)Fl_2.2H_2O$. **EA**: K. **FC**: cub. **PS**: 2,5—2,6. **D**: 4,5. **C**: blanche. Mêmes réactions que la Cryolite.

Chiolite $3(AlFl_3).5NaFl$. **EA**: K. **FC**: quadrat. **PS**: 2,8—2,9. **D**: 3,5—4. **C**: blanc de neige. Mêmes réactions que la Cryolite.

Chodnéwite *Nipholite* et *Arksutite* sont des variétés de Chiolite.

Pachnolite $AlFl_3(Na.Ca)Fl_3.H_2O$. **EA**: K, Mg. **FC**: monocl. **PS**: 2,9—3. **D**: 3. **C**: incolore ou blanche; dans le tube fermé donne de l'eau, présentant une réaction acide; les autres réactions comme la Cryolite.

Thomsénolite $AlFl_3(Na.Ca)Fl_3.H_2O$. **EA**: K, Cl. **FC**: monocl. Mêmes caractères et mêmes réactions que la Pachnolite.

Gearksutite $Al(FlOH)^3CaFl_2.H_2O$. **EA**: Cl, Mg. **FC**: cub. La solution, après séparation de l'alumine, donne un abondant précipité blanc par l'oxalate d'ammoniaque. Mêmes réactions que la Cryolite.

Gaylussite (Natrocalcite) $CO_3Na_2.CO_3Ca.5H_2O$. **EA**: K. **FC**: monocl. **PS**: 1,9. **D**: 2—3. **C**: incolore. **F**: 1—2. **S**: ac. chlorhydrique dilué, avec effervescence; un peu soluble dans l'eau. Colore la flamme en jaune. Dans le tube fermé, décrépite et donne de l'eau.

Barytine SO_4Ba. **EA**: Ca, Sr. **FC**: orthor. **PS**: 4,3—4,7. **D**: 3—3,5. **C**: incolore, blanche, jaunâtre, rosée, brunâtre, parfois bleue. Colore la flamme en vert-jaunâtre. Sur le charbon, avec le carbonate de soude, réaction de l'hépar. Dans le tube fermé, décrépite.

Anhydrite SO_4Ca. **EA**: Ba, Sr. **FC**: orthor. **PS**: 2,3—3. **D**: 3—3,5. **C**: blanche, bleuâtre. **F**: 2,5. **S**: légèrement soluble dans l'eau. Sur le charbon, avec le carbonate de soude, donne la réaction de l'hépar et colore faiblement la flamme en jaune-rougeâtre. La solution donne, avec l'ammoniaque et l'oxalate d'ammonium, un précipité blanc, et précipite également avec le chlorure de baryum.

Célestine SO_4Sr. **EA**: Ba, Ca. **FC**: orthor. **PS**: 3,9. **D**: 3—3,5. **C**: bleu-céleste pâle, incolore, rougeâtre. **S**: insoluble dans l'eau et les acides. Sur le charbon, fond au FO en une perle blanc-laiteux et colore légèrement la flamme en rouge-carmin. Avec le carbonate de sodium, réaction de l'hépar. Si l'on fond, au FR soutenu, des petits fragments de Célestine et qu'on les place dans la flamme du bec de Bunsen après les avoir humectés d'ac. chlorhydrique, la flamme se colore en rouge-carmin.

Withérite CO_3Ba. **EA**: Ca, Sr. **FC**: orthor. **PS**: 4,3. **D**: 3—3,5. **C**: blanche. **F**: 2. **S**: ac. chlorhydrique dilué, avec effervescence; colore la flamme en vert-jaunâtre, surtout après avoir été humectée avec l'ac. chlorhydrique.

Strontianite $CO_3(Sr.Ca)$. **EA**: Ba. **FC**: orthor. **PS**: 3,7. **D**: 3,5. **C**: incolore, grisâtre, verdâtre. **S**: ac. chlorhydrique dilué avec effervescence. Colore la flamme en rouge-carmin, surtout après avoir été traitée par l'acide chlorhydrique.

Barytocélestine $SO_4(Sr.Ba)$. **EA**: Ca. **FC**: orthor. Mélange de Barytine et de Célestine.

Glaubérite $(SO_4Na_2.SO_4Ca)$. **EA**: K. **FC**: monocl. **PS**: 2,7—2,8. **D**: 2,5—3. Colore la flamme en jaune. Mêmes réactions que l'Anhydrite.

Polyhalite $(SO_4)^4Ca_2.Mg.K_2.2H_2O$. **EA**: Na. **FC**: monocl.? **PS**: 2,7. **D**: 2,5—3. **F**: 2,5. **C**: incolore ou rougeâtre. **S**: ac. chlorhydrique. Colore la flamme en violet, visible à travers le verre bleu. Donne de l'eau dans le tube fermé.

Syngénite $(SO_4)^2CaK_2 . H_2O$. **EA**: Na. **FC**: monocl. **PS**: 2,6. **D**: 2,5. Mêmes réactions que la Polyhalite.

Krugite $(SO_4)^6Ca_4MgK_2 . 2H_2O$. **EA**: Na. Mêmes réactions que la Polyhalite.

Gypse $SO_4Ca . 2H_2O$. **EA**. Fe, Mg. **FC**: monocl. **PS**: 2,2—2,4. **D**: 1,5—2. **C**: incolore, jaune ou rouge. **F**: 2,5. **S**: ac. chlorhydrique. Mêmes réactions que l'Anhydrite, mais donne beaucoup d'eau dans le tube fermé.

Béchilite (Borocalcite) $CaB_4O_7 . 4H_2O$. **EA**: Mg. **FC**: ? **C**: blanche. **S**: ac. chlorhydrique sans effervescence; le papier de curcuma, trempé dans la solution chlorhydrique faiblement acide et desséché, prend une couleur rouge. Colore la flamme en rouge-orangé. Traité par l'ac. sulfurique concentré, puis par l'alcool et enflammé, donne une flamme verte.

Hayésine. C'est une Borocalcite renfermant 6 % d'eau. **S**: eau chaude. Mêmes réactions que la Borocalcite.

Colémanite $B_6O_{11}Ca_2 . 5H_2O$. **EA**: Na, Mg. **FC**: monocl. **PS**: 2,4. **D**: 4—4,5. Mêmes réactions que la Borocalcite.

Pricéite (Pandermite) $B_6O_{11}Ca_2 . 3H_2O$. **EA**: Na, Mg. **C**: blanc de neige. Mêmes réactions que la Borocalcite.

Boronatrocalcite (Ulexite) $B_5O_9CaNa . 6H_2O$. **EA**: Mg. **FC**: monocl. **PS**: 1,6. **D**: 1. **C**: blanchâtre. **S**: eau chaude. Colore la flamme en jaune. Mêmes réactions que la Borocalcite.

Franklandite $B_6O_{11}CaNa_2 . 7H_2O$. **EA**: Mg. **FC**: monocl. Mêmes réactions que la Boronatrocalcite.

Cancrinite $Si_9O_{36}Al_8 . (CO_3Na)^2(Na_2 . Ca)^4H_6$. **EA**: Cl. **FC**: hexag. **PS**: 2,4—2,5. **D**: 5,6. **F**: 2,5. **C**: blanche, jaune, rose ou verte. **S** ac. chlorhydrique avec effervescence; par concentration de la solution, il se forme une gelée.

b) Minéraux solubles dans l'acide chlorhydrique, sans résidu notable; la solution ne se prend pas en gelée quand on l'évapore. Quelques-uns de ces minéraux sont solubles dans l'eau.

Goslarite (Zinkvitriol) $SO_4Zn . 7H_2O$. **EA**: Ni, Mg, Fe. **FC**: orthor. hém. hol. **PS**: 2. **D**: 2—2,5. **C**: incolore, blanche ou grisâtre. **S**: eau chaude; la solution précipite par le chlorure de baryum. Sur le charbon avec le nitrate de cobalt, masse verte; avec le carbonate de sodium, enduit de ZnO et réaction de l'hépar.

Alabandine MnS. **EA**: Zn, Fe, Ca. **FC**: cub. hém. tétraédr. **PS**: 4. **D**: 3,5—4. **C**: brun-noirâtre. **P**: vert-poireau. **S**: ac. chlorhydrique avec dégagement de H_2S. Sur la lame de platine avec le carbonate de sodium et le salpêtre, masse fondue verte.

Fausérite $(Mn.Mg)SO_4.7H_2O$. **EA**: Fe, Zn, Co. **FC**: orthor. hém. hol. **PS**: 1,9. **D**: 2—2,5. **S**: eau; la solution précipite par le chlorure de baryum. Sur la lame de platine, avec le carbonate de soude et le salpêtre, masse verte.

Kérémohalite (Haarsalz) $(SO_4)^3Al_2.18H_2O$. **EA**: Fe. **FC**: monocl. **PS**: 1,6—1,8. **D**: 1,5—2. **C**: blanc-jaunâtre ou rouge. **S**: eau; la solution précipite par le chlorure de baryum. Sur le charbon avec le nitrate de cobalt, masse infusible bleue.

Tschermigite (Alun d'ammoniaque) $(SO_4)^2Al.NH_4.12H_2O$. **EA**: K. **FC**: cub. hém. c. **PS**. 1,5. **D**. 1—2. **C**: blanche. **S**. eau; la solution précipite par le chlorure de baryum. Traitée par la soude caustique, dégage du gaz ammoniac.

Boracite $B_{16}O_{30}Cl_2Mg_7$. **EA**: Ca. **FC**: orthor. ou cub. **PS**: 2,9—3. **D**. 7. **C**: blanc-grisâtre, verdâtre, jaunâtre. **S**: ac. chlorhydrique; le papier de curcuma, trempé dans la solution faiblement acide, devient rouge en se desséchant. Traité par l'ac. sulfurique concentré et l'alcool, puis enflammé, donne une flamme verte. Dans la perle de borax saturée d'oxyde de cuivre, colore la flamme du chalumeau en bleu, légèrement pourpré (Cl).

Sassoline $B(OH)^3$. **FC**: triclin. **PS**: 1,4—1,5. **D**: 1. **F**. 1. **C**: incolore, blanc-jaunâtre. **S**: eau et alcool; la solution a une réaction acide. Dans le tube fermé, donne de l'eau. Avec l'ac. sulfurique et l'alcool, donne une flamme verte. Avec le papier de curcuma, mêmes réactions que la Boracite.

Larderellite $B_{10}O_{16}(NH_4)^2.5H_2O$. **EA**. Ca, Mg. **FC**: orthor.? **C**: blanche ou jaunâtre. **S**: en partie dans l'eau. Mêmes réactions que la Sassoline, mais traitée par la soude caustique, dégage du gaz ammoniac.

Hydroboracite $B_6O_{11}CaMg.6H_2O$. **EA**: Na. **FC**: monocl.? **PS**: 1,9—2. **D**: 2. **C**: blanche, légèrement rougeâtre. Mêmes réactions que la Sassoline, mais on peut caractériser par voie humide la présence de Ca et Mg.

Sussexite $BO_2[(Mn.Mg.Zn)OH]$. **EA**: Fe. **FC**: orthor.? **PS**: 3,4. **D**: 3. **F**: 2. **C**: blanc-jaunâtre. **S**: ac. chlorhydrique. Fond en une masse cristalline et colore la flamme en vert. Sur la lame de platine, avec le carbonate de sodium et le salpêtre, masse vert-émeraude; réactions de l'ac. borique.

Boromagnésite (Szaïbélyite) $4BO_2(MgOH)Mg(OH)^2$. **EA**: Fe. **PS** 3. **D**: 3—4. **C**: blanc de neige. Réactions de l'acide borique.

Borax $Na_2B_4O_7.10H_2O$. **EA**: Mg. **FC**: monocl. **PS**: 1,5. **D**: 2—2,5. **C**: incolore, grisâtre, jaunâtre. **S**: eau. Colore la flamme en jaune; réactions de l'ac. borique.

Struvite (Guanite) $PO_4Mg(NH_4).6H_2O$. **EA**: Fe, Na, K. **FC**: orthor. hém. hémim. **PS**: 1,6—1,7. **D**: 2. **C**: jaunâtre ou brunâtre. **S**: ac. nitrique; précipité jaune à chaud avec le réactif molybdique. Traité par la soude caustique, dégage du gaz ammoniac.

Apatite $(PO_4)^3(Cl.Fl.OH)Ca_5$. **EA**. Pb, As, Ba, V. **FC**: hexag. hém. bipyr. **PS**: 3,2. **D**: 5. **F**: 5. **C**: incolore ou vert d'asperge, jaunâtre, bleu-violacé ou brunâtre. **S**: ac. nitrique; la solution donne un précipité jaune à chaud, avec le réactif molybdique. Humectée d'acide sulfurique, colore la flamme du chalumeau en vert-bleuâtre, pâle. Dans la perle de borax saturée d'oxyde de cuivre, colore la flamme en bleu (Cl).

Phosphorites et **Ostéolites** (variétés d'Apatites).

Isoclase $PO_4Ca(CaOH).2H_2O$. **EA**: Mg. **FC**: monocl. Mêmes réactions que l'Apatite, mais ne renferme pas de chlore.

Staffélite $CO_3(PO_4)^6Ca_9(CaFl)^2.H_2O$. **EA**: As. **FC**: hexag. **S**: ac. chlorhydrique avec effervescence; la solution nitrique donne un précipité jaune avec le réactif molybdique. Chauffée avec de l'ac. sulfurique concentré, dégage de l'ac. fluorhydrique.

Brushite $PO_4CaH.2H_2O$. **EA**: As. **FC**: monocl. **PS**: 2. **D**: 2—2,5. **C**: incolore, jaunâtre. Mêmes réactions que l'Apatite, mais ne renferme pas de chlore, ni de fluor.

Wagnérite $PO_4Mg(Mg.Fl)$. **EA**: Ca, Fe, Mn, As. **FC**: monocl. **PS**: 3. **D**: 5—5,5. **F**: 4. **C**: jaune de vin, jaune-citron, blanc-rosé. **S**: ac. nitrique, sulfurique, et chlorhydrique; la solution nitrique donne un précipité jaune avec le réactif molybdique. Chauffé avec de l'ac. sulfurique concentré, dégage de l'ac. fluorhydrique.

Kjérulfine est une Wagnérite partiellement transformée en Apatite. Mêmes réactions que la Wagnérite.

Cryphiolite est un phosphate fluoré de calcium et de magnésium. Mêmes réactions que la Wagnérite.

Amblygonite (Montébrasite) $PO_4[Al(FlOH)]Li$. **EA**: Na, K. **FC**: triclin. **PS**: 3,1. **D**: 6. **F**: 2. **C**: blanc-verdâtre, grisâtre. **S**: ac. chlorhydrique; la solution nitrique donne un précipité jaune à chaud, avec le réactif molybdique. Colore la flamme en rouge-pourpre. Sur le charbon, avec le nitrate de cobalt, masse infusible bleue. Avec l'ac. sulfurique concentré, dégage des vapeurs d'ac. fluorhydrique. Devient phosphorescente par la chaleur.

Lithiophilite $PO_4(Mn.Fe)Li$. **EA**: Na, Fe. **FC**: orthor. **PS**: 3,5—3,6. **D**: 4—5. **C**: colore la flamme en rouge. Réactions du fer, du manganèse et de l'ac. phosphorique.

Luneburgite $(BO_2)^2Mg.2PO_4.MgH.7H_2O$. **EA**: Ca. **FC**. ? **PS**: 2. Donne les réactions de l'ac. phosphorique et de l'ac. borique.

Autunite (Kalkuranit) $(PO_4)^2(UO_2)^2Ca . 8H_2O$. **EA**: As, Ba. **FC**: orthor. **PS**: 3—3,2. **D**: 2—2,5. **C**: jaune-citron. **P**: jaune. **S**: ac. chlorhydrique et ac. nitrique; la solution donne avec l'ammoniaque un précipité jaune. Réactions de l'ac. phosphorique. Dans le tube fermé, fond facilement et donne de l'eau. Perles de sel de phosphore au FO jaunes, au FR vertes (U).

Walpurgine $As_4O_{28}Bi_{10}(UO_2)^3 . 10H_2O$. **EA**: Sb. **FC**: triclin. **PS**: 5,7. **D**: 3,5. **C**: jaune de cire, jaune-orangé. **S**: ac. chlorhydrique. Sur le charbon, avec le carbonate de sodium, dégage des vapeurs arsenicales; avec le soufre et l'iodure de potassium, enduit rouge (Bi). Perles de sel de phosphore avec le minéral grillé, jaunes au FO., vertes au FR (U).

Troegérite $(AsO_4)^2(UO_2)^3 . 12H_2O$. **EA**: Sb, P. **FC**: monocl. **PS**: 3,3. **C**: jaune-citron. **S**: ac. chlorhydrique; donne de l'eau dans le tube fermé. Sur le charbon, vapeurs arsenicales. Perles de sel de phosphore comme la Walpurgine.

Durangite $AsO_4(Al . Fl)Na$. **EA**: Fe, Mn, Li. **FC**: monocl. **PS**: 4. **D**: 5. **C**: rouge-orangé. **P**: jaune. **S**: attaquée par l'ac. sulfurique, avec dégagement d'ac. fluorhydrique. Fond très facilement sur le charbon, en dégageant des vapeurs à odeur alliacée; par addition de nitrate de cobalt et en chauffant fortement, masse infusible, bleue.

Adamine $AsO_4Zn(ZnOH)$. **EA**: Cu, Co, Sb, P. **FC**: orthor. **PS**: 4,3. **D**: 3,5. **C**: jaune de miel, bleu-violacé, rougeâtre. Sur le charbon, fond facilement, en dégageant des vapeurs arsenicales; avec le carbonate de sodium, enduit de ZnO; avec le nitrate de cobalt, masse verte. Dans le tube fermé, donne de l'eau.

Chondroarsénite $(AsO_4)^2(Mn . Ca . Mg)(MnOH)^4 . {}^1/_2H_2O$. **EA**: Sb. **PS**: ? **D**: 3. **C**: jaune. Dans le tube fermé, donne de l'eau. Sur le charbon, vapeurs arsenicales; sur la lame de platine, avec le carbonate de sodium et le salpêtre, masse vert-émeraude. Perles de borax, violet-améthyste.

c) *Minéraux solubles dans l'acide chlorhydrique, en gélifiant complètement.*

α) **Minéraux donnant de l'eau dans le tube fermé et colorant la flamme en jaune. Leur solution ne donne pas de précipité avec l'acide sulfurique dilué.**

Natrolite $(SiO_3)^3Al(AlO)Na_2 . 2H_2O$. **EA**: K, Fe. **FC**: orthor. ou monocl. **PS**: 2,2. **D**: 5—5,5. **F**: 2. **C**: blanchâtre. **S**: ac. chlorhydrique; la solution séparée de Al par l'ammoniaque, ne donne pas de précipité par l'oxalate d'ammoniaque.

Mésolite $\begin{cases} (SiO_3)^3Al(AlO)Na_2 . 2H_2O \\ (SiO_3)^3Al(Al . 2OH)Ca . 2H_2O \end{cases}$. **EA**: K, Ba. **FC**: monocl.

PS: 2,2—2,4. **D**: 5. Mêmes réactions que la Natrolite, mais la solution séparée de l'alumine précipite par addition d'oxalate d'ammoniaque (Ca).

Analcime $(Si_3O_8)(SiO_4)Al_2Na_2.2H_2O$. **EA**: K. **FC**: cub. **PS**: 2,2—2,3. **D**: 5—5,5. **S**: ac. chlorhydrique avec dépôt de silice. **F**: fond en un verre transparent.

Thomsonite (Comptonite) $(SiO_4)^2Al_2(Ca.Na_2).2^1/_2H_2O$. **EA**: Ba, K. **FC**: orthor. **PS**: 2,3—2,4. **D**: 5—5,5. Fond à la pince à bouts de platine en un globule laiteux.

Gismondine comprend les termes pauvres en silice de la famille des Phillipsites. **S**: fait gelée avec l'ac. chlorhydrique. **F**: fond en gonflant et dégageant une lueur phosphorescente.

Zéagonite comprend les termes les plus pauvres en silice de la famille des Phillipsites. **S**: ac. chlorhydrique, avec flocons gélatineux.

Gmélinite $\begin{cases} Si_6O_{16}Al_2(Na_2.Ca.K_2).8H_2O \\ Si_4Al_2O_{16}Al_2(Na_2.Ca.K_2).8H_2O \end{cases}$. **EA**: Mg, Fe. **FC**: pseudo-rhomb. **PS**: 2. **D**: 4,5. **C**: blanche, blanc-rosé, jaune-rosé. **S**: attaquée par l'ac. chlorhydrique, sans former une gelée parfaite.

Pectolite $(SiO_3)^2(Ca.Na_2)^2$. **EA** Mg, Mn, Fe, Al, Li, Zn. **FC**: monocl. **PS**: 2,7—2,8. **D** 5. Attaquée par l'ac. chlorhydrique sans gélifier complètement.

β) **Minéraux donnant de l'eau dans le tube fermé, mais ne colorant pas nettement la flamme.**

Scolésite $(SiO_3)^3Al(Al.2OH)Ca.2H_2O$. **EA**: Na. **FC**: monocl. hém. **PS**: 2,2—2,4. **D**: 5—5,5. Fond en se boursoufflant au FO.; au FR., se transforme en un verre faiblement transparent. Devient électrique sous l'action de la chaleur; fait gelée avec l'ac. chlorhydrique.

Laumonite (Caporcianite) $(Si_2O_5)^2(Al.2OH)^2Ca.2H_2O$. **EA**: Ba. **FC**: monocl. **PS**: 2,2—2,3. **D**: 3—3,5. Fond au chalumeau en un émail blanc, translucide, en dégageant des bulles d'air.

Faujasite $(SiO_3)^5Al_2(Na_2.Ca)H_2.9H_2O$. **EA**: K, Ba. **FC**: cub. **PS**: 1,9. **D**: 5. Au chalumeau fond tranquillement en un verre clair. **S**: ac. chlorhydrique.

γ) **Minéraux donnant de l'eau dans le tube fermé, et dont la solution donne avec l'acide sulfurique dilué, un précipité blanc insoluble dans les acides.**

Edingtonite $(SiO_3)^3Al(Al.2OH)Ba.2H_2O$. **EA**: Ca, S. **FC**: orthor. hém. hol. **PS**: 2,7. **D**: 4—4,5. **C**: blanc-grisâtre ou rougeâtre. Peu fusible.

δ) **Minéraux ne donnant que peu ou pas d'eau dans le tube fermé.**

Wollastonite $(SiO_3)^2Ca_2$. **EA**: Fe, Mn, Mg, Na, Li. **FC**: monocl. **PS**: 2,8—2,9. **D**: 4,5—5. **C**: blanche ou blanc-grisâtre. Fond tranquillement au chalumeau en un verre incolore, translucide, à réaction alcaline. La solution chlorhydrique filtrée ne donne pas de précipité appréciable par l'ammoniaque, mais un précipité volumineux par addition de carbonate d'ammonium. Fait gelée avec l'ac. chlorhydrique.

Téphroïte SiO_4Mn_2. **EA**. Fe, Zn, Mg. **FC**: orthor. **PS**: 4. **D**: 5—5,6. **C**: brun-rouge, grisâtre. Perles de borax colorées en violet-améthyste. **F**: Fond en un émail noir.

Picrotéphroïte est une Téphroïte riche en magnésium.

Néphéline (Eléolite) $Si_9O_{34}Al_8(Na_2.K_2.Ca)^4$. **EA**: Fe. **FC**: hexag. tétartoédr. hémim. **PS**: 2,5—2,6. **D**: 5—5,6. **C**: incolore; éclat vitreux. **S**: dans les acides, en faisant gelée. **F**: 4; la fusion est tranquille sans gonflement. La solution séparée de la silice, puis de l'alumine par addition d'ammoniaque, précipite ensuite par l'oxalate d'ammonium. **S**: dans les acides en faisant gelée.

Barsowite $(SiO_4)^2Al_2Ca$. **EA**: B, K, Na. **FC**: orthor. **F**: 4. Mêmes réactions que les minéraux précédents.

Mélilite (Humboldtilite) $\begin{cases} Si_2O_{10}Si.Ca(Ca.Mg)^3 \\ Si_2O_{10}Al.Al(Ca.Mg.Fe)^3 \end{cases}$. **EA**: K, Na. **FC**: quadrat. **PS**: 2,9—3,1. **D**: 5. **C**: jaune, parfois brune. Mêmes réactions que la Néphéline.

Gehlénite $Si_2O_{10}Al_2Ca_3$. **EA**: Fe, Mg, Na. **FC**: quadrat. Mêmes réactions que la Néphéline, mais plus difficilement fusible.

Haüyne $(SiO_4)^3Al_2(AlSO_4Na)CaNa_2$. **EA**: Cl, S. **FC**: cub. hém. tétraédr. **PS**: 2,4—2,5. **D**: 5—5,6. **F**: 4,5. **C**: bleue; rarement incolore ou blanche. **P**: bleu-clair ou blanche. Fond en un verre incolore, bleuâtre ou jaune. Sur le charbon, réaction de l'hépar.

Noséane $(SiO_4)^3Al_2(Al.SO_4Na)Na_4$. **EA**: Cl, S, Ca. **FC**: cub. hém. tétraédr. **PS**: 2,2—2,4. **D**: 5,5. **F**: 4,5. **C**: grisâtre, brune, noire. Mêmes réactions que l'Haüyne; avec le carbonate de sodium sur le charbon, réaction de l'hépar.

Outremer (Lasurite) $(SiO_4)^3Al_2[Al(SO_4Na.S_3Na.Cl)](Na_2.Ca)^2$. **FC**: cub. hém. tétraédr. **PS**: 2,4. **D**: 5,5. **F**: 3, en un verre blanc. **C**: bleu de ciel ou bleu-azur. **P**: bleue. Sur le charbon, avec le carbonate de sodium, réaction de l'hépar.

Sodalite $(SiO_4)^3Al_2(Al.Cl)Na_4$. **EA**: S, Ca. **FC**: cub. hém. tétraédr. **PS**: 2,1—2,3. **D**: 5,5—6. **C**: incolore, bleue, gris-jaune. Fond au chalumeau en une perle transparente, incolore. Dans la perle de sel de phosphore saturée d'oxyde de cuivre, colore la flamme en bleu (Cl). La solution nitrique filtrée précipite par le nitrate d'argent (Cl).

Datolite $SiO_4Ca(B.OH)$. **EA**: Fe, Al, Gl, Y. **FC**: monocl. **PS**: 2,9—3. **D**: 5—5,5. **C**: incolore, blanc-rougeâtre, jaunâtre, verdâtre.

Au chalumeau, fond facilement en une perle transparente, claire, et colore la flamme en vert (B).

Eudialyte. Formule brute: $(Si.Zr)^{20}O_{52}Cl(Ca.Fe)^{6}(Na.K.H)^{13}$. **FC**: rhomb. **PS**: 2,9. **D**: 5,5. **C**: rouge, brun-rougeâtre. Fond au chalumeau en une perle verte. **S**: ac. nitrique. La solution nitrique filtrée précipite par le nitrate d'argent; la solution chlorhydrique, faiblement acide, colore le papier de curcuma en rouge. La solution évaporée avec du sulfate de potassium, jusqu'à cristallisation et reprise par l'eau chaude, se trouble par précipitation de la zircone.

Eucolite $(Si.Zr)^{8}O_{21}(Cu.Na_2)^{5}$. **EA**: Ce, Nb. **FC**: rhomb. Mêmes caractères que l'Eudialyte, mais en diffère par la présence de petites quantités de cérium et de niobium.

Helvine $(SiO_4)^{3}(Mn.Gl.Fe)^{7}S$. **EA**: Zn. **FC**: cub. **PS**: 3,1—3,3. **D**: 6—6,5. **C**: jaunâtre ou verdâtre. Traitée par l'ac. chlorhydrique, dégage de l'hydrogène sulfuré. Réactions du manganèse.

Danalite $(SiO_4)^{3}(Mn.Fe.Zn.Gl)^{7}S$. **FC**: cub. **PS**: 3,4. **D**: 5,5—6. **C**: rouge-chair à grise. Mêmes caractères que l'Helvine, mais sur le charbon, avec le carbonate de sodium donne un enduit de ZnO. Réaction de l'hépar.

d) Minéraux attaqués par l'acide chlorhydrique avec dépôt de silice pulvérulente ou en gélifiant plus ou moins complètement.

α) Minéraux donnant de l'eau dans le tube fermé.

Analcime: $(Si_3O_8)(SiO_4)Al_2Na_2.2H_2O$. **EA**: K. **FC**: cub. **PS**: 2,2—2,3. **D**: 5—5,5. **C**: blanche, rouge, incolore; éclat vitreux. **F**: 3. Fond sans se gonfler en un verre transparent. Dans le tube fermé donne de l'eau. **S**: ac. chlorhydrique, avec formation de silice gélatineuse.

Chabasie $\begin{cases} Si_6O_{16}Al_2(Ca.Na_2.K_2).8H_2O \\ Si_4Al_2O_{16}Al_2(Ca.Na_2.K_2)^2.8H_2O \end{cases}$. **EA**: Ba. **FC**: pseudo-rhomb. **PS**: 2—2,2. **D**: 4—5. **C**: blanche, jaune, rose, incolore. Fond facilement en un émail bulleux. Dans le tube fermé donne de l'eau. **S**: ac. chlorhydrique, sans faire gelée.

Stilbite (Heulandite) $(SiO_3)^{6}Al_2(Ca.Sr)H_4.3H_2O$. **EA**: Ba, K, Na. **FC**: monocl. **PS**: 2,18—2,22. **D**: 3,5. **C**: blanche, rouge; éclat vitreux. Au chalumeau, fond et forme un émail. **S**: ac. chlorhydrique à l'ébullition, et dépose de la silice pulvérulente.

Epistilbite $(SiO_3)^{11}Al_4Ca_2H_6.7H_2O$. **EA**: Na, Ba, Sr. **FC**: monocl. **PS**: 2,25. **D**: 4,5. **C**: blanche; éclat vitreux. **S**: ac. chlorhydrique sans faire gelée. Fond au chalumeau en un émail bulleux.

Desmine $Si_6O_{16}Al_2(Ca.Na_2.K_2).6H_2O$. **EA**: Fe, K. **FC**: monocl. **PS**: 2,4—2,5. **D**: 4,5. **C**: blanche, jaune, rouge. Mêmes caractères que la Stilbite.

Phillipsite (Christianite) $\begin{cases} Si_6O_{16}Al_2(Ca.Na_2.K_2).6H_2O \\ Si_4Al_2O_{16}Al_2(Ca.Na_2.K_2).6H_2O \end{cases}$. **EA**: Ba. **FC**: monocl. **PS**: 2,1—2,2. **D**: 4—4,5. **C**: rouge de cuivre, tirant sur le jaune dans la cassure fraîche. **F**: 3. Partiellement soluble dans l'ac. nitrique.

Apophyllite $(SiO_3)^8Ca_4KH_7.4^1/_2.H_2O$. **EA**: F, NH^3, K, Na. **FC**: quadrat. **PS**: 2,3—2,4. **D**: 4,5—5. **F**: 1,5. **C**: incolore, blanc-grisâtre, bleuâtre, rose, verdâtre. **F**: 1,5. **S**: ac. chlorhydrique, avec dépôt de silice et sans former de gelée; quand la silice est séparée, la solution ne donne plus qu'un faible précipité avec l'ammoniaque. Elle donne beaucoup d'eau dans le tube et colore la flamme en violet.

Chonicrite est un Feldspath décomposé et mélangé de Diallage. **D**: 3. **C**: blanchâtre. **F**: 3,5—4, en se boursoufflant.

Pyrosclérite est un minéral micacé transformé. **C**: verte. **F**: 4, sans se boursouffler.

Sordawalite (verre de Diabase) (Si.Al.Fe.Mg.H). **FC**: amorphe. **F**: 2,5. **C**: noire, brunâtre. L'ac. chlorhydrique l'attaque difficilement; avec l'ammoniaque, cette solution donne un précipité abondant gris-verdâtre. Dans le tube fermé, ne donne que des traces d'eau.

Klipsteinite est un mélange de Rhodonite et de Wad résultant de la décomposition de la Rhodonite. L'ac. chlorhydrique la décompose facilement avec dégagement de chlore et séparation de silice. Elle donne une solution violette avec l'ac. phosphorique concentré.

Brewstérite $(SiO_3)^6Al_2(Sr.Ba.Ca)H_4.3H_2O$. **EA**: Fe. **FC**: monocl. **PS**: 2,4. **D**: 5. **C**: blanche ou jaune, éclat vitreux. **F**: 3, avec bouillonnement et gonflement. **S**: ac. chlorhydrique. Traitée par l'ac. sulfurique, la solution chlorhydrique étendue, donne un précipité blanc, insoluble dans les acides.

Harmotome $\begin{cases} Si_6O_{16}Al_2(Ba.Na_2.K_2.Ca).6H_2O \\ Si_4Al_2O_{16}Al_2(Ba.Na_2.K_2.Ca).6H_2O \end{cases}$. **EA**: Sr, Fe. **FC**: monocl. **PS**: 2,4—2,5. **D**: 4,5. **F**: 3; donne dans le tube fermé une grande quantité d'eau. **S**: ac. chlorhydrique, avec dépôt de silice pulvérulente; la solution partielle, traitée par l'ac. sulfurique, donne un précipité blanc.

Gymnite $Si_3O_{12}Mg_4H_4$. **EA**: Ni, Fe. **FC**: ? **PS**: 2—2,3. **D**: 2—3. **F**: 5. **C**: blanche, rouge, verte et ne happe pas à la langue.

Sépiolite (Ecume de mer) $Si_3O_{16}Mg_2H_4$. **EA**: Fe. **FC**: amorphe. **PS**: 2. **D**: 2—2,5. **C**: blanche, jaunâtre, grisâtre. Au chalumeau devient noire, puis blanche. **S**: ac. chlorhydrique, en formant une gelée. Happe à la langue. Sur le charbon, avec le nitrate de cobalt, donne une masse rose.

Catapléite $Si_3ZrO_{11}Na_2H_4$. **EA**: Ca, Fe, Al. **FC**: monocl. **PS**: 3. **D**: 6. **C**: jaune-brun. **F**: 3, en une perle blanche semblable à la porcelaine. **S**: ac. chlorhydrique dilué. Le papier de curcuma trempé dans la solution chlorhydrique est coloré en jaune-orangé. La solution évaporée presqu'à sec avec du sulfate de potasse et reprise par l'eau, donne un précipité de zircone.

Mosandrite $Si_{12}O_{48}(Ti.Zr.Ce.Th)^4(OH.Fl)^8(Ce.Y)Ca_{10}Na_2H_{12}$. **EA**: Fe, Al. **FC**: monocl. **PS**: 3. **D**: 4. **C**: brun-rougeâtre, brun-jaunâtre. **C**: jaune. **F**: 2,5—3; en un verre jaune-brun. La solution chlorhydrique chauffée avec de l'étain donne une solution colorée faiblement en rouge-violacé.

Johnstrupite $Si_2O_{48}(Ti.Zr)^3Fl_6(Ce.Y.Al.Fe)Fl(Ca.Mg)^{13}Na_6H_2$. **FC**: monocl. Mêmes réactions que la Mosandrite.

β) **Minéraux ne donnant pas d'eau dans le tube fermé.**

Anorthite Si_2AlO_8AlCa. **EA**: K, Na, Ba. **FC**: triclin. **PS**: 2,7. **D**: 6—6,5. **C**: incolore, transparente, éclat très vif, souvent nacré sur les faces de clivage. **F**: 4,5, en un verre clair. **S**: ac. chlorhydrique concentré.

Labrador $Ab_1.An_1$. **EA**: K, Ba. **FC**: triclin. **PS**: 2,7—2,72. **D**: 5—6. **C**: gris, blanc-grisâtre, ou verdâtre. Quelques variétés ont des reflets splendides, bleus, verts, jaune d'or, rouges, sur les faces de clivage. **F**: 3,5, en un verre clair compact. **S**: en partie dans l'ac. chlorhydrique.

Wernerite (Scapolite, Mizzonite) $\begin{cases}(Si_3O_8)^3Al_2(AlCl)Na_4\\(Si_2AlO_8)^3Al_2(AlO)Ca_4\end{cases}$. **EA**: Ca. **FC**: quadrat. hém. bipyr. **PS**: 2,6—2,8. **D**: 5—5,5. **C**: blanche, grise, jaunâtre, verdâtre. **F**: en un verre blanc, bulleux. **S**: peu attaqué par l'ac. chlorhydrique sans faire de gelée.

La *Marialite*, la *Méionite*, la *Porcellanite*, la *Passauite*, l'*Ekebergite*, la *Nuttalite*, la *Glaucolite*, la *Strogonowite* et la *Paralogite*, sont des variétés de Wernérite.

Prehnite $(SiO_4)^3Al_2Ca_2H_2$. **EA**: Fe. **FC**: orthor. hém. hémim. **PS**: 2,8—3. **D**: 6—7. **C**. blanc-verdâtre, verte; éclat vitreux. Fond en gonflant fortement, en un émail bulleux. **S**: ac. chlorhydrique en partie, avec dépôt de silice pulvérulente. Après fusion est attaquée facilement avec formation de gelée.

Pectolite $(SiO_3)^2(Ca.Na_2)^2$. **EA**: Fe, Mn, Al, Mg, Zn. **FC**: monocl. **PS**: 2,7—2,8. **D**: 5. **C**: blanche, grise; éclat nacré. Fond facilement, en dégageant quelques bulles d'air, en un émail blanc, translucide. Après avoir été fortement chauffée ou fondue, elle forme gelée avec l'ac. chlorhydrique.

Grossulaire $(SiO_4)^3Al_2Ca_3$. **EA**. Fe, Mg, Mn. **FC** cub. **PS**: 3,2—3,6. **D**: 6,5—7. **C**: vert-jaunâtre, brun, rouge-hyacinthe, blanc. **F**: 3, en un verre magnétique. **S**: ac. chlorhydrique concentré. Voir: minéraux du groupe du Grenat. p. 331.

Schorlomite $(Si.Ti)^3O_{12}(Fe.Ti)^2Ca_3$. **EA**: Al, Mg. **FC**: cub. **PS**: 3,8. **D**: 7—7,5. **C**: noire; éclat vitreux dans la cassure fraîche. **P**: grise. **F**: 3—4, en un verre noir. L'ac. chlorhydrique dissout facilement la Schorlomite et la silice qui s'en sépare forme une poudre visqueuse. La solution additionnée d'étain prend une teinte violette; en diluant avec de l'eau, elle devient rose.

Titanite (Sphène) $SiTiO_5Ca$. **EA**: Fe, Mn. **FC**: monocl. **PS**: 3,4—3,6. **D**: 5—5,5. **C**: verte, grise, brune, rose. **P**: quelquefois rougeâtre; les cristaux ont l'éclat adamantin. **F**: 3,5—4, en bouillonnant, en un verre noirâtre. **S**: l'ac. chlorhydrique ne l'attaque qu'imparfaitement. Chauffée avec de l'étain, la solution prend peu à peu une teinte violette, que l'adjonction d'eau fait passer au rose. Il est attaqué par l'ac. sulfurique concentré. Au FR colore les perles de borax et de sel de phosphore en lilas. Voir: minéraux renfermant de l'ac. titanique p. 334.

Tscheffkinite. Renferme Si, Ti, Zr, Ce, Di, La, Fe, Ca. **EA**: Mg, Na, Th. **FC**: amorphe. **PS**: 4,3—4,5. **D**: 5—5,5. **C**: noire; éclat vitreux dans sa cassure fraîche. **P**: grise. **F**: 3,5. Fond en se boursoufflant beaucoup et donne un verre noir. **S**: ac. chlorhydrique concentré, avec dépôt de silice gélatineuse. Avec l'étain, la solution concentrée prend une teinte violette; étendue elle devient rose-rouge.

Woehlérite $Si_{10}Zr_3Nb_2O_{42}Fl_3Ca_{10}Na_5$. **EA**: Cl. **FC**: ? **PS**: 3,4. **D**: 5,5—6. **C**: jaune-vineux, jaune de miel, rouge-brunâtre. **F**: 3, en une perle vert clair, très bulleuse. **S**: ac. chlorhydrique avec dépôt de silice floconneuse. Avec l'étain, la solution chlorhydrique, fortement chauffée, prend une belle couleur bleue qui, par adjonction d'eau, donne une liqueur filtrée bleue. Le papier de curcuma est coloré par cette solution en jaune-orangé.

e) Minéraux peu attaqués par l'acide chlorhydrique, et qui colorent fortement la perle de borax en violet-améthyste. Chauffés longtemps avec l'acide phosphorique concentré et avec un peu d'acide nitrique, ils donnent un liquide épais de couleur violette.

Spessartine $(SiO_4)^3(Al.Fe)^2(Mn.Fe)^3$. **EA**: Ti, Al, Ca, Mg. **FC**: cub. **PS**: 3,2—4,3. **D**: 6,5—7,5. **C**: rouge, brunâtre, jaune. **F**: 3, en un verre noir. **S**: l'ac. chlorhydrique la dissout lentement.

Piémontite $(SiO_4)^3(MnAl)^2(AlOH)Ca_2$. **EA**: Sr, Fe, Ce. **FC**: monocl. **PS**: 3,4. **D**: 6,5. **C**: rouge-brunâtre. **P**: rouge. **F**: 2—2,5, en un verre noir. **S**: insoluble dans les acides.

Carpholite $(SiO_3)^2Mn(Al.2OH)^2$. **EA**: Ca, Fe. **FC**: monocl. **PS**: 2,9. **D**: 5—5,5. **C**: jaune-paille. **F**: 2,5—3. Donne dans le tube une grande quantité d'eau acide, et attaque le verre. **S**: insoluble dans les acides.

Richtérite $(SiO_3)^4(Mg.Ca.Mn.K_2.Na_2)^4$. **EA**: Al, Fe. **FC**: monocl. **C**: brunâtre, rougeâtre. **F**: fond facilement et colore la flamme du chalumeau en jaune. Perles de borax, violet-améthyste. Chauffée avec de l'ac. phosphorique sirupeux, puis additionnée d'ac. nitrique, donne une solution violette.

Rhodonite $(SiO_3)^2Mn_2$. **EA**: Fe, Zn, Mg, Ca. **FC**: triclin. **PS**: 3,4—3,6. **D**: 5,5—6,5. **C**: rose-rougeâtre, rouge-fleur de pêcher, vert-bleuâtre. **P**: blanc-rougeâtre. **F**: 3, en un verre brun. Perles de borax, violet-améthyste; perles de sel de phosphore donnent un squelette siliceux.

Fowlérite $(SiO_3)^2(Mn.Fe.Ca)^2$. **EA**: Zn, Mg. **FC**. triclin. **PS**: 3,5—3,6. **D**: 5,5—6,5. **C**. rose, rose-rouge. Difficilement fusible.

Bustamite est une Rhodonite riche en calcium. **C**: gris-jaunâtre ou rougeâtre.

Ardennite (Dewalquite) $Si_{10}V_2O_{55}Al_{10}Mn_{10}H_{10}$. **EA**: Fe. **FC**: orthor. **PS**: 3,6. **D**: 6—7. **F**: 2. **C**: verdâtre. **S**: difficilement attaquée par l'ac. sulfurique. Insoluble dans les ac. chlorhydrique et nitrique.

f) Minéraux ne rentrant pas dans les sections précédentes.

Scheelite WO_4Ca. **EA**: Pb. **FC**: quadrat. hém. bipyr. **PS**: 6. **D**: 4,5—5. **F**: 5. **S**: ac. chlorhydrique et ac. nitrique, avec dépôt jaune-verdâtre d'ac. tunsgtique. Chauffée fortement avec l'ac. phosphorique sirupeux, donne, en refroidissant, une masse bleue, qui se décolore par addition d'eau; le liquide incolore, agité avec du fer pulvérisé, redevient bleu.

Minéraux du groupe du Pyroxène et de l'Augite.

Diopside (Sahlite, Augite verte) $(SiO_3)^2(Mg.Fe)Ca$. **EA**: Al, Mn, Na. **FC**: monocl. **PS**: 3,2—3,4. **D**: 5—6. **F**: 4. **C**: incolore, verte, vert-foncé, brunâtre. Fond sur le charbon en une perle blanche ou grisâtre.

Hédenbergite $(SiO_3)^2FeCa$. **EA**: Al, Mn, Na. **FC**: monocl. **PS**: 3,5. **D**: 5—6. **C**: noire. Fond sur le charbon en une masse noire, magnétique.

Schefférite $(SiO_3)^2(Fe.Mg)MnCa$. **EA**: Al, Na. **FC**: monocl. **C**: brune. Réactions du manganèse.

Jeffersonite $(SiO_3)^2(Fe.Mg.Zn)(Mn.Ca)$. **EA**: Al, Li, Na. **FC**: monocl. **C**: brun foncé à noir. Réactions du manganèse et du zinc.

Violane. Diopside renfermant du manganèse et du sodium. **C**: violet foncé.

Chromdiopside. Diopside renfermant du chrome.

Augite (Fassaïte) $\begin{cases} (SiO_3)(Mg.Fe)Ca(SiO_3) \\ (SiO_3)(Mg.Fe)Al(AlO_3) \\ (SiO_3)(Mg.Fe)Fe(FeO_3) \end{cases}$. **EA**: Mn, Na, K. **FC**:

monocl. **PS**: 3,2—3,4. **D**: 5—6. **F**: 4. **C**: vert foncé ou noire. Sur le charbon, fond en un verre noir.

Jadéite $(SiO_3)^2AlNa$. **EA**: Fe, Mn, Li. **FC**: monocl. **PS**: 3,3. **D**: 6,5—7. **C**: blanche, jaunâtre, verdâtre. Fond sur le charbon en un verre incolore; colore la flamme en jaune.

Spodumène (Triphane) $(SiO_3)^2AlLi$. **EA**: Na, Fe, Mn. **FC**: monocl. **PS**: 3,1—3,2. **D**: 6,5—7. **C**: blanche, verdâtre, verte. Fond sur le charbon en un verre clair ou blanc. Colore la flamme du chalumeau en rouge, surtout après fusion avec du bisulfate de potassium.

Aegirine (Acmite) $(SiO_3)^2FeNa$. **EA**: Li, Al, Mn. **FC**: monocl. **PS**: 3,5. **D**: 6—6,5. **C**: brune ou noir-verdâtre. **F**: 2, en une perle magnétique noire et colore la flamme en jaune.

Wollastonite $(SiO_3)^2Ca_2$. **EA**: Al, Fe, Mn, Na, Li. **FC**: monocl. **PS**: 2,8—2,9. **D**: 4,5—5. **C**: blanche, grisâtre. Fond sur le charbon en un verre incolore, demi-transparent, à réaction alcaline. La solution nitrique, séparée de la silice, ne donne que peu ou pas de précipité par l'ammoniaque, mais un précipité volumineux par addition de carbonate d'ammonium.

Diallage est une Diopside riche en fer et renfermant de l'alumine. **PS**: 3,2—3,5. **D**: 4. **F**: 3,5. **C**: grise, brunâtre, verdâtre. **P**: blanche; éclat nacré; facilement clivable. **S**: insoluble dans les acides. Facilement fusible en un émail.

Omphacite. Variété de Diopside souvent impure. **C**: verte.

Minéraux du groupe du Grenat.

Grossulaire $(SiO_4)^3Al_2Ca_3$. **EA**: Fe, Mn, Mg, Ti, Cr, Na. **FC**: cub. **PS**: 3,2. **D**: 6,5—7. **C**: incolore, blanc, vert. **S**: ac. chlorhydrique. **F**: fus. en un verre non magnétique.

Essonite $(SiO_4)^3(Al.Fe)^2Ca_3$. **EA**: Mn, Mg, Ti, Na. **FC**: cub. **C**: rouge-hyacinthe ou jaune.

Aplôme $(SiO_4)^3(Fe.Al)^2Ca_3$. **EA**: Mn, Mg, Ti, Na. **FC**: cub. **C**: brune.

Topazolite (Andradite) $(SiO_4)^3Fe_2Ca_3$. **EA**: Mn, Mg, Na, Ti. **FC**: cub. **C**: jaune ou verte. Fond sur le charbon en donnant une masse noire, magnétique.

Mélanite $[(Si.Ti)O_4]^3(Fe.Ti.Al)^2Ca_3$. **EA**: Mn, Mg, Na. **FC**: cub. **PS**: 3,5. **D**: 6,5—7. **F**: 3. **C**: noire. **S**: ac. chlorhydrique, en partie. Fond sur le charbon en un verre noir, ordinairement magnétique; renferme du titane.

Ouwarowite $(SiO_4)^3Cr_2Ca_3$. **EA**: Al, Mn, Mg, Na, Ti. **FC**: cub. **PS**: 3,4—3,5. **D**: 7,5—8. **C**: vert-émeraude. **S**: insoluble dans les acides; perles de borax vertes (Cr).

Spessartine $(SiO_4)^3(Al.Fe)^2(Mn.Fe)^3$. **EA**: Ca, Mg, Na, Ti. **FC**: cub. **PS**: 3,7—4,3. **D**: 7. **F**: 3. **C**: jaune-brun. Sur le charbon, donne un verre magnétique noir. Avec le carbonate de sodium et le nitrate de potassium, masse fondue verte (Mn).

Almandine $(SiO_4)^3(Al.Fe)^2(Fe.Mg)^3$. **EA**: Ca, Na, Ti. **FC**: cub. **PS**: 4,1—4,3. **D**: 7—7,5. **F**: 3. **C**: rouge, brun-rouge, violet-rouge. Donne sur le charbon un verre noir plus ou moins magnétique.

Pyrope $(SiO_4)^3(Al.Fe)^2(Mg.Fe)^3$. **EA**: Ca, Cr, Na, Ti. **FC**: cub. **C**: rouge de sang. Contient beaucoup de magnésium; mêmes caractères que l'Almandine. **F**: 5, en un verre noir, non magnétique.

Minéraux du groupe de l'Amphibole et de la Hornblende.

Trémolite (Calamite, Grammatite) $(SiO_3)^4Mg_3Ca$. **EA**: Fe, Al, Mn, K, Na. **FC**: monocl. **PS**: 2,9—3. **D**. 5,5. **C**: blanche, gris-verdâtre. **F**. 3—4, en se gonflant et bouillonnant et donnant un verre peu coloré.

Actinote $(SiO_3)^4(Mg.Fe)^3Ca$. **EA**: Al, Mn, K, Na. **FC**: monocl. **PS**: 3—3,2. **D**: 5—6. **C**: verte, vert-noirâtre. **F**: 4; fond tranquillement, en un verre gris ou noirâtre.

Richtérite $(SiO_3)^4(Mg.Ca.Mn.K_2.Na_2)^4$. **EA**: Al, Mn. **FC**: monocl. **C**: jaune-isabelle. Fond facilement et colore la flamme en jaune (Na). Perles de borax colorées en violet-améthyste (Mn). Traitée à chaud par l'ac. phosphorique sirupeux et l'ac. nitrique donne une liqueur violette (Mn).

Hornblende (Pargasite) $\left\{\begin{array}{l}(SiO_3)^2(Mg.Fe)^3Ca(SiO_3)^2\\(SiO_3)^2(Mg.Fe)^2Al_2(AlO_3)^2\\(SiO_3)^2(Mg.Fe)^2Fe_2(FeO_3)^2\end{array}\right.$. **FC**: monocl. **PS**: 3,2. **D**: 5—6. **C**: noire, vert foncé, vert-bleu. **F**: 3, en bouillonnant, en un verre noir.

Asbeste (Amiante, Byssolite). Est une Amphibole plus ou moins transformée, à texture finement fibreuse.

Anthophyllite $(SiO_3)^4(Fe.Mg)^4$. **EA**: Al. **FC**: orthor. **PS**: 3,1—3,2. **D**: 5,5—6; très difficilement fusible, en esquilles minces. **C** jaunâtre, brunâtre.

Gédrite (Snarumite) $\left\{\begin{array}{l}(SiO_3)^2(Mg.Fe)^4(SiO_3)^2\\(SiO_3)^2(Mg.Fe)^2Al_2(AlO_3)^2\end{array}\right.$. **EA**: Mn, Ca. **FC**: orthor. Mêmes caractères que l'Antophyllite, mais renferme une quantité assez forte d'aluminium.

Enigmatite (Cossyrite, Koelbingite) $\left\{\begin{array}{l}(Si.Ti)^4O_{12}(Na_2.K_2.Fe)^4\\Si_4O_{12}Al_2Na_2\\Si_4O_{12}(Fe.Mn.Mg)^3Ca\end{array}\right.$. **EA**: Li. **FC**: triclin. **PS**. 3,7. **D**: 5,5—6. Fond facilement au chalumeau, en un verre noir.

Minéraux du groupe des Feldspaths.

Orthose $Si_3O_8Al(K.Na)$. **EA** Ba. **FC** monocl. **PS**: 2,5. **D**: 6.

C: blanche, jaunâtre, rougeâtre. **F**: 5. Colore la flamme en violet, visible à travers le verre bleu.

Orthose sodique $Si_3O_8Al(Na.K)$. Mêmes caractères que l'Orthose, mais contient plus de sodium.

Hyalophane $\begin{cases} Si_2SiO_8Al.K \\ Si_2AlO_8Al.Ba \end{cases}$. **EA**: Na. **FC**: monocl. **PS**: 2,8. **D**: 6. **C**: blanchâtre; transparente. Si l'on fond le minéral avec de la potasse caustique, que l'on reprenne le résidu par l'ac. chlorhydrique dilué, et que l'on filtre, la liqueur précipite par addition d'acide sulfurique (Ba).

Microline $Si_3O_8Al(K.Na)$. **EA**: Ca, Ba. **FC**: triclin. Mêmes caractères que l'Orthose.

Microline sodique $Si_3O_8Al(Na.K)$. **EA**: Ca, Ba. **FC**: triclin. Mêmes caractères que l'Orthose sodique.

Albite $Si_3O_8Al.Na$. **EA**: K. **FC**: triclin. **PS**: 2,6. **D**: 6—6,5. **C**: incolore, blanche. **F**: 4. Colore nettement la flamme en jaune.

Oligoclase Ab_3An_1. **EA**: K. **FC**: triclin. **PS**: 2,63—2,73. **D**: 6. **C**: blanche, grisâtre, jaunâtre, verdâtre, rougeâtre. **S**: presque insoluble dans les acides.

Andésine (variété d'Oligoclase).

Labrador Ab_1An_1. **EA**: K. **FC**: triclin. **PS**: 2,6—2,75. **D**: 6. **C**: gris, blanc, jaune. **S**: attaqué en grande partie par l'ac. chlorhydrique. Fond en un verre blanc.

Anorthite Si_2AlO_8AlCa. **EA**: Ba, Na, K. **FC**: triclin. **PS**: 2,7. **D**: 6—6,5. **C**: blanche ou incolore. **F**: 4,4. **S**: acide chlorhydrique concentré.

Minéraux du groupe de l'Epidote.

Zoïsite $(SiO_4)^3Al_2(AlOH)Ca_2$. **FC**: orthor. **PS**: 3,2—3,36. **D**: 6. **C**: grise, gris-jaunâtre, blanc-grisâtre. **F**: 3—3,5, avec bouillonnement, en donnant un verre grisâtre, scoriacé. **S**: insoluble dans les acides; fait gelée après calcination.

Thulite est une variété rose de Zoïsite.

Epidote (Pistazite) $(SiO_4)^3(AlFe)^2(AlOH)Ca_2$. **EA**: Sr, Mn. **PS**: 3,2—3,5. **D**: 6,5. **C**: verdâtre, jaunâtre, brune, rouge. **F**: 3,5, avec bouillonnement en une masse brun-foncé ou noire, quelquefois magnétique. **S**: insoluble dans les acides; fait gelée après fusion.

Clinozoïsite $(SiO_4)^3Al_2(AlOH)Ca_2$. **EA**: Fe, Sr. Variété d'Epidote, pauvre en fer.

Piémontite (Manganépidote) $(SiO_4)^3(Mn.Al)_2(AlOH)Ca_2$. **EA**: Sr. **FC**: monocl. **PS**: 3,4. **D**: 6,5. **C**: brun-rouge, rouge-cerise. **P**: rouge-cerise. **F**: 2—2,5 en donnant un verre noir. **S**: insoluble dans les acides. Perle de borax violette.

Orthite $(SiO_4)^3(Al.Ce.Fe)^2(AlOH)Ca_2$. **EA**: La, Di, Y, Mg. **FC**: monocl. **PS**: 3,4—3,8. **D**: 5,5—6. **C**: noire. **P**: gris-verdâtre ou brune. Fond facilement en un verre volumineux, brunâtre ou noirâtre. **S**: attaqué par les acides en formant gelée; la solution filtrée précipite par l'ammoniaque; le précipité est soluble en partie dans l'acide oxalique avec résidu blanc. Ce résidu calciné, lavé, avec de l'acide chlorhydrique dilué, puis chauffé de nouveau, donne une masse rouge-orangé (Ce).

Idocrase (Vésuvianite) $(SiO_4)^5Al_2(AlOH.Fl)Ca_6$. **EA**: Fe, Mn, Ti, K, Na, Li. **FC**: quadrat. **PS** 3,3—3,4. **D**: 6,5. **C**: vert-jaune, brunâtre, rarement bleue. **P**: blanche. **F**: 3, en bouillonnant; fait gelée après fusion, avec l'acide chlorhydrique.

Colophonite est en partie de la Vésuvianite, en partie un Grenat. **C**: brune.

Marmolite (Thermophyllite) appartient à la Serpentine. **PS**: 2,45. **D**: 2,5—3. **C**: vert-grisâtre; éclat nocré.

Margarite $Si_2O_{12}Al_4CaH_2$. **EA**: Fe, Mn, Mg. **FC**: monocl. **S**: difficilement attaquée par l'acide sulfurique. Fond sans se boursouffler.

Minéraux contenant de l'acide titanique.

Titanite (Sphène ou Grothite) $SiTiO_5Ca$. **EA**: Fe, Al, Y. **FC**: monocl. **PS**: 3,4—3,6. **D**: 5—5,5. **C**. verte, jaune, brune, brun-noirâtre ou rougeâtre. **F**: 4, en donnant un verre noirâtre. **S**: en partie dans l'acide chlorhydrique; la solution filtrée, additionnée d'étain et chauffée prend une coloration violette, devenant rose par addition d'eau.

Hydrotitanite $\left\{\begin{matrix} SiTiOCa \\ SiAlO(Y.Al.Fe) \end{matrix}\right.$. **EA**: Ce. **FC**: monocl. **PS**: 3,5—3,7. **D**: 6—7. **C**: brune à brun-noirâtre. **P**: jaune-sale. **F**: fusible en une perle noire. **S**: un peu attaquée par l'ac. chlorhydrique; si on fond le minéral avec la potasse caustique, que l'on reprend le résidu par l'acide chlorhydrique, et que l'on ajoute de l'étain dans le liquide filtré, il prend une couleur violette.

Minéraux renfermant de l'acide borique.

Tourmaline $(SiO_4)^4Al_2(AlO.BOH.O.BOH.O)(^1/_3Al.^1/_2Mg.^1/_2Fe.Li.Na.H)_9$. **EA**: Mn, Ca, K, F, Mg. **FC**: rhomb. hém. hémim. **PS**: 2,9—3,2. **D**: 7—7,5. **C**: incolore, rose, rouge, brune, verte, bleue, noire. **F**: certaines variétés fondent facilement en donnant un verre blanc ou grisâtre, d'autres fondent très difficilement ou sont même infusibles. Sous l'influence de la chaleur elle devient électrique; chauffée avec un mélange de fluorure de calcium et de bisulfate de potassium, elle colore passagèrement la flamme du chalumeau en vert.

Danburite $(SiO_4)^2B_2Ca$. **EA**: Al, Fe, Ti. **FC**: orthor. **PS**: 2,9—3. **D**: 7—7,5. **C**: incolore à jaune-brunâtre. **F**: 3, en donnant une perle limpide à chaud et opaque à froid; colore la flamme en vert.

Axinite $(SiO_4)^8(Al.Fe)^4B_2(Ca.Mn.Fe.Mg.H_2)^7$. **FC**: triclin. **PS**: 3,29—3,30. **D**: 6,5—7. **C**: brun de girofle ou violacée, parfois gris de fumée, ou vert-pâle. Fond facilement en un verre d'un vert foncé. Colore la flamme en vert, quand on la chauffe avec un mélange de bisulfate et de fluorine. Au chalumeau, elle donne les réactions du manganèse et du bore.

Gümbélite se rapproche de la Pyrophillite, mais contient moins de silice et un peu moins d'eau.

Leucophane $Si_2O_6FlGlCaNa$. **EA**: Al, Fe, Mg, K. **FC** orthor. hém. hol. **PS**: 2,9. **D**: 3,5—4. **C**: blanche ou jaunâtre. **F**: près de 3, en un verre incolore et transparent; phosphorescente quand on la chauffe, en donnant une lueur violette ou rougeâtre. **S**: dans les acides.

Mélinophane $Si_3O_{10}FlGl_2Ca_2Na$. **EA**: Al, Fe. **FC**: quadrat. tétartoéd. sphén. **PS**: 3. **D**: 5. **C**: jaune de miel, jaune-citron. Facilement clivable. **F**: fond difficilement, en bouillonnant, et en donnant un émail-blanc; pas d'eau dans le tube. **S**: dans les acides; forme gelée avec l'ac. chlorhydrique. Quand on la chauffe avec de l'acide sulfurique, il se dégage de l'acide fluorhydrique.

Samarskite contient Nb, Ta, Fe, U, Y, Ce. **EA** La, Di, Er. **FC** orthor. **PS**: 5,6—5,7. **D**: 5—6. **C**: noir de velours. **P**: brun-rouge. **F**: 4—5. Fond difficilement, sur les bords, en une scorie noire. Quand on la chauffe dans un creuset d'argent avec de la soude caustique et reprend la masse fondue par l'eau, on obtient, après filtration, un liquide vert, qui, neutralisé par l'acide chlorhydrique, donne un précipité blanchâtre. Ce dernier, chauffé quelques minutes avec une quantité suffisante d'acide chlorhydrique fumant et d'étain, donne un liquide, qui étendu d'un même volume d'eau, preud une coloration bleu-clair.

Pétalite (Castor) $(Si_2O_5)^2Al(Li.Na.H)$. **EA**: K. **FC**: monocl. **PS**: 2,42—2,45. **D**: 6—6,5. **C**: blanche ou rose. Eclat vitreux, translucide. **F**: 4—5, en colorant la flamme du chalumeau en rouge. La poudre, humectée de chlorure de baryum et placée dans la flamme, colore au bout d'un moment celle-ci en pourpre; cette coloration est invisible avec le verre bleu. **S**: insoluble dans les acides.

164. C. Minéraux infusibles ou fusibles au-dessus de 5.

1. Minéraux qui, chauffés et humectés d'une solution de nitrate de cobalt, donnent au chalumeau, une masse bleue, infusible.

a) Minéraux donnant beaucoup d'eau dans le tube fermé.

Gibbsite (Hydrargillite) $Al(OH)^3$. **EA**: Fe. **FC**: orthor. **PS**: 2,43. **D**: 3. **C**: incolore ou blanc-rosé, rouge, brunâtre. **S**: dans les acides, et dans une solution de potasse caustique. **F**: infusible.

Diaspore $AlO(OH)$. **EA**: Fe, Mn. **FC**: orthor. **PS**: 3,36. **D**: 6,5. **C**: grisâtre, jaune, rose-violacé; éclat vitreux. **F**: infusible; dans le tube fermé donne de l'eau. **S**: insoluble dans les acides.

Alunite $(SO_4)^4(Al.2OH)^6K_2$. **EA**: Fe, Na. **FC**: rhomb. **PS**: 2,77—2,80. **D**: 3,5—4. **C**: incolore, grise, jaune, rouge. **F**: infusible. Chauffée avec le carbonate de sodium sur le charbon, donne la réaction de l'hépar. Lorsqu'on calcine l'Alunite, elle donne une odeur d'acide sulfureux; la masse calcinée, traitée par l'eau, produit de l'alun, qui se cristallise par évaporation de la solution. **S**: à peine attaquable par les acides.

Aluminite (Webstérite) $SO_4Al_2(OH)^4 . 7H_2O$. **EA**: Fe. **FC**: orthor. **PS**: 1,6–1,7. **D**: 1—2. **C**: blanc-mat, opaque. **F**: infusible; donne avec le nitrate de cobalt la réaction de l'alumine. Quand on la chauffe sur le charbon avec le carbonate de sodium, réaction de l'hépar. **S**: ac. chlorhydrique et ac. azotique.

Felsoebanyite $SO_4Al_2(OH)^4 . 2Al(OH)^3 . 5H_2O$. **EA**: Fe. **FC**: orthor. C'est un sulfate d'alumine hydraté, plus riche en alumine que l'Aluminite.

Pissophane est un sulfate de fer hydraté. Mêmes caractères que l'Aluminite. **C**: verdâtre, translucide. Colore légèrement la flamme en vert et noircit sous l'action de la chaleur..

Wavellite $(PO_4)^2(AlOH)^3 . 5H_2O$. **EA**: Fe. **FC**: orthor. **PS**: 2,3—2,4. **D**: 3,5—4. **C**: incolore, grisâtre, verdâtre; éclat vitreux. **F**: infusible; décrépite. **S**: dans les acides et dans la potasse caustique; donne les réactions du fluor et de l'alumine.

Calaïte (Turquoise) $PO_4Al_2(OH)^3 . H_2O$. **EA**: Cu, Mn, Fe. **FC**: amorphe. **PS**: 2,62—3. **D**: 6. **C**: bleu de ciel ou verte. Au chalumeau, infusible et devient noire; colore la flamme en vert; en bleu quand on humecte d'ac. chlorhydrique. Sur le charbon, donne les réactions de l'alumine. **S**: dans les acides et en grande partie dans une solution de soude ou de potasse caustiques; il se dépose un résidu brun contenant du cuivre.

Fischérite $PO_4Al_2(OH)^3 . 2^1/_2H_2O$. **EA**: Fe. **FC**: orthor. **PS**: 2,4. **D**: 5. Est un phosphate d'alumine hydraté dont la composition est à peu près la même que celle de la Wavellite. **C**: verte.

Evansite $PO_4Al_3(OH)^6 . 6H_2O$. **EA**: Fe, Mn. **FC**: amorphe. **PS**: 2. **D**: 3,5—4.

Péganite $PO_4Al_2(OH)^3 . 1^1/_2H_2O$. **EA**: Cu, Fe. **FC**: orthor. **PS**: 2,5. **D**: 3—3,5; est une variété de Fischérite.

Zépharovichite $PO_4Al.3H_2O$. **FC**: ? **EA**: Fe. **PS**: 2,4. **D**: 5,5. **C**: blanc-jaunâtre, grisâtre. Mêmes réactions que la Wavellite.

Variscite (Callaïte) $PO_4Al.2H_2O$. **EA**: ? **FC**: orthor. **PS**: 2,3—2,4. **D**: 4—5. **C**: incolore, verdâtre, vert-bleuâtre. Est une variété de Turquoise.

Hitchcockite $(CO_3)^2Pb_5(PO_4)^9Al_{10}(OH)^{30}O_3$. **FC**: ? **PS**: 4—4,9. **D**: 5. **C**: jaunâtre, brunâtre. **S**: ac. nitrique; la solution donne un précipité jaune avec le réactif molybdique. **F**: difficilement fusible en se gonflant.

Plumbogummite (Plombgomme) est un mélange de Hitchcockite et de la Pyromorphite. **PS**: 4,88—6,42. **D**: 5. **C**: jaune ou brun éclat vitreux. Fond difficilement sur le charbon; réductible avec le carbonate de sodium en donnant des globules de plomb métallique.

Kaolin $Si_2O_9Al_2H_4$. **EA**: Fe. **FC**: monocl. **PS**: 2,6. **D**: 2—2,5. **C**: blanc, jaunâtre, grisâtre. **F**: infusible. **S**: en partie dans l'ac. chlorhydrique et l'ac. nitrique, attaqué à chaud par l'ac. sulfurique.

Pholérite et **Nacrite** sont des Kaolins nettement cristallisés. **PS** : 2,34—2,57. Eclat nacré; doux au toucher, happe à la langue.

Allophane $SiO_5Al_2.5H_2O$. **EA**: K, Na. **FC**: amorphe. **PS**: 1,9. **D**: 3; très fragile. **C**: blanche ou colorée en bleu, en rouge ou en vert. Dans le tube fermé, donne beaucoup d'eau, se gonfle sans fondre et se décolore. **S**: ac. chlorhydrique, en formant gelée.

Halloysite présente la composition du Kaolin, mais renferme plus d'eau. **FC**: amorphe, en masses compactes. **PS**: 2. **D**: 1,5—2,5. **C**: blanc-gris. Se délaie dans l'eau. **F**: infusible. **S**: ac. chlorhydrique, en formant gelée.

Collyrite. **FC**: amorphe. **PS**: 2. **D**: 1—2. **C**: blanche, grise jaunâtre. Mêmes réactions que l'Halloysite.

Pyrophyllite $Si_4O_{12}Al_2H_2$. **EA**: Fe, Mn. **FC**: orthor. **PS**: 2,8—2,9. **D**: 1—2. **C**: verte ou blanc-verdâtre. Au chalumeau, perd de l'eau, blanchit, et s'exfolie, en fondant difficilement sur les bords. **S**: décomposée en partie par l'acide sulfurique. Sur le charbon, avec le nitrate de cobalt, donne une masse bleue, infusible.

Agalmatolite (Pagodite, Lardite). Même composition que la Pyrophyllite. **FC**: compacte. **PS**: 2,8—2,9. **D**: 2—3. **C**: grise, jaune, verte; éclat gras. Mêmes réactions que la Pyrophyllite.

Cimolite. Même composition que la Pyrophyllite. **FC**: amorphe. **PS**: 2. **C**: blanche, grise, jaunâtre ou rougeâtre. Mêmes réactions que le Kaolin.

Bolus est un silicate d'alumine et de fer hydraté.

Miloschine est un silicate d'alumine hydraté, de couleur verte.

b) Minéraux ne donnant que peu ou pas d'eau dans le tube fermé.

Corindon et ses variétés (Saphir, Rubis oriental, Améthyste orientale, Emeraude orientale, Spath adamantin, Emeri) Al_2O_3. **EA**. Fe, Cr, Ti. **FC**: rhomb. **PS**: 3,9—4. **D**. 9; transparent ou translucide **C**: incolore, jaune, rouge, bleu, violet, vert. Quelquefois en masses compactes ou grenues (Émeri). **F** infusible. **S**: insoluble dans les acides: traité en poudre fine et à chaud, par l'acide phosphorique sirupeux, donne une solution qui précipite par addition de soude caustique; le précipité est soluble dans un excès de réactif.

Andalousite $SiO_4Al(AlO)$. **EA**: Mn, Fe. **FC**: orthor. **PS**: 3,1—3,2. **D**: 7—7,5. **C**: gris-rougeâtre, incolore ou verte, éclat vitreux. **S**: à peine attaquée par les acides. La perle de sel de phosphore laisse un squelette siliceux. **F**: infusible.

Chiastolite $SiO_4Al(AlO)$. **EA**. Fe, Mn. **FC**: orthor. **PS**: 3,1—3,2. **D**: 5,5. Mêmes caractères que l'Andalousite.

Disthène (Cyanite) $SiO_3(AlO)^2$. **EA**: Mn, Fe. **FC**: triclin. **PS**: 3,5—3,7. **D**: 5—7. **C**: blanche, jaunâtre, grise, bleue (Cyanite). Mêmes réactions que l'Andalousite. **S**: insoluble. **F**: infusible.

Sillimanite $SiO_4Al(AlO)$. **EA**: Mn, Fe. **FC**: orthor. **PS**. 3,2. **D**: 6—7. **C**: incolore, jaunâtre, brunâtre. Mêmes réactions que l'Andalousite.

Chrysobéryl (Alexandrite, Cymophane) $(AlO_2)^2Gl$. **FC**: orthor. **PS**: 3,5—3,8. **D**: 8,5. **C** vert, jaune-verdâtre. **F**. infusible. **S**: insoluble dans les acides; à peine attaqué par l'ac. phosphorique (différence avec le Corindon). La poussière devient bleue, lorsqu'on la chauffe après l'avoir humectée de nitrate de cobalt.

Alumiane est un sulfate d'alumine. **PS** 2,7—2,8. **D**: 2—3. **C**. blanche, grisâtre, bleue. **F**: infusible au chalumeau. Sur le charbon avec le carbonate de sodium, réaction de l'hépar.

Lazulite (Klaprotine) $(PO_4)^2(AlOH)^2(Mg.Fe.Ca)$. **EA**: Mn. **FC**: monocl. **PS**: 3—3,1. **D**: 6. **C**: bleue ou blanche. **F**: infusible. **S**: insoluble dans les acides. Dans le tube fermé donne de l'eau, et tombe en poussière. Humectée d'ac. sulfurique concentré, colore la flamme en vert. Fondue avec la soude caustique, se dissout partiellement; la solution, acidulée fortement par l'ac. nitrique, donne à chaud un précipité jaune, avec le réactif molybdique.

Svanbergite $(SO_4)^3(PO_4)^2(AlO)^6(CaOH)Na_3 . 3H_2O$. **FC**: orthor. **PS**: 3,3. **D**: 5. **C**: jaune, brun-rougeâtre. **S**: attaquée en partie par l'ac. nitrique; la solution donne à chaud un précipité jaune, avec le réactif molybdique. Colore la flamme légèrement en jaune.

Topaze $SiO_4Al_2(FlOH)^2$. **FC**: orthor. **PS**: 3,4—3,6. **D**: 8. **C**: incolore, jaune, rougeâtre, bleuâtre, verdâtre. **F**. infusible. **S**: insoluble dans les acides. La variété jaune prend une teinte rosée quand elle a été calcinée.

Rubellite (Tourmaline lithinifère) variété de Tourmaline. **D**: 7—7,5. **C**: rouge.

2. Minéraux qui donnent sur le charbon une masse verte, après avoir été humectés par la solution de nitrate de cobalt.

Calamine $SiO_3(ZnOH)^2$. **EA**: Ca. **FC**: orthor. hém. hémim. **PS**: 3,4—3,5. **D**: 4,5—5. **C**: incolore, ou diversement colorée. **S**: ac. chlorhydrique, en formant gelée. Dans le tube fermé, décrépite, et donne de l'eau. **F**: fond difficilement sur les bords; jette un vif éclat, et donne les réactions du zinc.

Willémite SiO_4Zn_2. **EA**: Mn, Fe. **FC**: rhomb. **PS**: 3,9—4,2. **D**: 5,5. **C**: blanche, jaune, brun-rouge, verte. **S**: ac. chlorhydrique, en gélifiant.

Hydrozincite $CO_3(ZnOH)^2$. **EA**: Mg, Ca. **FC**: ? **PS**: 3,5—3,8. **D**: 2—2,5. **C**: blanche ou blanc-jaunâtre. **S**: acide chlorhydrique, avec effervescence. Mêmes réactions que la Smithsonite.

3. Minéraux qui présentent une réaction alcaline, après avoir été fortement chauffés à la flamme du chalumeau.

a) Minéraux donnant de l'eau dans le tube fermé.

Brucite $Mg(OH)_2$. **EA**: Fe, Mn. **FC**: rhomb. **PS**: 2,3—2,4. **D**: 2,5. **C**: incolore, grise, verdâtre. **S**: ac. chlorhydrique.

Némalite est une Brucite renfermant une assez forte quantité de FeO.

Hydromagnésite $(CO_3)^3Mg_2.Mg(OH)^2.3H_2O$. **FC**: monocl. **PS**: 2,1. **D**: 3,5. **C**: blanche. **S**: ac. nitrique, avec effervescence.

Hydromagnocalcite est probablement un mélange d'Hydromagnésite et de Dolomie.

Pyrochroïte $Mn(OH)^2$. **EA**: Fe, Mg. **FC**: rhomb. **PS**: 3,2. **D**: 2,5. **C**: blanche, devenant brune ou noire à l'air. Dans le tube fermé, devient verte, puis noire. Sur la lame de platine, avec le carbonate de sodium, donne une masse fondue vert-émeraude.

b) Minéraux ne donnant pas d'eau dans le tube fermé.

Calcite (Spath d'Islande) $CaCO_3$. **EA**: Mg, Fe, Mn. **FC**: rhomb. **PS**: 2,6—2,8. **D**: 3. **C**: incolore, blanche, grise, jaune, bleue, verte, rouge. **S**: ac. chlorhydrique dilué, avec effervescence. La solution concentrée donne un précipité blanc, par addition d'acide sulfurique ($CaSO_4$); les solutions diluées ne précipitent pas, ou seulement par addition d'alcool.

Aragonite $CaCO_3$. **EA**: Ba, Sr, Pb. **FC**: orthor. **PS**: 2,9—3. **D**: 3,5—4. Mêmes réactions que la Calcite.

Dolomie $(Ca.Mg)CO_3$. **EA**: Fe, Mn, Zn. **FC**: rhomb. hém. **PS**: 2,8—2,9. **D**: 3,5—4. **C**: incolore, blanche, jaune, grise, verte, rougeâtre. **S**: ac. chlorhydrique à chaud, avec effervescence. La solution donne les réactions de Ca et Mg; ne se dissout qu'en partie dans l'acide sulfurique.

Ankérite (Braunspath) $(Ca.Mg.Fe)CO_3$. **EA**: Mn. **FC**: rhomb. hém. **C**: jaunâtre, brunâtre; brunit au contact de l'air. Calcinée dans le tube fermé, devient brune ou noire; le résidu est quelquefois magnétique.

Giobertite $MgCO_3$. **EA**: Ca, Fe. **FC**: rhomb. **PS**: 3. **D**: 3,5—4,5. Mêmes réactions que la Dolomie, mais est en grande partie soluble dans l'acide sulfurique dilué. Au chalumeau, elle se pelotonne, devient d'abord noire, puis blanche et fond sur les bords en un émail blanc.

Breunnérite et **Messitinspath** sont des Giobertites renfermant du fer.

Strontianite $CO_3(Sr.Ca)$. **EA**: Ba, Pb. **FC**: orthor. **PS**: 3,6—3,8. **D**: 3,5—4. **C**: blanche, grisâtre, jaunâtre, verdâtre. **S**: ac. chlorhydrique dilué, avec effervescence; traitée en petits fragments par l'acide chlorhydrique concentré, ne fait pas ou peu effervescence; la solution, même très diluée, précipite par addition d'ac. sulfurique $(SrSO_4)$. Humectée d'ac. chlorhydrique, colore la flamme en rouge-carmin. Fond en donnant une perle alcaline, en forme de chou-fleur.

Barytocalcite $(Ba.Ca)(CO_3)^2$. **EA**: Mn, Sr, Pb, Mg. **FC**: monocl. **PS**: 3,6. **D**: 4. **C**: blanc-jaunâtre. **S**: ac. chlorhydrique dilué avec effervescence; colore faiblement la flamme en vert. La solution acide, neutralisée et acidulée par l'acide acétique, donne un précipité jaune avec le chromate d'ammonium (Ba). Donne généralement les réactions du manganèse.

4. Minéraux entièrement, ou en grande partie solubles dans l'acide chlorhydrique ou dans l'acide nitrique; la solution évaporée ne donne lieu, ni à la formation d'une gelée, ni à celle d'un dépôt de silice.

Zincite ZnO. **EA**: Mn. **FC**: hexag. tétartoédr. hémim. **PS**: 5,4—5,7. **D**: 4—4,5. **C**: rouge de sang ou rouge-hyacinthe. **C**: jaune-rouge; éclat adamantin. Perles de borax colorées en violet-améthyste (Mn). Sur le charbon, enduit d'oxyde de zinc; avec le nitrate de cobalt, masse verte.

Blende ZnS. **EA**: Cd, Hg, Pb, Sn, Au, Ag, In, Ga, Tl. **FC**: cub. hém. tétraéd. **PS**: 3,9—4,2. **D**: 3,5—4. **C**: jaune, verte, noire, parfois rouge. **P**: jaune ou brunâtre. **S**: ac. chlorhydrique concentré. Sur le charbon, avec le carbonate de sodium, enduit de ZnO et réaction de l'hépar.

Wurtzite (Zn.Fe)S. **EA**: Cd, Mn, Ni, As, Sb. **FC**: rhomb. hémim. **PS**: 3,98. **D**: 3,5—4. **C**: brun-noir. **P**: brune. Mêmes réactions que la Blende.

Greenockite CdS. **EA**: Zn, Fe, Ni, As, Sb. **FC**: rhomb. hém. hémim. **PS**: 4,9—5. **D**: 3—3,5. **C**: jaune-brun. **S**: ac. chlorhydrique, avec dégagement de H_2S. La solution rendue alcaline, donne un précipité jaune avec le sulfure d'ammonium. Sur le charbon, avec le carbonate de sodium, réaction de l'hépar et aréole jaune.

Limonite (Hématite brune) $Fe_4O_3(OH)^6$. **FC**: orthor. ou amorphe. **PS**: 3,6—4. **D**: 5—5,5. **C**: brun plus ou moins foncé. **P**: brun-rouge. **S**: ac. chlorhydrique concentré. La solution donne un précipité brun-rouge par addition d'ammoniaque. Chauffée au FR. devient noire et magnétique.

Goethite (Lépidocrocite) FeO(OH). **EA**: Mn, Al. **FC**: orthor. **PS**: 3,8—4,3. **D**: 5—5,5. **C**: rouge-hyacinthe, brune, brun-noir. **P**: jaune d'ocre. Mêmes réactions que la Limonite.

Hydrotalcite (Volknérite) $Al(OH)^3 3Mg(OH)^2 . 3H_2O$. **EA**: Fe, CO_2. **FC**: hexag. hémim. **PS**: 2. **D**: 2. **C**: blanche, éclat nacré. **S**: ac. chlorhydrique et ac. nitrique; dans le tube fermé donne de l'eau, s'exfolie, et émet une vive clarté. Sur le charbon, avec le nitrate de cobalt, masse infusible rose-chair.

Wad (Groroïlite). Mélange de peroxyde et protoxyde de manganèse hydraté. **EA**: Fe, Ca, Ba, K. **C**: noir-brunâtre. **P**: brune. Fondu avec le carbonate de sodium et le salpêtre, donne une masse vert-émeraude.

Asbolane est un mélange de peroxyde de manganèse et d'oxyde de cobalt hydratés. Perle de borax colorée en bleu-saphir au FR. en présence d'étain. Au FO, la perle a souvent une coloration violette (Mn). Sur la lame de platine, avec le carbonate de sodium et le salpêtre, masse vert-émeraude.

Lithiophorite est une Psilomélane renfermant du lithium (voir: minéraux à éclat métallique).

Parisite $(CO_3)^3(CeFl)^2Ca$. **EA**: La, Di. **FC**: rhomb. **PS**: 4,3. **D**: 4—5. **C**: rouge-brunâtre ou rougeâtre. **P**: blanc-jaunâtre. Eclat semi-métallique. **S**: ac. chlorhydrique, avec effervescence. Ne donne pas d'eau dans le tube fermé; ne fond pas, mais émet une vive lumière. Traitée par l'acide sulfurique concentré, dégage de l'acide fluorhydrique.

Yttrocérite $(Y.Er.Ce)Fl_3 . 5CaFl_2 . H_2O$. **EA**: Di, La. **FC**: ? **PS**: 3,4. **D**: 4—5. **C**: blanche, grise, violette. Chauffée sur le charbon avec le carbonate de sodium, donne une masse grise, qui pénètre dans le support. Traitée par l'acide sulfurique concentré à chaud, dégage de l'acide fluorhydrique. Mêmes réactions que la Parisite.

Hamartite (Bastnaesite) $CO_3[(Ce.La.Di)Fl]$. **EA**: Y, Er. **FC**: hexag. **PS**: 4,9—5,2. **D**: 4—4,5. **C**: jaune-brun, jaune-rougeâtre. Mêmes réactions que la Parisite.

Fluocérine $(Ce.La.Di)^2OFl_4$. **EA**: Y, Er. **FC**: hexag. **PS**: 5,7—5,9. **D**: 4. **C**: jaune-rougeâtre. **P**: blanc-jaunâtre; translucide ou opaque. **F**: infusible. Dans le tube fermé, se décolore et dégage de l'eau, en attaquant le verre. Traitée par l'acide sulfurique concentré, dégage de l'acide fluorhydrique.

Sidérite (Sidérose) $FeCO_3$. **EA**: Mn, Mg. **FC**: rhomb. **PS**: 3, 7—3,9. **D**: 3,5—4,5. **C**: gris-jaunâtre ou brun-rouge. **S**: acide chlorhydrique à chaud, avec effervescence. La solution donne un précipité brun-rouge par l'ammoniaque. Au chalumeau devient gris-noirâtre ou noire et magnétique. Perles de borax, vert-bouteille (Fe).

Dialogite $MnCO_3$. **EA**: Fe, Zn, Ca, Mg. **FC**: rhomb. **PS**: 3,4—3,6. **D**: 3,5—4,5. **C**: blanche, rose, brune. **S**: ac. chlorhydrique à chaud, avec effervescence. Sur la lame de platine avec le carbonate de sodium et le salpêtre, masse vert-émeraude. Sur le charbon, masse brune ou noire, souvent magnétique. Perles de borax violet-améthyste.

Zaratite (Texasite) $CO_3(NiOH)^2Ni(OH)^2.4H_2O$. **EA**: Mg. **FC**: triclin. **PS**: 2,7. **D**: 3. **C**: vert-émeraude, éclat vitreux. **S**: acide chlorhydrique avec effervescence; la solution donne un précipité vert avec la soude caustique; avec l'ammoniaque en excès, liqueur bleu-clair. La solution neutralisée donne un précipité rose, volumineux, avec le diméthylglioxime.

Uranite $(PO_4)_2.(UO_2)^3.6H_2O$. **EA**: As, Ca, Ba. **FC**: monocl. ou rhomb. **PS**: 9,7. **D**: 5,5. **C**: grise, brune, noire. **S**: ac. nitrique; la solution est jaune; elle donne un précipité jaune par addition d'ammoniaque (U). Chauffée sur le charbon au FR., fond en un verre d'une belle couleur verte. Fortement radioactive.

Ludwigite $(FeO_2).(BO_2).Mg_2O$. **EA**: Mn. **FC**: orthor. **PS**: 3,9—4,1. **D**: 5. **C**: vert-foncé à noire. **S**: ac. chlorhydrique et ac. nitrique. Dans le tube fermé, prend une coloration brune. Le minéral pulvérisé, traité par de l'ac. sulfurique concentré et de l'alcool et enflammé, communique à la flamme, une coloration verte.

Zippéite est un combinaison de sulfate uraneux avec des uranates de cuivre. Mêmes réactions que l'Uranite, mais le chlorure de baryum donne un précipité blanc dans la solution acide.

Apatite $(PO_4)_3(Cl.Fl.OH)Ca_5$. **EA**: Pb. **FC**: hexag. hém. bipyr. **PS**: 3,2. **D**: 5. **C**: incolore ou diversement colorée. Eclat vif, brillant. **S**: ac. nitrique; la solution donne à chaud un précipité jaune, avec le réactif molybdique. **F**: 4,5—5. Humectée d'acide sulfurique concentré, colore la flamme en vert.

Childrénite $PO_4Al(OH)^2(Fe.Mn.Ca)H_3$. **EA**: Mn, Ca. **FC**: orthor. **PS**: 3,2. **D**: 4,5—5. **C**: blanc-jaunâtre ou brunâtre. **S**: ac. chlorhydrique; la solution donne un précipité jaune avec le réactif molybdique. Perles de borax colorées par le fer et le manganèse.

Eosphorite $PO_4Al(OH)^2(Mn.Fe).H_2O$. **EA**: Ca, Cu, As. **FC**: orthor. Est une Childrénite renfermant une forte proportion de manganèse; mêmes réactions que la Childrénite, mais décrépite dans le tube fermé.

Polycrase $Ti_{12}O_{35}Y_4(UO_2)(Ca.Fe)^4.2(NbO_3)Y$. **EA**: Ca, Mg. **FC**: orthor. **PS**: 4,7—5,1. **D**: 5—6. **C**: noire. **P**: gris-brun. **S**: ac. sulfurique concentré à l'ébullition. Dans le tube fermé décrépite, et donne des traces d'eau. Si l'on fond le minéral pulvérisé avec de la potasse, que l'on reprenne le résidu par l'eau, et que l'on filtre, la solution précipite par addition d'acide chlorhydrique. Le précipité formé se dissout dans un excès d'acide chlorhydrique concentré. Si on ajoute de l'étain métallique et que l'on agite, la solution acide prend une coloration bleue. Perles de sel de phosphore, jaunes à chaud, vertes à froid.

Monazite $PO_4(Ce.La.Di)$. **EA**: Th, Y, Er, Si, Sn, Fe, Mn, Ca. **FC**: monocl. **PS**: 4,9—5,3. **D**: 5—5,5. **C**: brun-rouge. **F**: infusible. **S**: ac. chlorhydrique. Le minéral en poudre, humecté d'acide sulfurique, colore la flamme du chalumeau en vert. Si l'on fond la substance pulvérisée avec de la soude caustique, qu'on la reprend par l'eau, et que l'on filtre, la solution acidulée par l'acide nitrique et additionnée de réactif molybdique donne un précipité jaune. La résidu insoluble dans l'eau est dissous dans l'acide chlorhydrique dilué; la solution faiblement acide donne un précipité par addition d'acide oxalique. Ce précipité, calciné sur la lame de platine, prend une coloration rouge-orangé (Ce).

Cervantite (Antimonocker) SbO_4Sb. **EA**: As. **FC**: orthor. **PS**: 4. **D**: 4,5—5. **C**: noirâtre, brune, terreuse. **F**: infusible. **S**: ac. chlorhydrique; la solution se trouble par l'eau.

5. Minéraux gélifiant avec l'acide chlorhydrique ou donnant un dépôt de silice pulvérulente.

a) Minéraux donnant de l'eau dans le tube fermé.

Chrysocolle (Kieselkupfer) n'est autre que de la Dioptase mélangée à d'autres matières, parmi lesquelles on trouve principalement de la silice hydratée. **PS**: 2—2,2. **D**: 2—3. **C**: verte ou bleuâtre, éclat résineux. **F**: infusible; colore la flamme en vert. **S**: ac. chlorhydrique, avec dépôt de silice pulvérulente. Sur le charbon, avec le carbonate de sodium, donne une perle vitreuse, renfermant un globule de cuivre malléable.

Aspérolite SiO_6CuH_6; se distingue du Chrysocolle par une plus forte teneur en eau.

Dioptase SiO_4CuH_2. **EA**: Ag. **FC**: rhomb. **PS**: 3,3. **D**: 5. **C**: vert-émeraude, éclat vitreux. **P**: verte. **F**: infusible, noircit au FO, rougit au FR; donne de l'eau dans le tube fermé et devient noire. **S**: dans les acides, en faisant gelée; dans l'ammoniaque également, en laissant un résidu de silice. Sur le charbon, avec du carbonate de sodium, fond avec effervescence, en donnant une perle vitreuse, contenant un globule de cuivre.

Cyanochalcite est un silicate de cuivre contenant de l'acide phosphorique et de l'eau. **C**: bleu-azur. Mêmes réactions que le Chrysocolle.

Ecume de mer (Sépiolite) $Si_3O_{10}Mg_2H_4$. **FC**: amorphe. **PS**: 1—2. **D**: 2—2,5. **C**: opaque, ordinairement blanche; happe à la langue, douce au toucher. **F**: fond difficilement sur les bords en un émail blanc. **S**: ac. chlorhydrique.

Genthite d'après Walker $Si_3O_{10}(MgNi)^2H_6$. C'est une Sépiolite nickélifère.

Gymnite $Si_3O_{12}Mg_4H_4$. **EA**: Fe, Mn. **FC**: amorphe. **PS**: 2—2,3. **D**: 2—3. **F**: 5. **C**: blanchâtre, jaunâtre, verdâtre, rougeâtre.

Nickelgymnite est une Sépiolite renfermant du nickel.

Garniérite approximativement $SiO_4(Ni.Mg)H^2$. **EA**: Fe, Ca. **FC**: amorphe. **PS**: 2,3—2,8. **D**: friable. **C**: vert-pâle, vert d'herbe. **P**: verte. **F**: au chalumeau; au FO colore la perle de borax en brun-chocolat. Avec l'ammoniaque donne un précipité vert-pomme, soluble dans un excès de réactif.

Cérolite est un silicate alumino-magnésien.

Serpentine $Si_2O_9(Mg.Fe)^3H_4$. **EA**: Mn, Ti. **FC**: amorphe. **PS**: 2,5—2,7. **D**: 3—4. **C**: grise, jaune, verte, brune, rouge. **S**: ac. chlorhydrique concentré, lentement, sans former de gelée; plus facilement soluble dans l'ac. sulfurique. **F**: 6. Perle de borax vert-bouteille (Fe).

Antigorite et *Marmolite* sont des Serpentines à structure lamelleuse.

Serpentine-Asbeste (Amiante). **C**: incolore, verte, jaune, brune, rarement bleu-violacé.

Métaxite, *Néolite*, *Monradite*, *Xylotile*, *Picrolite*, *Hydrophite*, *Schweizérite*, *Tenkisite*, etc.; sont des variétés de Serpentines fibreuses.

Bastite est une Bronzite décomposée. **FC**: orthor. **PS**: 2,6—2,8. **D**: 3,5. **C**: vert-olive; structure lamellaire. **S**: ac. chlorhydrique, ac. sulfurique, sans gélifier. Dans le tube fermé, décrépite. Au chalumeau devient brun-jaune; fond difficilement sur les bords et devient magnétique.

Hisingérite est un silicate de fer hydraté. **C**: brun-noirâtre ou noire.

Nontronite $Si_2O_9Fe_2H_4$. **EA**: Al. **FC**: monocl. **PS**: 2. **D**: 2,5. **C**: jaune ou grisâtre. **S**: ac. chlorhydrique, en formant gelée.

Chloropale est un mélange de Nontronite et d'Opale. **D**: 3,5—4. **C**: verte. **F**: infusible; au chalumeau, devient noire et magnétique.

Pinguite est une Nontronite verte. **S**: ac. chlorhydrique avec dépôt de silice pulvérulente.

Wolchonskoïte est une sorte de Pyrophyllite, renfermant de l'oxyde de chrome. **FC**: orthor. ou amorphe. **PS**: 2,2—2,3. **D**: 2—2,5. **C**: bleue, bleu-verdâtre. **S**: ac. chlorhydrique à chaud, en formant gelée. Réactions du fer et du chrome.

Uranophane $SiU_2O_{11}Ca_5 . H_2O$. **EA**: Fe, Al, P. **FC**: triclin.? **PS**: 3,8—3,9. **D**: 2—3. **C**: jaune, éclat vitreux. **S**: ac. chlorhydrique avec dépôt de silice; la solution filtrée donne un précipité jaune par addition d'ammoniaque.

Thorite $ThSiO_4$. **EA**: Fe, Al, Ca, U, Pb, Ce, Ti, Mn, Sn, Zr. **FC**: quadrat. **PS**: 4,4—4,7. **D**: 4,5—5. **C**: brun-noir. **P**: brune; éclat vitreux. **F**: infusible. **S**: ac. chlorhydrique en formant gelée. Perle de borax rouge-orangé à chaud, grise à froid; en présence d'un peu de nitrate de potassium, la perle reste jaune à froid.

Orangite $ThSiO_4$. **EA**: Ti, Zr, Sn, Pb, Mn. **FC**: quadrat. **PS**: 5,2—5,4. **D**: 4,5—5. **C**: jaune. **P**: blanc-jaunâtre. Mêmes réactions que la Thorite.

Cérite $(SiO_3)Ce_2(OH)^3(CeO)(Ca.Fe)$. **EA**: La, Di. **FC**: orthor. **PS**: 4,9—5. **D**: 5,5. **C**: brun-rouge, gris-rougeâtre. **F**: infusible. **S**: ac. chlorhydrique, en faisant gelée; la solution filtrée, faiblement acide, donne avec l'acide oxalique, un précipité blanc, qui, calciné sur la lame de platine, prend une couleur jaune-ocreuse (Ce).

b) Minéraux qui ne donnent pas d'eau dans le tube fermé ou qui en donnent seulement des traces.

Olivine (Péridot, Chrysolite) $SiO_4(Mg.Fe)^2$. **EA**: Mn. **FC**: orthor. **PS**: 3,2—3,4. **D**: 6,5—7. **C**: verte, jaunâtre, brunâtre, rouge; éclat vitreux. **S**: ac. chlorhydrique et sulfurique, en gélifiant. Très difficilement fusible en une masse magnétique, noire.

Hyalosidérite est une variété brune d'Olivine en partie décomposée, à surface irisée, avec éclat semi-métallique.

Monticellite (Batrachite) $SiO_4Ca.Mg$. **EA**: Mn, Fe, Zn. **FC**: orthor. **PS**: 3,6. **D**: 6. Péridot qui ne contient pas ou peu de fer et renferme autant de chaux que de magnésie.

Forstérite SiO_4Mg_2. **EA**: Fe, Mn, Zn. **FC**: orthor. **C**: gris-bleuâtre. **PS**: 3,2—3,3. **D**: 7. **C**: blanche, jaune; éclat vitreux. **S**: ac. chlorhydrique, avec dépôt de silice pulvérulente.

Boltonite présente les mêmes caractères que la Forstérite, dont elle est une variété.

Humite $(SiO_4)^3Mg_5[Mg(FlOH)]^2$. **EA**: Ca, Mn, Cl. **FC**: orthor. **PS**: 3,1—3,2. **D**: 6,5. **C**: blanche, jaune, brune; éclat vitreux. **F**: infusible. **S**: ac. chlorhydrique, en faisant gelée. Traitée par l'ac. sulfurique concentré dégage de l'acide fluorhydrique.

Chondrodite $(SiO_4)^2Mg_3[Mg(FlOH)]^2$. **EA**: Ca, Mn, Cl. **FC**: orthor. **PS**: 3,1—3,2. **D**: 6,5. **C**: blanche, jaune-brun; éclat vitreux. **F**: infusible. **S**: ac. chlorhydrique, en faisant gelée. Traitée par l'ac. sulfurique concentré, dégage de l'acide fluorhydrique.

Gehlénite $Si_2O_{10}Al_2(Ca.Mg.Fe)^3$. **EA**: Fe, Mg. **FC**: quadrat. **PS**: 2,9—3. **D**: 5,5—6. **C**: grise, verdâtre, brunâtre; éclat résineux faible. Difficilement fusible en un verre gris. **S**: ac. chlorhydrique, en gélifiant.

Leucite (Amphigène) $(Si_3O_8)(SiO_4)Al_2(K.Na)^2$. **FC**: Pseudocubique. **PS**: 2,4—2,5. **D**: 5,5—6. **C**:blanche, grise, jaunâtre. **F**: infusible. **S**: ac. chlorhydrique, sans faire gelée. Mélangée avec du chlorure de calcium, colore la flamme en violet, en regardant à travers le verre bleu.

Gadolinite $(SiO_4Gl)(YO)^2Fe$. **EA**: Th, Ca, La, Di, Er, Ce. **FC**: monocl. **PS**: 4—4,5. **D**: 6,5—7. **C**: noire; éclat vitreux. **P**: gris-verdâtre. **F**: certaines variétés deviennent incandescentes et se fendillent sans fondre; d'autres se boursoufflent et fondent difficilement sur les bords. **S**: ac. chlorhydrique, en gélifiant.

6. Minéraux n'appartenant pas aux sections précédentes.

a) Minéraux qui présentent une dureté inférieure à 7.

Opale (Hyalite) $SiO_2(H_2O)x$. **FC**: amorphe. **PS**: 1,9—2,3. **D**: 5—6,5. **C**: incolore, blanche, jaune, brune, rouge, verte, etc.; certaines variétés présentent une belle irisation. **F**: infusible. **S**: insoluble dans les acides; en partie soluble dans les solutions concentrées et chaudes de soude caustique. Dans le tube fermé, décrépite.

Variétés d'Opales: *Hyalite*, transparente et incolore. *Opale de feu*, transparente, jaune ou rouge. *Opale noble*, translucide, d'un blanc laiteux, ou blanc-jaunâtre, à reflets irisés. *Hydrophane*, Opale devenant plus ou moins transparente quand on la trempe dans l'eau.

Sémiopales. Variétés d'Opales communes soit: *Geysérite*, dépôts en masse fibreuse. *Tripoli*, silice pulvérulente. *Kieselguhr* et *Randannite*, variétés fibreuses, etc.

Bauxite $Al_2O(OH)^4$. **EA**: Fe, Mg, V, Ta. **FC**: amorphe. **PS**: 2,5. **D**: friable. Masses terreuses, oolithiques, ou en gros grains disséminés. **C**: blanchâtre, grisâtre, jaune-rougeâtre. **S**: peu attaquée par l'ac. chlorhydrique; presque entièrement soluble dans l'ac. phosphorique sirupeux, à chaud. Dans le tube fermé, donne de l'eau. Sur le charbon, avec le nitrate de cobalt, masse bleue, infusible.

Rutile TiO_2. **EA**: Zr, Si, Mn. **FC**: quadrat. **PS**: 4,2—4,3. **D**: 6—6,5. **C**: rouge, brun-rouge, noir. **P**: brune; éclat adamantin, métalloïde. **F** infusible. **S**: insoluble dans les acides. Fondu avec la soude caustique, puis traité avec de l'ac. chlorhydrique et de l'étain, donne à chaud une solution violette.

Anatase TiO_2. **EA**: Fe, Si. **FC**: quadrat. **PS**: 3,8—3,9. **D**: 5,5—6. **C**: bleu-indigo, rouge-brun. Mêmes réactions que le Rutile.

Brookite TiO_2. **EA**: Si, Fe. **FC**: orthor. **PS**: 3,8-4. **D**: 5,5—6. **C**: jaunâtre, brun-rouge, noir de fer. Mêmes réactions que le Rutile.

Cassitérite $SnSnO^4$. **EA**: Si, Th, Zr, Mn, Pb. **FC**: quadrat. **PS**: 6,8—7. **D**: 6—7. **C**: rougeâtre, brun-rouge, noire, rarement incolore. **F**: infusible. **S**: insoluble dans les acides. Sur le charbon, avec du cyanure de potassium, grains d'étain métallique.

Xénotime PO_4Y. **EA**: Si, Fe, Th, Ce, Er. **FC**: quadrat. **PS**: 4,5. **D**: 4—5. **C**: brune ou rouge. **F**: infusible. **S**: insoluble dans les ac. chlorhydrique et nitrique, soluble dans l'ac. sulfurique concentré. Humectée d'ac. sulfurique concentré, colore faiblement la flamme en vert.

Tungstite (Wolframocker) WO_3. **FC**: orthor. Généralement en masses terreuses, jaunes. Traitée à l'ébullition par l'acide phosphorique, donne une solution bleu-clair, qui par addition d'un peu d'eau et de fer pulvérisé, prend une teinte bleu foncé.

Scheelite WO_4Ca. **EA**: Cu, Pb. **FC**: quadrat. hém. bipyr. **PS**: 5,9—6,2. **D**: 4,5. **C**: blanchâtre, gris-jaunâtre. **F**: difficilement fusible. **S**: ac. nitrique concentré à chaud, avec résidu jaune d'acide tungstique. Avec l'ac. phosphorique, mêmes réactions que la Tungstite.

Chromite (Sidérochrome, Fer chromé) $Cr_2O_3 . FeO$. **EA**: Mn, Al, Mg, Ti. **FC**: cubique. **PS**: 4,4—4,6. **D**: 5,5; légèrement magnétique. **C**: brun-noir. **P**: brune. **F**: infusible. **S**: insoluble dans l'ac. nitrique; soluble à chaud dans l'ac. phosphorique sirupeux en donnant une solution vert-émeraude, ou rose, si le minéral renferme du manganèse; en ajoutant alors un cristal de sulfate ferreux, la solution devient verte. Perle de borax, vert-émeraude à froid.

Wolchonskoïte. Sorte de Pyrophyllite chromifère. **FC**: amorphe. **D**: 2,2—2,3. **C**: vert-émeraude, plus ou moins foncé. Donne les réactions du chrome.

Warwickite $TiO_9B_2(Mg.Fe)^4$. **FC**: 2. **PS**: 3,4. **D**: 3—4. **C**: brun-foncé. **S**: ac. sulfurique concentré. La solution évaporée à sec et le résidu, humecté d'alcool et enflammé, donne une flamme verte (B). Le résidu repris par de l'acide chlorhydrique et de l'étain, donne un solution violette.

Aeschynite $(Ti_2O_5)^4Ce(CeO)(Ca.Fe).2(NbO_3)^3Ce$. **EA**: Th, Ta, V. **FC**: orthor. **PS**: 5,1—5,2. **D**: 5,5. **C**: brun foncé, noir de fer;

éclat résineux, métalloïde. **P**: brun-jaunâtre. **F**: difficilement fusible. **S**: insoluble dans l'ac. nitrique, soluble en partie dans l'ac. sulfurique. Dans le tube fermé, décrépite, et devient jaune ou brunâtre. Si on fond le minéral avec de la soude caustique, que l'on reprend la masse par l'eau, et que l'on filtre, la solution donne un précipité avec l'ac. chlorhydrique dilué; le précipité est soluble dans l'ac. chlorhydrique concentré. Si l'on ajoute de l'étain et que l'on fasse bouillir quelques minutes, le liquide, par addition d'eau, devient bleu-saphir; puis vert-olive par exposition à l'air et enfin il se décolore. Si l'on fait bouillir le résidu du traitement par l'eau de la masse alcaline fondue, avec de l'ac. chlorhydrique et de l'étain, et que l'on dilue avec de l'eau, on obtient une solution rose, qui colore le papier de curcuma en rouge-orangé.

Euxénite $\left\{\begin{matrix}(Ti_2O_5)^3(Y.Er.Ce)^2(NbO_3)^6(Y.Er.Ce)^2 \\ (Ti_2O_5)^3(UO)Fe(NbO_3)^6(UO)Fe\end{matrix}\right.$. **FC**: orthor. **PS**: 4,6 à 4,9. **D**: 6,5. **C**: brun-noirâtre. **P**: brun-rouge. Mêmes réactions que l'Aeschynite.

Pyrochlore (Titanate avec Zr, Nb, Ta). **FC**: cub. **PS**: 4,2—4,4. **D**: 5—5,5. **C**: brun-rougeâtre, noirâtre. **P**: brune. Mêmes réactions que l'Aeschynite.

Bronzite $(SiO_3)^2(Mg.Fe)^2$. **EA**: Mn, Al. **FC**: orthor. **PS**: 3—3,5. **D**: 5—6. **C**: grisâtre, jaunâtre, brunâtre. **F**: 6.

Hypersthène $(SiO_3)^2(Mg.Fe)^2$. **EA**: Ca, Mn, Al. **FC**: orthor. **PS**: 3,35—3,39. **D**: 6. **C**: noir-grisâtre, verdâtre, verte, brune. **F**: difficilement fusible en un verre magnétique. **S**: insoluble dans les acides.

Anthophyllite $(Mg.Fe)^4(SiO_3)^4$. **FC**: orthor. **PS**: 3,1—3,2. **D**: 5,5—6. **C**: jaune, jaune-brunâtre. **F**: difficilement fusible en un émail non-magnétique. **S**: insoluble dans les acides.

Gédrite est une Anthophyllite riche en alumine. **C**: jaune, jaune-brunâtre.

Minéraux du groupe des Micas.

Muscovite $(SiO_4)^3Al_3(K.Na)H_2$. **EA**: Mg, Na, F. **FC**: monocl. apparence hexag. **PS**: 2,7—3,1. **D**: 2—3. **C**: incolore, grisâtre, jaunâtre, rougeâtre, verdâtre. **F**: 5,5, en un verre gris ou jaune. Donne un peu d'eau dans le tube fermé.

Variétés de Muscovite: *Damourite*, *Fuchsite*, verte, contenant du chrome, *Nacrite*, *Séricite*.

Lépidolite $Si_3O_9Al_2(Li.K.Na)^2(FlOH)^2$. **EA**: Mg, Cs, Rb. **FC**: monocl. apparence hexag. **PS**: 2,8—2,9. **D**: 2. **C**: violet-pâle ou grise. **F**: 2—2,5, en un verre blanc; colore la flamme en rouge.

Zinnwaldite $Si_5O_{16}Al_3Fe(Li.K.Na)^3(FlOH)^2$. **EA**: Mg. **FC**: monocl.

Biotite $(SiO_4)^3(Al.Fe)^2(Mg.Fe)^2(K.H)^2$. **EA**: Ti, Na, F. **FC**: monocl. apparence hexag. **PS**: 2,8—3,2. **D**: 2—3. **C**: verte ou brune. **F**: 5,5. **S**: ac. sulfurique concentré.

Phlogopite $(SiO_4)^3(Al.Fe)(Mg.Fe)(K.H)^3$. **EA**: Li. **FC**: monocl. **C**: brune, rouge, jaune.

Manganophyllite est une variété de Phlogopite, riche en manganèse.

Rubellane, *Chromglimmer* et *Méroxène*, sont également des variétés de Phlogopite.

Paragonite $(SiO_4)^3Al_3(Na.K)H_2$. **EA**: Li, Mg, Fe. **FC**: monocl. apparence hexag. **PS**: 2,8—2,9. **D**: 2. **C**: gris-jaunâtre, verdâtre. **F**: infusible. **S**: insoluble dans les acides.

Margarite $Si_2O_{12}Al_4CaH_2$. **EA**: Fe, Mn, Mg, K, Li, F. **FC**: monocl. **PS**: 3. **D**: 3—4. **C**: blanche, gris de perle, rose.

Variétés: *Oellachérite* (renfermant de la baryte), *Emérylite*, *Corundellite*, *Diaphanite*, *Gilberlite*, *Talcite*.

Brandisite $Si_5O_{44}(Al.Fe)^{12}(Mg.Ca.Fe)^{12}H_8$. **EA**: Mn. **FC**: monocl. **PS**: 3. **D**: 5 sur la base, 6,5 sur les faces latérales. **C**: vert-poireau; éclat vitreux. **F**: infusible. **S**: insoluble dans l'ac. chlorhydrique; attaquée lentement par l'ac. sulfurique concentré. Dans le tube fermé donne de l'eau.

Xanthophyllite (variété de Brandisite) $Si_5O_{52}(Al.Fe)^{16}(Mg.Ca)^{14}H_8$. **FC**: monocl. **PS**: 3—3,1. **D**: 4, 5—6. **C**: jaune, verte. **F**: infusible. **S**: lentement attaquée par l'ac. chlorhydrique bouillant, avec résidu de silice.

Clintonite $Si_4O_{36}Al_{10}(Mg.Ca.Fe)^{10}H_6$. **EA**: Mn. **FC**: monocl. **PS**: 3,1. **D**: 4,5. **C**: rouge-brun à rouge-cuivre. **F**: infusible. **S**: ac. chlorhydrique.

Chloritoïde $SiO_7Al_2(Fe.Mg)H_2$. **EA**: Mn. **FC**: monocl. **PS**: 3,4—3,6. **D**: 5—6. **C**: verdâtre, noirâtre. **S**: ac. sulfurique concentré.

Minéraux du groupe de la Chlorite.

Chlorite (Ripidolite) $Si_{13}O_{90}Al_{14}Mg_{23}H_{40}$. **EA**: Mn, Fe. **FC**: monocl. **PS**: 2,7—2,9. **D**: 2. **C**: gris-bleuâtre ou noirâtre. **F**: fond difficilement en un émail jaune. **S**: ac. chlorhydrique, lentement, et ac. sulfurique. Dans le tube fermé donne de l'eau.

Pennine $Si_8O_{45}Al_4Mg_{13}H_{20}$. **EA**: Fe, Mn. **FC**: monocl. **PS**: 2,6—2,8. **D**: 2—3. **C**: vert-bleuâtre. **S**: ac. chlorhydrique. **F**: fond difficilement en un émail gris-jaunâtre. Dans le tube fermé, donne de l'eau et s'exfolie.

Pseudophite, variété de Pennine, de couleur vert-pomme.

Clinochlore $Si_3O_{18}Al_2Mg_5H_8$. **EA**: Fe, Mn. **FC**: monocl. **PS**: 2,7—2,8. **D**: 1—2. **C**: vert, vert-noirâtre. **S**: ac. chlorhydrique, lentement. **F**: difficilement en un émail jaunâtre. Dans le tube fermé, donne de l'eau et devient blanc-jaunâtre.

Delessite est une Chlorite riche en magnésie et contenant de l'oxyde ferrique. **PS**: 2,7—2,9. **D**: 2—2,5. **C**: verte, vert-jaunâtre. **S**: ac. chlorhydrique.

Talc $Si_4O_{12}Mg_3H_2$. **EA**: Fe, Mn. **FC**: monocl., lames hexagonales flexibles, facilement clivables. **PS**: 2,6—2,8. **D**: 1. **C**: blanc, gris, verdâtre; éclat nacré, onctueux au toucher. **S**: insoluble dans les acides. Au chalumeau s'exfolie, fond à peine sur les bords. Sur le charbon avec le nitrate de cobalt, masse rose, infusible.

Stéatite est une variété de Talc, compacte.

b) Minéraux de dureté égale ou supérieure à 7.

Quartz (*Cristal de roche*, *Améthyste*, *Hornstein*, *Silex*, *Calcédoine*, *Quartz enfumé*, *Cornaline*, *Agate*, *Onyx*, *Jaspe*, *Chrysoprase*, *Aventurine*, etc., SiO_2. **EA**: C, Fe, Mn. **FC**: rhomb. **PS**: 2,6. **D**: 7. **C**: incolore, diversement coloré, selon ses variétés, violet, brun, brun-grisâtre, blanc-laiteux, blanc-bleuâtre, rouge, vert-pomme, vert-olive, etc. **F**: infusible. **S**: insoluble dans les acides. Sur le charbon, avec le carbonate de sodium, fond avec effervescence en un verre transparent.

Tridymite SiO_2. **EA**: Ti. **FC**: orthor. **PS**: 2,2—2,3. **D**: 7. **C**: incolore, blanche, transparente ou translucide. **F**: infusible. **S**: insoluble dans les acides.

Zircon $ZrSiO_4$. **EA**: Ti, Th, Sn, Pb, Mn. **FC**: quadrat. **PS**: 4,5—4,7. **D**: 7,5. **C**: incolore, jaunâtre, rouge. **F**: infusible. **S**: insoluble dans les acides. Chauffées aux chalumeau, les variétés colorées se décolorent. Si l'on fond le minéral pulvérisé avec de la soude caustique et que l'on reprend le résidu par l'acide chlorhydrique à chaud, on obtient une solution qui, diluée avec de l'eau, colore la papier de curcuma en rouge-orangé.

Spinelle $Al_2O_3 . MgO$. **EA**: Mn, Fe. **FC**: cub. **PS**: 3,5—3,9. **D**: 7,5—8. **C**: rouge, rose, bleue, violette, verte, brune, noire. **F**: infusible. **S**: insoluble dans les acides; devient attaquable par fusion avec le bisulfate de potassium.

Gahnite (Automolite, Spinelle zincifère) $Al_2O_3 . ZnO$. **EA**: Mn, Fe, Cr, Ti. **PS**: 4,—4,6. **D**: 7—8. **C**: vert-foncé, brunâtre, noirâtre. Fondue avec du bisulfate de potassium, et reprise par l'eau, donne une solution qui précipite par l'ammoniaque en excès; le liquide filtré donne un précipité blanc, par addition de sulfure d'ammonium (Zn).

Dysluite est une variété de Spinelle zincifère, brune, renfermant du fer et du manganèse.

Creittonite est une variété de Spinelle zincifère, renfermant une assez forte proportion de fer.

Pléonaste est une Spinelle ferro-magnésienne de couleur vert-noirâtre à noire. Le minéral pulvérisé, chauffé fortement dans une capsule de platine avec de l'ac. phosphorique, donne, après refroidisssement, une masse presque entièrement soluble dans l'eau. La solution donne, par addition d'un excès de soude caustique, un précipité vert. La Spinelle, dans les mêmes conditions donne un précipité blanc, volumineux. **F**: infusible.

Chlorospinelle est une Spinelle ferro-magnésienne, verte. Traitée par l'ac. phosphorique, comme le Pléonaste, la solution donne avec la soude caustique, un précipité jaune. **F**: infusible.

Cordiérite (Dichroïte) $(Si_2O_7)^5Al(Mg.Fe)^4(OH)^2$. **EA**: Mn, Ca. **FC**: orthor. **PS**: 2,5—2,6. **D**: 7—7,5. **C**: bleue, vert-jaune, grise; éclat vitreux. **F**: 5,5. **S**: insoluble dans les acides. Sur le charbon, avec le carbonate de sodium, masse bleue, ou gris-bleu.

Staurotide $(SiO_4)^2(AlOH)(AlO)^4Fe$. **EA**: Mn. **FC**: orthor. **PS**: 3,6. **D**: 7. **C**: rougeâtre, brun-noir. **F**: infusible. **S**: ac. sulfurique.

Béryl (Emeraude) $(SiO_3)^6Al_2Gl_3$. **EA**: K, Na, Li, Cs, Rb, Cr. **FC**: hexag. **PS**: 2,67—2,75. **D**: 7,5—8. **C**: vert-émeraude, vert de diverses nuances, bleue, rose, jaune, incolore. **F**: difficilement fusible en un émail bulleux. Au chalumeau, les variétés colorées deviennent blanches. **S**: insoluble dans les acides; certaines variétés colorent la flamme en jaune ou rouge-violacé.

Euklase SiO_5AlGlH. **FC**: monocl. **PS**: 3,1. **D**: 7,5. **C**: incolore, jaunâtre, bleuâtre. **F**: 5,5, en un émail blanc, qui, chauffé sur le charbon avec le nitrate de cobalt, donne une masse bleue.

Phénakite SiO_4Gl_2. **EA**: Mn. **FC**: rhomb. **PS**: 2,9—3. **D**: 7,5—8. **C**: incolore, jaunâtre, rougeâtre. **F**: infusible. **S**: insoluble dans les acides. Perles de borax incolores, transparentes, devenant laiteuses au flamber; les perles de sel de phosphore donnent un squelette siliceux.

Topaze $SiO_4Al_2(FlOH)_2$. **EA**: Fe, Mn. **FC**: orthor. **PS**: 3,4—3,6. **D**: 8. **C**: incolore, jaune, verdâtre, bleue; transparente ou translucide. La variété jaune, chauffée dans le tube fermé, devient rose-pâle; si l'on fait une perle avec l'acide borique, que l'on chauffe jusqu'à ce que la flamme ne se colore plus en vert, et que l'on y ajoute un peu du minéral finement pulvérisé, on voit réapparaître une flamme verte, après avoir chauffé au chalumeau à un feu soutenu (Fl).

Diamant C. **FC**: cub. hém. tétraédr. **PS**: 3,5. **D**: 10. **C**: blanc, gris, brun, vert, jaune, rouge, bleu; transparent ou translucide. **F**: infusible. **S**: insoluble dans les acides. Brûle dans l'oxygène en produisant de l'acide carbonique; caractérisé par sa dureté.

TABLE ALPHABÉTIQUE DES MATIÈRES.

A.

B.

C.

D

E.

F.

K.

L.

M.

P.

Q.

R.

T.

TABLE DES FIGURES.

Impression de Breitkopf & Härtel, Leipzig.

Spectres de flamme des métaux alcalins et alcalino-terreux

(D'après Hugo Erdmann)

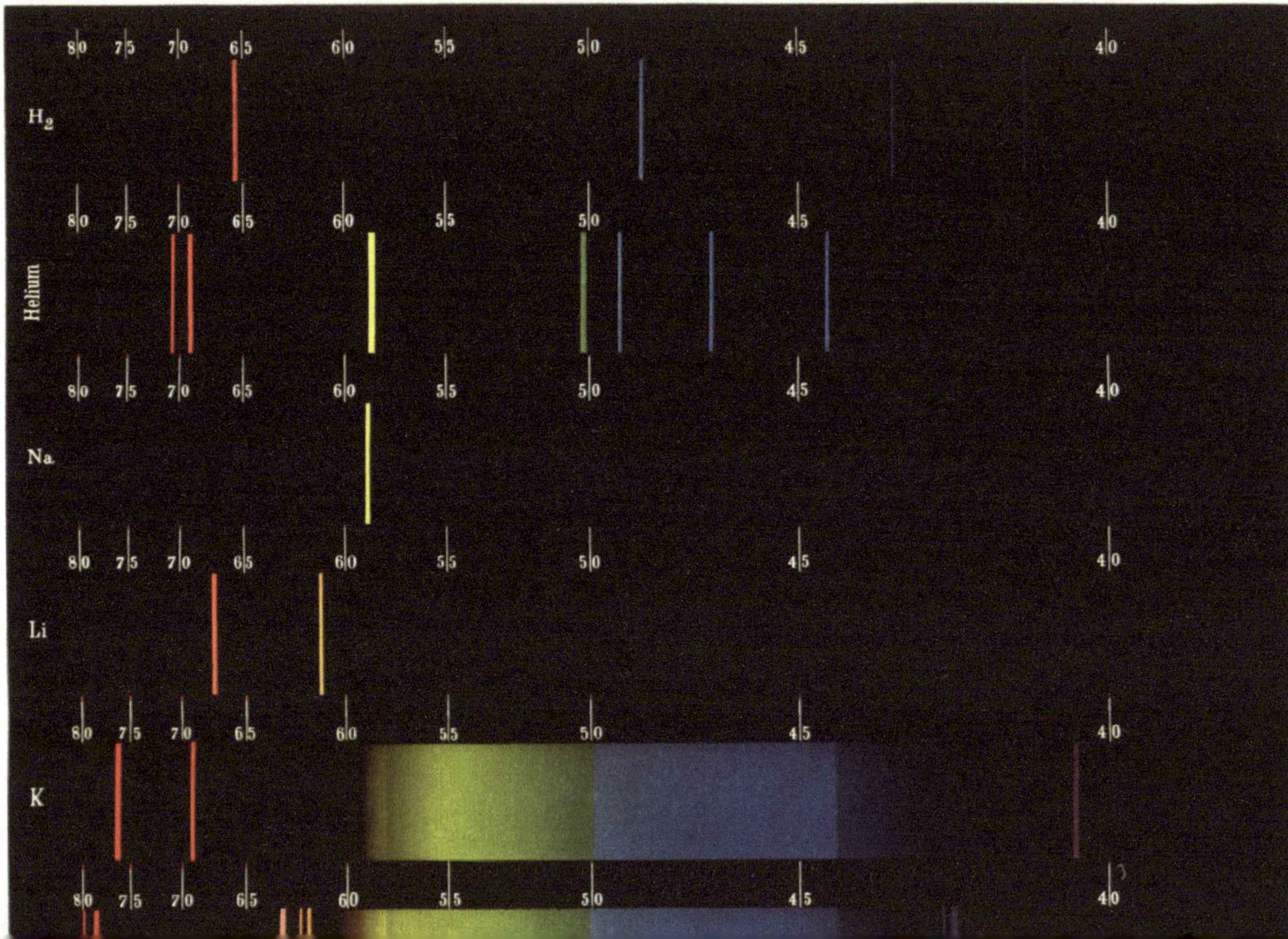

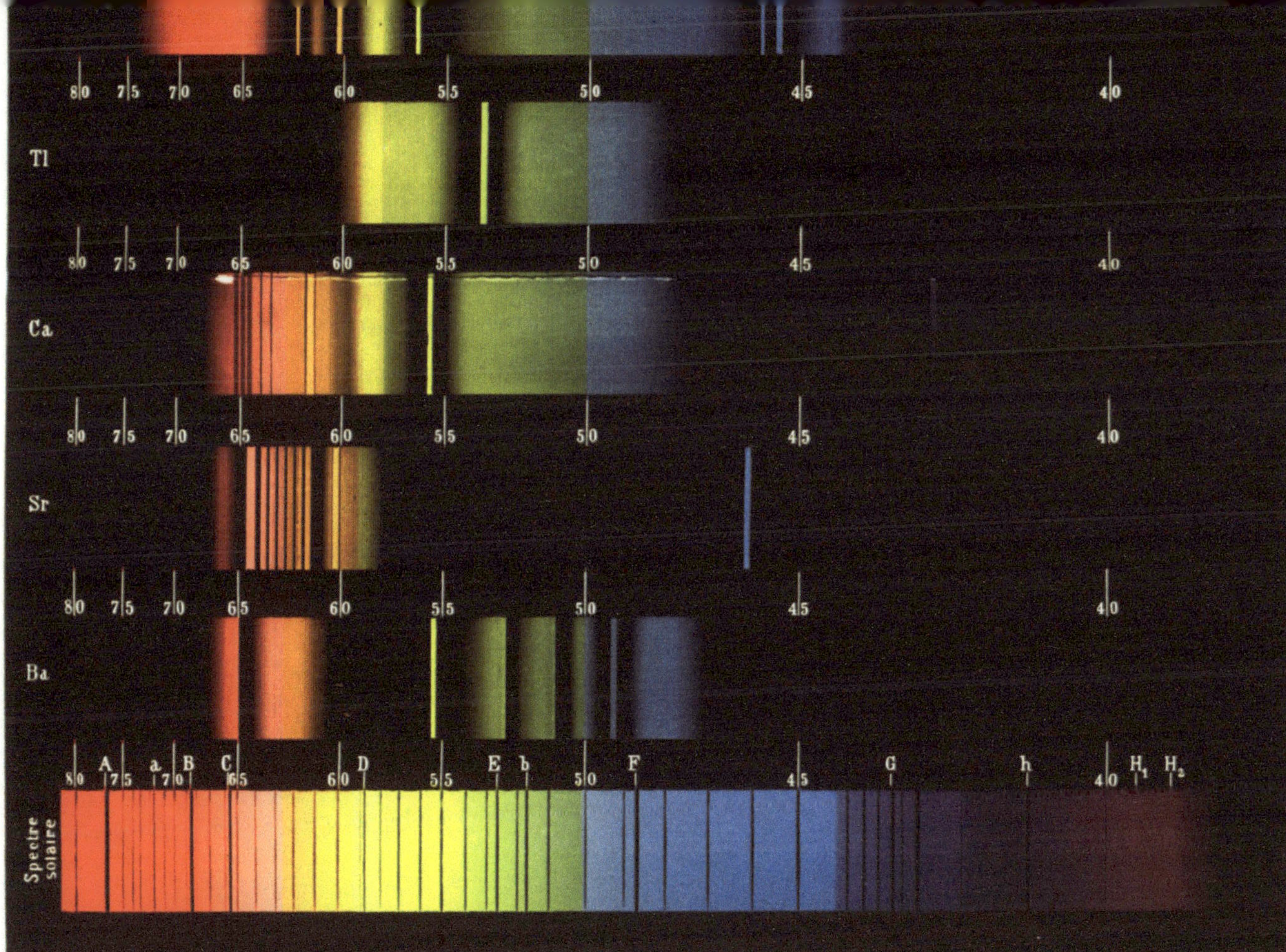

Duparc et Mounier II, 1.

Veit & Comp., Leipzig.

Bei Fragen zur Produktsicherheit wenden Sie sich bitte an:
If you have any questions regarding product safety,
please contact:

Walter de Gruyter GmbH
Genthiner Straße 13
10785 Berlin
productsafety@degruyterbrill.com